Geofaktor Mensch

Diethard E. Meyer

Geofaktor Mensch

Eingriffe in die Umwelt und ihre Folgen

Diethard E. Meyer
Essen, Deutschland

ISBN 978-3-662-63849-1   ISBN 978-3-662-63851-4   (eBook)
https://doi.org/10.1007/978-3-662-63851-4

Die Deutsche Nationalbibliothek verzeichnet diese Publikation in der Deutschen Nationalbibliografie; detaillierte bibliografische Daten sind im Internet über http://dnb.d-nb.de abrufbar.

© Springer-Verlag GmbH Deutschland, ein Teil von Springer Nature 2022
Das Werk einschließlich aller seiner Teile ist urheberrechtlich geschützt. Jede Verwertung, die nicht ausdrücklich vom Urheberrechtsgesetz zugelassen ist, bedarf der vorherigen Zustimmung des Verlags. Das gilt insbesondere für Vervielfältigungen, Bearbeitungen, Übersetzungen, Mikroverfilmungen und die Einspeicherung und Verarbeitung in elektronischen Systemen.
Die Wiedergabe von allgemein beschreibenden Bezeichnungen, Marken, Unternehmensnamen etc. in diesem Werk bedeutet nicht, dass diese frei durch jedermann benutzt werden dürfen. Die Berechtigung zur Benutzung unterliegt, auch ohne gesonderten Hinweis hierzu, den Regeln des Markenrechts. Die Rechte des jeweiligen Zeicheninhabers sind zu beachten.
Der Verlag, die Autoren und die Herausgeber gehen davon aus, dass die Angaben und Informationen in diesem Werk zum Zeitpunkt der Veröffentlichung vollständig und korrekt sind. Weder der Verlag noch die Autoren oder die Herausgeber übernehmen, ausdrücklich oder implizit, Gewähr für den Inhalt des Werkes, etwaige Fehler oder Äußerungen. Der Verlag bleibt im Hinblick auf geografische Zuordnungen und Gebietsbezeichnungen in veröffentlichten Karten und Institutionsadressen neutral.

Einbandabbildung: Luftbild Braunkohletagebau (Foto: Dr. Dagmar Zaika / Dr. W. Meyer-Zaika)
Grafiken: Katrin Schmuck, UNISONO DESIGN

Planung/Lektorat: Simon Shah-Rohlfs
Springer Spektrum ist ein Imprint der eingetragenen Gesellschaft Springer-Verlag GmbH, DE und ist ein Teil von Springer Nature.
Die Anschrift der Gesellschaft ist: Heidelberger Platz 3, 14197 Berlin, Germany

Geleitwort

Diese spannend geschriebene und hochaktuelle Abhandlung von Diethard E. Meyer zu umweltgeologischen Zusammenhängen unserer Zeit ist ein inspirierender Beitrag zur Erkenntnis, dass die Erde von uns Menschen extrem in Mitleidenschaft gezogen wird und wir unverzüglich handeln müssen! Das Buch gibt einen Überblick über die unterschiedlichsten menschlichen Eingriffe und deren langfristige, oft irreversible Folgen. Es betont den Geofaktor Mensch, beispielsweise bei der anthropogenen Verlagerung von Gesteinsmassen und damit der Exhumierung aus ihrem ursprünglich reduzierenden Verband. So ist der Gewinnung von Rohstoffen, aber auch der Bautätigkeit und weiteren Eingriffen in die Geosphäre, einschließlich der Böden, ein umfangreiches Kapitel gewidmet. Hervorgehoben werden vor allem auch die ökologischen Folgen mit allen ihren Varianten. Weiterhin werden eindringlich die vielfältigen Eingriffe in die Meere sowie die steigenden Belastungen der Atmosphäre samt ihren global erkennbaren Folgen dargestellt. Die Eingriffsqualität des Menschen ist in vielfacher Hinsicht einzigartig. Sie stellt eine geologische Kraft dar, die es so bisher nicht gab.

Zu den Hauptaufgaben der Umweltgeologie gehören die Minimierung der Eingriffe und ein möglichst nachhaltiges Wirtschaften. Dies erfordert eine schonende und effektive Nutzung der Geopotenziale. Dazu gehören eine umweltverträgliche Rohstoffgewinnung, eine naturnahe Erschließung und Gewinnung von Grundwasser und die nachhaltige Nutzung der Meere. Indem Umweltgeowissenschaftlerinnen und -geowissenschaftler komplexe Verflechtungen erkennen, können sie in der engen Zusammenarbeit mit anderen Naturwissenschaftlerinnen und Naturwissenschaftlern die eine oder andere Katastrophe verhindern. Diesem Gedanken widmet sich das Buch.

Auch die wohl stärksten Eingriffe, wie die vom Menschen gemachte Klimaänderung samt ihren komplizierten Wechselwirkungen mit natürlich ablaufenden Prozessen, werden umrissen. Der Autor konstatiert: „Es mutet paradox an, dass der Mensch einerseits den unabwendbaren Naturkatastrophen mit hohem Einsatz an wissenschaftlich-technischem Know-how entgegenzutreten versucht, auf der anderen Seite aber eindeutig anthropogen induzierten Katastrophen immer stärker Vorschub leistet, ohne sich der ebenso gravierenden Folgewirkungen bewusst zu sein." Auch einer nach wie vor möglichen kriegerischen Auseinandersetzung widmet sich das Buch.

Das Buch bietet einer breiten Leserschaft interessante und häufig ungeahnte Zusammenhänge. Insgesamt präsentiert Diethard E. Meyer eine fürsorgliche Sicht auf die gesamte Erde, indem er in behutsam-sachlicher, gleichsam auch drastischer Weise vor Augen führt, was unsere Erde durch die menschlichen Eingriffe bereits erlitten hat und vor allem noch erleiden wird. Wir müssen deshalb mehr Verantwortung übernehmen, um diese anthropogenen Eingriffe zu minimieren, und versuchen, diese gänzlich zu vermeiden.

Ein Leitgedanke durchzieht dieses Buch: die Sicherung der Lebensgrundlagen für alle Lebewesen auf diesem Planeten, einschließlich des Menschen. Zu dieser Sicht und diesem Leitgedanken passt das gerade publizierte Werk des amerikanischen Philosophen Michael J. Sandel *Vom Ende des Gemeinwohls*. Die Ursachen hierfür sieht Sandel in der liberalen Markt- und Leistungsgesellschaft, die die Menschen allzu sehr in Gewinner und Verlierer unterteilt. Ein produktives Wirtschaftssystem, in dem Anstrengungen, Initiativen und Talente belohnt werden und in dem unser aller Gemeinwohl im Fokus steht, ist die Voraussetzung für die zukünftige Sicherung unserer Lebensgrundlagen. Nun muss endlich gehandelt werden. Ein hoher Lebensstandard darf jedenfalls nicht mit gravierenden Nachteilen für die nachkommenden Generationen erkauft werden.

Georg Büchel

Danksagung

Die Idee – angesichts weltweit zunehmender Umweltprobleme – den Menschen in seiner Rolle als geologische Kraft darzustellen, reicht bis 1970 zurück. Doch erst an der Universität-GHS Essen (heute: Universität Duisburg-Essen) gelang es mir, infolge eines viel engeren Kontaktes der Geo- und Biowissenschaften, der Landschaftsarchitektur und auch weiterer planungsrelevanter Disziplinen – vor allem auch im Ruhrgebiet – umweltgeologische und geoökologisch orientierte Projekte anzugehen oder gemeinsam zu realisieren.

Hinzu kam zeitweise die Kooperation mit Fächern der Architektur, des Bauingenieurwesens und der Umweltchemie. Die nach der Einrichtung eines Zusatzstudienganges Ökologie erfolgte Gründung eines „Instituts für Ökologie" – mit Schwerpunkten in der Bodenkunde, der Landschaftsökologie/Klimatologie sowie in der Gewässerkunde/Hydrobiologie – förderte eine fächerübergreifende Kooperation. Hierdurch wurde es mir möglich, die geo-/biosphärische Dimension des „Geofaktors Mensch" für dieses Buch noch deutlicher darzustellen.

Mein Dank gilt daher in erster Linie allen Kolleginnen und Kollegen des früheren Fachbereichs 9 der Essener Universität – sowohl innerhalb des Fachs Geologie (mit seinem Forschungs- und Serviceauftrag), aber auch den vielen Kolleginnen und Kollegen in den genannten Nachbardisziplinen.

Insbesondere darf ich mich sehr für die vielfältige Unterstützung durch die Hauptvertreter des ehemaligen Instituts für Ökologie – den Professoren Helmut Schuhmacher (Hydrobiologie), Wolfgang Burghardt (Angewandte Bodenkunde) und Wilhelm Kuttler (Landschaftsökologie/Klimatologie) – bedanken. Ebenso gilt mein Dank meinen ehemaligen Kollegen im Fach Geologie, den Professoren Peter Neumann-Mahlkau (Krefeld) und Ulrich C. Schreiber für anregende Diskussionen sowie die jeweils projektbezogene Zusammenarbeit.

Auch mit den Kollegen Hubert Wiggering (Universität Potsdam) und Michael Kerth (Detmold/Bad Meinberg) blieb ich bis heute im fachlichen Austausch im Hinblick auf die Umweltprobleme bei der Bodennutzung und auf anthropogene Bodenbelastungen jeder Art. Auch Prof. Dr. Karl Hoffmann (1925–2017) verdanke ich wichtige Hinweise über Grundwasserbelastungen.

Stellvertretend für viele weitere Kollegen, und zugleich als Beispiel für den interdisziplinären Ansatz bei der Minimierung von Umweltschäden, möchte ich in dankbarer Erinnerung Werner Kasig (1936–2020) von der RWTH Aachen nennen. Besonders eingehende Gespräche führte ich mit ihm über die Aufgaben der Geowissenschaften in der beruflichen Praxis.

Bei der Erstellung des Manuskripts standen mir Frau Edelgard Broscheit (Text, Tabellen, Index) und Frau Diplom-Designerin Katrin Schmuck (grafische Darstellungen) zur Seite. Ihnen danke ich für die gute und erfreuliche Zusammenarbeit! Die Grafiken wurden in Absprache mit dem Autor von Frau Katrin Schmuck – im Auftrag des Springer-Verlages – völlig neu gestaltet. Für seine Mithilfe bei der Fertigstellung des Literaturverzeichnisses danke ich Herrn S. Beckerwerth (Bochum).

Für Kartenmaterial, Diagramme, statistische Daten und Fotodokumente bedanke ich mich bei den im Quellennachweis genannten Archiven von Ländern, Städten, Firmen und Verbänden; auch Kollegen und Freunde überließen mir Fotos. Deren digitale Bearbeitung für die s/w-Wiedergabe übernahmen Th. Hoppe und die Fa. Foto Frankenberg in Essen. Auch ihnen gilt mein verbindlichster Dank. Frau Dagmar Zaika (Mettmann) danke ich für die Erlaubnis, die Flugaufnahme als Titelbild zu benutzen.

Herrn Prof. Georg Büchel (Universität Jena), der auch das Geleitwort verfasste, bin ich ebenso wie Herrn Roderich Thien (Essen) für ihre sorgfältige und kritische Durchsicht der Endfassung des Manuskripts zu großem Dank verbunden. Beide sind mit der Komplexität der heutigen Umweltprobleme seit Langem vertraut. Auch Herr Max Reichardt las und prüfte vorherige Fassungen hinsichtlich ihrer Allgemeinverständlichkeit und gab mir diesbezüglich manche gute Anregung.

Frau Ingrid Reichardt danke ich für ihre treue und hilfreiche Unterstützung – auch für die Ermutigung zur besonders klaren „Positionierung" in der Sache. Auch allen Freundinnen und Freunden – vor allem Renate und Joachim Nagel (Bad Bodendorf), die auf das Erscheinen von „Geofaktor Mensch" setzten – sowie meinen Söhnen Björn, Nils (1972–2001) und Daniel sei gedankt für ihre Geduld und ihren Zuspruch, der mir immer wieder Ansporn war. Mein Dank gilt auch meinen Geschwistern Dietlind und Detlef für ihre Hilfe und fachlichen Ratschläge.

Dem Springer-Verlag gebührt mein ausdrücklicher Dank für das Zustandekommen dieses Projektes, das bereits in seinen Anfängen Herrn Dr. Christoph Iven, als früherem Lektor des Spektrum-Verlages (heute Springer-Spektrum), ein wichtiges Anliegen war. Ihm verdanke ich hilfreiche Ratschläge. Für die weitere Betreuung bin ich Frau Merlet Behncke-Braunbeck und Frau Anja Groth ebenso wie Frau Stefanie Wolf und Herrn Simon Shah-Rohlfs für ihren Einsatz herzlich dankbar. Zur größten Freude eines Autors gehört es zweifellos, wenn auch der Leser dem Verlag für seine Mühe dankt, dem Werk ein unverwechselbares Gesicht gegeben zu haben.

Diethard E. Meyer

Inhaltsverzeichnis

1	**Einleitung und Zielsetzung**.....................................	1
	1.1 Einleitung...	1
	1.2 Zielsetzung...	4
	1.3 Erkenntnisfortschritte in den letzten Jahrzehnten	7
2	**Bedeutung der Geowissenschaften für die Gesellschaft**	9
	2.1 Aufgaben der Geowissenschaften	9
	2.2 Geowissenschaften und die Lösung von Umweltproblemen.........	13
	2.3 Geowissenschaften und die Industriegesellschaft	16
3	**Ziele und Aufgaben der Umweltgeologie**	21
	3.1 Umweltgeologie als aktuelles Forschungsgebiet..................	21
	3.2 Beziehungen zwischen Umweltgeologie und Ökologie	29
	3.3 Entwicklung eines modernen Umweltbewusstseins	30
4	**Der Mensch als Geofaktor**	35
	4.1 Aufstieg des Menschen zum geologischen Faktor.................	35
	4.2 Frühe Entwicklung des Menschen.............................	36
	4.3 Der moderne Mensch und seine Techniken.....................	46
	4.4 Globale Herausforderungen an die Industriegesellschaft	56
	4.5 Rahmenbedingungen der Bevölkerungsexplosion.................	59
	4.6 Frühzeit der Biosphäre – Bedeutung für den Menschen	62
5	**Menschliche Eingriffe in die Geosphäre**...........................	65
	5.1 Eingriffe auf dem Festland und ihre Folgen	65
	5.1.1 Massenverlagerungen durch Rohstoffgewinnung	65
	5.1.2 Folgewirkungen von Massenverlagerungen.................	72
	5.1.2.1 Relief- und Bodenveränderungen (Bodensenkungen)	73
	5.1.2.2 Rutschungen, Berg- und Felsstürze, Bodenerosion und Subrosion	79

        5.1.2.3 Massenverlagerung durch Rohstoffgewinnung
                im Vergleich mit natürlichen Massenbewegungen
                und Massentransporten 89
        5.1.2.4 Bodensenkungen durch Grundwassergewinnung
                und Grundwasserabsenkung 92
    5.1.3 Langfristige Umweltbelastungen durch Rohstoffgewinnung ... 93
        5.1.3.1 Aufbereitung und Veredlung mineralischer
                Rohstoffe und ihre Folgewirkungen 94
        5.1.3.2 Rohstoffgewinnung und
                Landschaftsveränderungen 98
        5.1.3.3 Stoffkreisläufe und landschaftsökologische
                Aspekte 99
        5.1.3.4 Rohstoffgewinnung und Raumanspruch 100
        5.1.3.5 Beispiel Rheinisches Braunkohlenrevier 103
        5.1.3.6 Rohstoffgewinnung und ökologische
                Konsequenzen 106
    5.1.4 Eingriff in den Wasserhaushalt: Oberflächenwässer,
          Grundwasser und Tiefenwasser 108
        5.1.4.1 Stauseen und künstliche Seen:
                Sedimentablagerung und Schadstoffe 108
        5.1.4.2 Bewässerungsprojekte und
                Umweltgefahren – gewinnt die Natur? 111
        5.1.4.3 Eingriffe in den Grundwasserhaushalt und
                die Dynamik der Fließgewässer 118
        5.1.4.4 Oberirdischer Wasserhaushalt und
                anthropogene Grundwasserbeeinflussung.......... 124
        5.1.4.5 Tiefversenkung von Abwässern 126
5.2 Umweltrelevante sekundäre Folgen der Eingriffe 128
    5.2.1 Halden, Abraumkippen und Rückstandsdeponien 128
    5.2.2 Irreversible Langzeitfolgen anthropogener Eingriffe.......... 140
        5.2.2.1 Bergschadenswirkungen des Untertagebergbaus 141
        5.2.2.2 Techrosion – ein anthropogeologischer Prozess...... 142
        5.2.2.3 Rohstoffgewinnung und dauerhafte
                Veränderung der natürlichen Umwelt 143
        5.2.2.4 Minimierung umweltrelevanter und
                ökologischer Folgewirkungen 150
        5.2.2.5 Veränderung geologischer Strukturen und
                ihre Folgen 151
    5.2.3 Schädigung der Biosphäre durch Schadstoffeinwirkungen 166
        5.2.3.1 Saure Niederschläge und neuartige Waldschäden
                in Mitteleuropa 166
        5.2.3.2 Schädigung der Biosphäre durch Luftschadstoffe.... 169
        5.2.3.3 Herkunft von Schwermetallen in der Umwelt 171

	5.2.4	Altlasten, radioaktive Abfälle und deren Endlagerung 173

        5.2.4.1 Altlasten, Altablagerungen und Altstandorte auf dem Festland und im Meer 173

        5.2.4.2 Radioaktive Abfälle und ihre Entsorgung 177

6 Eingriffe im Meer – von der Küste bis in die Tiefsee 185
   6.1   Überblick 185
       6.1.1   Eingriffe in Küstenraum und Schelfmeer durch Rohstoffgewinnung 190
       6.1.2   Gefährdung der marinen Umwelt 193
   6.2   Umweltgeologische Folgen der Meeresverschmutzung 194
   6.3   Die Nordsee – ein hochbelastetes Nebenmeer................... 198
   6.4   Abfallgrube Meer... 200
   6.5   Stoffaustausch zwischen Küste und offenem Ozean 201
   6.6   Erzschlämme im Roten Meer – Gewinnung hochriskant 202
   6.7   Ölverschmutzung des Meeres und ihre Folgen 204
   6.8   Belastungen durch sonstige organische Schadstoffe 207
   6.9   Chlorierte und polychlorierte Kohlenwasserstoffe im Meerwasser.. 208
   6.10 Eingriffe in den Tiefseebereich 210
   6.11 Tiefseebergbau – Risiken und mögliche Folgen 211
   6.12 Atommüll im Meer 216
   6.13 Wichtige Schlussfolgerungen................................. 218

7 Eingriffe in die Atmosphäre – Belastungen und Langzeitfolgen für Klima und Biosphäre 221
   7.1   Klimawandel – der Mensch als Geofaktor....................... 221
       7.1.1   Erdgeschichte und Klimageschichte im Überblick 225
   7.2   Aufbau der Atmosphäre, Klima und Klimaänderungen 227
       7.2.1   Beschaffenheit und Dynamik der Atmosphäre 227
       7.2.2   Klimazonen, Klimatypen und Klimaelemente............... 230
       7.2.3   Klimaänderungen in Vergangenheit und naher Zukunft 231
       7.2.4   Natürliche Klimaänderungen und anthropogene Einflüsse 234
       7.2.5   Vergleich rezenter und paläoklimatischer Ereignisse 237
   7.3   Treibhauseffekt, Klimazyklen und Kohlenstoffkreislauf............. 240
       7.3.1   Uratmosphäre, Klima und Lebensprozesse 240
       7.3.2   Klima und Kohlenstoffkreislauf.......................... 242
       7.3.3   Zyklische Klimaschwankungen und ihre Ursachen........... 244
       7.3.4   Kohlendioxid und Methan als Treibhausgase 246
       7.3.5   Kalt- und Warmzeiten im Pleistozän – ein Schlüssel zum Verständnis der heutigen Warmzeit? 248

	7.4	Belastung der Luft durch feste Stoffe und Spurengase	250
		7.4.1 Hauptverursacher der Luftbelastung	250
		7.4.2 Emissionen aus anthropogenen und natürlichen Quellen	253
		7.4.3 Gefährdungspotenziale für Mensch und Umwelt	254
	7.5	Anthropogene Klimabeeinflussung und Langzeitfolgen	256
		7.5.1 Umweltverändernde Prozesse durch Klimawandel	256
		7.5.2 Anthropogenes Kohlendioxid – von der Atmosphäre bis in die Tiefsee?	257
		7.5.3 Rückwirkungen auf den Menschen und die Tierwelt	260
		7.5.4 Zukünftige Entwicklungen und die Problematik von Klimaprognosen	263
		7.5.5 Mögliche „Kipppunkte"	265
	7.6	Stadtklima und Luftverschmutzung in Ballungsräumen	265
		7.6.1 Luftbelastungen durch Schwefeldioxid, Stickstoffoxide und Ozon	265
		7.6.2 Stadtklima und Schadstofftransport	268
		7.6.3 Luftverschmutzung früher und heute	270
	7.7	Klimapolitik – Ziele und Möglichkeiten globalen Handelns	274
8	**Zukunft des Planeten Erde**		**279**
	8.1	Geologischer Zeitbegriff und Aktualismus-Prinzip	279
		8.1.1 Prognosemöglichkeiten	281
		8.1.2 Die Bedeutung des Zeitfaktors für die Umwelt	284
		8.1.3 Umweltveränderung und Evolution	284
	8.2	Zukunftsperspektiven für die Erde	285
	8.3	Ein Horrorszenario für Ende des 21. bis Mitte des 23. Jahrhundert n. Chr.	287
	8.4	Zukunftsperspektiven und Beitrag der Umweltgeowissenschaften	289
9	**Verantwortung der Geowissenschaften**		**291**
	9.1	Herausforderungen und Möglichkeiten in Forschung und Praxis	291
	9.2	Ethische Grundlagen zur Erhaltung der Umwelt	293
	9.3	Geowissenschaften und Politikberatung	295
	9.4	Verantwortung für den Frieden	296
10	**Ausblick**		**301**
A Grafische Darstellungen und Quellennachweise			**303**
Literatur			**307**
Stichwortverzeichnis			**327**

Über den Autor

Diethard E. Meyer, geb. 1938 in Berlin, studierte Geologie und Naturwissenschaften an den Universitäten Göttingen und Bonn von 1958 bis 1966. Das Studium der Geologie/Paläontologie schloss er 1964 mit dem Diplom ab und wurde an der Universität Bonn im Jahr 1969 promoviert. Dort war er von 1966 bis 1975 als wissenschaftlicher Assistent tätig.

Im Jahr 1975 zog es ihn an die gerade neugegründete Universität-Gesamthochschule Essen, um dort – neben dem Fach Geologie – auch weitere, stärker praxisorientierte Studiengänge mit aufzubauen. Dabei sollten vor allem durch interdisziplinäre Kooperation im Rahmen eines neu eingerichteten planungs- und praxisbezogenen (Zusatz-)Studienganges Ökologie Lehrangebote der Geologie und der Umweltgeologie weiterentwickelt werden.

Die engere Verflechtung von Forschung, Lehre und Praxis war für Diethard E. Meyer zugleich Herausforderung für eine Reform und Weiterentwicklung der geowissenschaftlichen Studiengänge an deutschen Hochschulen, welche er auch als Gründungsmitglied des BDG – des heutigen Berufsverbandes Deutscher Geowissenschaftler – seit 1984 aktiv unterstützte. Er ist heute Ehrenmitglied des BDG.

In Forschungsprojekten, aber auch im Sektor der Lehre für unterschiedliche Studienfächer, boten sich dem Umweltgeologen Diethard E. Meyer an der Essener Universität (heute Universität Duisburg-Essen) vielfältige und enge Verbindungen zu den Biowissenschaften (einschließlich der Hydrobiologie), zur Architektur sowie zum Bauwesen und zu den Fachgebieten Bodenkunde, Geographie und Umweltchemie.

Das Ruhrgebiet, das der Autor schon zu Beginn seines Studiums – aus eigenen Arbeiten im Steinkohle- und Erzbergbau untertage – kennenlernte, wurde ein Schwerpunkt seiner Forschung und seines frühen Einsatzes für Natur- und Geotopschutz. Aber auch dem Sektor Naturstein – die Gewinnung von Rohstoffen jedweder Art und ihre Verwendung im Bauwesen, bis hin zur Entwicklung von künstlichen Riffen zur Rehabilitation geschädigter Korallenriffe – gilt sein Interesse.

Die seit Ende der 1960er-Jahre von Diethard E. Meyer durchgeführten Forschungstätigkeiten oder Expeditionen im Ausland (in der Türkei, in Nepal, in Afghanistan und Marokko) – teilweise auch im Rahmen von Projekten der Technischen Hilfe der Bundesrepublik – öffneten ihm die Augen für den „Geofaktor Mensch" als heute sicherlich bedeutendste und weltweit zerstörerischste geologische Kraft in der Natur.

Die Beteiligung am Deep Sea Drilling Project (DSDP) in den 1970er-Jahren war für ihn Anlass, die Bedeutung der Weltmeere für den Menschen, aber auch für das heutige Klima und dessen Veränderung durch menschliche Aktivitäten zu erkennen.

Alle diese Erfahrungen und Einsichten waren letztlich die „Initialzündung" für das vorliegende Buch.

Abbildungsverzeichnis

Abb. 1.1	Vom Lavastrom umflossenes Straßenwärterhaus an der Flanke des Vulkans Ätna/Sizilien. (Foto: M. Reichardt)	3
Abb. 1.2	Blick aus 346 m Höhe vom CN-Tower auf die kanadische Großstadt Toronto.	4
Abb. 1.3	Bohranlage der Kontinentalen Tiefbohrung (KTB) – im Stadium der Vorbohrung – in Windischeschenbach/Oberpfalz	8
Abb. 2.1	Der Bonner Geologe Hans Cloos (1885–1951), der in seinem Werk *Gespräch mit der Erde* (1947:14) die Einheit von Erde und Mensch beschwor. (Foto: Luftbildatelier Schafgans, Bonn, Aufn. 1949)	12
Abb. 2.2	Die Vorhersehbarkeit der Folgen menschlichen Einwirkens in Abhängigkeit der Planung	15
Abb. 2.3	Alter ländlicher Brunnen im Tafilalet nordwestlich von Erfoud in Marokko. (Foto: M. Reichardt)	17
Abb. 2.4	Aquädukt der rund 2000 Jahre alten und 95 km langen römischen Wasserleitung von der Eifel nach Köln bei Mechernich-Vussem/Eifel, rekonstruierter Teil des 80 m langen Aquäduktes.	18
Abb. 2.5	Podsolboden mit Brauneisen- und Manganfärbung, die zum Teil ehemaligen Baumwurzeln folgt. Podsole dieses Typs entstanden nach Waldrodung, Heidebildung und extensiver Landnutzung (Wintermoor/Lüneburger Heide)	19
Abb. 2.6	Eisenbahntunnel in Nordhessen während des Baus der ICE-Strecke Hannover–Würzburg. Überdimensionale Querschnitte bedingten große Aushubmassen, die als Dämme in das Tal vorgeschüttet wurden	20
Abb. 3.1	Import der wichtigsten Rohstoffe nach Deutschland entsprechend ihres Wertes in Milliarden Euro (oben) bzw. des Gewichts in Millionen Tonnen (unten) (BGR Hannover 2013)	25

Abb. 4.1	Starke Bodenerosion durch Wasser nach Zerstörung der Pflanzendecke; Südrand des Hohen Atlas/Marokko nordwestlich Ouarzazate	38
Abb. 4.2	Zentraler Steinkreis von Callanish in Schottland, Insel Lewis (Äußere Hebriden). Dieser vor etwa 5000 Jahren errichtete Steinkreis (Durchmesser 12 m) gehört zu einer Kultstätte mit insgesamt 47 fast 5 m hohen Megalithen, von denen 13 den zentralen Kreis bilden; die übrigen sind kreuzartig angeordnet. (Foto: M. REICHARDT)	43
Abb. 4.3	Die biokulturelle Evolution des Menschen vom *Australopithecus* zum *Homo sapiens* und Erwerb von speziellen Eigenschaften, die den Aufstieg des Menschen zum Geofaktor ermöglichten. (nach F. SCHRENK, 2008)..	44
Abb. 4.4	Neolithisches Dorf Skara Brae auf West Mainland, Orkney-Inseln/Schottland, bewohnt von 3100–2500 v. Chr. Diese Siedlung ist vollständig erhalten und zählt zum UNESCO-Weltkulturerbe (Foto: M. REICHARDT)	45
Abb. 4.5	Einrichtung eines Hauses von Skara Brae mit Bett- und Feuerstellen. (Foto: M. REICHARDT)	46
Abb. 4.6	Alte Stollenzeche im Ruhrtal in Essen-Heisingen mit freigelegtem alten Stolleneingang. Das steilstehende Flöz Angelika wurde oberhalb des Ruhrwasserspiegels in der Talflanke abgebaut. Dieser Bereich ist Teil der Geologischen Wand Kampmannbrücke....	49
Abb. 4.7	Das Abteufen von Schächten war erst durch das Abpumpen des Grubenwassers möglich. Hier das Doppelstrebengerüst des Hauptförderschachtes 7 des Steinkohlebergwerks Ewald in Herten (Ruhrgebiet)	50
Abb. 4.8	Globaler Verbrauch der wichtigsten Metalle sowie von Stahl, Erdöl und Steinkohle in den Ländern China, USA, Japan, Deutschland, Korea, Indien, Russland, Republik Südafrika und Spanien im Vergleich der Jahre 2005 und 2010 (BGR Hannover 2013)	54
Abb. 4.9	Drastischer Anstieg der Weltbevölkerung seit der Neolithischen Revolution bis 2013 und Extrapolation des Bevölkerungswachstums bis 2050. Der Beginn der wirtschaftlich, technisch und wissenschaftlich wichtigen Neuerungen ist markiert (nach H. CHAMLEY 2003, stark verändert und ergänzt)	60
Abb. 4.10	Stromatolithkolonien mit typischen Wuchsformen der Cyanobakterien, in hochsalzhaltigem Meerwasser im Gezeitenbereich gewachsen. Hamelin Pool (als Marine Nature Reserve geschützt), Shark Bay an der Westküste Australiens (Foto: K. HOFFMANN)	62

Abbildungsverzeichnis   XVII

Abb. 5.1   Panorama Tagebau Garzweiler I; Blick vom Nordrand
           nach Süden (vorn Kippen aus Abraum) bis zu Kohlekraftwerken
           bei Frimmersdorf/Neurath (Aufnahme Nov. 2000)   66
Abb. 5.2   Fortsetzung des Panoramas (Abb. 5.1) im Südosten mit Bagger
           (Absetzer), dahinter die Vollrather Höhe (bis 187 m NN),
           die aus dem Abraum des südlichen Tagebaus Garzweiler
           von 1955–1968 aufgeschüttet wurde; bis 1999 wurden auf der
           Höhe 13 Windräder errichtet, die inzwischen durch leisere
           und effizientere ersetzt wurden   67
Abb. 5.3   Durch unterschiedliche anthropogene Eingriffe erzeugte
           primäre Folgewirkungen (A) und sekundäre Folgewirkungen (B).
           Im oberen Teil der Abbildung (A) werden die Aktivitäten den
           verschiedenen Wirtschaftsbereichen zugeordnet, im unteren
           Teil (B) wird die Intensität der sekundären Folgewirkungen
           durch die Breite der „Balken" verdeutlicht   74
Abb. 5.4   Anbauterrassen in sehr steinigem Gelände in ca. 3000 m Höhe
           im Niederen Himalaya bei Kharidhunga in Nepal   76
Abb. 5.5   Buntsandsteinfelsen an der Nordspitze von Helgoland
           mit Zwischenlagen von tonigen Schichten; die starke Klüftung
           hat auch zur Abtrennung der „Langen Anna" beigetragen   78
Abb. 5.6   Blick auf die Chinesische Mauer bei Badaling,
           Volksrepublik China (Foto: M. REICHARDT)   79
Abb. 5.7   Vernichtung von Rhododendronwald in etwa 3000 m Höhe bei
           Kharidhunga/Nepal auf Talk- und Magnesitgesteinen
           mit Schürfen im Rahmen einer Lagerstättenerkundung   83
Abb. 5.8   Waldvernichtung und Bodenerosion auf Sandsteinen des
           Makay-Massivs im Südwesten Madagaskars (Flugaufnahme)
           (Foto: K. HOFFMANN)   84
Abb. 5.9   Böschungsrutschungen an Autobahn A61 südlich Grafschaft
           bei Bad Neuenahr in Rheinland-Pfalz   85
Abb. 5.10 Die seit dem Mittelalter betriebene Förderung von Salzsole
           in Lüneburg und damit die ungleichmäßige Bildung unterirdischer
           Hohlräume durch Auslaugung von Steinsalz führte zur Absenkung
           der Erdoberfläche. In dem Kartenausschnitt sind die Linien gleicher
           Absenkung im Zeitraum 1954–1964 eingetragen. Die Absenkung
           hält heute noch an, obwohl die Soleförderung im Jahr 1980
           eingestellt wurde. Die Folge waren schwere Gebäudeschäden,
           sodass über 200 Bürgerhäuser in der Lüneburger Altstadt
           abgerissen werden mussten (siehe Profilschnitt und Fotos)
           (verändert nach Unterlagen Stadtarchiv Lüneburg)   86

Abb. 5.11	Geologisches Profil mit Lockersedimenten und Absenkungsbeträgen in 100 Jahren infolge der Soleförderung, die 1980 eingestellt wurde (Lage des Profils s. Abb. 5.12) (verändert nach Unterlagen Stadtarchiv Lüneburg)	87
Abb. 5.12	Altstadt von Lüneburg mit Lage des Senkungsgebietes infolge jahrhundertelanger Salzsoleförderung und Lage des geologischen Profils zwischen Michaeliskirche und Neue Sülze (verändert nach Unterlagen Stadtarchiv Lüneburg)	88
Abb. 5.13	Senkungsgeschädigtes Haus in der Frommestraße 2, Altstadt Lüneburg im April 1933 (Stadtarchiv Lüneburg, Foto: A. BREBBERMANN).	89
Abb. 5.14	Tor eines Hauses, bei dem sich die Eisentore senkungsbedingt um fast 30 cm überlappen (Lüneburg, Frommestraße) (Stadtarchiv Lüneburg, Foto: F. LÖSCHNER, am 27.04.1933)	90
Abb. 5.15	Das gleiche Tor (im Volksmund „Tor zur Unterwelt") fast 4 Jahrzehnte später durch Kompression ganz geschlossen (Stadtarchiv Lüneburg, Foto: A. BREBBERMANN, im Mai 1971)	90
Abb. 5.16	Kreislaufprozesse in der Natur und ihren einzelnen Sphären sowie in der Anthroposphäre und Technosphäre, wobei die Massenverlagerungen von Stoffen aus der Erdkruste im Mittelpunkt stehen.	95
Abb. 5.17	Ankopplung des anthropogen-technogenen Teilkreislaufs an den natürlichen exogenen und endogenen Stoffkreislauf	97
Abb. 5.18	Lavaabbau am Plaidter Hummerich/Osteifel: Der markante Vulkankegel mit seinen Basaltschlacken und steinzeitlichen Siedlungsplätzen wird fast völlig zerstört. Luftaufnahme mit Blick nach Osten (LHA Ko/Hans Kiefer, Archiv: Landeshauptarchiv Koblenz)	99
Abb. 5.19	Mühlstein-Lavabrüche bei Mayen/Osteifel: Das Mayen-Ettringer Feld ist von weiteren Lavasteinbrüchen umgeben, bis in das Gebiet von Mendig. Sie lieferten bereits in vorgeschichtlicher Zeit und bis ins 20. Jahrhundert Mühl- und Reibsteine für ganz Europa (Luftaufnahme, Archiv: LHA Ko/Petra Camritzer Landeshauptarchiv Koblenz)	102
Abb. 5.20	Tagebaue im Rheinischen Braunkohlenrevier: Es sind die ehemaligen Tagebaue und ihre Nachnutzung dargestellt. Der Tagebau Hambach (Kartenmitte) und der Tagebau Garzweiler im Norden stehen noch 15 Jahre im Abbau. Mit Ausnahme des Ortes Holzweiler werden alle Ortschaften im westlichen Teil dieses Tagebaus verlegt; in den Resttagebauen sind Seen geplant (verändert nach Plänen der RWE Power)	104

Abb. 5.21 Geologisch-tektonisches Profil durch die Rheinische Braunkohlenlagerstätte von SW nach NO bis in eine Tiefe von −1500 m NN. Die Schichten des Tertiärs und des Quartärs sind durch Abschiebungen staffelartig versetzt. Die am stärksten abgesenkte Grabenscholle ist die Erftscholle, in welcher das bis zu 100 m mächtige Hauptflöz (6) bis in eine Abbautiefe von −500 m NN reicht. Im Tagebau Hambach in der Erftscholle bewegt sich der Abbau nach Osten, wo die größte Kohlemächtigkeit vorliegt. Die tektonischen Verwerfungen werden als „Sprünge" bezeichnet (verändert nach Plänen der RWE Power) 105

Abb. 5.22 Baldeneysee/Ruhr in Essen – Stausee seit 1933 mit Stauwehr, Wasserkraftwerk und Schleuse als riesiger Schlammfang, dessen ursprüngliches Stauvolumen von 8,3 Mio. m^3 sich bis 1985 auf etwa 6,5 Mio. m^3 verringerte; Blick über die Westhälfte des Sees in Ostrichtung (Luftbild Fotoarchiv Ruhrverband) 109

Abb. 5.23 Ruhrtal in östlicher Hälfte des Baldeneysees vor dessen Aufstau; links oben die 1973 stillgelegte Zeche Carl Funke bei Essen-Heisingen. Blickrichtung Osten, ca. 1931 (Luftbild Fotoarchiv Ruhrverband) 110

Abb. 5.24 Harkortsee zwischen Wetter/Ruhr (vorn) und Herdecke; die Flüsse Volme und Ennepe sowie die Lenne lieferten die schadstoffbelasteten Sedimente (vgl. Abb. 5.26). (Luftbild Fotoarchiv Ruhrverband) 111

Abb. 5.25 Schadstoffbelastungen im Harkortsee bei Wetter/Ruhr in den im Zeitraum 1940–2000 abgelagerten Sedimenten. Gemessen wurden die Elemente Blei (Pb), Zink (Zn), Cadmium (Cd) und Nickel (Ni). Es sind die I_{geo}-Werte nach GERMAN MÜLLER dargestellt. Die I_{geo}-Klassen nach G. MÜLLER zwischen 0 und 6 sind je nach Intensität in unterschiedlichen Graustufen dargestellt. Die Belastungen stiegen zwischen 1940 und 1968 stark an, um dann auf geringere Werte abzufallen. Die Schadstoffgehalte um das Jahr 2000 waren vor allem für Zink und Cadmium relativ hoch (nach J. ROSENBAUM-MERTENS 2003) 112

Abb. 5.26 Lage der Industriestandorte, von denen die Metalle und Schwermetalle in die Nebenflüsse der Ruhr (Ennepe, Volme und Lenne) eingeleitet wurden und so in den Hengstey- und den Harkortsee gelangen konnten; vgl. Abb. 5.25 (nach J. ROSENBAUM-MERTENS 2003) 113

Abb. 5.27	In größeren Bergsenkungsseen – wie hier in Dortmund-Hallerey – konnten sich durch Lufteintrag und Abschwemmungen schwermetallhaltige Sedimente bilden..........	114
Abb. 5.28	Entwicklung der Steinkohleförderung im Ruhrgebiet im Zeitraum 1800–2000 n. Chr. in Mio. t pro Jahr sowie der Zahl der Bergwerke (Mitte) und der Beschäftigtenzahlen (oben). Im Jahr 2014 fördern nur noch zwei Bergwerke; 2018 wird die Förderung im Ruhrgebiet völlig eingestellt, sodass alle Zahlen bis dahin auf Null sinken (nach Daten der Ruhrkohle AG/RAG).......................................	115
Abb. 5.29	Profildarstellung von Stoffen, Schadstoffen sowie den beteiligten Prozessen in Böden, Gewässern und Quellen und den geologischen Schichten in Abhängigkeit des Gesteinsaufbaus am Beispiel des Söse-Stausees im Harz (verändert nach J. Matschullat 1994).......	116
Abb. 5.30	Braunkohletagebaue im Mitteldeutschen Revier südlich von Leipzig; Aufnahme vom August 1989 (Landsat 7; USGS / Deutsches Zentrum für Luft- und Raumfahrt DLR)...............	119
Abb. 5.31	Blei- und Zinkbelastung eines Industriebodenprofils bis etwa 200 cm Bodentiefe im Ruhrgebiet; die Gehalte an Blei (Pb) und Zink (Zn) [mg/kg] wurden als EDTA-Gehalt sowie als Gesamtwert bestimmt (verändert nach D. A. Hiller und H. Meuser 1998)	130
Abb. 5.32	Goldminenhalden („Maulwurfshügel") bei Johannesburg/Südafrika; Aufbereitung älterer Halden, um restliches Gold zu gewinnen (Fotos: H. Wiggering)	131
Abb. 5.33	Steinkohlenbergehalde im Schüttungsstadium im Ruhrgebiet mit starker Rillenerosion durch Regenwasser (Foto: H. Wiggering)...	132
Abb. 5.34	Steinkohlebergehalden und ihre lithofaziellen Eigenschaften in Abhängigkeit des geologischen Aufbaus der Lagerstätte und der Abbautechnologie (nach M. Kerth 1988)	133
Abb. 5.35	Schwermetall-Auslaugung aus Steinkohlenbergematerial im Lysimeterversuch in einem Zeitraum von 9 Jahren (1980–1989) im mg/l. Die ansteigenden Mengen der einzelnen Spurenelemente sind auf sinkende pH-Werte unterhalb pH 4 infolge der Pyritverwitterung bedingt (nach M. Schöpel und J. Thein 1991)......	134
Abb. 5.36	Diese drei Teilabbildungen zeigen eine Bergehalde im Ruhrgebiet, deren Kern vor über 50 Jahren geschüttet wurde, mit einer Anschüttung geringer verwitterten frischen Materials. In Abhängigkeit ihres Löslichkeitsverhaltens, der Eigenschaften des umgebenden Bodens sowie des pH-Wertes wurden die Natrium- und Magnesiumionen unterschiedlich weit transportiert. Es sind die Linien gleicher Konzentration sowie die	

	Grundwasserfließrichtung dargestellt; diese zeigen, dass sich verschiedene chemische Elemente mit der Zeit unterschiedlich ausbreiten. Die Konzentrationen wurden aus Bohrprobendaten ermittelt (nach M. SCHÖPEL und J. THEIN 1991)	136
Abb. 5.37	Halde Pattberg bei Moers-Repelen; Blick nach Westen mit der Autobahn A57 dahinter (© Regionalverband Ruhr, Essen)	137
Abb. 5.38	Rückstandssalze auf der Halde des Kalisalzbergwerkes Bleicherode/Thüringen. Inzwischen wurden Teile der Halde übererdet und begrünt (Foto: M. REICHARDT)	138
Abb. 5.39	Schichtig abgelagerte Sande aus der Goldgewinnung, die durch Cyanidlaugung behandelt wurden (Foto: H. WIGGERING)...........	139
Abb. 5.40	Eisenerz-Tagebau am Erzberg/Steiermark in Österreich; das Erz ($FeCO_3$ Siderit) wird seit mindestens dem 12. Jahrhundert bis heute (VA Erzberg GmbH, Voestalpine-Konzern) abgebaut. Der heutige Strossen-Abstand beträgt 24 m; die Erzvorräte reichen noch mehrere Jahrzehnte (Foto: VA Erzberg GmbH/Bavaria Luftbildverlags GmbH)	152
Abb. 5.41	Eisenerztagebau (Sishen Mine) in Südafrika bei Dingleton/Provinz Nordkap; seit 1953 wird das Erz abgebaut – Tabebaulänge 14 km. Es ist einer der weltgrößten Tagebaue (Foto: H. WIGGERING).........	153
Abb. 5.42	Ehemaliger Basaltsteinbruch Großer Weilberg im Siebengebirge bei Bonn. Die Gewinnung des säulig erstarrten Basalts dieses Vulkans führte zur völligen Aushöhlung der Bergkuppe. Dieser Aufschluss, der heute unter Naturschutz steht, dokumentiert die vulkanische Geschichte des Siebengebirges vor 25–18 Mio. Jahren	154
Abb. 5.43	Tuffgrube am Nordostrand des Walles des ehemaligen Rodderberg-Vulkans in Bonn.................................	155
Abb. 5.44	Im Brohltal nördlich des Laacher-See-Vulkans wurde der sog. Trass, ein Produkt des Laacher-See-Vulkans, in voller Breite abgebaut; die großen Hohlräume im Trass sind standsicher	155
Abb. 5.45	Porträtbüste HEINRICH VON DECHEN (1800–1889) im Geologischen Institut der Universität Bonn	156
Abb. 5.46	Blick nach Osten von der Tuffgrube am Rodderberg über den Rhein auf den einstigen Großvulkan des Siebengebirges mit Drachenfels und dem Ort Königswinter am Bergfuß	156
Abb. 5.47	Trachytblöcke am „Eselsweg" unterhalb der Drachenfelskuppe nach dem Felssturz im Jahr 1967	157
Abb. 5.48	Das vulkanische Gestein Trachyt wurde bereits seit der Römerzeit am Gipfel des Drachenfels im Siebengebirge bei Bonn abgebaut. Die Morphologie des Drachenfels mit seinen Steilhängen rund um die mittelalterliche Burgruine wird in der unteren Abbildung	

	dargestellt; in dieser Abbildung ist außer Höhenlinien [m ü. NN] auch die Hauptrichtung der Klüfte und sonstigen Trennflächen in „Richtungsrosen" zu ersehen. In der oberen Abbildung (im gleichen Maßstab) sind die Anker in ihrer Länge und ihrem Verlauf eingetragen, durch welche die durch den Gesteinsabbau stark verwitterten Felswände zwischen 1970 und 1973 gesichert wurden. In den Betonholmen befinden sich Geräte zur Messung der Zugspannungen (verändert nach Unterlagen und Daten Geologischer Dienst NRW, Krefeld)	158
Abb. 5.49	Drachenfelskuppe mit den Felsblockabrissstellen längs von zum Teil spaltenartig erweiterten Großkluftflächen, die auch die ehemaligen Steinbruchwände bildeten; oben der Bergfried der Burg Drachenfels (Foto: Geologischer Dienst NRW, Krefeld)	159
Abb. 5.50	Felsanker an den Steinbruchwänden der Bergkuppe des Drachenfels unterhalb der Burgruine; Ankerenden mit in-situ-Spannungsmessern unter Betonholmen (s. a. Abb. 5.48), sonst Felsnägel und Spritzbeton (Foto: Geologischer Dienst NRW, Krefeld)	160
Abb. 5.51	Basaltsteinbruchwand an der Rabenlay mit über 100 m Höhe bei Bonn-Oberkassel; der Abbau der Säulenbasalte, mit denen Ufermauern und Deiche am Rhein und in den Niederlanden erbaut wurden, bestimmen heute das Landschaftsbild. Am Fuß des früheren Steinbruchs wurde das Doppelgrab des Menschen von Oberkassel gefunden	161
Abb. 5.52	Diese Karte zeigt die Lage von anthropogenen Erdbeben-Epizentren im Ruhrgebiet im Zeitraum von zwei Jahrzehnten (1990–2011) mit Magnituden bis zur Stärke 3,5 (Richterskala). Diese Beben wurden sämtlich durch den aktiven Steinkohlebergbau ausgelöst. Mit dem Abbau verschiebt sich im Laufe der Zeit auch die Lage der Epizentren, der Bebenstärke und der Bebenhäufigkeit. Mit dem Ende des Bergbaus im Jahr 2018 werden diese anthropogen bedingten Beben weitgehend ausklingen. Erdbeben-Darstellung und Daten: Geophysik/Observatorium Ruhruniversität Bochum; Kartengrundlage: Geobasisdaten © Open Street Map)	162
Abb. 5.53	Infolge bergbaubedingter Absenkung der Geländeoberfläche, die bis über 25 m betragen kann, steigt der Grundwasserspiegel in diesem Maß relativ an. Es muss deshalb das Wasser dauernd – auch in Zukunft! – abgepumpt werden, um Versumpfung oder Seenbildung in diesen Poldergebieten zu verhindern. Dies ist Aufgabe von Emschergenossenschaft und Lippeverband. (Quelle: Emschergenossenschaft/Lippeverband, Essen)	163

Abb. 5.54	Bergsenkungssee in der Ruhrtalaue in Essen-Heisingen, Blick nach Osten	164
Abb. 5.55	Fließwege von Grundwasser durch Lockergesteine in einem hydrologisch offenen System, das sowohl mit dem Oberflächenwasser als auch mit dem Wasser aus tiefer gelegenen Festgesteinen kommuniziert. In einer tektonischen Hochscholle (Horst) herrschen grundwasserfreie Verhältnisse oder ein hydrologisch geschlossenes System (zum Beispiel Salzwasser); begrenzte hydraulische Kontakte existieren längs der tektonischen Verwerfungen (verändert nach J. THEIN 1993)	174
Abb. 5.56	Ehemalige Ölschiefergrube Messel bei Darmstadt; in dieser Grube wurde zunächst eine Mülldeponie geplant und eine Basisabdichtung sowie Wasserhaltung geschaffen, ehe die Grube 1995 zum UNESCO-Naturerbe (Fossilien aus der Eozän-Formation) ernannt wurde.	175
Abb. 5.57	Modell der Barrieren bei der Endlagerung radioaktiver Stoffe auf dem Festland und im Meeresboden. (Nach Vorschlägen zahlreicher Autoren).	180
Abb. 6.1	Elektrochemische Abscheidung der Minerale Brucit, Kalzit, Steinsalz und Gips am kathodischen Drahtgitter bei gleichzeitiger Freisetzung von Chlor (Cl_2), Sauerstoff (O_2) und Wasserstoff (H_2) zum Bau künstlicher Riffe (nach H. Schuhmacher und P. van Treeck).	188
Abb. 6.2	Schema der Bildung künstlicher Riffe durch Mineralabscheidung an einem Maschendrahtgitter als Kathode. Implantierte Korallensprosse ermöglichen eine relativ rasche Besiedlung durch weitere Organismen und damit eine „Verzahnung" chemischer und biogener Anteile (nach H. SCHUHMACHER und P. VAN TREECK)	189
Abb. 6.3	Dieses Schema, verändert nach J. Schneider & C. Kaubisch (1996), zeigt vom Festland bis zur Tiefsee die wichtigsten Aktivitäten der Rohstoffgewinnung im Küstenbereich, auf dem Schelf, am Kontinentalabhang und in der Tiefsee. Auch die Herkunft der eingeleiteten Schadstoffe oder mit ihnen belasteten Abwässer ist angegeben (1–16). Ein flächenhafter Abbau von Erzen wie zum Beispiel den Manganknollen mit ihren Wertmetallen in der Tiefsee erfolgte bisher nicht, könnte aber in Zukunft wirtschaftlich sein. Die Erdölförderung (5) ist inzwischen bis in den Tiefseebereich vorgedrungen	191
Abb. 6.4	Blick auf den westlichen Teil der Nordseeinsel Juist; Wiederherstellung der durch Sturmflut geschädigten Dünenkette mit Sand aus dem Watt am Westende der Insel	193

Abb. 6.5	Typische Form eines Schwarzen Rauchers in 3300 m Wassertiefe im Logatchev-Hydrothermalfeld am Mittelatlantischen Rücken (Foto: MARUM Bremen)	195
Abb. 6.6	Bruchstück eines Schwarzen Rauchers; gleiches Vorkommen wie Abb. 6.5, bestehend aus Metallsulfiden (Foto: MARUM Bremen)	196
Abb. 6.7	Brennendes Methanhydrat als eisförmiges Bruchstück (Foto: V. DIEKAMP, MARUM Bremen)	214
Abb. 6.8	Kohlenstoffspeicher der Erde (abgeschätzte C-Mengen, verändert nach E. Suess & G. Bohrmann 2015).	215
Abb. 7.1	Schutz des NW-Kopfes der Nordseeinsel Norderney mit massivem Deckwerk aus Granitblöcken als Erosionsschutz; errichtet 2007	223
Abb. 7.2	Stausee Mooserboden des Pumpspeicherkraftwerks Kaprun/Hohe Tauern (Land Salzburg). **a** Blick zum Hohen Tenn (3365 m über NN), Reste des Wielinger Kees (in Bildmitte); am rechten Hang Glimmerschiefer-Frostschutt oberhalb der Staumauer; **b** gesunkener Wasserstand des Stausees im Sommer; Blick zum Hohe Riffel (3338 m ü. NN), Karlinger Kees deutlich zurückgeschmolzen; **c** starker Gletscherschwund; Bärenkopfkees mit rutschgefährdeten End- und Seitenmoränen (untere Bildhälfte); Blick zum großen Bärenkopf (3396 m ü. NN)...................	235
Abb. 7.3	Dieses Boxmodell zeigt den kurzzeitigen Kohlenstoffkreislauf zwischen Atmosphäre, Ozean und Boden sowie deren Austausch mit den Lebewesen. (nach BAHLBURG und BREITKREUZ (2008)........	243
Abb. 7.4	Rodung des Regenwaldes im östlichen Java/Indonesien im Gebiet des Maares Ranu Lading (Foto: G. BÜCHEL)	261
Abb. 7.5	Palmölplantagen und Wiederbewuchs auf ehemaligen Regenwaldflächen im östlichen Java/Indonesien; Umgebung des Maares Ranu Lading (Foto: G. BÜCHEL)	262
Abb. 7.6	Barockskulptur am Eingang des Schloss Herten/Recklinghausen (Ruhrgebiet) aus Baumberger Sandstein mit karbonathaltigem Bindemittel: **a** in wenig verwittertem Zustand im Jahr 1908 und **b** die gleiche Skulptur im Jahr 1969, durch Säureverwitterung fast völlig zerstört (Bildarchiv: LWL-Denkmalpflege, Landschafts- und Baukultur in Westfalen, a: Foto: A.LUDROFF; b: Foto: A.BRUCKNER)	272
Abb. 7.7	Umweltgerichtete Disziplinen und anwendungsbezogene Fachgebiete im Naturwerksteinsektor – Aufgaben und Interaktion ...	273
Abb. 7.8	Offshore-Windkraftanlage in der Ostsee am Öresund/Dänemark (Foto: M. REICHARDT)	276

Abbildungsverzeichnis	XXV

Abb. 8.1 Primärenergieverbrauch seit 1980 weltweit sowie der Bedarf bis zum Jahr 2040 für die verschiedenen Energieträger nach einer Projektion der IEA (Stand 2019) und der BGR, in Gigatonnen Öleinheiten [Gtoe] (Quelle: BGR Energiestudie 2019; mit freundl. Genehmigung des BGR) 282

Tabellenverzeichnis

Tab. 1.1	Eingriffe des Menschen und ihre Folgewirkungen im Ruhrgebiet	6
Tab. 2.1	In 70 Lebensjahren verbraucht jeder Deutsche mineralische Rohstoffe in diesen Mengen	11
Tab. 3.1	Meilensteine des Umweltbewusstseins von 1800–2000	32
Tab. 4.1	Mensch als Geofaktor	37
Tab. 4.2	Entwicklung des Menschen	39
Tab. 4.3	Aufstieg des Menschen zum Geofaktor	40
Tab. 4.4	Wichtige Zeitmarken der Evolution – Entstehung der Erde und Evolution der Organismen	63
Tab. 5.1	Rohstoffgewinnung in Deutschland	68
Tab. 5.2	Anthropogene Massenverlagerungen auf dem Festland und im Küstenbereich	80
Tab. 5.3	Mobilisation von Massen durch geogene und anthropogene Kräfte	91
Tab. 5.4	Übersicht über die Potenziale der Böden, die Leistungen für Naturhaushalt und Gesellschaft erbringen können (verändert nach: SCHEFFER/SCHACHTSCHABEL, Lehrbuch der Bodenkunde, 16. Aufl.)	151
Tab. 5.5	Besonders problematische Rückstände	165
Tab. 5.6	Anreicherung von Schwermetallen in den Seen um den Sudbury-Lagerstättenkomplex/Ontario (nach Angaben von NRIAGU et al. 1982, aus D. E. MEYER, 1986)	172
Tab. 5.7	Weltweiter Verbrauch umweltrelevanter Schwermetalle im Vergleich zu ihrer anthropogenen Immission in die Atmosphäre (berechnet nach Angaben von NRIAGU 1979, aus D. E. MEYER 1986)	173
Tab. 6.1	Eingriffe des Menschen und ihre Folgewirkungen	186
Tab. 6.2	Meerwasser-Hauptbestandteile und Salzgehalt der Meere	196

Tab. 7.1 Anthropogene Belastungen der Atmosphäre mit Schadstoffen......... 247
Tab. 7.2 Emissionen aus anthropogenen Quellen
 (nach P. BRUCKMANN et al. 2011, Tab. 3)......................... 252
Tab. 7.3 ## Mögliche Instabilitäten infolge Treibhausgaserhöhung
 und Anstieg der globalen Mitteltemperatur („Kipp-Punkte")......... 266

Einleitung und Zielsetzung 1

1.1 Einleitung

Der Mensch beeinflusst inzwischen alle Sphären: die feste Erdkruste – also den oberen Teil der Lithosphäre –, den Boden (Pedosphäre), die Wasserhülle (Hydrosphäre) sowie die Lufthülle (Atmosphäre). Da in allen diesen Sphären Leben existiert, wird diese „Hülle" auch als Biosphäre bezeichnet, welcher von Natur aus auch der Mensch angehört. Die Sphäre, die der Mensch sich inzwischen selbst geschaffen hat, wird als Anthroposphäre oder Technosphäre bezeichnet. Art und Umfang seiner Eingriffe in sämtliche Sphären zeigen den Menschen als Ressourcennutzer und Umsteuerer von natürlichen Prozessen, aber auch als Gestalter und gleichzeitig rücksichtslosen Zerstörer von Landschaft und Natur. Muss nicht längst eine erdgeschichtliche Epoche, in welcher der Aufstieg des Menschen zum dominierenden Geofaktor erfolgte, als Anthropozän bezeichnet werden? Dies umso mehr als die Folgewirkungen aller dieser Eingriffe vielfach irreversibel sind oder so lange andauern, dass dem Menschen die von ihm selbst geschaffenen Veränderungen gar nicht mehr als solche bewusst sind und sogar häufig als das Ergebnis natürlicher Prozesse betrachtet werden! Man denke an die Entwaldung der Mittelmeerländer oder weiter Gebiete Nordamerikas! Alle Veränderungen haben Folgen für die Pflanzen- und die Tierwelt, die Böden sowie für die Wasser- und Klimaverhältnisse – somit für die gesamte Biosphäre.

Die frühesten Eingriffe erfolgten bereits vor mehreren Jahrtausenden. Eine enorme Steigerung menschlicher Aktivitäten geht mit der Fortentwicklung neuer Techniken einher. Das Zeitalter der technisch-industriellen Revolution, das vor ungefähr 250 Jahren begann, hat den Aufstieg des Menschen zum Geofaktor ersten Ranges beschleunigt. Allerdings reichen die Anfänge dieser Revolution weiter zurück. Die Dimension seiner Eingriffe übertrifft die Auswirkungen und Langzeitfolgen natürlicher Prozesse in Zeit und Raum um ein Vielfaches, zum Teil um mehr als das Tausendfache – etwa bei Schadstofftransporten durch Luft und Wasser, bergbaulichen Aktivitäten oder der Aussterberate von Pflanzen- und Tierarten, für die heute der Mensch durch sein Wirken verantwortlich ist.

Somit ist der Mensch zum dynamischsten Lebewesen auf der Erde geworden. In Zukunft wird er noch weitaus beherrschender und zerstörerischer sein als manche Naturgewalten, die er heute noch fürchtet. Es ist somit höchste Zeit, den Menschen als Geofaktor zu begreifen und die spezifischen Potenziale seiner Eingriffe im Verhältnis von Erdsystem und Anthroposphäre zu bestimmen. Es ist durchaus möglich, dass die Menschheit die natürlichen Grundlagen der eigenen Existenz auf die Dauer vernichtet. Es ist daher bereits heute erforderlich, auch die sekundären und tertiären Folgewirkungen menschlichen Handelns in den kommenden Jahrhunderten zu kalkulieren, selbst wenn es noch größere Unsicherheiten bei der Erstellung von Prognosen oder Szenarien gibt. Werden zum Beispiel die durch Verbrennung fossiler Brennstoffe ansteigenden Kohlendioxidgehalte das Meerwasser so extrem versauern lassen, dass ein weltweites völliges Absterben der Korallenriffe die Folge ist? Werden hierdurch wiederum die Existenzgrundlagen von Millionen von Menschen gefährdet – und dies bereits innerhalb weniger Jahrzehnte? Welche Folgewirkungen hat der weitere Anstieg des CO_2-Gehalts der Atmosphäre und damit die zusätzliche Klimaerwärmung durch den Menschen für Umwelt und Natur weltweit? Es sind Fragen, von denen das weitere Schicksal von Milliarden von Menschen abhängen könnte!

Die immer noch halbherzige Befassung mit diesen drängenden Fragen führt oft zur gefährlichen Verharmlosung vieler Probleme oder zumindest zu allzu opportunistischen Annahmen. Die Kreativität des Menschen mag groß sein; andererseits steigt aber auch der Problemdruck so stark, dass sich Innovationen oder Problemlösungen nicht rechtzeitig finden lassen. Schwer erkennbar sind oft die schleichenden Veränderungen. So wird manche gravierende Fehlentwicklung viel zu spät erkannt. Daher ist eine Früherkennung absolut notwendig, um kostspielige Sanierungsmaßnahmen zu vermeiden. Viele „Naturkatastrophen" sind bereits heute weitgehend anthropogen bedingt. Megastädte in Küstenregionen, die zunehmend von Hurrikans, Überschwemmungen oder Tsunamis bedroht werden, verursachen hohe Verluste an Menschenleben und von Sachgütern insbesondere deshalb, weil naturgegebene Bedingungen ignoriert werden oder weil man sich mehr Gewinn von kurzfristigen Nutzungen verspricht. Auch die zunehmende Besiedlung von Gebieten, die durch Vulkanausbrüche oder schwere Erdbeben bedroht werden – man denke hier an Vulkane in Italien (Vesuv, Ätna), in der Nähe von Manila (Philippinen) oder von Mexico City – zeigt, dass es derartige Siedlungsdichten zu vermeiden gilt. Obwohl Frühwarnsysteme oder die Existenz von Ernstfallplänen in Anbetracht heute noch nicht genau vorhersagbarer Vulkanausbrüche oder Erdbeben nicht vor gewaltigen Schäden schützen, so lassen sich diese zumindest im Ausmaß begrenzen (Abb. 1.1).

Ein global weiter ansteigender Meeresspiegel, der vor allem die inzwischen steigende Zahl von Megastädten oder Agglomerationen in Küstennähe bedroht, bedeutet, dass im Ernstfall Millionen Menschenleben in Gefahr sind, abgesehen von Schäden für Hab und

Abb. 1.1 Vom Lavastrom umflossenes Straßenwärterhaus an der Flanke des Vulkans Ätna/Sizilien. (Foto: M. REICHARDT)

Gut. Selbst die Aufgabe von Städten wie New Orleans steht zur Debatte, man denke an die Schäden, die der Wirbelsturm Katrina im Jahr 2005 dort hinterließ! Es handelt sich also nicht um Horrorszenarien, sondern um durchaus realistische Einschätzungen. Hinzu kommt, dass, wenn sich Naturkatastrophen in weltwirtschaftlichen Krisenzeiten ereignen, die Schäden und Verluste an Menschenleben besonders groß sind, wie die Menschenverluste infolge des Erdbebens in Haiti im Januar 2010 mit 200.000 Toten gezeigt haben. Ein schweres Erdbeben, das in Zukunft den Großraum Tokio treffen würde, könnte Schäden in der Größenordnung von mehreren hundert Milliarden Dollar verursachen. Diese Schadenshöhe könnte sogar die Finanzmärkte weltweit in heftige Turbulenzen versetzen. Städte wie Toronto oder New York sind hingegen nicht durch Erdbeben gefährdet, da sie auf altem Grundgebirge gebaut sind (Abb. 1.2), ganz im Unterschied zu Städten wie San Francisco oder Los Angeles in Kalifornien (San-Andreas-Störung).

Diese wenigen Beispiele zeigen, wie wichtig eine **ganzheitliche** Betrachtung eines bestimmten Lebensraums ist. Es ist daher notwendig, die funktionalen Zusammenhänge zwischen Siedlungsraum, Wirtschaftsform, Landschaftsentwicklung sowie die soziokulturellen Besonderheiten und historisch gewachsenen Strukturen zu berücksichtigen. Schon die Vernachlässigung einer derartigen Sichtweise stellt eine Gefahr dar. Daher wurde von W. KASIG und D. E. MEYER (1984) bei der Begründung und Definition der Umweltgeologie auf die verstärkte Kooperation der unterschiedlichsten Wissenschafts-

Abb. 1.2 Blick aus 346 m Höhe vom CN-Tower auf die kanadische Großstadt Toronto

disziplinen hingewiesen. Eine Forschungsdisziplin, welche die Verantwortung des Menschen von vornherein negiert, entzieht sich selbst ihre Existenzberechtigung. Als einziges Lebewesen auf der Erde ist der Mensch in der Lage, die Geschichte seines Heimatplaneten zu ergründen und seine Stellung auf der Erde und im Kosmos zu reflektieren. Allein daraus erwächst ihm eine hohe Verantwortung.

1.2 Zielsetzung

Ziel dieses Buches ist es, den Aufstieg des Menschen von der frühen Evolution bis hin zu seinen soziokulturellen und wissenschaftlich-technischen Fähigkeiten und den damit einhergehenden rapide wachsenden Einfluss seit Beginn der „Neolithischen Revolution", vor allem aber im Verlauf der technisch-industriellen Revolution über die letzten 250 Jahre aufzuzeigen. Bereits heute übertrifft die Aktivität des Menschen an Intensität viele Prozesse in der Natur – sieht man von Naturkatastrophen ab, die von ihm nicht beeinflussbar oder beherrschbar sind. Dennoch ist der Mensch auch in Zukunft von den natürlichen Ressourcen abhängig und er muss sich regional den Naturgegebenheiten anpassen.

Im Industriezeitalter ist es dem Menschen gelungen, durch genaue Kenntnis der Naturgesetze und deren technische Anwendung seine Umwelt einerseits zu gestalten, andererseits zu stören oder zu zerstören. Die aus der Störung und Zerstörung resultierenden negativen Folgen seines Handelns versucht der Mensch abzufangen, was ihm auf längere Sicht selten gelingt. Die natürlichen Lebensgrundlagen einer weiterhin exponentiell wachsenden Menschheit können auch durch langfristige, schleichende Prozesse zerstört werden. Erfolgt keine Sanierung bisheriger Schäden, dann werden zukünftigen Generationen Erblasten übertragen, welche diese nur schwer tilgen können! Generell werden sich Umweltprobleme weltweit, insbesondere aber in krisenanfälligen Regionen wie Schwellenländern, unterentwickelten Ländern sowie extremen Klimaregionen, verschärfen und sind nur mit hohem Einsatz an Know-how und Finanzmitteln zu bewältigen. Gerade mit Blick auf die Zukunft ist es aus geowissenschaftlicher Sicht und aus ethischer Verantwortung höchste Zeit, die bisherigen Eingriffe des Menschen in die lebensnotwendigen Stoffkreisläufe zu bilanzieren. Welch unterschiedlicher Art die Eingriffe sind, wird am Beispiel des Ruhrgebiets, dieses montanindustriellen Ballungsraums mit über 5 Mio. Einwohnern, deutlich (Tab. 1.1).

Die meist komplexen Zusammenhänge zwischen Natur und Mensch sowie zwischen allen Teilen der Biosphäre und den übrigen Sphären – einschließlich der darin enthaltenen Ressourcen für die Organismen und den Menschen selbst – sind zu klären. Ohne fundierte Kenntnisse dürfen künftig keine Großprojekte begonnen werden wie zum Beispiel große Bewässerungsprojekte in ariden Gebieten. Weltweit gibt es Entwicklungen, die ohne wissenschaftlich fundierte Kontrollen oder ein langfristiges Monitoring in schleichende katastrophale Vorgänge einmünden werden. Solche Prozesse sollten frühzeitig als anthropogen induzierte Katastrophen erkannt werden, deren Auswirkungen die von Naturkatastrophen sogar übertreffen können.

Daher ist es erforderlich, natürlich bedingte Veränderungen von anthropogen bedingten zu unterscheiden. Dies soll in den einzelnen Kapiteln des Buches herausgearbeitet werden. Die erreichten Dimensionen der Eingriffe – wie die großräumige Vernichtung der Regenwälder oder die Verschmutzung bzw. Belastung von Böden, Gewässern sowie der Meere und der globalen Atmosphäre – sind höchst alarmierend! Daran ändern die bislang erfolgten Umweltschutzmaßnahmen nur wenig. Durch die exponentielle Zunahme der Weltbevölkerung wird ein großer Teil der positiven Effekte wieder aufgehoben.

Da die Georessourcen endlich sind, dürfen diese nur so genutzt werden, dass auch zukünftige Generationen davon profitieren. Eine **nachhaltige Nutzung** ist möglich, wenn alle Naturraumpotenziale wie Landschaft, Böden, Wasser, mineralische Rohstoffe und biosphärische Ressourcen als integriertes System von Geosphäre und Biosphäre und somit als Geobiosphäre betrachtet werden. Die naturgesetzlichen Verknüpfungen der Nahrungsketten in und zwischen den verschiedenen Ökosystemen müssen dabei

Tab. 1.1 Eingriffe des Menschen und ihre Folgewirkungen im Ruhrgebiet

Sektoren	Eingriffe und Folgewirkungen
Landwirtschaft	**Pflügen, Düngung** **Moorkultivierung** ○Monokulturen • Bodenveränderungen chemisch und physikalisch •Bodenwasserhaushalt • Ökosystemänderung
Verkehrswegebau	**Straßen-,Kanal-, Tunnelbau** □Bodenversiegelung ▲ Zerschneidung von Geoökosystemen
Wasserbau	**Staudämme,Talsperren, Flussregulierung, Kanalbau** ■ Wasserhaushalt •Strömungsdynamik • Veränderungder Ökosysteme
Wasserwirtschaft	**Grundwassergewinnung, Flusswasserwirtschaft** □ Grundwassernutzung ○Tiefenwässernutzung, Geothermie
Städtebau	**Hohe Besiedlungsdichte** **Häuser und Infrastrukturen** •Flächenversiegelung □Bodenaufhöhungen •Müllakkumulation ○ Ökosystemvernichtung ○Stadtklima
Rohstoffgewinnung/Bergwirtschaft	**Techrosion und Massenverlagerung im Tagebau und Bergbau** ▲Grundwasserabsenkung ▲ Störungder Hydraulikund Geochemieder Oberflächengewässer ■Subsidenz/Bergsenkung/Bergschäden ■Haldenkörper, Reststoffdeponien ■ Störung geologischer Lagerungsverhältnisse
Industrie, Schwerindustrie, Kokereiwesen	**Aufbereitung und Produktion** • Schadstoffimmissionen inWasser, Boden und Luft ▲ Grundwasserbelastungen ▲Altlasten;Kriegsaltlasten

○ großflächig verbreitet
□ stark bzw. hoher Anteil
• sehr hoch bzw. sehr stark verändert
▲ extrem stark (z. T. irreversibel)
■ irreversibel (Ewigkeitslasten)

genauestens beachtet werden, da insbesondere langfristige Schäden unter allen Umständen vermieden werden müssen.

1.3 Erkenntnisfortschritte in den letzten Jahrzehnten

Das heutige geologische Weltbild ist mobilistisch geprägt. Dies bedeutet gegenüber bisherigen Vorstellungen einen Paradigmenwechsel: Das plattentektonische Konzept geht davon aus, dass auf unserem Planeten Erdkrustenplatten in Bewegung sind. Dabei bilden sich Ozeanböden neu, wenn Platten auseinanderdriften. Bewegen sich zwei Platten aufeinander zu, wird eine Subduktionszone gebildet, indem der Ozeanboden unter die Kontinentalplatten geschoben wird. Es bestehen enge dynamische Zusammenhänge zwischen der Bildung von Hochgebirgen, den aktiven Vulkan- und Erdbebenzonen sowie der Lagerstättenbildung. Ein Beispiel, das diesen Zusammenhang zeigt, ist der „pazifische Feuergürtel" mit zwei Dritteln aller in heutiger Zeit aktiven Vulkane.

Diese Erkenntnisse konnten gewonnen werden, weil seit Beginn der 70er-Jahre des 20. Jahrhunderts viele Hundert Bohrungen in allen Weltmeeren bis in größere Tiefe niedergebracht wurden. Der Einsatz radiometrischer Altersbestimmungsmethoden sowie die Entwicklung einer Feinstratigraphie mithilfe von Mikrofossilien haben es in jüngster Zeit ermöglicht, weltweit gleich alte Schichten miteinander zu korrelieren. Hinzu kamen geochemische Methoden, elektronenmikroskopische Untersuchungen sowie geophysikalische Messverfahren, mit denen tektonische Strukturen und Rohstofflagerstätten genauer erkundet werden konnten. Forschungsbohrungen wie die Kontinentale Tiefbohrung (KTB) bei Windischeschenbach in der Oberpfalz reichen in eine Tiefe von fast 9101 m (Abb. 1.3).

Diese Erkenntnisfortschritte ermöglichten die Entdeckung weiterer zum Teil riesiger Erdöl-, Erdgas- und Methanhydratlagerstätten auf dem Festland und im Meer. Die Entdeckung vieler Erzlagerstätten wurde erst durch den Einsatz von Forschungsschiffen und Fernerkundung durch Satelliten möglich. Riesige Manganknollenfelder auf den Ozeanböden der Tiefsee wurden entdeckt und näher erkundet. Sie haben aufgrund ihrer hohen Gehalte an Buntmetallen und „seltenen" Elementen zu neuen Begehrlichkeiten der Industriestaaten beigetragen.

Stark erweitert wurde auch das Wissen über die Evolution der Organismen seit 3,8 Mrd. Jahren und ihrer Lebensbedingungen. Umwälzende Veränderungen der Umweltbedingungen prägten den Erdball in den letzten 550 Mio. Jahren. Weltweite geologische Events und Katastrophen steuerten auch die Evolution der Organismen und lenkten sie in neue Bahnen. Das globale Massenaussterben vor rund 65 Mio. Jahren an der Grenze Kreide/Tertiär, bei dem Ammoniten, die Dinosaurier und andere große Organismengruppen aussterben, wurde von einem Asteroideneinschlag verursacht. Aber auch ein global verstärkter Vulkanismus kann ein zusätzlicher Auslöser des Massenaussterben gewesen sein. Insgesamt hat es bisher im Laufe der durch Fossilien gut belegten Erdgeschichte 5 Massenaussterben gegeben, deren Ursachen noch strittig sind.

Abb. 1.3 Bohranlage der Kontinentalen Tiefbohrung (KTB) – im Stadium der Vorbohrung – in Windischeschenbach/ Oberpfalz

Neue Erkenntnisse über die komplexen Beziehungen zwischen Lithosphäre, Hydrosphäre, Biosphäre und Atmosphäre im Verlauf der Erdgeschichte werfen mehr Licht auf die heutige Umwelt. Extraterrestrische Forschungen lassen heute Rückschlüsse auch auf die frühe Erdentwicklung vor Jahrmilliarden zu. Die Suche nach dem Ursprung des Lebens auf der Erde dauert an. Inwieweit die ersten Organismen durch vulkanische und biochemische Prozesse am Meeresboden oder noch tiefer in der Erdkruste entstanden, wird derzeit – auch im Hinblick auf die Lebensformen auf anderen Planeten – untersucht. Erst auf dem Hintergrund der gesamten mehr als 4 Mrd. Jahre langen Erdgeschichte lassen sich der Aufbau der Erde, die Evolution von Pflanzen und Tieren, aber auch die Stellung des Menschen und sein Einwirken auf die Umwelt verstehen.

Bedeutung der Geowissenschaften für die Gesellschaft

2.1 Aufgaben der Geowissenschaften

Die Aufgaben der Geowissenschaftler/innen sind vielfältig. Als Geolog/innen untersuchen sie Aufbau und Entstehung der Erde, als Paläontolog/innen oder Paläoökolog/innen die Formen früheren Lebens auf den Kontinenten und im Meer. Als Mineralog/innen und Petrograph/innen beschäftigen sie sich mit der Entstehung und Zusammensetzung der Minerale und Gesteine, als Bodenkundler/innen mit der Entstehung und Verbreitung sowie der Nutzung der unterschiedlichen Böden, während Geomorpholog/innen die Gestalt der Erdoberfläche interessiert. Tiefer in die „Schalen" unseres Planeten blicken die Geophysiker/innen – aber auch höher hinauf in die Lufthülle, deren Eigenschaften sie erforschen. Meteorolog/innen und Klimatolog/innen studieren das Wetter und die Klimazonen von arktischen Breiten bis in die Tropen. Aber bei den weltweit größten Aufgaben – wie dem Erhalt der Artenvielfalt oder dem Schutz der Böden oder der marinen Umwelt sowie der Herausforderungen durch den Klimawandel – bedarf es einer Kooperation, die klassische Fächergrenzen sprengt.

Gerade auch die Teildisziplinen der Geographie sind für das Verständnis aller Wechselbeziehungen zwischen Erde und Mensch von herausragender Bedeutung. Insbesondere sind Wirtschafts- und Verkehrsgeographie seit langer Zeit mit den auf der Erde nutzbaren Ressourcen sowie den landschaftsräumlichen Gegebenheiten befasst. Sozial- und Anthropogeographie konzentrieren sich auf die Wechselbeziehungen des Menschen untereinander. In vielen Projekten spielt heute das Wohlbefinden des Menschen eine zentrale Rolle, sodass die einzelnen geowissenschaftlichen Disziplinen etwa auf den Gebieten des Energiemanagements unter Nachhaltigkeitsaspekten oder bei der Sicherung der Biodiversität auf die Zusammenarbeit mit Ökologen, aber auch Volkswirtschaftlern angewiesen sind.

Die Umweltgeologie – als junge Teildisziplin der Geowissenschaften – befindet sich in rascher Entwicklung und gewinnt immer größere Bedeutung. Fachübergreifend nutzt die Umweltgeologie die ganze Breite geowissenschaftlicher Erkenntnis, aber auch zahlreicher Nachbardisziplinen, um die Abhängigkeit der menschlichen Existenz von den Georessourcen herauszuarbeiten und um die Eingriffe des Menschen in den Bestand der Geosphäre und der Lebensräume mit ihren Auswirkungen zu erfassen.

In welcher Form und wofür tragen Naturwissenschaftler/innen und insbesondere die Geowissenschaftler/innen heute Verantwortung? Welchen ethischen und moralischen Grundsätzen sind die Geowissenschaftler/innen bei ihrer Forschung und im Hinblick auf die Anwendung ihrer Erkenntnisse verpflichtet?

Erst wenn aus der Erdgeschichte und der gesamten Evolution von Pflanzen, Tieren und Menschen zuverlässige Rückschlüsse auf die Gegenwart und die Zukunft möglich sind – und als völlig neue *conditio* der Mensch als Geofaktor ersten Ranges (d. h. in seiner Sonderstellung im Rahmen der evolutionären Entwicklung) voll einbezogen wird, kann die ganze Verantwortung des Geowissenschaftlers ermessen werden.

Aus der großen Anzahl der Fragen, mit denen sich Geowissenschaftler/innen befassen, sollen **vier Kernfragen** hervorgehoben werden, die für die Zukunft des Menschen auf der Erde und seiner naturgegebenen Lebensgrundlagen von existenzieller Bedeutung sind:

- Reichen die nicht regenerierbaren Ressourcen, also das Geopotenzial bzw. Naturraumpotenzial – wie vor allem mineralische Rohstoffe, Energieträger, Wasser, Boden – aus, um eine Weltbevölkerung zu versorgen, die sich in den nächsten vier Jahrzehnten wahrscheinlich auf 10 Mrd. Menschen erhöhen wird?
- Welche Folgen haben die immens angewachsenen zerstörerischen Eingriffe des Menschen in die Landschaft, aber auch bereits im marinen Bereich, auf geoökologische Gleichgewichte bzw. Prozesse?
- Wie lassen sich künftig katastrophale Entwicklungen rechtzeitig erkennen und ihre Folgen minimieren? Wie hoch ist dabei das vom Menschen selbst produzierte Gefahrenpotenzial (zum Beispiel Nuklearwaffen, Klimakatastrophen) mit all den möglichen Auswirkungen für Erde, Mensch und Umwelt der Organismen?
- Was bedeutet es, wenn eine Geowissenschaftlerin oder ein Geowissenschaftler im 21. Jahrhundert in die Zukunft unseres Blauen Planeten, des „Raumschiffes Erde", blickt? Welche Möglichkeiten gibt es, um Aussagen über die Zukunft zu machen?

Die Geologie im weitesten Sinne ist im täglichen Leben in vielerlei Weise gegenwärtig: die Heizung in der Wohnung, das Benzin, das Auto – mit seinen vielen verbauten Metallen – oder die Kunststoffe, die aus Erdöl oder Erdgas hergestellt werden! Man macht sich nicht klar, in welch immensem Umfang heute nicht regenerierbare Rohstoffe, die aus der Erdkruste stammen, verbraucht werden. Wie viele Rohstoffe unterschiedlichster Art jeder Deutsche in 70 Lebensjahren verbraucht, ist kaum jemandem bewusst. Der Sand- und Kiesverbrauch liegt bei über 200 t pro Person in dieser Zeit. In gleicher

2.1 Aufgaben der Geowissenschaften

Größenordnung liegt der Bedarf an Hartgestein (etwa für Baustoffe wie Straßenschotter). Tab. 2.1 zeigt, wie viel jeder Deutsche in 70 Lebensjahren verbraucht.

Zweifellos ist die Erde – wie es schon der Geologe HANS CLOOS (1936) in seiner *Einführung in die Geologie* ausdrückte – „der Wohn- und Entwicklungsraum des Menschenstammes" und zugleich die „verzweigte Kammer seiner Nähr- und Arbeitsvorräte" (Abb. 2.1). Heute wird jedoch die Schatzkammer Erde mehr denn je ausgebeutet, ja geplündert. In den vergangenen 100 Jahren wurden mehr Rohstoffe gefördert als in den 5000 Jahren zuvor. Bergbauliche Aktivitäten sind seit über 30.000 Jahren belegt. Die

Tab. 2.1 In 70 Lebensjahren verbraucht jeder Deutsche mineralische Rohstoffe in diesen Mengen. (Nach BECKER-PLATEN 1991; BAHLBURG und BREITKREUZ 2008; BGR 2008)

220,00 t	Sand und Kies (v. a. SiO_2)
190,00 t	Hartsteine (v. a. Magmatite)
165,00 t	Erdöl (Kohlenwasserstoffe)
150,00 t	Braunkohle (v. a. C und H_2O)
65,00 t	Kalkstein ($CaCO_3$)
60,00 t	Steinkohle (v. a. C)
35,00 t	Stahl (Fe und Stahlveredler)
24,00 t	Zement ($CaCO_3$ und Ton)
23,00 t	Industriesande (z. T. Quarzsande)
12,00 t	Steinsalz (NaCl)
11,00 t	Tone (z. B. Ziegelton)
6,80 t	Gips ($CaSO_4 \cdot 2H_2O$), Anhydrit $CaSO_4$
3,50 t	Dolomit $CaMg(CO_3)_2$
3,50 t	Kaolin/Porzellanerde $Al_2(OH)_4Si_2O_5$
3,40 t	Rohphosphat (v. a. Ca und $[PO_4]$)
2,70 t	Aluminium (Al)
1,80 t	Torf (humifizierte Pflanzenreste)
1,80 t	Naturwerksteine
1,80 t	Kupfer (Cu)
1,60 t	Kalisalze (KCl, $KMgCl_3 \cdot 6 H_2O$)
1,00 t	Stahlveredler (v. a. Mn, Cr, Ni, Co, Mo)
0,60 t	Zink (Zn)
0,60 t	Bentonit (Aluminiumsilikat)
0,50 t	Schwefel (S)
0,35 t	Blei (Pb)
0,35 t	Feldspat ($KAlSi_3O_8 - NaAlSi_3O_8$)
0,25 t	Schwerspat ($BaSO_4$)
83.000 m^3	Erdgas (Kohlenwasserstoffe)

Abb. 2.1 Der Bonner Geologe HANS CLOOS (1885–1951), der in seinem Werk *Gespräch mit der Erde* (1947:14) die Einheit von Erde und Mensch beschwor. (Foto: Luftbildatelier Schafgans, Bonn, Aufn. 1949)

älteste geologische Karte wurde vor fast 3200 Jahren in Ägypten erstellt (um 1160 v. Chr.). Hierbei handelt es sich um eine lagerstättenkundliche Karte mit Goldvorkommen im Wadi Hammamat in Ägypten („Turin-Papyrus"). Seit fünf Jahrtausenden existierten vermehrt Feuersteinbergwerke in Deutschland, den Niederlanden und Belgien sowie in England, Dänemark, Finnland und Polen. Tausende von trichterförmigen Schächten wurden niedergebracht, um den bergfeuchten Feuerstein aus der Schreibkreide zu gewinnen, der besser bearbeitbar war als der, welcher sich an der Erdoberfläche fand.

Das Verhältnis von Lebewesen zu ihrer natürlichen Umwelt, aber auch die Beziehung zwischen Mensch und Umwelt ist durch die Aktivitäten des Menschen heute zum Teil extrem hohen Belastungen ausgesetzt. Infolge der Bevölkerungsexplosion und des dynamischen Fortschritts der Technik ist das Leben auf der Erde existenziell bedroht. Viele Vorgänge, die heute ablaufen, waren im letzten Jahrhundert noch nicht vorstellbar. So ist der Mensch heute in der Lage – gewollt oder ungewollt – die gegebenen Verhältnisse auf den Kontinenten, in den Ozeanen und in der Atmosphäre über das bisherige Ausmaß hinaus grundlegend zu verändern. Erstaunlich daran ist, dass der Mensch inzwischen weltweit zu einem der wirksamsten geologischen Faktoren aufgestiegen ist, sich aber der ganzen Tragweite – auch im Hinblick auf die Sicherung der Lebenschancen zukünftiger Menschheitsgenerationen – noch nicht hinreichend bewusst geworden ist.

Wenn hier vom Menschen als geologischem Faktor gesprochen wird – oder kurz vom Geofaktor Mensch – dann ist damit seine herausragende Stellung als Veränderer geologischer Gegebenheiten und Prozesse gemeint. Seine Eingriffe haben vielfach schwere und oft irreversible Folgen. Sie schädigen Umwelt und Natur und bedrohen letztlich die Existenz der Menschheit selbst. Die Folgen sind meistens komplex und reichen weit in die Zukunft. Der Mensch wird damit zu einer geologischen Kraft; die Vielfalt der Eingriffe wird in Kap. 4 dargestellt. Obwohl der wissenschaftliche und technische Fortschritt die Möglichkeit bieten, umweltverträgliche Lösungen zu finden und nachhaltig zu wirtschaften, werden nach wie vor viele Eingriffe des Menschen schädliche oder zerstörerische Folgen haben. Die bisher auf Wachstum ausgerichtete Wirtschaftsweise hat dazu geführt, dass auch der Technikeinsatz mehr auf Quantität als auf Qualität, Effizienz und Nachhaltigkeit orientiert war. Hier bedarf es einer Umsteuerung, um Ressourcen und Lebensräume zu schützen.

Die Geowissenschaftler/innen, die das System Erde studieren, müssen daher entscheidend dazu beitragen, Ursachen und Folgen dieser bedrohlichen Entwicklung auf unserem Planeten aufzuzeigen sowie die existenziellen Probleme zu benennen. Durch die Vielseitigkeit ihrer Methoden, aber auch den Einsatz ihres Wissens bei der Lösung aktueller Umweltprobleme, können sie entscheidend dazu beitragen, dass die natürlichen Gleichgewichte nicht noch stärker gestört werden als sie es bereits sind! Ein neues Bewusstsein von der Komplexität der Zusammenhänge erfordert eine ganzheitliche Betrachtungsweise. Viele Gefahren, die sich im Hinblick auf die künftige Entwicklung der Erde abzeichnen, lassen sich nur vor dem Hintergrund des Gesamtsystems Erde abschätzen.

2.2 Geowissenschaften und die Lösung von Umweltproblemen

Warum sind gerade Geowissenschaftler/innen besonders geeignet, Umweltprobleme zu erforschen und zu ihrer Lösung beizutragen?

1. Sie verfügen über Grundlagen- und Spezialwissen auf folgenden Gebieten:
   - Geologischer Aufbau der Erdkruste und Landschaftsentstehung: regionalgeologische Grundlagen (Schichtenaufbau und tektonische Lagerung)
   - Boden - und Gesteinseigenschaften: petrologische, mineralogische und geochemische Gegebenheiten; Beurteilung des Faktors Zeit und der erdgeschichtlichen Entwicklung des Naturraums
   - Exogen-dynamische Prozesse: Verwitterung, Erosion, Transport, Sedimentation, Massenbewegungen; Formung der Erdoberfläche; Veränderungen des Meeres und der Küsten

- Endogen-dynamische Prozesse: Vulkanismus und Erdbeben (Naturkatastrophen), tektonische Hebungs- und Senkungsprozesse
- Verbreitung, Vorkommen, Bewegung und Beschaffenheit des Wassers: Oberflächenwässer: Quellen, Heilquellen, Flüsse, stehende Gewässer Grundwasser: Vorkommen, Hydraulik, Hydrogeochemie
- Bodenkundliche Gegebenheiten und Prozesse: Bodenbildung, Bodentypen, Bodenarten, bodenphysikalische und bodenchemische Eigenschaften der Böden

2. Sie verfügen über grundlegende Kenntnisse zur historischen Entwicklung der Erdkruste und ihrer Stoffkreisläufe:
   - Erdgeschichtliche Entwicklung einer Landschaft, des Potenzials von Pflanzen- und Tierarten (Evolution)
   - Kreislaufprozesse im Bereich des exogenen Bereichs bzw. der Geobiosphäre; Abhängigkeit von den jeweiligen Umweltbedingungen in erdgeschichtlicher Vergangenheit (Paläogeographie, Paläoklimatologie, Paläoökologie, Paläobiologie)
   - Gesetzmäßigkeiten endogener Prozesse innerhalb der Erdkruste, insbesondere der geochemischen Stoffkreisläufe

3. Sie verfügen über ein praktisch-technisches Wissen, wie es zur Lösung vor allem von Planungsaufgaben, zur Ressourcensicherung, bei der Umweltsanierung sowie im Naturschutz erforderlich ist:
   - Spezialkartierung (geologische, hydrogeologische, bodenkundliche, lagerstättenkundliche, ingenieurgeologische Karten, Naturraumpotenzialkarten und sonstige geowissenschaftliche Karten)
   - Lagerstätten- und Montangeologie (Bergbau, Rohstoffwirtschaft)
   - Bau- und Ingenieurgeologie (Standsicherheit von Gebäuden, Anlagen)
   - Hydrogeologie (Grundwassergewinnung, Grundwasserschutz)
   - Bodenkunde (Landwirtschaft, Forstwirtschaft, Rekultivierung)
   - Angewandte Geologie und Geophysik (Naturkatastrophenvorsorge)
   - Umweltgeochemie (Umweltschutz, Deponiewirtschaft, Endlagersicherheit)

Der aktive Eingriff des Menschen in den Naturhaushalt führt zwangsläufig zu einer Veränderung der natürlichen Umwelt von Tieren und Pflanzen, letztlich auch der Umwelt des Menschen selbst. Auch die abiotischen Gegebenheiten werden neuen Umweltbedingungen unterworfen. Der Bau einer Großtalsperre führt zum Beispiel zur Veränderung der Grundwasserverhältnisse, diese wiederum wirken sich auf chemische sowie physikalische Eigenschaften und Prozesse aus. Umgekehrt gehen von dieser veränderten Umwelt Einwirkungen auf das Bauwerk selbst und seine Umgebung aus. Die Auflast des Wassers kann so zu Veränderungen des Gebirgsdrucks und damit zu anthropogen ausgelösten Beben führen. Die vergrößerte Wasserfläche steigert die Verdunstung, wodurch klimatische Veränderungen bewirkt werden oder es auch zum Verlust von kostbarem Trinkwasser kommt. Von einer gut durchdachten Planung hängen die möglichen Risiken und Folgen ab (Abb. 2.2).

2.2 Geowissenschaften und die Lösung von Umweltproblemen

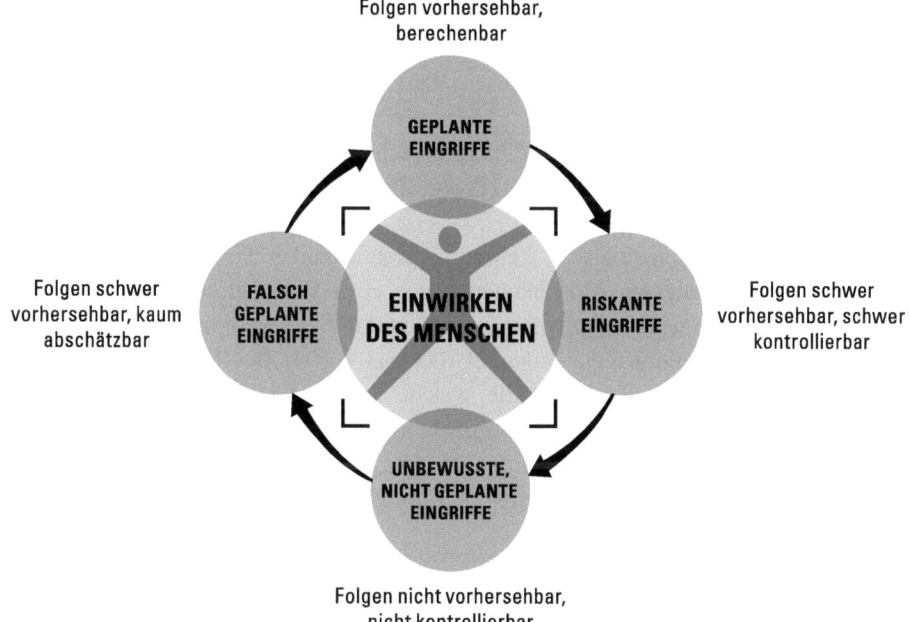

Abb. 2.2 Die Vorhersehbarkeit der Folgen menschlichen Einwirkens in Abhängigkeit der Planung

Der anthropogene Eingriff in die Natur ist somit Auslöser einer Kausalkette von Ereignissen, die ihrerseits Rückwirkungen auf die Umwelt haben. Die negativen Folgewirkungen betreffen auch den Menschen selbst. Diese müssen berechenbar oder zumindest abschätzbar sein. Natürliche Stoffkreisläufe sind bereits heute so stark gestört, dass irreversible Aus- und Rückwirkungen im globalen Maßstab zu erwarten sind, die vom Menschen nicht mehr oder nur begrenzt steuerbar sind. Alle Einwirkungen müssen daher in Bezug auf die gesamte betroffene Umwelt (Geosphäre, Biosphäre) gesehen werden. Da die geogenen Faktoren weiterhin wirksam sind, lässt sich der Mensch als geologischer Faktor nur im Gesamtgeschehen beurteilen.

In geologischen Zeiträumen ablaufende Prozesse, die in der Regel irreversibel sind und damit Folgen von Prozessen im Lauf der Erdgeschichte darstellen, sind folgende:

- Endogene und exogene dynamische Prozesse
  - Gebirgsbildungsvorgänge
  - Erosions- und Sedimentationsvorgänge
  - Magmenaufstieg und vulkanische Prozesse
  - Gravitativ ablaufende Vorgänge
- Kreislaufgeschehen

- Stoffkreisläufe (insbesondere der lebenswichtigen Elemente)
- Zyklen, Rhythmen (zum Teil astronomisch bedingt)
• Naturkatastrophen
• Evolution der Biosphäre
  - biologische, phylogenetische und biochemische Gesetze bzw. Prozesse
  - Wechselwirkungen mit Geosphäre (Pedo-, Litho-, Hydro-, Atmosphäre)

Teile dieser sich über geologische Zeiträume erstreckenden Prozesse können jedoch auch in wesentlich kürzerer Zeit ablaufen – wie etwa Verwitterungs-, Erosions- oder Sedimentationsvorgänge. Auch gravitativ, das heißt durch Schwerkraft bedingte Prozesse wie Rutschungen oder Bergstürze laufen relativ kurzzeitig ab. Bei Stoffkreisläufen lassen sich kurze, mittlere und große Kreisläufe, welche sich über Millionen Jahre erstrecken, unterscheiden. Naturkatastrophen – wie Erdbeben, Vulkanausbrüche oder Asteroideneinschläge – sind meist ebenfalls kurzzeitige Abläufe, deren Folgewirkungen jedoch über lange geologische Zeiträume sichtbar sind (s. Kap. 5).

2.3 Geowissenschaften und die Industriegesellschaft

Geologisches Wissen wird überall dort eingesetzt, wo eine genaue Kenntnis der Beschaffenheit von Gesteinen, ihrer Verbreitung und ihrer Lagerungsverhältnisse erforderlich ist. So kann zum Beispiel für Bauzwecke die mineralogische Zusammensetzung der Gesteine im Hinblick auf die Festigkeit und die Verwitterungsbeständigkeit von ausschlaggebender Bedeutung sein. Ferner geht es darum, Bauwerke sicher zu gründen (Baugrunduntersuchung) oder wertvolle mineralische Rohstoffe aufzuspüren und diese für eine Nutzung genau zu erkunden. Hierbei ist es vor allem die Aufgabe von Geolog/innen, die regionalgeologischen Verhältnisse und lagerstättenkundlichen Gegebenheiten näher zu bestimmen und die günstigsten Bedingungen etwa für die Bauwerksgründung oder den Abbau eines Rohstoffs herauszufinden. Ähnliches gilt für die Anlage großer Verkehrsanlagen (Tunnel, Straßen, Kanäle, Brücken) oder für die Grundwassergewinnung, bei der es auf eine nachhaltige Bewirtschaftung ankommt. Nachhaltig bedeutet hier, dass nicht mehr Wasser aus dem Grundwasserleiter entnommen werden darf, als an Grundwasser neu gebildet wird. Dies gilt für aride Regionen, in denen Wassermangel herrscht (Abb. 2.3), wie auch für Industrieländer mit ausreichenden Wasserressourcen (Abb. 2.4).

2.3 Geowissenschaften und die Industriegesellschaft

Abb. 2.3 Alter ländlicher Brunnen im Tafilalet nordwestlich von Erfoud in Marokko. (Foto: M. REICHARDT)

Die gezielte Anwendung stratigraphischer, petrologischer und regionalgeologischer Erkenntnisse (hierunter versteht man die altersmäßige Folge der Ablagerungen sowie ihren Gesteinscharakter und ihre räumliche Lage) erfolgt vor allem im Bergbau, im Bauwesen sowie in der Landwirtschaft und in der Wasserwirtschaft. Aber auch viele andere Zweige der Wirtschaft profitieren von den „Angewandten Geowissenschaften". Hier sind es vor allem Ingenieur- und Baugeologie, Hydrogeologie und Hydrochemie, die am stärksten anwendungsorientiert sind. Inzwischen nehmen jedoch die Umweltgeowissenschaften eine ebenso wichtige Rolle ein wie die angewandte Geophysik, die seit vielen Jahrzehnten auf dem Lagerstättensektor (Prospektion von Erdöl, Erdgas, Kohle, Erze) wesentliche Beiträge liefert und die heute verstärkt auch auf dem Gebiet des Umweltschutzes – zum Beispiel Altlastenerkundung, Altbergbausanierung, Brachflächensanierung – eingesetzt wird.

Abb. 2.4 Aquädukt der rund 2000 Jahre alten und 95 km langen römischen Wasserleitung von der Eifel nach Köln bei Mechernich-Vussem/Eifel, rekonstruierter Teil des 80 m langen Aquäduktes

Bereits der bedeutende und weltbekannte Geologe LEOPOLD VON BUCH (1774–1853) hat 1806 auf die engen Beziehungen zwischen den Menschen und der Erde aufmerksam gemacht. Einige seiner Ideen und Erkenntnisse wurden von ALEXANDER VON HUMBOLDT aufgenommen. BERNHARD VON COTTA (1808–1879) hat Mitte des 19. Jahrhunderts in zwei seiner grundlegenden Werke – *Deutschlands Boden, sein geologischer Bau und dessen Einwirkung auf das Leben des Menschen* (1854) und *Die Geologie der Gegenwart* (1866) – darauf hingewiesen, welche große Bedeutung die konsequente Anwendung geologischen Wissens für die Land- und Forstwirtschaft, das Bauwesen und die gesamte Volkswirtschaft hat. Die Einwirkung des Menschen auf Böden durch die Landwirtschaft zeigt Abb. 2.5.

Mit modernsten geophysikalischen Forschungs- und Erkundungsgeräten werden bei steigendem finanziellem Einsatz heute auf allen Kontinenten, auch in der Arktis und Antarktis, neue Vorkommen von Erzen, Braun- und Steinkohle sowie von Erdöl und Erdgas entdeckt. Es ist die Aufgabe des Montangeologen, ein Rohstoffvorkommen nach

2.3 Geowissenschaften und die Industriegesellschaft

Abb. 2.5 Podsolboden mit Brauneisen- und Manganfärbung, die zum Teil ehemaligen Baumwurzeln folgt. Podsole dieses Typs entstanden nach Waldrodung, Heidebildung und extensiver Landnutzung (Wintermoor/ Lüneburger Heide)

seiner räumlichen Erstreckung, der Qualität, den unterschiedlichen Vorratsklassen und sonstigen wirtschaftlich wichtigen Determinanten zu erkunden und zu bewerten. Nur so lässt sich eine Lagerstätte für eine spätere Gewinnung vorbereiten und ein umweltverträglicher Abbau gewährleisten. Ein anderes Beispiel ist die felsmechanische und ingenieurgeologische Erkundung von Tunneltrassen, etwa Bundesbahn-Tunnel der ICE-Schnellbahnstrecke Hannover–Würzburg (Abb. 2.6), der Kanaltunnel Frankreich–England, Gotthard-Basistunnel und der Brenner-Basistunnel (im Bau). Die letzteren gehören zu den weltgrößten Tunnelprojekten. Die Standorterkundung von Talsperrenmauern, Brückenbauwerken oder den großen ausgesolten Kavernen in Salzstöcken Norddeutschlands, die zum Beispiel der Einlagerung von Erdöl und Erdgas dienen, erfordern aus Stabilitätsgründen die größte Sorgfalt bei der Planung, beim Bau sowie bei der dauerhaften Wartung.

Abb. 2.6 Eisenbahntunnel in Nordhessen während des Baus der ICE-Strecke Hannover–Würzburg. Überdimensionale Querschnitte bedingten große Aushubmassen, die als Dämme in das Tal vorgeschüttet wurden

Natürlich müssen sich alle diese Aktivitäten an konkreten, technischen oder wirtschaftlichen Erfordernissen orientieren, die bereits bei der geologischen Erkundung zu berücksichtigen sind. Darüber hinaus geht es darum, die ökonomisch günstigste Lösung unter den gegebenen geologischen Bedingungen zu finden. Für den Abbau eines Vorkommens nutzbarer Rohstoffe gehören die Wirtschaftlichkeit, die Umweltverträglichkeit sowie die Nachhaltigkeit zu den unerlässlichen Voraussetzungen.

Ziele und Aufgaben der Umweltgeologie

3.1 Umweltgeologie als aktuelles Forschungsgebiet

Die Menschheitsgeschichte und die Entwicklung der Kulturen ist mit den abiotischen Gegebenheiten der Erde – vor allem Landschaft, Boden, Klima, Luft, Wasserhaushalt – in engster Weise verknüpft. Diese Abhängigkeit menschlicher Siedlungs- und Wirtschaftsformen von physisch-geographischen Faktoren wurde bereits zu Beginn des 19. Jahrhunderts durch CARL RITTER (1779–1859) erkannt. Der Geograph und Zoologe FRIEDRICH RATZEL (1844–1904) begründete die Anthropogeographie. Analog diesem Begriff wäre daher die Bezeichnung „Anthropogeologie" (HEINRICH HÄUSLER 1959) für alle Abhängigkeiten der menschlichen Existenz von der geologischen Umwelt naheliegend. Diese Arbeit von HEINRICH HÄUSLER, die den Titel „Das Wirken des Menschen im geologischen Geschehen" trägt und von geologisch-technischen Untersuchungen im Großraum Linz ausgeht, werden die Aufgaben einer Anthropogeologie sowie ihre Anwendung für künftige Projekte dargelegt. Dabei wird auf ein umfangreiches Schrifttum verwiesen, das die menschlichen Eingriffe in den Naturraum belegt. Leider fand diese grundlegende Arbeit nicht die ihr gebührende Beachtung. Erst WERNER KASIG und DIETHARD E. MEYER (1984) griffen – ausgehend von den Umweltproblemen vor allem in Bergbau und Industrierevieren – diese Gedanken wieder auf, entschieden sich aber in Anlehnung an Begriffe wie Umweltphysik oder Umweltchemie für den Begriff Umweltgeologie als Disziplin in Forschung und Praxis. In Nordamerika war bereits, unter starker Betonung von ingenieur- und hydrogeologischen Aspekten, der Begriff *„environmental geology"* im Gebrauch.

Die Disziplin der **Umweltgeologie** wurde von WERNER KASIG und DIETHARD E. MEYER (1984) wie folgt definiert:

- Umweltgeologie ist die Lehre über die Abhängigkeit des Menschen von der geologischen Umwelt und über die Auswirkungen seines Eingriffs in den geologischen Kreislauf mit allen seinen Wechselwirkungen im abiotischen und biotischen Bereich in Vergangenheit, Gegenwart und Zukunft.
- In praktischer Hinsicht ist es das Ziel der Umweltgeologie, das Geopotenzial zu ermitteln und zu evaluieren, das globale Gleichgewicht im Naturhaushalt zu wahren und somit die Lebensgrundlagen der bestehenden Ökosysteme sowie die Fortentwicklung des Lebens auf der Erde – einschließlich des Menschen – zu sichern.

Umweltgeologie ist eine interdisziplinäre und integrierende Arbeitsrichtung im Gesamtbereich der Geowissenschaften, denn sie bedient sich der Ergebnisse aller naturwissenschaftlichen Fachrichtungen, aber auch zahlreicher Nachbardisziplinen unter Berücksichtigung gesellschaftsrelevanter Aspekte. Ähnliche Forderungen wurden von HEINRICH HÄUSLER (1959) und von GERD LÜTTIG (1976) erhoben.

Da der Mensch der Erdkruste in weiterhin steigendem Umfang erhebliche Rohstoffmengen entnimmt, bringt er nicht verwertbare Stoffe in die Umweltmedien Luft, Boden, Gesteinsuntergrund und Wasser ein. Er steuert natürliche und geologische Prozesse nach seinen Bedürfnissen. Diese Eingriffe führen nicht nur zur äußerlichen Umgestaltung der Erdoberfläche, sondern sie können unvorhersehbar und irreversibel die Lebensgrundlagen des Menschen bedrohen. Die Einbindung des Menschen in von ihm selbst veränderte geologische Prozesse zwingt daher zu maßvollem Umgang mit den Ressourcen und planvollem Handeln bei ihrer nachhaltigen Nutzung.

Ziele und Aufgaben der Umweltgeologie sind daher insbesondere:

- Anwendung der Erkenntnisse aus der geologischen Vergangenheit auf die künftige Entwicklung (Evolution von Tieren, Pflanzen und des Menschen selbst).
- Aktuo- und umweltgeologische Analyse des Verhältnisses Erde – Mensch – Umwelt unter Beachtung der natürlichen Stoffkreisläufe im Naturhaushalt
- Einbeziehung aller menschlichen Aktivitäten bei der Betrachtung der exogenen geologischen Prozesse und bei Wahrung des globalen Gleichgewichts.
- Berücksichtigung der durch Mensch und Technik bewirkten Umweltbelastungen in Lithosphäre, Pedosphäre, Hydrosphäre, Atmosphäre und Biosphäre.
- Rechtzeitige Ermittlung der Reserven sowie ihrer durch Abbau oder durch unplanmäßige Aktivitäten bewirkten Folgen.
- Berücksichtigung des Geopotenzials bei allen raumwirksamen Planungen.
- Berücksichtigung des Wohlbefindens der Menschen.
- Suche nach dem bestmöglichen Schutz der existierenden Pflanzen- und Tierarten und Erhaltung ihrer spezifischen Lebensräume.

Die Bedeutung der Umweltgeologie für die menschliche Existenz liegt in der nachhaltigen Nutzung des Geopotenzials. Dies gilt für die Versorgung mit mineralischen

Rohstoffen, die Energieversorgung und die Wasserversorgung sowie für den Bodenschutz, die Baugrundsicherung und den Naturschutz.

Solange die natürlichen Ressourcen in ausreichendem Maße vorhanden zu sein schienen, war es Hauptaufgabe des Geologen, diese zu lokalisieren und ihren wirtschaftlichen Abbau vorzubereiten. Der Erste, der deutlich auf die Erschöpfung der Erdölvorräte (*„peak oil"*) aufmerksam machte, war der amerikanische Geologe M. KING HUBBERT (1903–1989) in den 50er-Jahren des vorigen Jahrhunderts. Dass das **Geopotenzial** nicht unerschöpflich ist und die gesuchten Rohstoffe nicht überall verfügbar, sondern geographisch und zur Tiefe hin sehr unterschiedlich verteilt sind, war bereits BERNHARD VON COTTA (1854) bewusst. Diese lebenswichtigen Ressourcen sind jedoch grundlegende Voraussetzung für die Existenz aller Agrar- und Industriestaaten. Neben dem Boden und dem Grundwasser sind dies bestimmte Gesteine als Baurohstoffe (Sand, Kies, Kalkstein), Metallrohstoffe (Erze), Industrieminerale (zum Beispiel Diamanten, Flussspat, keramische Rohstoffe) und vor allem die fossilen Energierohstoffe (Steinkohle, Braunkohle, Erdöl, Erdgas) sowie Uran. Die fossilen Energieträger werden erst allmählich durch alternative und regenerative Energien ersetzt.

Alle diese nicht vermehrbaren mineralischen Rohstoffe werden von Lagerstättenkundlern prospektiert, erkundet und nach Qualität und Vorräten berechnet. Die im Vergleich zu früheren Zeiten immense Zunahme des Verbrauchs hat dazu geführt, dass immer neue, unbekannte Lagerstätten entdeckt wurden und solche mit relativ geringen Wertmetallgehalten – etwa bei Erzen – abbauwürdig wurden. Dies wiederum heißt, dass in zahlreichen hoch industrialisierten Staaten eine Reihe lebensnotwendiger Rohstoffe bei weiterhin steigendem Verbrauch bereits in der 2. Hälfte dieses Jahrhunderts kaum noch zur Verfügung stehen wird. Viele Vorkommen werden dann wirtschaftlich und technisch nicht mehr gewinnbringend abbaubar sein (zu geringer Erzgehalt). Andere Vorkommen werden durch zunehmende Umweltprobleme (wie das Anwachsen der Mengen an mitgefördertem Bergematerial) nicht mehr abbauwürdig sein. Bestimmte Erze werden jedoch nur zur Verfügung stehen, wenn man die Nachteile geringer Metallgehalte in Kauf nimmt. Zur Verwirrung in der Öffentlichkeit hat immer wieder der Begriff „statische Lebensdauer von Rohstoffen" geführt. Hierunter versteht man die zum gegenwärtigen Zeitpunkt jeweils verfügbaren Reserven geteilt durch den aktuellen Jahresverbrauch. Diese Lebensdauer kann sich aber durch weitere Prospektion erhöhen. Die Folge wird entweder eine Verknappung oder eine starke Verteuerung sein oder es werden immer größere Lagerstätten mit immer niedrigeren Gehalten und immer größerem Energieeinsatz abgebaut. Diese Energie steht auch nicht unbegrenzt zur Verfügung. Hinzu kommt, dass bereits heute die großen Minengesellschaften ihr Risiko durch die Wahl multimetallischer Lagerstättentypen gegen Schwankungen der Weltmarktpreise abzusichern suchen. Daraus ergibt sich die Gefahr, dass Rohstoffgewinnung auf dem Festland oder in der Tiefsee immer mit hohen Belastungen für die Umwelt verbunden ist. Es war vor allem der Göttinger Geologe JÜRGEN SCHNEIDER, der schon vor über 40 Jahren auf diese Gefahren im Zusammenhang mit der geplanten Gewinnung von Manganknollen in der Tiefsee hingewiesen hat (J. SCHNEIDER 1977).

Der weltweit steigende Rohstoffbedarf, seine Verteilung und die künftig zu erwartende Verknappung werden sich, wie dies auch bisher der Fall war, in verstärkten internationalen Spannungen zwischen den Rohstoffländern und den rohstoffärmeren und damit importabhängigen Staaten äußern. Zu letzteren zählt auch eine Reihe von Industrieländern wie Deutschland, das zahlreiche Rohstoffe importieren muss, nachdem ein Großteil ehemaliger Bergwerke in den letzten 50 Jahren stillgelegt wurden (Abb. 3.1).

In aller Deutlichkeit sei darauf verwiesen, dass viele militärische Konflikte einen offenen oder verdeckten Verteilungskampf um wertvolle Georessourcen darstellen. Zahlreiche Länder Afrikas sind in der letzten Zeit – und auch in Zukunft – mit Problemen der Wasserknappheit konfrontiert, die zu „Wasserkriegen" führen können.

Der Mensch der Zukunft muss nicht nur die Naturgesetze und die dynamischen Prozesse im Verlauf der Naturgeschichte verstanden haben. Er muss auch begriffen haben, dass er selbst in letzter Konsequenz diesen Gesetzmäßigkeiten und den einzig in einer intakten Natur verfügbaren Lebensgrundlagen unterworfen ist. Diese Grundlagen können aber nur verfügbar bleiben, wenn Stoffkreisläufe nicht irreversibel gestört werden. Nicht absehbare Langzeitfolgen sind nach dem Vorsorgeprinzip zu vermeiden.

Auch die sogenannten nachwachsenden Rohstoffe sind von der Intaktheit der Böden und einem geregelten Oberflächen- und Grundwasserhaushalt abhängig. Für die nicht regenerierbaren Rohstoffe gilt, dass sie in geologischen Zeiträumen – also in Jahrtausenden bis Jahrmillionen – gebildet wurden und insofern in kürzester Zeit nicht neu entstehen werden. Hieraus ergibt sich die strikte Forderung nach einem sparsamen und schonenden Umgang mit diesen Stoffen.

Alle natürlichen Ressourcen stehen somit in engstem Austausch miteinander:

- **Planetarische Ressourcen** wie die Luft, das Klima, der Ozean, das Süßwasser, wie es in Flüssen und Süßwasserseen vorkommt, und das Land mit Grundwasser (Süß- und Salzwasser).
- **Nicht erneuerbare Ressourcen** wie Gesteine, Minerale, Erze, Boden, Grundwasser; Böden und Grundwasser können sich jedoch kaum in überschaubaren Zeiträumen (Jahrzehnte bis Jahrhunderte) neu bilden.
- **Erneuerbare Ressourcen** wie forst- und landwirtschaftliche oder tierische Produkte.

Alle diese Ressourcen sind außerdem in Beziehung zu setzen zu den menschlichen Ressourcen, zu denen vor allem die Arbeitskraft, die kulturelle Entwicklung, die wirtschaftliche Vitalität, die menschliche Gesundheit, die Gesetze, die politische Stabilität und das Bevölkerungspotenzial zählen. Eine Fehleinschätzung dieser Ressourcensituation kann schwerwiegende Folgen für die Gesamtgesellschaft haben. Geowissenschaftler sind verpflichtet, rechtzeitig auf derartige Fehleinschätzungen hinzuweisen!

Die Geologie gilt als die „Lehre von den Vorgängen, die sich in der Erdrinde abspielen, und von dem geschichtlichen Werdegang der Erde (…). Das ist ein

3.1 Umweltgeologie als aktuelles Forschungsgebiet

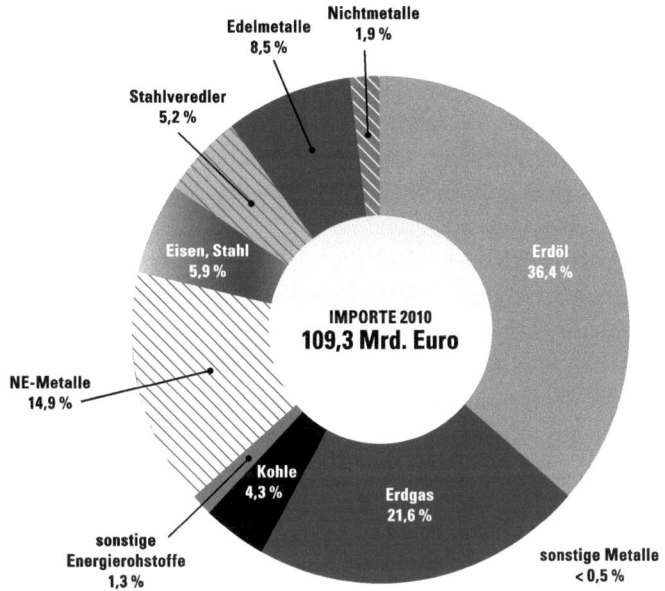

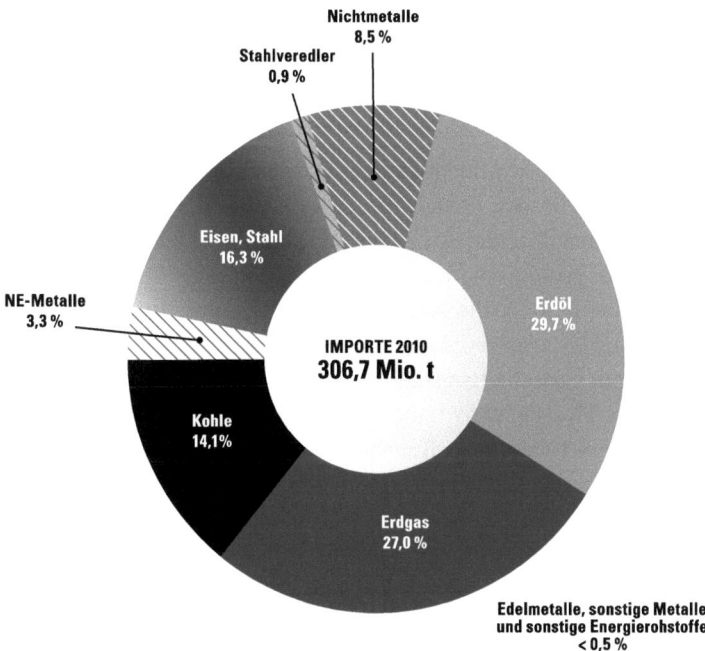

Abb. 3.1 Import der wichtigsten Rohstoffe nach Deutschland entsprechend ihres Wertes in Milliarden Euro (oben) bzw. des Gewichts in Millionen Tonnen (unten) (BGR Hannover 2013)

umfassender Bereich angesichts der Vielfalt der Erscheinungen, der Größe des Schauplatzes und der langen Dauer der irdischen Vergangenheit" (R. BRINKMANN 1964, S. 34). Zunächst waren es eher die Besonderheiten, denen sich die Naturforscher zuwandten. Vom späten 18. bis hinein ins 19. Jahrhundert galt die Aufmerksamkeit der Fülle von Erscheinungen, ihrer Beschreibung und systematischen Einordnung. Im 20. Jahrhundert standen die allgemeinen Gesetzmäßigkeiten der Natur sowie ihre praktischen Anwendungsmöglichkeiten im Vordergrund.

Vier große Teildisziplinen der Geologie ließen sich bisher traditionell unterscheiden: die allgemeine Geologie, die historische und die regionale Geologie sowie die angewandte Geologie. Allgemeine und historische Geologie sind die beiden Grundpfeiler der Wissenschaft. Die regionale Geologie erforscht die regionalen Baueinheiten der Erdkruste, ihre Strukturgeschichte und Stratigraphie. Die angewandte Geologie baut auf den Gesetzen der physikalischen, chemischen und biologischen Vorgänge auf. Sie macht diese Erkenntnisse für die praktische Anwendung nutzbar – wie in der Ingenieurgeologie, Hydrogeologie, Erdölgeologie oder Wirtschaftsgeologie. Neue Messmethoden wurden entwickelt, und die Folge war eine Vielzahl sich verselbstständigender Teildisziplinen (zum Beispiel Angewandte Geochemie, Meeresgeologie, Mikropaläontologie, Paläomagnetik).

Die geowissenschaftliche Arbeit verlagerte sich vom Gelände noch wesentlich stärker in die Laboratorien; Experimente, Analysen, Berechnungen, Modelle rückten in den Vordergrund. Die direkte Beobachtung der Natur und ihrer realen Erscheinungen geriet mehr in den Hintergrund. Nur so konnte es geschehen, dass immer wieder gemachte Ansätze, die Natur in ihrer Gesamtheit mit all ihren Verflechtungen zwischen unbelebter und belebter Umwelt zu sehen, nicht konsequent genug weiterverfolgt wurden. Auch in den Studienplänen, die in den beiden letzten Jahrzehnten im Bereich der Geowissenschaften in Kraft traten, hat die Arbeit im Gelände nicht mehr den ihr gebührenden Stellenwert (etwa die geologische Kartierung). Die Tatsache, dass der menschliche Eingriff in die Erdkruste sich für die Natur und den Menschen immer nachteiliger auszuwirken beginnt, weil er irreversible Schäden verursacht, erfordert ein grundlegendes Umdenken im Hinblick auf die Langzeitfolgen und „Ewigkeitslasten".

Wann begann der Mensch, aktiv seine Umwelt zu verändern? Welche Folgewirkungen gingen bereits von sehr frühen Eingriffen aus, die wir heute nicht einmal als anthropogen erkennen? Kommt den menschlichen Aktivitäten eine neuartige Qualität zu? In welcher Weise sind die heutigen Umweltprobleme – wie die Gewässerbelastung, die Luftverschmutzung, die Landschaftszerstörung, die globale Klimaerwärmung oder die drohende Rohstoffverknappung – eng mit geologischen Gegebenheiten und Vorgängen verknüpft? Wo liegen die Grenzen der Belastbarkeit von Böden, Gewässern und Ökosystemen? In welchen Bereichen werden nach Art und Quantität Belastungen erzeugt und Kreisläufe für lange Zeit oder sogar irreversibel gestört, die Funktionen außer Kraft setzen? Welche Konsequenzen ergeben sich aus dem weltweit anhaltenden Bevölkerungswachstum für den an Planungsaufgaben beteiligten Geowissenschaftler? Alle diese Fragen verlangen nach Antworten, wenn man Fehlentwicklungen vermeiden will!

Viele der akuten Umweltprobleme bleiben ohne die Berücksichtigung geologischer Daten und Kreisläufe unlösbar. Diese Lücke zwischen den stärker ökologisch ausgerichteten und rein ökonomisch orientierten Sichtweisen zu schließen, muss daher Aufgabe der Umweltgeologie sein. Hier gilt es, die Ergebnisse der geowissenschaftlichen Forschung in den weiteren Rahmen der umweltbezogenen bzw. geoökologisch arbeitenden Disziplinen zu stellen. Hierzu gehören vor allem die Biowissenschaften, aber auch die Wirtschafts-, Rechts- und Planungswissenschaften (W. KASIG und D. E. MEYER 1984). Die Umweltgeologie kann diesen Disziplinen zu einem tieferen Einblick in die abiotischen Grundlagen und deren Wechselwirkungen mit der belebten Umwelt verhelfen. Für das Verständnis komplexer Umweltprobleme ist dies unbedingt erforderlich.

Andererseits kann die Umweltgeologie gerade aus der Befassung mit den georelevanten Problemen Konzeptionen für umweltfreundliche Technologien, wie bei der Rohstoffbeschaffung, der Grundwasserreinigung oder der Minderung der Landschaftsschäden beitragen. Dies gelingt nur dann, wenn der Mensch seine Rolle als einer der geologisch wirksamsten Faktoren voll begreift. Die erforderlichen Konsequenzen für einen schonenden Umgang mit den natürlichen Ressourcen und Lebensräumen sind längst überfällig. Die bis heute oft rücksichtslosen Eingriffe in den Naturhaushalt – bis hin zur völligen Vernichtung ganzer Landschaften und Ökosysteme – haben bereits schwere und lange nachwirkende Schäden hinterlassen. Die Natur ist heute in weiten Regionen der Erde und nicht nur in den Industriestaaten bedroht! Die großen technischen Errungenschaften haben dazu geführt, dass der Mensch die Natur immer stärker beeinflusste und schädigte. Bei weiterhin steigendem Ressourcenverbrauch wird klar, dass jede Form des Raubbaus nicht nur die lebende Natur weiträumig vernichten wird, sondern dass auch der Mensch in naher Zukunft seine existenziellen Grundlagen gefährdet oder gar zerstört.

Der geologische Aufbau der Lebensräume, die Vorkommen und die Gewinnung von Rohstoffen, die Bearbeitung und Nutzung der Böden oder die Verfügbarkeit des Wassers sind Grundvoraussetzungen für die Besiedlung und eine positive wirtschaftliche Entwicklung. Dennoch ist es erstaunlich, wie schwach im Allgemeinen das Wissen um diese Abhängigkeit im Bewusstsein der heutigen Gesellschaft verankert ist. Während die Geographie vor allem in den vergangenen Jahrzehnten die physischen Einflussfaktoren (Relief, Klima, Vegetation, Ressourcen) im Hinblick auf ihre soziale, wirtschaftliche und politische Bedeutung untersucht und sichtbar gemacht hat, blieben die geologischen Gegebenheiten und ihr prägender Einfluss auf die Menschen weitgehend unbeachtet. Dies gilt nicht nur für die Öffentlichkeit, sondern auch für die Geowissenschaften selbst, die sich die Erforschung von Aufbau und Struktur der Erdkruste mit allen ihren lebensnotwendigen Rohstoffen zum Ziel gesetzt haben.

Die Gunst oder Ungunst der geologischen Gegebenheiten, einschließlich der Boden-, Wasser-, Relief- und Klimaverhältnisse, hat bereits in vorgeschichtlicher Zeit die Siedlungs- und Nutzungsformen der Erde entscheidend mitbestimmt. Auch die kulturelle Entwicklung wurde dadurch wesentlich beeinflusst. Eine starke Abhängigkeit des Menschen von den nicht regenerierbaren Ressourcen besteht auch heute. Die zukünftige Entwicklung der Länder wird maßgeblich von der Verfügbarkeit lebensnotwendiger mineralischer Rohstoffe abhängen. Im Unterschied zu vergangenen Jahrtausenden der Menschheitsgeschichte besteht jedoch gegenwärtig eine immer größer werdende Abhängigkeit der Natur vom Wirken des Menschen selbst. Seit Beginn der landwirtschaftlichen Revolution greift der Mensch in wachsendem Maße in alle natürlichen Kreisläufe ein.

Die Lösung der weltweiten Umweltprobleme ist nur durch eine bessere Zusammenarbeit von Geo- und Biowissenschaftlern, Ökologen und Planern sowie den politisch Verantwortlichen zu erreichen. Aus den Schwächen und Defiziten in Wissenschaft und Praxis lassen sich die folgenden Forderungen ableiten:

- Die andersartige Qualität der anthropogenen Eingriffe im Vergleich mit derjenigen von natürlichen Prozessen muss akzeptiert werden. Erst von dieser Erkenntnis aus erscheint es möglich, die Folgewirkungen der Rohstoffgewinnung zu minimieren.
- Bei allen Abbaumaßnahmen sind dem Vorsorgeprinzip und der Nachhaltigkeit verstärkt Rechnung zu tragen. Dies bedeutet auch, dass geologische Stoffkreisläufe berücksichtigt werden müssen.
- Ausgleichs- und Ersatzmaßnahmen für entstehende Landschafts- und Ökosystemschäden sind sinnvoll, reichen jedoch keineswegs aus, um Verschiebungen oder Störungen von langfristig eingependelten Gleichgewichten zu verhindern. Angesichts der Klimaerwärmung sind diese Gleichgewichte besonders zu berücksichtigen.
- Rohstoffabbau und -sicherung müssen, um Ziel- und Nutzungskonflikte mit anderen lebensnotwendigen Naturraumpotenzialen zu vermeiden, wirksamer aufeinander abgestimmt werden. Das heißt, das Wirkungsgefüge von abiotischen und biotischen Faktoren sowie von Geosystemen und Ökosystemen in der zeitlichen Dynamik zu erfassen, bevor Großprojekte in Angriff genommen werden.
- Der Systemansatz zur Einordnung, Beurteilung und Vermeidung von Folgewirkungen bei rohstoffgewinnenden Maßnahmen muss ein ganzheitlicher, kreislaufbezogener und zugleich geoökologischer sein. Dabei sind die ökonomischen, technischen und humanökologischen Randbedingungen und Voraussetzungen zu berücksichtigen.
- Rohstoffgewinnung und Rohstoffwirtschaft sind weltweit eng verflochten. Somit haben auch die ökologischen Folgewirkungen eine geosphärische Dimension erreicht, wodurch sich das Risiko für die Störung großräumiger Ökosysteme verstärkt. Konzeptionen zum Boden-, Wasser- und Ressourcenschutz zur Verhinderung von ökologischen Katastrophen, wie sie vor allem im Bereich rohstoffreicher Küstenregionen und der Nebenmeere zu befürchten sind, müssen erarbeitet werden.

3.2 Beziehungen zwischen Umweltgeologie und Ökologie

Die Ökologie klärt die wechselseitigen Beziehungen zwischen Lebensgemeinschaften einschließlich der wichtigsten Beziehungen der tierischen und pflanzlichen Lebewesen untereinander. Sie erforscht ihren Lebensraum und damit zugleich ihre abiotischen Umweltfaktoren. Auf einer höheren Integrationsebene werden die komplexen Wechselwirkungen in den verschiedenen Ökosystemen – wie etwa in einem See, Fluss, Moor oder Wald – untersucht. Die Gesamtheit dieser Ökosysteme bezeichnet man als Biosphäre. Da ein Ökosystem von der Wechselwirkung zwischen Lebewesen und abiotischer Umwelt geprägt wird, überschneidet sich hier die Ökologie mit der Geologie. Die enge Verflechtung der verschiedenen Stoffkreisläufe erschwert es dem Ökologen, alle entscheidenden abiotischen Faktoren zu berücksichtigen (D. E. MEYER 1993a, S. 15 ff.). Dies trifft vor allem dann zu, wenn über einen längeren Zeitraum hinweg wirksame geologische und geomorphologische, bodenkundliche und geochemische Prozesse Veränderungen bewirken, die ihrerseits einen entscheidenden Einfluss auf die das Ökosystem aufbauenden Biozönosen ausüben. Ferner können die vom Menschen bewirkten Veränderungen durch bergbauliche Tätigkeit, Grundwassergewinnung, Deponierung von Schadstoffen oder sonstige anthropogene Einflüsse von Ökologen nicht vollständig beurteilt werden, sodass hier eine enge Zusammenarbeit mit Umweltgeologen geboten ist.

Die Umweltgeologie muss daher die Integration aller natur- und umweltrelevanten geowissenschaftlich erfassbaren Daten herbeiführen, um die Abhängigkeit von Pflanze, Tier und Mensch von den natürlichen Gegebenheiten aufzuzeigen (D. E. MEYER 1993b, S. 475). Somit ist die gesamte Geosphäre der Hauptgegenstand der Forschung. Der Landschaftsökologe hat die Aufgabe, den Lebensraum insgesamt zu charakterisieren und bestimmte Landschaftstypen zu kennzeichnen (W. KUTTLER 1993, S. 171 ff.). Diese Kennzeichnung erfolgt in der Regel mithilfe charakteristischer Lebensgemeinschaften und deren ökologischen Ansprüchen an den Standort. Insgesamt zeigt sich, dass die Betrachtung des Naturraums von den genannten drei Disziplinen aus unterschiedlicher Sicht und unter Berücksichtigung anderer Schwerpunkte vorgenommen wird. Für die Umweltgeowissenschaften ergibt sich dabei vor allem die Forderung, die von der Ökologie und der Landschaftsökologie bzw. Geoökologie gewonnenen Erkenntnisse mit einzubeziehen (C. TROLL 1939; L. FINKE 1986; H. LESER 1991; W. HABER 2011).

Die Existenz des Menschen ist zweifellos das Ergebnis einer langen Entwicklungsreihe, die mit der Aufspaltung der Primaten im Tertiär vor ca. 17 Mio. Jahren beginnt. Beschränkt man sich bei der Betrachtung nur auf die letzten 2,6 Mio. Jahre, so erscheint uns die jüngere Menschheitsevolution als ein beschleunigter Vorgang. Betrachtet man nur die letzten 10.000 Jahre, in deren Verlauf sich sowohl die landwirtschaftliche als auch die industrielle Revolution vollzogen, so wird man eine weitere Beschleunigung der menschlichen Anpassung – insbesondere der kulturellen und sozialen Entwicklung – erkennen. Die Probleme, mit denen die Menschheit heute konfrontiert wird, sind wahrscheinlich zu einem guten Teil dadurch bedingt, dass die technischen und wirtschaftlichen Fortschritte rascher erfolgten als die Anpassungen des Menschen an diese Veränderungen.

Ohne die in der historischen Geologie gewonnenen Einsichten und ohne das Evolutionskonzept bliebe die Natur unverständlich. CHARLES DARWIN war der erste, der die enge Wechselwirkung zwischen den geologischen und biologischen Prozessen klar erkannte, obwohl bei der Verfassung seines Werkes *On the origin of species* (1859) die meisten der heute bekannten Gesetzmäßigkeiten noch gar nicht entdeckt waren. Nicht einmal die Mendel'schen Gesetze zur Vererbung, die erst im Jahre 1900 wiederentdeckt wurden, waren DARWIN bekannt. So ist zu vermuten, dass selbst heute – trotz gewaltiger Erkenntnisfortschritte in den letzten Jahrzehnten – noch große Lücken bei der Kenntnis globaler Stoffkreisläufe sowie der Grenzen der Belastbarkeit von Ökosystemen vorhanden sind.

3.3 Entwicklung eines modernen Umweltbewusstseins

Jeder Organismus – ob Pflanze oder Tier – hat seine spezielle Umwelt. Diese wird von zahlreichen sehr unterschiedlichen abiotischen und biotischen Faktoren bestimmt. Auch der Mensch lebt in einer Umwelt, an die sich seine Organe und Fähigkeiten im Laufe der Evolution angepasst haben. Als „Landtier" ist der Mensch an die auf der Festlandoberfläche herrschenden Bedingungen adaptiert. Die landschaftsräumlichen und klimatischen Bedingungen, unter denen der vorzeitliche Mensch lebte, bestimmten seine Lebensweise und Lebensmöglichkeiten, die er durch gezielte Werkzeugherstellung und -nutzung erweiterte.

Der Mensch der Frühzeit war sich sehr wahrscheinlich der Begrenztheit der regional verfügbaren Ressourcen bewusst. Dies gilt sicher für alle Jäger und Sammler. Mit der agrarischen Revolution, die vor über 10.000 Jahren begann, entwickelte sich das Bewusstsein, dass bestimmte Ressourcen begrenzt sind. Die Einsicht, dass die Ernteerträge wesentlich von naturgegebenen Bedingungen wie Klima, Boden und Wasser abhängen, festigte sich. Mit fortschreitender Industrialisierung, zunehmender Bevölkerungszahl und infolge eines exponentiell steigenden Bedarfs an nicht erneuerbaren Rohstoffen – wie es vor allem für die beiden letzten Jahrhunderte bezeichnend ist – setzte sich eine völlig neue Einschätzung der Verfügbarkeit der Ressourcen durch. Die natürliche Begrenztheit dieser Ressourcen wurde nicht mehr gesehen. Im Gegenteil: Die Vorräte an Rohstoffen schienen unbegrenzt und mit immer besseren Techniken gewinnbar. Erst zu Beginn der 70er-Jahre des 20. Jahrhunderts wurde sich die Gesellschaft wieder mehr und mehr der Begrenztheit der Georessourcen bewusst (D. L. MEADOWS et al. 1972, 2009).

Die massive Störung natürlicher, insbesondere biologischer und ökologischer Gleichgewichte durch die Vielzahl anthropogener Eingriffe – mit allen ihren möglichen Konsequenzen für die Tier- und Pflanzenwelt – wurde bereits von RACHEL

CARSON (1962) klar erkannt. Die stärker fortschreitende Zerstörung der Natur durch Umweltgifte gab den ersten Anstoß für eine zunehmende Bewusstseinsänderung. Aber auch hier ging man zunächst noch von einem anthropozentrischen Weltbild aus. Die direkte Gefährdung des Menschen und seiner Umwelt wurde in den Industriestaaten erkannt. Diese Erkenntnis führte zum Konzept des Umweltschutzes. Das Bewusstsein, die Natur um ihrer selbst willen schützen zu müssen, blieb dahinter noch weit zurück. Erst mit der verschärft einsetzenden Diskussion des Klimawandels in den letzten Jahrzehnten wird diese Bedrohung ernst genommen. Man erkennt, dass alle bisherigen Maßnahmen zum Schutz von Natur und Umwelt bei Weitem nicht ausreichen. Trotz aller Umweltschutzmaßnahmen sind selbst heute Flüsse und Böden zum Teil noch hoch belastet, sodass es weiterer Anstrengungen bedarf, zumal ein Schadstoffabbau durch Selbstreinigungseffekte Jahrzehnte dauern würde.

Der berühmte französische Naturforscher JEAN-BAPTISTE DE LAMARCK (1744–1829) erkannte als Erster die Umweltfaktoren in ihrer Bedeutung für die Organismen (1809). Nach ihm hat CHARLES DARWIN (1809–1882) den ersten in sich schlüssigen Entwurf dafür geliefert, wie sich das Leben auf der Erde entwickelt haben dürfte. DARWIN hat den Einfluss der vielfältigen Umweltfaktoren auf die Lebensbedingungen und die Evolution der Lebewesen – auch des Menschen – klar erkannt. Seine Erkenntnisse ergaben sich deduktiv aus der Beobachtung der Organismen und ihres Lebensraums, wobei er insbesondere die engen Zusammenhänge zwischen den biologischen Gegebenheiten bzw. Prozessen und den abiotischen Umweltfaktoren erkannte. Seit DE LAMARCK hat eine Reihe von Naturwissenschaftlern das Verhältnis zwischen Mensch, Umwelt und Natur beleuchtet und so das Umweltbewusstsein entscheidend geprägt (Tab. 3.1).

Trotz eines weiterhin ungebrochenen Fortschrittsglaubens in den westlichen Industriestaaten haben die für alle sichtbaren negativen Folgen des technischen Fortschritts eine gewisse Umorientierung des Denkens eingeleitet. Irreversible Folgen von Eingriffen in die Natur und die sich daraus ergebenden Langzeitfolgen, aber auch ein wachsendes Bewusstsein, dass die Kosten für Sanierung und Nachsorge sehr stark ansteigen, haben ein höheres Umweltbewusstsein bewirkt. Dennoch bleibt das tatsächliche Verhalten der Gesellschaft deutlich hinter diesen Einsichten zurück. Man sieht den Lebensstandard oder die eigenen Interessen gefährdet. Dies gilt für die Industrie wie für den Verbraucher. Es bedarf deshalb in Zukunft weiterer Anstöße zur Umsetzung gewonnener Einsichten in aktives Handeln.

Mensch, Umwelt und Natur im direkten ökologischen Zusammenhang zu sehen, hätte bedeutet, dem Menschen seinen Willen einzuschränken und seinen Entscheidungsspielraum zu begrenzen. Das anthropozentrische Weltbild fand insbesondere in den unbestreitbaren Erfolgen von Naturwissenschaft und Technik eine entscheidende Stütze. Hier muss eine kritische Revision einsetzen, die zu einem biogeosphärisch orientierten Weltbild weiterleitet.

Das Prinzip der Vorsorge und die politische Forderung, künftigen Generationen nicht schon heute vermeidbare Lasten aufzubürden, haben den Ruf nach einer nachhaltigen Wirtschaftsweise lauter werden lassen. Die enormen Fortschritte in den Natur-,

Tab. 3.1 Meilensteine des Umweltbewusstseins von 1800–2000

Datum	Autoren	Begriffe/„Buchtitel"
1805	ALEXANDER V. HUMBOLDT & AIMÉ BONPLAND	Geographie der Pflanzen geoökologische Ideen
1809	JEAN-BAPTISTE de LAMARCK	Monde ambiant/Umwelt-Begriff
1818	CARL RITTER	Anthropogeographische Ansätze
1852	EDUARD SUESS	*Der Boden der Stadt Wien*
1854	BERNHARD VON COTTA	Einwirkung des Bodens und der Geologie auf den Menschen
1859	CHARLES DARWIN	Evolution und Umwelt
1864	GEORGE P. MARSH	*Man and Nature*
1866	ERNST HAECKEL	Umgebende Außenwelt
1872	CHARLES LYELL	Wirksamkeit des Menschen
1882	FRIEDRICH RATZEL	Anthropogeographie
1909	JAKOB J. VON UEXKÜLL	Umwelt und Innenwelt der Tiere
1915	ERNST FISCHER	*Mensch als geologischer Faktor*
1922	ROBERT L. SHERLOCK	*Man as a geological agent*
1923	AUGUST F. THIENEMANN	Biologische Umwelt-Definition
1935	EDWIN FELS	*Der wirtschaftende Mensch als Gestalter der Erde*
1939	CARL TROLL	Landschaftsökologie
1941	HERMANN FLOHN	Mensch als Klimafaktor
1947	HANS CLOOS	Einheit Mensch-Erde
1953	KURD VON BÜLOW	*An-aktualistische Wesenszüge der Gegenwart*
1955	ERNST DITTMER	*Mensch als geologischer Faktor*
1959	HEINRICH HÄUSLER	Anthropogeologie
1960	RADIM KETTNER	*Mensch als geologischer Faktor*
1964	HEINRICH JÄCKLI	*Mensch als geologischer Faktor*
1971	PETER T. FLAWN	*Environmental Geology*
1972	DENNIS L. MEADOWS et al.	*Die Grenzen des Wachstums*
1974	RUDOLF HOHL	Anthropogene Endo- und Exodynamik
1976	GERD LÜTTIG	Prospektive Geologie
1980	JOHN A. C. FORTESCUE	*Environmental Geochemistry*
1984	WERNER KASIG & DIETHARD E. MEYER	Umweltgeologie (Definition, Aufgaben und Ziele)
1990	EUGEN SEIBOLD	Offensive/defensive Geologie
2000	PAUL J. CRUTZEN & EUGENE F. STOERMER	*Anthropozän-Definition* (jüngste geologische Zeit)

3.3 Entwicklung eines modernen Umweltbewusstseins

Ingenieur- und Wirtschaftswissenschaften im 19. und 20. Jahrhundert hatten vor allem dazu geführt, dass man in den Industrieländern diese neuen Erkenntnisse zielstrebig nutzte, um sich – wie es in der Bibel steht – „die Welt untertan zu machen." Großtalsperren wie der jüngst fertiggestellte Dreischluchten-Staudamm in China werden gebaut, weitere Kernkraftwerke werden errichtet. Gewaltige Schiffs- und Flugzeugflotten entstehen und durch immer größere Bauten wachsen die Städte und Agglomerationen weltweit – ohne Rücksicht auf die Tragfähigkeit oder Risiken durch die Natur.

Der Mensch als Geofaktor

4

„*Tutti li animali languiscano, empiendo l'aria di lamentazioni, le selve ruinano, le montagne aperte per rapire li generati metalli; ma che potrò io dire cosa più scellerata di quelli che levano le lalde al cielo di quelli che con più ardore han nociuto alla patria e alla spezie umana?*"

Alle Tiere schmachten dahin, die Luft mit ihren Klagen erfüllend, die Wälder werden ausgerottet, die Berge zerspalten, damit man die darin gewachsenen Metalle erbeuten kann; doch welche Handlung kann ich als verworfener bezeichnen als diejenige der Menschen, die dem Himmel ihr Lob singen, nachdem sie mit Leidenschaft dem Vaterland und der Menschheit geschadet haben.

Leonardo da Vinci, Codex Atlanticus (1480–1518).
(übertragen von G. Zamboni).

4.1 Aufstieg des Menschen zum geologischen Faktor

Den Aufbau unseres Planeten, seine Sphären und seine Geschichte – bis hin zur Lebensgeschichte der Pflanzen und Tiere in geologischer Vergangenheit – versuchen die Teildisziplinen der Geowissenschaften zu klären. Es gibt Paläobotaniker, die sich mit bestimmten Pflanzengruppen der „Vorzeit" befassen, andere experimentieren in Labors mit Kristallen, während ein Vulkanologe sich an den „heißesten Stellen" der Erde tummelt. Wer beschäftigt sich mit dem **geologischen Faktor Mensch** im Holozän, dessen Jüngster Abschnitt auc als **Anthropozän** bezeichnet wird?

Wer sich als Geologe oder Paläoanthropologe mit der Gattung *Homo* befasst, fokussiert meist auf einen von zwei Aspekten. Die Überreste oder Spuren des Menschen in alten Ablagerungen immer weiter zurückzuverfolgen, ist der eine, seine Einwirkungen auf Natur und Umwelt zu studieren, ist der andere. Beide gehören jedoch untrennbar zusammen. Es geht um drei grundlegende Fragen:

- Wie lange existiert der Mensch und wer waren seine Vorfahren?
- Welche Stellung nimmt er in der Evolution ein?
- Wie werden die durch ihn bewirkten irreversiblen Folgen für das weitere Naturgeschehen aussehen?

Betrachtet man seine rein physische Arbeitskraft, so verfügt jeder Mensch über ein eng begrenztes Leistungsvermögen. Seine Leistungskraft in einer Industriegesellschaft wird vor allem durch die Nutzung von geeigneten Werkzeugen und technischen Hilfsmitteln bestimmt. Die zielbewusste Anwendung der Naturgesetze ist dabei wichtige Voraussetzung. Die Ausnutzung der natürlichen Ressourcen ist ebenso leistungssteigernd wie der Einsatz kommunikativer Fähigkeiten.

Durch diese Fähigkeiten zeichnet sich der *Homo sapiens* gegenüber allen anderen Organismen aus, die zum Teil ebenfalls in der Lage sind, ihre Umweltbedingungen zu verändern, wie der Biber an Flüssen oder riffbildende Korallen im Meer. So gehören die Korallen zu den größten Baumeistern der Erdgeschichte. Man denke an das über 2000 km lange Große Barriereriff vor der Ostküste Australiens! Gewaltige Riffkalkkomplexe kennen wir auch aus vergangenen Erdepochen (Kreide, Trias, Jura). Sie sind das Werk zahlreicher unterschiedlicher Organismengruppen, welche durch ihr Zusammenwirken in hoch komplexen Ökosystemen Bauleistungen von geologischer Größenordnung vollbracht haben und weiterhin vollbringen.

Der Mensch hingegen gehört nur einer einzigen Art an, die hinsichtlich ihrer Lebensgrundlagen (Naturraum, Klimabedingungen, natürliche Ressourcen) von der gegebenen Umwelt abhängig ist, die aber andererseits diese Bedingungen in zunehmendem Maße verändert. Damit wird der Mensch zu einem aktiven Umweltfaktor, dessen Bedeutung wesentlich von der Leistungsfähigkeit seines sozialen, kulturellen und technisch-industriellen Systems abhängt. Man muss darüber hinaus heute feststellen, dass der *Homo sapiens* zu einem geologischen Faktor ersten Ranges aufgestiegen ist, ohne selbst sich dieser Tatsache hinreichend bewusst zu sein (Tab. 4.1).

4.2   Frühe Entwicklung des Menschen

Die Entwicklung der Hominiden beginnt bereits im jüngeren Tertiär vor rund 6 Mio. Jahren, soweit die bisherigen Zeugnisse diese Schlussfolgerung zulassen. Die Eigenschaften des Menschen, die ihn in einzigartiger Weise auszeichnen, entwickelten sich im Wesentlichen erst in den vergangenen 1–2 Mio. Jahren. Die Fähigkeit, nicht nur Werkzeuge zu nutzen, sondern auch selbst herzustellen, dürfte sich langsam und stufenweise vollzogen haben. Die geistigen und technischen Fähigkeiten waren Teil einer biokulturellen Entwicklung. Die klimatischen Veränderungen während der Eiszeiten

Tab. 4.1 Mensch als Geofaktor

Faktor	Prozeß	Skala
Hydrologischer Faktor	Flusskorrekturen, Talsperren, Stauseen, Bewässerungsprojekte, Trockenlegung von Feuchtgebieten	□ ▲
Hydrogeologischer Faktor	Grundwasserabsenkung/-hebung, Veränderung der Grundwasser-Fließrichtung, hydraulische Kurzschlüsse	□ ▲
Transportfaktor	Massenverlagerungen, Techrosion	▲ ■
Erosionsfaktor	Bodenerosion, Denudation	□ ▲
Sedimentationsfaktor	Verstärkte Deltabildung, Sedimentation in Talsperren	□ ▲
Klimafaktor	Klimaänderung/Stadtklima, Desertifikation, globale Klimaerwärmung	□ ▲ ■
Pedologischer Faktor	Bodendegradation, Bodenvernichtung	□ ▲
Geoökologischer Faktor	Ökosystemveränderung/-vernichtung Pestizideinsatz	▲ ■
Tektonischer Faktor	Anthropogene Erdbeben, Technotektonik	□ ▲
Katastrophenfaktor	Auslösung von Erdbeben, Rutschungen, Bergstürzen, Muren, Lawinen	□ ▲
Geochemischer Faktor	Schwermetalle; SO_2, P, N, C; Störung von Stoffkreisläufen	□ ▲ ■
Evolutionsfaktor	Artendezimierung, Artenaussterben, Massenaussterben, Genmanipulation	▲ ■

□ regional
▲ großregional/kontinental
■ global

stellten für den Menschen eine der größten Herausforderungen dar. Während der Steinzeit erreichte der Mensch einen Entwicklungsstand, der seine Effektivität als Jäger entscheidend gesteigert hat. Inwieweit er als Jäger und Sammler bereits zu dieser Zeit zum Aussterben einzelner Tierarten beigetragen hat, ist im Einzelnen noch ungeklärt. Dass er sich den natürlichen Gegebenheiten weitgehend anpasste, ohne diese grundlegend zu verändern, wurde von vielen Forschern als sicher angenommen. Dennoch wird heute diskutiert, ob sich nicht bereits sehr frühe Eingriffe umweltverändernd auf Wasserhaushalt, Bodenbewuchs und Bodenerosion auswirkten (Abb. 4.1).

Um die einzigartige Entwicklung zum modernen Menschen zu verstehen, ist ein kurzer Rückblick auf die Humanevolution erforderlich.

Der frühe Mensch war nicht nur Werkzeug-Nutzer wie seine Primaten-Verwandten, sondern er war vor allem Werkzeug-Macher. Die ältesten Hammersteine wurden vor 2,6 Mio. Jahren benutzt. Die handwerkliche Herstellung von Werkzeugen ist seit rund 2 Mio. Jahren nachweisbar. Wichtigste Voraussetzung für die Menschwerdung war der Erwerb des aufrechten Ganges, wie er durch die etwa 3,6 Mio. Jahre alten Fußspuren

Abb. 4.1 Starke Bodenerosion durch Wasser nach Zerstörung der Pflanzendecke; Südrand des Hohen Atlas/Marokko nordwestlich Ouarzazate

des Vormenschen *Australopithecus afarensis* in den Tuffschichten von Laetoli – im heutigen Tansania – dokumentiert ist (D. C. Johanson et al., 2006). Bereits zu Beginn des Pleistozäns vor 2,8–2,6 Mio. Jahren kühlte sich das Klima auf der Erde ab. Die nachfolgenden stärkeren Klimaschwankungen waren durch Abkühlungsphasen auf der Nordhalbkugel bestimmt. Diese wirkten sich auch auf die ökologischen Verhältnisse der Lebensräume in Afrika aus. Dort fand die weitere Entwicklung der unterschiedlichen Hominidenlinien statt, insbesondere in den Gebieten der heutigen Staaten Kenia, Äthiopien, Tschad und Malawi, wo sich seit 6 Mio. Jahren die ältesten Gattungen der Hominiden nachweisen lassen (Tab. 4.2).

Die Hominidenevolution führte von den Australopithecinen *(Australopithecus africanus)* zum *Homo habilis;* dieser lebte im Zeitraum von 2,1–1,5 Mio. Jahren vor heute in Süd- und Ostafrika, wie die Funde in der Olduvai-Schlucht in Tansania zeigen (Tab. 4.3). Er war wahrscheinlich ein Allesfresser und benutzte bereits selbst gefertigte Werkzeuge. Von einer bereits früher entstandenen Homo-Art, dem *Homo rudolfensis* (2,5–1,8 Mio. Jahre), führte die Linie zum *Homo ergaster,* der vor rund 2–1,5 Mio. Jahren lebte (F. Schrenk 2008). Er war der erste Hominide, der von Ostafrika aus nach Südostasien und China gelangte. Entwicklungsmäßig folgte dem *Homo ergaster* der typische *Homo erectus*, der von 1,5 Mio. Jahren bis etwa 300.000 Jahre vor heute in

4.2 Frühe Entwicklung des Menschen

Tab. 4.2 Entwicklung des Menschen

Jahre vor heute	Entwicklungstadium
66.000.000	Beginnder Tertiär-Zeit
65.000.000	Frühe Primaten (in Europa und Nordamerika)
45.000.000	Erste affenartige Primaten
14.000.000	Erste moderne Menschenaffen
7.000.000	Schimpansen- und Hominidenlinie trennen sich
6.000.000	Älteste Hominidengattungen (Tschad, Äthiopien, Kenia)
4.300.000	Älteste Australopithecinen (östliches Afrika)
3.600.000	Erste aufrecht gehende Vormenschen: *Australopithecus afarensis*/Laetoli („Lucy")
2.500.000	Erscheinen der Gattung *Homo* mit *Homo rudolfensis* als dem ersten Urmenschen in Ostafrika; erste globale Klimaabkühlung
2.100.000	Erste Steinwerkzeuge (Geröllwerkzeuge bzw. *pebble tools* vom Oldowan-Typ); *Homo habilis*
1.500.000	Einsetzen der soziokulturellen Evolution(Werkzeugkulturen)
1.500.000	Frühe Feuernutzung und Faustkeilherstellung *(Homo erectus)*
1.500.000	Erste Menschen in Eurasien
600.000	Heidelberger Mensch in Mitteleuropa (archaischer *Homo sapiens*)
250.000	*Homo steinheimensis* (Vor-Neandertaler)
160.000	Anatomisch moderner *Homo sapiens* (in Süd- und Ostafrika)
100.000	Früher Neandertaler in Europa
90.000	Klassische Neandertaler in Nahost und Europa
35.000	Erste Zeugnisse der Höhlenmalerei (Schwäbische Alb, Frankreich)
27.000	Aussterben des Neandertalers
12.000	Ende der letzten Eiszeit (Würm- bzw. Weichsel-Eiszeit)
11.000	Domestizierung von Tieren (erste Haustiere)
10.000	Erste sesshafte Ackerbauern (Neolithische Revolution)
6500	Erste Metallverarbeitung (Technische Revolution)
250	Beginn der Ersten Industriellen Revolution
50	Erster Mensch auf dem Mond

Afrika und Asien lebte. Sein Gehirnvolumen war vor 1 Mio. Jahren mit 900–1000 cm^3 bereits deutlich größer als das von *Homo habilis* mit 610 cm^3 oder *Homo rudolfensis* mit 780 cm^3 (B. Wood 1992; F. Schrenk 2008: 63 ff.). Der kontrollierte Gebrauch des Feuers war seit mindestens 1,5 Mio. Jahren eine weitere entscheidende Voraussetzung für die Fortentwicklung des Menschen während der Eiszeit.

Tab. 4.3 Aufstieg des Menschen zum Geofaktor

Hominidenart	Details
Australopithecus africanus	Erste Hominiden in Afrika vor rund 2,5 Mio. Jahren
Homo rudolfensis	Vor 2,5–1,8 Mio. Jahren in Ostafrika
Homo habilis	Vor 2,1–1,5 Mio. Jahren (Südafrika, Ostafrika), Geröllgeräte der Oldowan-Kultur („*pebble tools*")
Homo ergaster	Vor 2,0–1,5 Mio. Jahren in Ostafrika; erster Hominide, der Afrika verließ und bis Ostasien gelangte
Homo erectus	Vor 1,5 Mio. bis 300.000 Jahren; Werkzeugkulturen und Feuernutzung; beginnende geistige und soziokulturelle Evolution
Homo heidelbergensis	Heidelberger Mensch vor ca. 600.000 bis vor ungefähr 300.000 Jahren
Homo steinheimensis	Ante-Neandertaler vor rund 250.000 Jahren
*Homo sapiens*neanderthalensis	160.000 bis vor 27.000 Jahren als Jäger und Sammler (Erstfund eines ungefähr 42.000 Jahre alten Schädels im Neandertal bei Düsseldorf)
Homo sapiens(sog. früher Typus)	In Südafrika und Äthiopien vor bereits 160.000 Jahren
Homo sapiens sapiens	Vor rund 40.000 Jahren in Europa einwandernd; z. B. Mensch von (Bonn-) Oberkassel, ca. 13.500 Jahre alt; hoch entwickelte Werkzeugtechniken und Begräbniskulte

Als europäischer Vertreter von *Homo erectus* wird der *Homo heidelbergensis* (800.000–400.000 Jahre) angesehen. Dessen Unterkiefer wurde im Jahr 1907 in den Neckar-Sanden bei Mauer südlich von Heidelberg gefunden (V. Schweizer & R. Kraatz 1982: 94–98). Der Fund besitzt nach heutiger Kenntnis ein Alter von rund 600.000 Jahren. In den letzten Jahrzehnten wurden auch in Bilzingsleben (Thüringen) Knochenreste des Heidelberger Menschen gefunden, die deutlich jünger sind (F. Schrenk 2008: 87; D. Mania 2004). Die von ihm gefertigten weltweit ältesten Speere mit einem Alter von etwa 300.000 Jahren wurden im Braunkohletagebau von Schöningen bei Helmstedt entdeckt (H. Thieme 1997). Diese Holzspeere beweisen die hohen jagdtechnischen Fähigkeiten des *Homo erectus*. Auch in England wurden altsteinzeitliche Stein- und Knochenwerkzeuge des *Homo heidelbergensis* entdeckt, deren Alter mit 500.000–700 000 Jahren aber teilweise höher ist als das der mitteleuropäischen Funde. Weitere wichtige Hominidenfunde in Spanien (Atapuerca) und Frankreich (Tautavel) stammen aus dortigen Höhlen. Vom *Homo erectus* dürften sowohl der „frühe" *Homo sapiens* als auch der *Homo sapiens neanderthalensis*, der von 160.000 bis 27.000 Jahre vor heute lebte, abstammen. Beide Arten gelangten vermutlich erst mit einer weiteren Einwanderungswelle nach Süd- und Mitteleuropa. Der Neandertaler wurde im Neandertal bei Düsseldorf im Jahr 1856 beim Kalksteinabbau entdeckt. Dieser

Erstfund führte damals zu einem heftigen wissenschaftlichen Streit über sein wahres Alter. Heute befindet sich dieser mit der ^{14}C-Methode auf 42.000 Jahre datierte Schädel des *Homo sapiens neanderthalensis* im Rheinischen Landesmuseum in Bonn. Dort werden auch die in Bonn-Oberkassel aus einem Doppelgrab geborgenen Skelette des modernen *Homo sapiens sapiens*, dessen ^{14}C-Alter zwischen 14.000 und 13.000 Jahren liegt, aufbewahrt (W. v. KÖNIGSWALD 2006: 130 ff.). Die Vorfahren dieses modernen *Homo sapiens* dürften jedoch bereits vor 160.000 Jahren in Südafrika und Äthiopien gelebt haben (F. SCHRENK 2008:16).

Von entscheidender Bedeutung für den weiteren erfolgreichen Aufstieg des Menschen zum geologischen Faktor war zweifellos seine Fähigkeit, immer bessere Werkzeuge herzustellen. Mit diesen konnte er zunächst zwar nur einfache Tätigkeiten verrichten. Doch die im Lauf der Zeit deutlich verbesserten Werkzeugformen beweisen, dass er immer präzisere Griffe ausführen konnte, um diese herzustellen. Am Anfang konnte er grobe Faustkeile und Schaber fertigen. Der älteste bekannte Faustkeil besitzt ein Alter von 1,8 Mio. Jahren. Die bis zu 1,5 Mio. Jahre alten Werkzeuge der Acheuléen-Kultur aus dem Altpaläolithikum – wie grobe Handäxte, Schaber oder Stichel – kennt man inzwischen von vielen Fundorten in Afrika. Doch schärfere Klingen und Pfeilspitzen aus Feuerstein herzustellen, lernten die Steinzeitmenschen erst vor rund 100.000 Jahren. Noch größeres Können belegen Werkzeuge und Waffen, die im Jungpaläolithikum – vom Aurignacien bis zum Ende des Magdalénien – gefertigt wurden. Entscheidend war dabei nicht die Kraft, sondern die Technik bei der Werkzeugherstellung (K. D. SCHICK & N. TOTH 1994: 285–318). Während in der Altsteinzeit noch grobe Faustkeile dominierten, waren in Europa in der Jungsteinzeit wohlgeformte Äxte und Beile weit verbreitet. Die Werkzeugherstellung – insbesondere aus harten Gesteinen, aber auch aus Knochen und Holz – war eng gekoppelt mit den Anforderungen, sich in der jeweiligen Umwelt zu behaupten; insbesondere, wenn aufgrund kurzfristiger Klimaänderungen ökologische Veränderungen eintraten. Die weitere Verfeinerung der Werkzeugkulturen setzte eine gesteigerte Kommunikationsfähigkeit voraus. Sowohl die Weitergabe des Wissens von Generation zu Generation als auch das Lernvermögen des einzelnen Menschen hingen von der Gehirnleistung ab. Diese dürfte mit der Größenzunahme des Gehirns einhergegangen sein, die wiederum vom Verzehr energiereicher tierischer Nahrung abhing.

Zu den ältesten Höhlenmalereien in Europa mit Darstellungen der in der Eiszeit lebenden Tiere – wie zum Beispiel Wollhaarnashorn, Höhlenbär, Wisent oder Riesenhirsch – gehören die erst 1994 entdeckten Felsbilder in der südfranzösischen Grotte Chauvet im Tal der Ardèche. Mit einem Alter von rund 30.000 Jahren sind diese Bilder ins früheste Jungpaläolithikum (Kulturstufe: Aurignacien) zu stellen. Ebenfalls als Zeugnisse höchster künstlerischer Fähigkeiten des altsteinzeitlichen Menschen gelten beispielsweise die berühmten und bei Fackelschein sehr lebendig wirkenden Tierdarstellungen in der bereits 1940 entdeckten Kalksteinhöhle von Lascaux im Vézèretal in Südfrankreich (Alter zwischen 17.000 und 18.000 Jahren) oder auch der in das Magdalénien eingestuften Höhlenmalereien von Ekain oder Altxerri im Baskenland westlich von San Sébastian (J. ALTUNA 1996). Die Pferde-Darstellungen in der Höhle von Ekain bei Deva dürften zum Beispiel vor etwa 14.000 Jahren (B.P.) entstanden sein, wobei auch heute noch generell gewisse Ungenauigkeiten bei radiometrischen Datierungen mit Holzkohle (mithilfe der ^{14}C-Methode) bestehen.

Es sei hier angemerkt, dass die Felsmalereien dieser Höhlen heute aus Schutzgründen für den normalen Besucher nur in Nachbildungen zu bewundern sind (Chauvet 2, Lascaux 2, Museum Ekainberri).

Wie die inzwischen ebenfalls zum UNESCO-Welterbe erklärten Höhlen in der Schwäbischen Alb und die dort – etwa in der Vogelherdhöhle – gefundenen Kultfiguren, die aus Mammut-Elfenbein gearbeitet wurden, beweisen, war der moderne Mensch bereits vor 32.000–40.000 Jahren (so die radiometrische Altersdatierung der Kultgegenstände in der Vogelherdhöhle; Aurignacien) in der Lage, Leistungen zu vollbringen, die auch heute unsere höchste Bewunderung hervorrufen. Manche Frage, welche tiefere Bedeutung diese Bilder oder die Kultfiguren besaßen, bleibt allerdings weiterhin offen (W. v KÖNIGSWALD & J. HAHN 1981).

Die immer spezielleren Zwecken dienenden Werkzeuge ermöglichten es dem Menschen, pflanzliche und tierische Ressourcen noch besser zu nutzen. Dies zeigen auch die zahlreichen Aufenthalts- und Siedlungsplätze in Europa. Entscheidend für die Entwicklung des Menschen im jüngeren Pleistozän dürfte aber seine hohe Anpassungsfähigkeit an die sich ändernden Naturgegebenheiten gewesen sein. Für die soziale Entwicklung des Menschen war vor allem das Verhalten der Nahrungsteilung förderlich (R. LEAKEY 1997).

Der anatomisch moderne Mensch, der dem erstmals 40.000 Jahre vor heute auftretenden „Cro-Magnon-Typ" angehörte, lebte in Europa unter den harten Bedingungen der Würm- bzw. Weichsel-Eiszeit als Jäger und Sammler. Im Hochglazial, vor etwa 20.000 Jahren, musste er sich vor dem Eisrand zeitweise weiter nach Süden zurückziehen. Nach relativ rascher Klimaerwärmung und dem beschleunigten Rückzug des Eises in der Zeit zwischen 16.000 und 12.000 Jahren vor heute ging der *Homo sapiens* vor rund 12.000 Jahren im Nahen Osten schrittweise zum Ackerbau über und gründete Dauersiedlungen. In Mitteleuropa ist Ackerbau erst seit 8.000 Jahren nachgewiesen. Die ältesten Pflüge (Hakenpflüge) stammen aus der frühen Jungsteinzeit, etwa 6500 Jahre vor heute. Es wurden aber weiterhin primitive Hacken verwendet. So setzte der Übergang zum Ackerbau hier später als im Vorderen Orient ein, wo die Ackerbauern bereits bis vor rund 8000 Jahren sesshaft geworden waren.

Diese als „Neolithische Revolution" bezeichnete Entwicklung begann in Ostanatolien und im Bereich des „Fruchtbaren Halbmondes", wo zu dieser Zeit bereits ein wärmeres und feuchteres Klima herrschte. Zu Beginn baute man noch Wildgetreide – wie zum Beispiel Emmer – an, ehe die Bauern vor 11.000 Jahren begannen, Getreidearten mit größerem Korn zu züchten, das auch bis zur Ernte auf dem Halm blieb. Vor rund 11.000 Jahren begann man im Nahen Osten auch mit der Domestikation von Wildtieren. Insgesamt wurde so eine geregelte Vorratshaltung ermöglicht, die vor Nahrungsknappheit bei ungünstiger Witterung schützte. Damit setzte zugleich verstärkt die Waldrodung ein, um geeignete Acker- und Weideflächen zu gewinnen. Die Folge der Entwaldung war eine verstärkte Bodenerosion, die wiederum die Wasserverfügbarkeit einschränkte – ein Prozess, der bis heute in den Mittelmeerländern anhält und die landwirtschaftlichen Möglichkeiten zum Teil drastisch einschränkt.

Zu Beginn des Neolithikums siedelten sich – insbesondere im Jordantal zwischen dem heutigen Jordanien und dem Libanon – Bauern, die Wildgetreide anbauten, in kleinen Dörfern mit Rundhütten oder Steinbauten an. Zu den ältesten stadtähnlichen Siedlungen gehörten Jericho (11.500 Jahre vor heute) und Çatalhöyük in Südostanatolien im Zeitraum 9400–8200 Jahre vor heute (J. MELLAART 1972). Am Beginn standen Kultstätten und Dörfer. Auch war der Mensch zu dieser Zeit bereits in der Lage, Kultstätten aus megalithischen Steinblöcken zu errichten, wie dies bei der Tempelanlage in Göbekli Tepe in der südöstlichen Türkei zwischen 9600 und 8200 v. Chr. geschah. Dabei wurden Blöcke bis über 15 t Gewicht transportiert (CH. MANN 2011: 43 ff.). Auf der Mittelmeerinsel Malta wurden die riesigen Kalksteinblöcke für Megalithbauten auf schlittenartigen Gefährten gezogen. Ähnliche Kultstätten, deren Alter bis über 5000 Jahre zurückreicht, gibt es auch in Nordeuropa (Abb. 4.2).

Die biokulturelle Evolution des Menschen (Abb. 4.3) wurde von einer Vielzahl von einzelnen Faktoren bestimmt (F. SCHRENK 2008: 120). Eine effektivere Kommunikation und bestimmte kognitive Prozesse – wie räumliches Vorstellungsvermögen und voraus-

Abb. 4.2 Zentraler Steinkreis von Callanish in Schottland, Insel Lewis (Äußere Hebriden). Dieser vor etwa 5000 Jahren errichtete Steinkreis (Durchmesser 12 m) gehört zu einer Kultstätte mit insgesamt 47 fast 5 m hohen Megalithen, von denen 13 den zentralen Kreis bilden; die übrigen sind kreuzartig angeordnet. (Foto: M. REICHARDT)

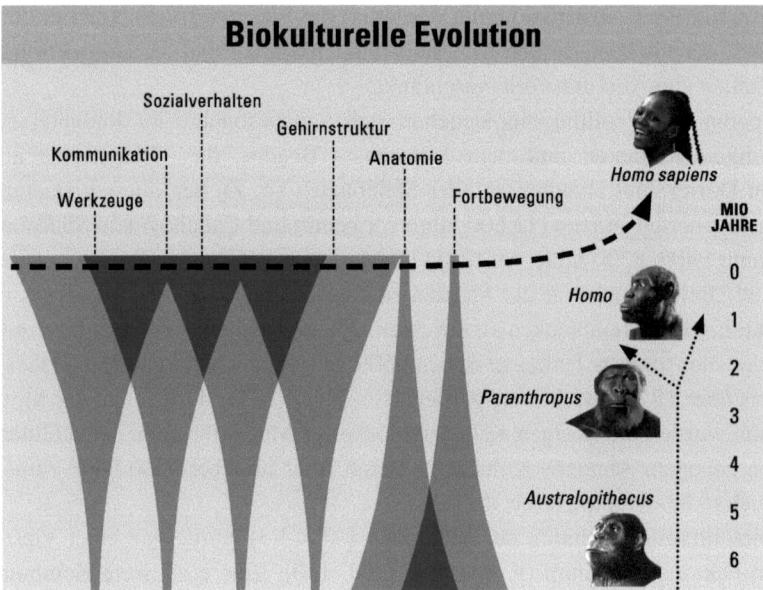

Abb. 4.3 Die biokulturelle Evolution des Menschen vom *Australopithecus* zum *Homo sapiens* und Erwerb von speziellen Eigenschaften, die den Aufstieg des Menschen zum Geofaktor ermöglichten. (nach F. Schrenk, 2008)

schauendes Denken – spielten eine Schlüsselrolle. Eine frühe Verbesserung der Laufeigenschaften machte eine bessere Abwehr gefährlicher Tiere sowie die Erweiterung des Lebensraums möglich. So ist auch die Anatomie der Hominidenarten mit ihrer biokulturellen Entwicklung aufs engste verbunden. Da zwischen der Art der Fortbewegung, der Ernährung und der Gehirnentwicklung enge Rückkopplungen bestanden, konnten sich diese als Synergieeffekte positiv auswirken. Vom Erfahrungswissen profitierte sowohl die Gruppe als auch der Einzelne. Dies setzte bessere sprachliche Fähigkeiten voraus, die erst durch anatomische Veränderungen des Rachenraums möglich geworden waren. Während einerseits die biologische Evolution sich verlangsamte und die robusten Backenzähne als Kau- und Mahlwerkzeuge an Bedeutung verloren, vergrößerte sich das Gehirnvolumen. Nur bei den robusten Australopithecinen wie *Paranthropus boisei* („Nussknackermensch") oder *P. robustus* verlief die Evolution in Richtung auf eine Nutzung relativ harter Pflanzennahrung, wie sie die Savanne bot (F. Schrenk 2008, 2019). An den Fundorten konnten auch Knollen und Wurzeln mit Knochenbruchstücken ausgegraben werden. Das Jäger- und Sammlerdasein setzte eine Arbeitsteilung voraus, die auch beim sesshaft werden von Vorteil war.

Obwohl es bisher nicht gelang, die Vorgeschichte der Menschheit und damit ihre Evolution, die zum *Homo sapiens* führte, lückenlos zu rekonstruieren, haben seit 50 Jahren immer wieder überraschende Neufunde – insbesondere in Süd- und Ostafrika – wichtige Einsichten in die Humanevolution ermöglicht. Manche spezielle Umweltbedingungen, unter denen die Vor- und Frühmenschen gelebt haben, konnten jedoch nicht exakt geklärt werden. Ferner mangelt es immer noch an genauen Altersdatierungen in den fossilarmen Schichten. Deshalb werden stärker als bisher die in den Fundschichten gespeicherten ökologischen und paläoklimatischen Daten, die man als „Proxydaten" bezeichnet, zur Ausdeutung der Funde herangezogen. Wie stark sich die mehrfachen Klimawechsel auf die verschiedenen Lebensräume auswirkten, haben jüngste paläoanthropologische Forschungen belegt. Die Landschaft selbst dürfte für die Evolution der Hominiden eine besonders wichtige Rolle gespielt haben. Die Verfügbarkeit von Wasser war absolut lebensnotwendig. Man vergisst bei allen diesen Überlegungen leicht die langen geologischen Zeiträume, die beachtet werden müssen, um zu richtigen Vorstellungen über die Art der jeweiligen Lebensbedingungen zu gelangen.

Zeugnisse wie Werkzeuge, Höhlenmalereien und andere Kultgegenstände des Menschen sind in Mitteleuropa aus dem Alt-, Mittel- und Jungpaläolithikum bekannt. Die Fähigkeit des Menschen, mit immer feineren Werkzeugen pflanzliche und tierische Ressourcen, die ihnen der Lebensraum bot, zu nutzen, sicherte ihm während der klimatisch ungünstigen Perioden der Eiszeit das Überleben. Zahlreiche Aufenthalts- und Siedlungsplätze sind heute in Europa bekannt (Abb. 4.4 und 4.5).

Abb. 4.4 Neolithisches Dorf Skara Brae auf West Mainland, Orkney-Inseln/Schottland, bewohnt von 3100–2500 v. Chr. Diese Siedlung ist vollständig erhalten und zählt zum UNESCO-Weltkulturerbe (Foto: M. Reichardt)

Abb. 4.5 Einrichtung eines Hauses von Skara Brae mit Bett- und Feuerstellen. (Foto: M. Reichardt)

4.3 Der moderne Mensch und seine Techniken

Entscheidend für die menschliche Entwicklung im jüngeren Pleistozän und im Holozän war einerseits die Anpassung an die natürlichen Gegebenheiten, andererseits aber auch der gezielte Eingriff in die Natur, soweit es die jeweils vorhandenen Techniken und Fähigkeiten erlaubten. Bergbauliche Tätigkeiten gehen in Europa bis in eine Zeit vor 60.000 Jahren zurück. Damals wurde zum Beispiel im Umfeld des Plattensees (Ungarn) Rotocker im Pingenbau, also trichterförmigen Schächten gewonnen. Bereits mit dem Übergang zu Ackerbau und Viehzucht wurde im späten Jungpaläolithikum der anthropogene Eingriff wesentlich gesteigert (Rodung, Bewässerungskulturen, Entstehung von Dauersiedlungen). Die Erfindung technischer Einrichtungen und die baulichen Aktivitäten führten zwangsläufig zu einer verstärkten Nutzung von Boden und Rohstoffen. Die Schaffung einer von ihm gebauten Umwelt machte den Menschen in zunehmendem Maße von seiner natürlichen Umwelt unabhängiger.

Die mit dieser Entwicklung verknüpfte geistig-kulturelle Aktivität führte zum Entstehen der ersten Hochkulturen in Ägypten, im Zweistromland von Euphrat und Tigris oder in China. Betrachtet man die Veränderungen seit Beginn der agrarischen Revolution, so lässt sich ein immer stärker beschleunigter Ablauf in den einzelnen Entwicklungsepochen von der Jungsteinzeit bis zum Beginn des Industriezeitalters feststellen. Die geistig-kulturelle Evolution des Menschen gestattete es, dass erstmals ein Lebewesen gezielt in die natürlichen Vorgänge auf der Erdoberfläche eingreifen konnte. Dies ist gleichbedeutend mit einer völlig neuen Qualität biologischer und geologischer Aktivität! Am Ende dieser Entwicklung könnte die Unterwerfung der gesamten Natur unter die vom Menschen selbst entworfenen Pläne und Ziele und – ungewollt – damit die weitgehende Zerstörung der in Jahrmillionen gewachsenen Strukturen des Naturhaushalts stehen.

Der Konflikt zwischen dem Menschen und seiner natürlichen Umwelt scheint durch die Entfaltung geistiger Fähigkeiten vorprogrammiert. Die technische Fähigkeit, in Jahrmillionen gespeicherte Bodenschätze innerhalb kürzester Zeit zu erschließen und zu verbrauchen, ist nur eine der Konsequenzen. Die Fortexistenz des Menschen wird aber in Zukunft davon abhängen, inwieweit naturgegebene Ressourcen hinreichend zur Verfügung stehen. Ihre mögliche Erschöpfung müsste zwangsläufig zum Zusammenbruch der heutigen Zivilisation führen. Es besteht ferner die Möglichkeit zur Selbstzerstörung, wenn die Weltbevölkerung weiterhin in dem Maße anwächst und wirtschaftet wie bisher. Eine weitere Möglichkeit zur Selbstzerstörung liegt in der Freisetzung ungeheurer Energien durch Nuklearwaffen und die damit verbundenen genetischen Schäden. Es ist daher notwendig, die Gesetzmäßigkeiten der exogenen und endogenen Prozesse zu befolgen, um ein Überleben der Menschheit zu gewährleisten.

Neben Nahrungsmitteln und Wasser war vor allem die Verfügbarkeit mineralischer Rohstoffe – insbesondere von Baumaterialien, Erzen, Salzen und Energierohstoffen – eine der wichtigsten Voraussetzungen für die Macht und den Wohlstand der frühen Hochkulturen. Bereits die Jäger und Sammler der Altsteinzeit benötigten zur Herstellung von Werkzeugen und Waffen spezielle Gesteine, wie zum Beispiel Feuerstein, Hornstein, Silex, Quarzit, Obsidian und Jadeit. Mit dem sesshaft werden und dem Übergang zum Ackerbau an der Wende Meso-/Neolithikum stieg auch der Bedarf an weiteren mineralischen Rohstoffen.

Die ungleiche Verteilung dieser Materialien auf der Erde und deren Gewinnungsmöglichkeiten ließen die ersten größeren Handelswege entstehen und waren der Anlass für ausgedehnte Feldzüge. Die alten Hochkulturen des Mittelmeerraumes und Mesopotamiens bieten hierfür zahlreiche Beispiele. Im Bereich des „Fruchtbaren Halbmonds" – vom Toten Meer über Ostanatolien bis zum Persischen Golf – setzte die produzierende Wirtschaftsweise (Agrarprodukte, tierische Erzeugnisse) sowie die Entwicklung von Dörfern zu Städten generell früher ein als weiter im Westen oder Norden.

Wichtige Rohstoffe wurden im Vorderen Orient über große Distanzen transportiert. Hier spielten neben Holz auch Gesteine und Metalle eine Hauptrolle. So wurde Obsidian zur Werkstoffherstellung oft über Hunderte von Kilometern transportiert. Reines Kupfer kam aus Zypern, Zinn zur Bronzeherstellung aus Syrien, Gold aus Gebieten westlich des Indus und Lapislazuli aus der Provinz Badachschan in Afghanistan. Silber stammte vor allem aus dem Taurus (Türkei), Asphalt für den Schiffsbau aus dem Gebiet um Mossul im heutigen Irak und Feuerstein vom Arabischen Schild. mithilfe der Archäometrie ist es gelungen, Herkunftsorte sehr genau zu ermitteln und altersmäßig einzuordnen. Als Beispiel sei hier die aus Bronze bestehende Himmelsscheibe von Nebra genannt, deren Alter mindestens 3700 Jahre beträgt. Das in dieser Bronze enthaltene Kupfer ist vor mindestens 3700 Jahren aus dem Erzbergwerk im Mitterberg bei Mühlbach (Salzburger Land, Österreich) gewonnen worden (H. MELLER 2004).

Die Erweiterung der technischen Fähigkeiten im Hinblick auf die Nutzung unterschiedlicher tierisch-pflanzlicher, in verstärktem Maße auch mineralischer Rohstoffe ermöglichte eine intensivere Nutzung der natürlichen Ressourcen. Damit erfolgte auch eine Erweiterung der Ernährungsgrundlagen. Die oben genannten frühtechnischen Errungenschaften (Pflug, Rad, Wagen) ermöglichten den Transport von Baustoffen über größere Distanzen und eine effektivere Bodenbearbeitung. Die wichtigsten Voraussetzungen für den Aufstieg des Menschen zum geologischen Faktor waren damit bereits vor vielen Tausend Jahren gegeben. Über die direkten Eingriffe hinaus kumulieren auch deren Aus- und Folgewirkungen mit der Zeit. Häufig gibt erst eine genaue Bilanzierung – unter Berücksichtigung der komplexen Wechselwirkungen einzelner Faktoren – Aufschluss über den wahren Umfang.

Trotz frühtechnischer Errungenschaften wie der Erfindung des Rades wahrscheinlich durch die Sumerer vor über 5000 Jahren, dem Einsatz des Hakenpfluges vor etwa 6500 Jahren, des Eisengusses in China vor rund 2300 Jahren oder der Kunst des Glasblasens in Syrien vor mehr als 2 Jahrtausenden beginnt die eigentliche „Industrielle Revolution" erst im 18. Jahrhundert. Seither hat der Fortschritt naturwissenschaftlicher und technischer Erkenntnisse die Produktions- und Wirtschaftsformen grundlegend verändert. Dadurch haben sich auch die sozialen und politischen Verhältnisse tiefgreifend gewandelt. Der Industrialisierungsprozess hat einerseits das Wirtschaftswachstum enorm beschleunigt, andererseits aber die Intensität menschlicher Eingriffe in Natur und Umwelt erheblich gesteigert. Vor allem das starke Bevölkerungswachstum und ein immer höherer Lebensstandard haben in den Industrieländern den Rohstoffbedarf sowie weltweit das Ausmaß der Bodennutzung und die Beanspruchung der Wasserressourcen gewaltig ansteigen lassen.

Der frühzeitliche Bergbau und das Hüttenwesen waren in Deutschland bereits im 15. und 16. Jahrhundert hoch entwickelt. In seinem 1556 erschienenen Werk *De re metallica libri XII*, den 12 Büchern vom Berg- und Hüttenwesen, gibt GEORGIUS AGRICOLA (1494–1555) einen höchst anschaulichen Überblick über die mineralogisch-chemischen, metallurgischen und bergbautechnischen Kenntnisse seiner Zeit. Der Bergbau gehörte damals – neben der Land- und Textilwirtschaft – zu den wichtigsten Güterproduzenten in Mitteleuropa. Die großen Fürsten- und Handelshäuser – wie etwa die Fugger – gelangten vor allem durch die Gewinnung von Silber, Gold, Kupfer, Blei und Quecksilber zu wirtschaftlichem Reichtum. Solche Metalllagerstätten lagen in Deutschland vor allem im Erzgebirge, im Harz, im Schwarzwald und in der Oberpfalz. Der Übergang von der handwerklichen zur industriellen Güterproduktion wurde jedoch erst durch die Erfindung leistungsfähiger Maschinen möglich, um deren Konstruktion sich bereits LEONARDO DA VINCI (1452–1519) und GOTTFRIED WILHELM LEIBNIZ (1646–1716) – wenn Letzterer auch

4.3 Der moderne Mensch und seine Techniken

wenig erfolgreich war – bemüht hatten. Sie sollten den Menschen unabhängiger von der eigenen physischen Arbeitskraft, aber auch von tierischer Leistung und von der Wasserkraft machen.

Den entscheidenden Fortschritt brachte die Konstruktion der Niederdruck-Dampfmaschine durch JAMES WATT im Jahre 1765, die von ihm selbst 1769 und 1784 wesentlich verbessert wurde. Bereits 1785 wurde sie zum Wasser heben in Deutschland im Mansfelder Kupferschieferbergbau eingesetzt. Die Wasserhaltung gehörte zu den größten Problemen, denen sich der Bergbau bei dem weiteren Vordringen in die Tiefe gegenübersah (Abb. 4.6 und 4.7). Nach dem Einzug der Dampfmaschine auch in den deutschen Steinkohlenbergbau um 1800 – zur Wasserhaltung und zur Kohleförderung – nahm der Bergbau im Ruhrgebiet einen enormen Aufschwung. Bereits gegen Ende des 18. Jahrhunderts hatte die Dampfmaschine in England die Textilindustrie sowie das Hüttenwesen revolutioniert. Mit dem Bau des ersten brauchbaren und im Dauerbetrieb verkehrenden Dampfschiffs 1807 durch ROBERT FULTON in den USA und der ersten Schienendampflokomotive 1804 durch RICHARD TREVITHICK in England begann eine neue Epoche des Verkehrswesens, die vor allem für Bergbau, Industrie und Handel umwälzende Auswirkungen hatte (A. PAULINYI 1992: 440 ff.). Diese Lokomotive fuhr mit etwa 9 km/h auf gusseisernen Schienen. Als Pionier bei der Herstellung von Maschinen wirkte auch FRIEDRICH HARKORT (1793–1880), der auf Burg Wetter an der Ruhr zu Beginn des 19.

Abb. 4.6 Alte Stollenzeche im Ruhrtal in Essen-Heisingen mit freigelegtem alten Stolleneingang. Das steilstehende Flöz Angelika wurde oberhalb des Ruhrwasserspiegels in der Talflanke abgebaut. Dieser Bereich ist Teil der Geologischen Wand Kampmannbrücke

Abb. 4.7 Das Abteufen von Schächten war erst durch das Abpumpen des Grubenwassers möglich. Hier das Doppelstrebengerüst des Hauptförderschachtes 7 des Steinkohlebergwerks Ewald in Herten (Ruhrgebiet)

Jahrhunderts eine Fabrik errichtete und insbesondere den Eisenbahnbau in Deutschland forcierte. Moderne Schienenwege waren für den Abtransport der Kohle bei rasch steigender Fördermenge erforderlich. Die Stollenzechen beiderseits der Ruhr (Abb. 4.6) wurden zahlen- und leistungsmäßig in der 2. Hälfte des 19. Jahrhunderts von den Tiefbauzechen überflügelt (Abb. 4.7).

Grundlage der Schwerindustrie war neben der Eisengewinnung die Förderung von Steinkohle, die bereits im frühen Mittelalter in geringem Umfang gewonnen wurde; im Aachen-Lütticher Revier bereits Anfang des 12. Jahrhunderts (W. Kasig 2011: 45). Die Bedeutung der Steinkohle für die Eisen- und Stahlindustrie begann, als Abraham Darby als erster ab 1709 nur mit Steinkohlenkoks Roheisen erschmolz (A. Paulinyi 1992: 389). Er war einer der besten Kenner der Eigenschaften von Steinkohlenkoks und seines Einsatzes. Um 1740 wurde zuerst von Benjamin Huntsman Tiegelstahl hergestellt; 1747 wurde in England der erste Gussstahl mit Steinkohlenkoks erzeugt. Kohle, Eisen und Stahl wurden so im 19. Jahrhundert zu jenen Industriegütern, welche das rapide Wachstum der Industrieeviere erst ermöglichten. Ein weiterer Meilenstein der technischen Entwicklung war die Erfindung der Dynamomaschine durch Werner von Siemens im Jahr 1866. Bereits 1882 wurde in New York das erste öffentliche elektrische Kraftwerk durch Thomas Edison in Betrieb genommen.

4.3 Der moderne Mensch und seine Techniken

Textilindustrie, Schwerindustrie und Maschinenbau entwickelten sich im Laufe des 19. Jahrhunderts stürmisch weiter, wobei der Herstellung von Rüstungsgütern schon damals eine Schlüsselrolle zukam. Mit der Entwicklung neuer Motoren und Fortbewegungsmittel – Eisenbahn, Auto, Flugzeug – setzte noch im 19. Jahrhundert eine Revolutionierung des Verkehrswesens ein. Von hier aus erfuhren der Maschinenbau und die Elektroindustrie entscheidende Impulse. Hierdurch wurde zugleich eine höhere Nachfrage nach metallischen Rohstoffen geweckt. Die Automobilindustrie wurde in den westlichen Industriestaaten nach dem Übergang zur Massenfertigung – vor allem nach der Einführung der Fließbandproduktion durch Henry Ford in den Jahren 1913/14 – zu einem der wichtigsten Industriezweige, der den Metallrohstoffsektor entscheidend mit beeinflusste.

Der Aufschwung der chemischen und petrochemischen Industrie im 19. und 20. Jahrhundert war durch die Einführung großtechnischer Verfahren und neuer Synthesemethoden bedingt, wie zum Beispiel für die Produktion von Soda, Schwefelsäure, Chlor, Teerprodukte, Düngemittel und Kunststoffe. Die Rohstoffbasis waren vor allem Steinsalz, Sulfiderze, Kalk, Kohle, Erdöl und Erdgas. Enge Beziehungen der chemischen Industrie entwickelten sich daher zum Kokereiwesen, zum Salzbergbau und zur Erdölindustrie. In Europa wurde die erste erfolgreiche Förderbohrung 1856/57 in Wietze bei Celle und in den USA 1859 durch Edvin L. Drake in Pennsylvania durchgeführt. Doch erst mit der gezielten Anwendung geophysikalischer Prospektionsverfahren in den 20er-Jahren des 20. Jahrhunderts begann der weltweite Erdölboom. Erfolgreich war vor allem der Markscheider und Geophysiker Ludger Mintrop (1880–1956), der auch im Nahen Osten und in Persien Erdöl- und Erdgaslagerstätten prospektierte (K. Lehmann, o. J.).

Im 20. Jahrhundert entwickelten sich die angewandten Zweige der Naturwissenschaften in immer stärkerem Maße und förderten so die technische Entwicklung auf fast allen Gebieten, insbesondere im Bergbau, in der Petrochemie, Metallurgie sowie den Gebieten der Reaktor- und Kerntechnik. Durch neue Verfahren der Rohstofferkundung, wie sie vor allem die Seismik, Geoelektrik, Geomagnetik und Geochemie bieten, wurden immer neue Lagerstätten entdeckt. Ohne eine erfolgreiche Prospektion – insbesondere durch Satellitenfernerkundung – hätte der Bedarf der Industrie an Rohstoffen nicht gedeckt werden können. Das gilt auch für die Zukunft!

Eine Schlüsselrolle für die Entwicklung der Schwerindustrie, des Maschinenbaus sowie des Schiffs- und Flugzeugbaus nimmt die Rüstungsindustrie ein, die heute eng mit zahlreichen Industriezweigen der Volkswirtschaft verknüpft ist. Hier setzte sich schon früh die Automatisierung durch. Die Massenproduktion konventioneller Waffen, moderner Waffensysteme sowie von Massenvernichtungsmitteln erfordert einen hohen Einsatz von Leicht- und Schwermetallen sowie von Seltenen Erden, wobei China der Hauptproduzent ist. Die Sicherung entsprechender Rohstoffvorkommen ist strategisches Ziel der Industriestaaten. Die Verflechtungen der internationalen Rohstoffwirtschaft sind sehr komplex und werden durch Großkonzerne maßgeblich mitbestimmt. Die fortschreitende Rationalisierung und Automatisierung führte vor allem zur Steigerung der Produktionskapazität.

Die Folge war auch ein verändertes Konsumverhalten der Industriegesellschaft, das entscheidende Impulse für ein vermehrtes Wirtschaftswachstum lieferte und so eine verstärkte Nachfrage nach Rohstoffen auslöste. Heute sind Industrieroboter im Einsatz; Ziel sind voll automatisierte, sich selbst kontrollierende Produktionsanlagen. Während der technische Fortschritt im 19. Jahrhundert auf die Leistungssteigerung von Maschinen gerichtet war, führt in diesem Jahrhundert der Einsatz kybernetischer Informations-, Regel- und Steuertechniken zu einer grundlegenden Veränderung der Produktionsprozesse und der menschlichen Arbeitsbedingungen. Durch die Mikroprozessortechnik und die Digitalisierung läuft eine Entwicklung ab, deren sozioökonomische Folgen gravierend sind.

Das Wirtschaftswachstum führte in den industrialisierten Staaten zu einer beträchtlichen Erhöhung des Lebensstandards. Obwohl in vielen Entwicklungsländern das Nationaleinkommen ebenfalls hohe Zuwachsraten erfuhr, wurde dieser Zuwachs zumeist durch den hohen Bevölkerungszuwachs wieder aufgezehrt, sodass sich insgesamt die Kluft zwischen den Industrieländern und der Dritten Welt vergrößerte. Die Länder, welche die im Lande gewonnenen Rohstoffe selbst verarbeiteten, konnten wirtschaftlich Schritt halten. Die positive Korrelation zwischen Energieverbrauch und Bruttosozialprodukt wurde jahrzehntelang wie eine Gesetzmäßigkeit angesehen. Länder mit dem höchsten Nationaleinkommen wie die USA, Kanada oder Schweden wiesen auch den höchsten Energieverbrauch auf. Eine „Abkopplung" des Energieverbrauchs vom Bruttosozialprodukt (BSP) war aufgrund neuer Einsparungstechnologien möglich.

Durch den Einsatz rationellerer Fabrikationstechniken mit immer leistungsfähigeren Anlagen stieg die Industrieproduktion pro Kopf in den Industriestaaten ständig an. Das begann mit der Mechanisierung in der Textilindustrie. Im Jahr 1738 wurde von LEWIS PAUL und JOHN WYATT die erste Spinnmaschine entworfen. Dieser folgte im Jahr 1764 die „Spinning Jenny" von JAMES HARGREAVES. Der Einsatz des Fließbandes zur Massenfabrikation erfolgte zuerst in den USA. Die fortschreitende Automatisierung führte zur „Zweiten Industriellen Revolution" (N. WIENER 1968). Elektronische Regelsysteme steuern weitgehend die Fabrikationsprozesse. Die Fortschritte auf dem Gebiet der Elektronik, der Computertechnik und Digitalisierung eröffneten weitere Möglichkeiten für neuartige, höchst leistungsfähige Steuer- und Kommunikationssysteme. Zu erwarten ist in Zukunft eine noch stärkere Robotisierung der meisten industriellen Fertigungsprozesse in den Industrieländern. Wenn in Zukunft mithilfe von „künstlicher Intelligenz" Denk- und Fabrikationsprozesse ablaufen, die sich herkömmlicher Kontrolle entziehen, werden sich viele Fragen nach der Verantwortung stellen (s. Abschn. 9.2).

Die Erste Industrielle Revolution hat ein globales Welthandelssystem entstehen lassen, das bis zum Ende des 2. Weltkrieges durch die Kolonialmächte bestimmt wurde. Die damaligen Kolonien lieferten fast ausschließlich Produkte der Primärproduktion, die Agrarprodukte und mineralische Rohstoffe umfasste. Bereits 1974 plädierten die Entwicklungsländer für eine neue Weltwirtschaftsordnung. Da zu dieser Zeit eine sehr große Zahl von Entwicklungsländern zwei Drittel ihres Exporterlöses aus nur wenigen agrarischen und mineralischen Rohstoffen bestritt, erhoben diese Länder zugleich die

Forderung nach einer internationalen Lagerhaltung von bestimmten Rohstoffen. Diese wurde nicht erfüllt und die internationalen Rohstoffmärkte bestimmen weiterhin das Geschehen.

Die weltweit zunehmende Konzentration in der Wirtschaft hat dazu geführt, dass heute die Produktion lebenswichtiger Güter durch Großkonzerne kontrolliert wird. Dies gilt auch für die meist hoch verschuldeten Entwicklungsländer. Zu den umsatzstärksten Industrieunternehmen gehören nach wie vor die Erdöl- und Erdgasproduzenten, ferner die Automobil- und Stahlkonzerne neben den vor allem in Ostasien produzierenden Großunternehmen der Elektro- und Elektronikbranche. Große Bedeutung haben die Konzerne der Stahl- und Chemieindustrie. So sind heute die Länder Japan, USA, Indien, Russland und China wichtigste Stahlproduzenten mit einer Gesamtproduktion von ca. 1,8 Mrd. t (Abb. 4.8). Der weltweit größte Stahlkonzern ist mit fast 100 Mio. t Jahresproduktion der ArcelorMittal-Konzern. Diese meist multinationalen Unternehmen, deren Beschäftigtenzahlen zwischen 200.000 und 1.000.000 liegen, bedienen sich höchstentwickelter Technologien; ihre Produktionsbereiche gehören zu den wachstumsstärksten. Viele Staaten sind selbst zu mächtigen Teilhabern der wirtschaftlichen Macht geworden. Infolge des stark gestiegenen Anteils der Staatsausgaben am Bruttoinlandsprodukt bestimmt heute der Staat in wichtigen Teilbereichen die Nachfrage mit. Eine besondere Stellung nehmen internationale Zusammenschlüsse ein, die – wie die OPEC als Gemeinschaft der Erdöl exportierenden Staaten – das Ziel verfolgen, die Preise relativ hoch und stabil zu halten.

Inwieweit in zahlreichen, im Wesentlichen von Agrarstrukturen geprägten Ländern der Dritten Welt ein Industrialisierungsprogramm ablaufen kann, wird sehr stark vom Verhalten der Industriestaaten abhängen. Der weitere Investitionsbedarf der Entwicklungsländer ist sehr hoch. Die Volksrepublik China investiert derzeit in Afrika, um sich wichtige mineralische Rohstoffe zu sichern. Auch der Warenaustausch mit Europa wird über die „Neue Seidenstraße" von der VR China in neue Bahnen gelenkt.

Das andauernde exponentielle Bevölkerungswachstum hat zu einem extrem gesteigerten Nahrungsbedarf geführt, der nicht einmal durch Ausweitung der Agrarflächen, den verstärkten Einsatz von Kunstdünger und Schädlingsvertilgungsmitteln sowie den Einsatz von Hochertragssorten, vor allem von Weizen, Mais und Reis, voll gedeckt werden konnte. Die Einführung neu gezüchteter Hybridsorten seit 1964 wurde als „Grüne Revolution" bezeichnet. Trotz erheblich gesteigerter Hektarerträge hat sie vielfach zu negativen Folgewirkungen geführt, die letztlich volkswirtschaftlich zu Buche schlagen. So kommt es zur großflächigen Bodenversalzung, Bodenerosion, zu Wasserversorgungsproblemen sowie zur verstärkten Belastung der staatlichen Zahlungsbilanz infolge erhöhter Importe von Düngern oder Schädlingsbekämpfungsmitteln. Ein weiteres Problem sind genveränderte Sorten, die eine hohe Abhängigkeit der Bauern von Agrarproduzenten schaffen.

Die Weltenergiewirtschaft hat sich in den letzten Jahrzehnten sehr stark gewandelt. Der Übergang von der Kohle zur verstärkten Nutzung von Erdöl, Erdgas und Kernkraft hat zu einem starken Anwachsen des Energieverbrauchs geführt. Bis zur ersten

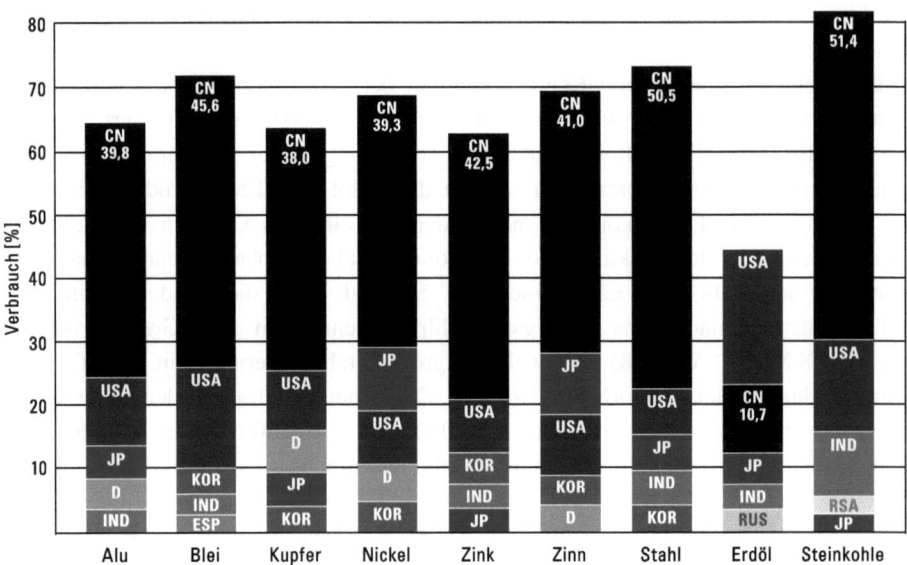

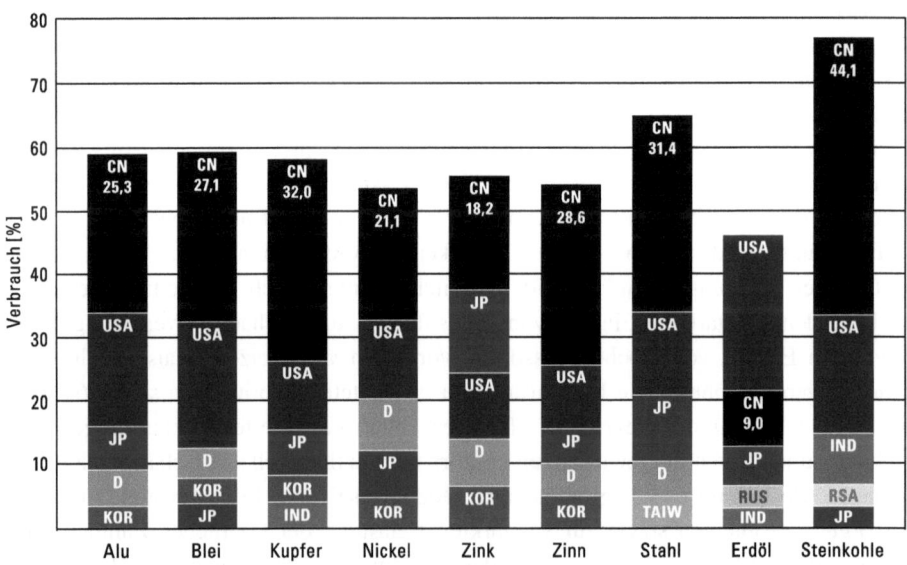

Abb. 4.8 Globaler Verbrauch der wichtigsten Metalle sowie von Stahl, Erdöl und Steinkohle in den Ländern China, USA, Japan, Deutschland, Korea, Indien, Russland, Republik Südafrika und Spanien im Vergleich der Jahre 2005 und 2010 (BGR Hannover 2013)

drastischen Erhöhung der Erdölpreise durch die OPEC-Staaten im Jahre 1973 waren diese billig verfügbaren Energieträger eine starke Triebkraft des Wirtschaftswachstums und damit der Ausweitung des Welthandels als Folge niedriger Transportkosten. Seither haben sich die wirtschaftlichen Bedingungen vieler Entwicklungsländer verschlechtert, wenn diese über keine eigenen Öl- oder Erdgasvorkommen verfügen und somit Ölimporte ihre Zahlungsbilanz stark belasten. In den letzten beiden Jahrzehnten sind in den Industrieländern die Anteile der aus alternativen Quellen stammenden Energien deutlich gewachsen. Windparks auf dem Festland und im Meer liegen dabei an der Spitze. Trotz der Reaktorkatastrophe von Fukushima im März 2011 und der nachfolgenden Stilllegung von Kernkraftwerken in Deutschland und Japan werden in manchen Ländern neue Kernkraftwerke geplant. Selbst Japan will die im Jahr 2011 stillgelegten Reaktorblöcke wieder anfahren und den Anteil an der Elektrizität auf 20 % am Gesamtaufkommen steigern – ein Wert wie vor der Katastrophe von Fukushima, bei der es in 3 Blöcken zur völligen Kernschmelze kam.

Nach Entdeckung der Radioaktivität durch HENRI BECQUEREL im Jahre 1896 begann mit der ersten Kernspaltung des Urans und Thoriums durch OTTO HAHN, FRITZ STRASSMANN und LISE MEITNER 1938 das eigentliche Atomzeitalter. Der erste Kernreaktor wurde 1942 von ENRICO FERMI gebaut; die erste explosive Freisetzung von Atomenergie erfolgte am 16. Juli 1945 bei Los Alamos in der Wüste von New Mexiko/USA. Im gleichen Jahr setzten die USA am 6. und 8. August Atombomben über den japanischen Städten Hiroshima und Nagasaki ein. Seither hat sich das Kernwaffenarsenal der auf 9 gestiegenen Zahl von Atommächten gewaltig vergrößert. Die hoch entwickelte Rüstungstechnologie erfordert den Einsatz zahlreicher wertvoller Rohstoffe, deren Anteil am gesamten Rohstoffverbrauch – nach einer kurzen Phase der Abrüstung in den Jahren nach 1990 – inzwischen wieder ansteigt. Immerhin haben sich in den beiden letzten Jahrzehnten weltweit die Militärausgaben fast verdoppelt (SIPRI Yearbook 2020) und sie werden sich in Zukunft weiter erhöhen. Alle Atommächte zusammen verfügen heute über mindestens 13.400 Atomsprengköpfe.

Wirtschaft und Technik bestimmen in hohem Maße die Nutzung der unterschiedlichen Ressourcen, welche die Grundlage der Ernährungs-, Energie-, Rohstoff- und Wasserwirtschaft bilden. Inwieweit diese Ressourcen verfügbar sind, hängt entscheidend vom Stand der technologischen und wirtschaftlichen Entwicklung in den einzelnen Ländern ab. Die bisherigen Folgewirkungen des wissenschaftlich-technischen Fortschritts sind schwer abzuschätzen. Der technische Fortschritt ermöglichte auch die Erschließung bis dahin kaum besiedelter Lebensräume wie zum Beispiel Wüsten mit extremer Trockenheit oder Hochgebirgsregionen. Die Gefährdungen dieser Regionen erfordern deshalb gründliche umweltgeowissenschaftliche Untersuchungen, um Fehlentwicklungen zu vermeiden. Eine Reihe von Projekten der Weltbank steht in der Kritik, weil sie zum Teil keine Rücksicht auf die sozialen Strukturen der Gesellschaften nimmt oder diese letztlich zerstört. Ein weiteres Problem stellen in vielen Ländern die Korruption und Misswirtschaft sowie die von Industriestaaten begünstigten Bürgerkriege (Afghanistan, Syrien oder im Sudan) dar.

4.4 Globale Herausforderungen an die Industriegesellschaft

Eine der wichtigsten Aufgaben der Umweltgeologie muss es daher sein, die in den geowissenschaftlichen Teildisziplinen gewonnenen Ergebnisse zusammenzuführen. Eine Synthese ist deshalb erforderlich, weil die komplizierten Wechselbeziehungen in allen Teilen der Geosphäre, in welche der Mensch eingreift, sonst weder erkannt noch bewertet werden können. Dies erfordert eine ganzheitliche Sichtweise. Das Spezialwissen aus dem Gesamtbereich der Geowissenschaften und Biowissenschaften muss für eine Neuorientierung unseres Naturverständnisses zusammengefasst werden. Dies könnte in ähnlicher Weise geschehen wie beim Entwurf der modernen Plattentektonik, der zu einem neuen, mobilistisch geprägten Bild der Entwicklung unseres Planeten geführt hat.

Der Mensch ist bereits heute in der Lage, die an der Erdoberfläche und innerhalb der oberen Erdkruste wirksamen Stoffkreisläufe massiv zu beeinflussen. In den meisten Fällen bedeutet dies eine starke Beschleunigung der Vorgänge auf der Erdoberfläche. Da zu befürchten ist, dass in Zukunft diese Beschleunigung weiter zunimmt, müssen wirksame Gegenmaßnahmen getroffen werden. Schließlich gilt es, katastrophenartige Entwicklungen – auch globalen Ausmaßes – zu verhindern. Hierzu gehören die weltweite Klimaerwärmung und die durch Zunahme des CO_2-Gehaltes bedingte Versauerung der Ozeane. Nur dann wird es möglich sein, künftigen Generationen die notwendigen Lebensgrundlagen zu sichern und ihnen eine lebenswerte Natur und Umwelt zu erhalten.

Eine der wichtigsten Vorbedingungen ist, dass das heutige Verhältnis von Mensch und Umwelt kritisch hinterfragt wird. Vorstellungen, die allein unter ökonomischen Aspekten entwickelt wurden, müssen auf ihre Umweltverträglichkeit geprüft werden. So muss jede Form der Externalisierung von Folgekosten bei der Nutzung von Landschaft oder bei der Erschließung von Bodenschätzen vermieden werden. Dies gilt auch für die steigende Belastung der Ökosysteme weltweit. Letztlich müssen alle Nutzungsstrategien verworfen werden, deren Folgen nicht klar kalkulierbar sind oder deren Langzeitfolgen zukünftige Generationen belasten.

Als Beispiel seien hier die Korallen genannt, deren gewaltige Riffbauten das Ergebnis einer engen Symbiose zwischen tierischen und pflanzlichen Organismen über geologische Zeiträume ist. Das Great Barrier Reef vor der australischen Ostküste gehört heute mit seinen rund 2300 km Länge zu den größten von Organismen errichteten Bauwerken auf der Erde. Alle heute lebenden Riffe werden von zahlreichen Korallenarten unter Beteiligung von Algen, Weichtieren und anderen kalkabscheidenden Organismen – wie Rotalgen – aufgebaut. Vor 50 Jahren waren zeitweise die „Dornenkronen"-Seesterne der Art *Acanthaster planci* eine besondere Bedrohung, da diese Tierart Teile des Großen Barriereriffs durch Abweidung der Korallen zerstörten. Ihre größte Existenzbedrohung stellt allerdings heute eine einzige Art dar: der Mensch! Die Bedrohung der Riffe resultiert insbesondere aus der starken Meeresverschmutzung, regionalen Temperaturerhöhungen des Meerwassers sowie der küstennahen Einleitung von Abwässern.

4.4 Globale Herausforderungen an die Industriegesellschaft

Aber auch Rohstoffgewinnung und -aufbereitung auf dem Festland und im Meer, die Fischerei, der weltweite Tourismus sowie der Schiffsverkehr mit seinen Belastungen stören die hochempfindlichen ökologischen Gleichgewichte dieser Riffbauwerke. Die erste Wasserstoffbombe wurde auf dem pazifischen Riffatoll Eniwetok im Jahre 1952 gezündet. Diesem Testversuch folgte eine Kette weiterer Kernwaffenexplosionen, die zu massiven radioaktiven Niederschlägen vor allem im gesamten Südpazifik führten.

Ein weltweites Absterben der Riffe ist in geologisch kurzer Zeit möglich. Als vor 180 Jahren auf seiner Reise mit der „Beagle" um die Welt den Indopazifischen Ozean erkundete, boten ihm die bewohnten Korallenriffe des Keeling-Cocos-Atolls einen noch im Wesentlichen von natürlichen Kräften geprägten Anblick. Seither sind viele Fragen nach dem Alter, dem Aufbau sowie den Wachstumsbedingungen der Korallenriffe geklärt worden. Dennoch gibt es über die hoch komplexen Zusammenhänge dieser Ökosysteme noch beträchtliche Wissenslücken. Schwerwiegende anthropogene Eingriffe und Belastungen, welche die zukünftige Existenz der Riffe gefährden, müssen deshalb verstärkt untersucht werden. Die Ursachen für die zerstörerischen Prozesse müssen auch in direktem Zusammenhang mit dem verstärkten Eintrag von Nährstoffen und Schlamm vom küstennahen Festland gesehen werden. Inzwischen sind bereits Teile des Great Barrier Reef abgestorben (*coral bleaching*). Eine noch stärkere Meerwasserversauerung durch weiteren CO_2-Anstieg im Meerwasser – bedingt durch die Erhöhung des CO_2 in der Atmosphäre – sowie die Temperaturerhöhung des Ozeanwassers werden mit Sicherheit das Riffsterben weltweit beschleunigen (H. SCHUHMACHER 2011).

Zwischen dem Menschen und seiner natürlichen Umwelt bestehen auch heute wesentlich engere Beziehungen, als es den Menschen bewusst ist. Durch das Wachstum der Weltbevölkerung, die weitere großindustrielle Entwicklung und den massiven Einsatz leistungsstarker Techniken hat sich die Abhängigkeit des Menschen von den Georessourcen – vor allem mineralischen Rohstoffen, fossilen Energieträgern, nutzbaren Böden und Grundwasser – in den letzten Jahrzehnten in exponentiellem Umfang vergrößert. Andererseits sind die Folgen, die der Mensch als geologischer Faktor durch Massenverlagerungen, Beeinflussung geochemischer Stoffkreisläufe oder direkte Landschaftsveränderungen der Erdoberfläche bewirkt hat, evident (D. E. MEYER 1986, 2002a, 2010).

Das natürliche Bild der Erde wurde von Prozessen geprägt, die seit Hunderten Millionen Jahren andauern. Diese Vorgänge bestimmten die Entwicklung des Lebens auf der Erde. Dabei war umgekehrt die biologische Entwicklung ihrerseits ein bedeutender Steuerungsfaktor für eine Vielzahl geologischer Prozesse. Dieser Tatsache ist man sich nicht hinreichend bewusst. Erst wenn der Mensch sich die gemeinsame Entwicklung von Pedosphäre und Biosphäre vergegenwärtigt, kann er seine Sonderstellung in der Natur wirklich begreifen. Erst dann wird er das wahre Ausmaß der Gefährdungen, denen die gesamte Ökosphäre in Zukunft durch seine massiven Eingriffe ausgesetzt sein wird, richtig einzuschätzen lernen.

Die Veränderung der Umweltbedingungen allein wäre nicht alarmierend, denn die Erdgeschichte liefert unzählige Beweise für gewaltige Veränderungen (Wanderung der

Kontinente, Entstehung von Hochgebirgen, wo früher Meeresbecken waren, Klimaveränderungen globalen Ausmaßes wie die Eiszeiten in den letzten 2 Mio. Jahren). Vielmehr besteht die Aufgabe darin, das Verhältnis zwischen Mensch und Umwelt sowie Mensch und Natur im Hinblick auf die vom Menschen herbeigeführten Veränderungen kritisch zu hinterfragen. Welche anthropogenen Aktivitäten verändern die natürlichen Prozesse und Stoffkreisläufe maßgeblich? Sind Langzeitfolgen für die Lebensgrundlagen des Menschen selbst bereits zu erkennen? Können negative Rückkopplungsprozesse zum plötzlichen Kollaps selbst großer Ökosysteme – wie der Weltmeere – führen? Die Hauptfrage ist, ob genügend Zeit für eine Anpassung der Organismen bleibt, wie es in der Erdgeschichte meistens der Fall war.

Wie sind die Eingriffe in heutzutage ablaufende geologische Prozesse sowie in das Geopotenzial und die geogenen Stoffkreisläufe zu bewerten? Welche langfristigen Folgen haben Veränderungen der natürlichen Umwelt durch Rohstoffgewinnung, Nutzung des Grundwassers, Bodenbeanspruchung oder die Zerstörung natürlicher Biotope durch Verschmutzung? Welche Konsequenzen hat die fortschreitende Zerstörung von größeren Ökosystemen oder die Vernichtung von Tier- und Pflanzenarten für künftige geologische Vorgänge auf unserem Planeten? Dieses sind nur wenige der wichtigen Fragen, die sich die Geowissenschaftler/innen bei der Beurteilung künftiger Prozesse auf dem Planeten Erde vorlegen müssen.

Auch in Zukunft wird der Mensch in hoch entwickelten Industriegesellschaften, aber auch in Regionen, wo die Mehrzahl der Bewohner am Rand des Existenzminimums lebt, in steigendem Maße von der Verfügbarkeit von Georessourcen abhängen. Jede Form des Raubbaus, der Umweltzerstörung und der damit zwangsläufig verbundenen Verschlechterung der Lebensbedingungen wird auf die Dauer auch die eigene Existenz des Menschen gefährden! Das wahre Ausmaß solcher Existenzgefährdung wird in dem Maße steigen, in welchem langfristig nicht umkehrbare Veränderungen ignoriert werden. Bereits heute nehmen einige dieser Veränderungen überregional katastrophale Züge an. Von großen Überschwemmungen in Küsten- und Deltaregionen wird fast täglich in den Medien berichtet. Ohne eine massive Gegenwehr wird sich dieser Trend fortsetzen.

Andererseits stellen Naturkatastrophen unterschiedlichster Art – trotz höher entwickelter Technik – in den dicht besiedelten Gebieten der Erde ein wachsendes Gefährdungspotenzial dar. Erdbeben, Vulkanausbrüche, Tsunamis, Hurrikane oder Tornados haben in den letzten Jahrzehnten immer wieder gezeigt, dass eine falsche Einschätzung der Gefährdungen und höchst mangelhafte Katastrophenvorsorge zu großen Opfern an Menschen und Sachwerten führt. Dies gilt leider auch in solchen Gebieten, in denen mithilfe des vorhandenen Wissens und durchaus verfügbarer technischer Hilfsmittel eine Gefahrenabwehr durchaus möglich wäre, aber nicht erfolgt.

Die höchsten Opferzahlen sind auch in Zukunft in den am dichtesten besiedelten Regionen der Erde, insbesondere den ärmsten Ländern der Dritten Welt zu erwarten. Hier könnte es in den nächsten Jahrzehnten weitere Zehn- bis Hunderttausende von Menschenleben kosten, wenn nicht möglichst bald eine angemessene Besiedlungs- und Bebauungspolitik erfolgt. Die stark zunehmende Urbanisierung – bei gleichzeitiger

Landflucht – sowie die verstärkte Besiedlung der Küstengebiete stellen weltweit eine große Gefahr dar. Ferner muss Katastrophen durch Frühwarnsysteme (Erdbeben, Vulkanausbrüche, Überschwemmungen, Tsunamis) vorgebeugt werden. Der Ausbau von Erdbebenfrühwarnsystemen dürfte wesentlich dazu beitragen, Menschenverluste drastisch zu vermindern und Sachschäden deutlich zu verringern.

Leider zeigen die Erfahrungen selbst in den hoch entwickelten Industrieländern, dass naturgesetzwidrige Eingriffe, die sich oft erst nach Jahrzehnten rächen, ähnliche Auswirkungen haben wie völlig unzureichende Vorsorgemaßnahmen in den Entwicklungsländern. Sind es auf der einen Seite die kurzfristigen, oft einseitig an rein wirtschaftlichen Zielen orientierten Interessen der lebenden Generation, so ist es anderenorts oft pure Unwissenheit über drohende Naturkatastrophen. So wird es entscheidend darauf ankommen, vom Menschen ausgelöste oder mitverursachte Katastrophen zu vermeiden. Echte Naturkatastrophen gilt es durch entsprechende geowissenschaftliche Untersuchungen rechtzeitig zu erkennen und Vorsorgemaßnahmen einzuleiten, zumal der Verlauf aktiver Erdbebenzonen und die aktiven Vulkanzentren bekannt sind.

4.5 Rahmenbedingungen der Bevölkerungsexplosion

Vor 10.000 Jahren lebten auf der Erde so viele Menschen wie heute im Ruhrgebiet – also rund 5 Mio. Menschen. In den 8000 Jahren bis Chr. Geburt verdreißigfachte sich die Erdbevölkerung, wenn man die Schätzwerte zugrunde legt. Während es für die Verfünffachung vom Jahr 0 bis zum Jahr 1800 immerhin 18 Jahrhunderte bedurfte, benötigte die nächste Verfünffachung – von 1800 bis 1985 – nur rund 18 Jahrzehnte. Die Zeiträume, in denen sich die Weltbevölkerung ab 1800 bis heute jeweils um 1 weitere Million erhöhte und wie sich diese Zunahme auch infolge von bestimmten Errungenschaften beschleunigt vollzog, macht Abb. 4.9 deutlich.

Seit Beginn der agrarischen Revolution dürfte sich also die Menschheit mehr als vertausendfacht haben. In den nächsten Jahrzehnten muss bis zum Jahr 2050 mit einem weiteren Anstieg der Weltbevölkerung auf fast 10 Mrd. Menschen gerechnet werden, wie jüngste Hochrechnungen zeigen. Im Jahr 2019 lebten bereits 7,75 Mrd. Menschen auf der Erde. Allein diese Zahlen machen deutlich, welchen großen Belastungen, Veränderungen und Gefährdungen (bis hin zu katastrophenartigen Abläufen!) sämtliche Teilbereiche der Geo- und Biosphäre ausgesetzt sein werden.

Das Industriezeitalter war durch folgende Entwicklungen gekennzeichnet:

- Industrialisierung und Technisierung
- zunehmende Verstädterung
- stark ansteigende wachsende Rohstoffnutzung
- ständig wachsender Lebensstandard

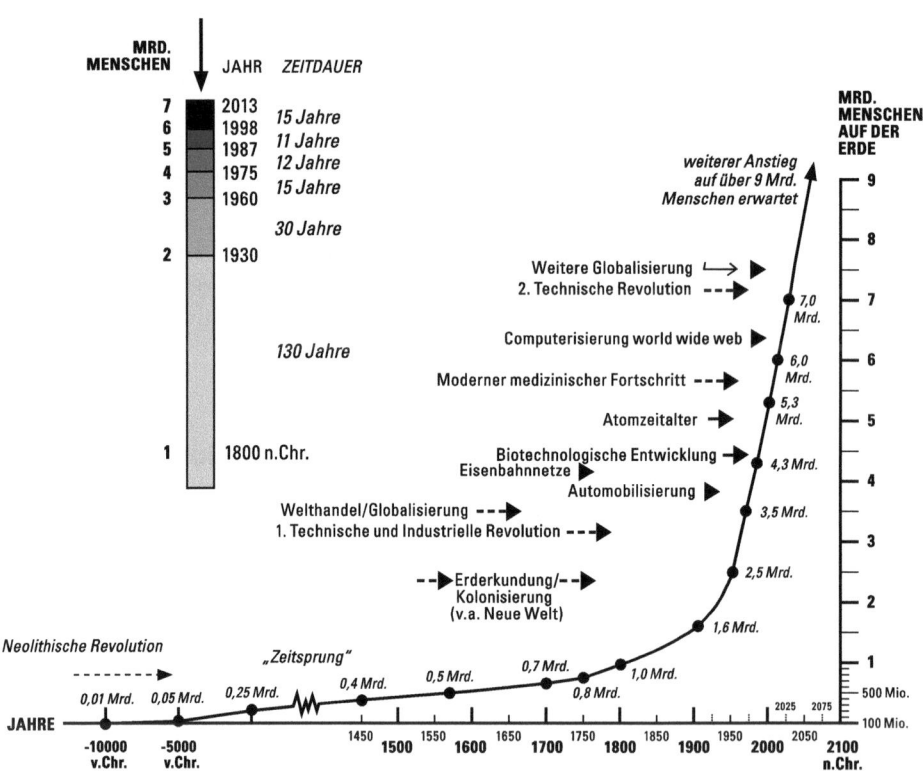

Abb. 4.9 Drastischer Anstieg der Weltbevölkerung seit der Neolithischen Revolution bis 2013 und Extrapolation des Bevölkerungswachstums bis 2050. Der Beginn der wirtschaftlich, technisch und wissenschaftlich wichtigen Neuerungen ist markiert (nach H. CHAMLEY 2003, stark verändert und ergänzt)

- verstärkte Gesundheitsfürsorge
- verstärkte Nutzung nicht regenerierbarer Georessourcen
- Entstehung einer weltumspannenden Technosphäre (Verkehr, Kommunikation, Warenaustausch usw.)
- verstärkte Nutzung nur gering besiedelter Regionen

Alle genannten Entwicklungen haben zum Bevölkerungswachstum beigetragen. Aber die Hauptursachen sind vielschichtig und haben ihre Wurzel in wirtschaftlichen, sozialen und kulturellen, nicht zuletzt auch religiösen Vorstellungen und Traditionen. Auch medizinischer Fortschritt hat zum Bevölkerungswachstum beigetragen.

Allein seit 1950 wurden mithilfe der Technik größenordnungsmäßig mehr Rohstoffe und Massen bewegt als in den vorausgegangenen 5000–10.000 Jahren! Diese Zahlen machen deutlich, dass bei gleichzeitig wachsendem Lebensstandard in den nächsten Dekaden in den Ländern der Dritten Welt gravierende Versorgungsprobleme auftreten werden. Aus umweltgeologischer Sicht sind dies Baugrundprobleme und Gefährdungen durch Naturkatastrophen in den am dichtesten besiedelten Regionen wie Agglomerationen, Megacities oder dicht besiedelten Küstenräumen. Ferner werden diese Räume durch Schadstoffeintrag extrem belastet. Diese Belastungen werden in Zukunft auch auf weniger stark besiedelte Regionen übergreifen. Weitere Konsequenzen sind eine intensivere Bodennutzung, Probleme der Wasserversorgung sowie der Versorgung mit mineralischen Rohstoffen. Einmalige Lebensräume sind in ihrer Existenz gefährdet oder werden weitgehend vernichtet. So wurden auf Madagaskar etwa 90 % aller Wälder abgeholzt. Ein schmales Waldgebiet im Osten der Insel birgt jedoch noch eine Vielzahl an endemischen Tier- und Pflanzenarten, die bei weiterer Waldrodung aussterben würden.

Sollte die Weltbevölkerung bis zur Jahrhundertmitte tatsächlich von 7,5 im Jahr 2019 auf 9–10 Mrd. steigen, dann könnte dies auch ohne größere kriegerische Auseinandersetzungen zu einer Verschlechterung der Lebensbedingungen in den Industrieländern, vor allem aber in den Schwellen- und Entwicklungsländern, auf die über 90 % des Bevölkerungswachstums entfällt, führen. In jedem Fall ist mit einer bisher nicht da gewesenen Beanspruchung aller natürlichen Ressourcen zu rechnen – und dies trotz aller Einsparungstechnologien! Trotz Geburtenkontrolle wird die Bevölkerung bis 2050 in China und Indien sehr wahrscheinlich auf jeweils rund 1,5 Mrd. Menschen steigen. Allein in den beiden Ländern Nigeria und Kenia würden bei auf unter 2,5 % sinkenden Bevölkerungswachstumsraten im Jahr 2050 fast 400 Mio. Menschen leben!

Dem Umweltgeologen geht es bei seinem Blick in die Zukunft um das Erkennen mittel- bis längerfristiger Entwicklungen, wie zum Beispiel der künftigen Klimaentwicklung, des möglichen Anstieges des Meeresspiegels oder der zunehmenden Folgewirkung durch Erosion infolge weltweiter Entwaldung. Risiken durch anthropogene Eingriffe wie Intensivlandwirtschaft müssen weit über die kurzfristigen Auswirkungen hinaus beurteilt werden, um katastrophale Entwicklungen von vornherein zu vermeiden. Der Faktor Zeit spielt dabei eine entscheidende Rolle. In erster Linie geht es darum,

- die Erde für künftige Menschheitsgenerationen zu erhalten,
- die Erde als Rohstoffreservoir mit begrenzt verfügbaren und meist nicht regenerierbaren Ressourcen zu sichern und
- die Erde als Lebensraum für eine in Jahrmillionen entwickelte Pflanzen- und Tierwelt zu erhalten und so eine Vielzahl von Arten vor ihrem endgültigen Aussterben zu bewahren.

Die Geologie muss somit über den Bereich einer reinen Naturwissenschaft hinausgehen! Als Geschichtswissenschaft (Erdgeschichte, Paläogeographie, Evolution), welche die Erdgeschichte und die Evolution in ihrem zeitlichen Ablauf verfolgt, zielt sie darauf ab, die stofflichen und strukturellen Beziehungen in Zeit und Raum zu rekonstruieren und auf diese Weise verlässliche Zukunftsperspektiven zu entwickeln.

4.6 Frühzeit der Biosphäre – Bedeutung für den Menschen

Die Biosphäre ist seit mehr als 4 Mrd. Jahren aus geologischen Vorgängen nicht fortzudenken. Bereits im ältesten Präkambrium spielen biologische Prozesse eine entscheidende Rolle im globalen Verwitterungs- und Sedimentationsgeschehen. Die Atmosphäre in ihrer heutigen Zusammensetzung – vor allem mit dem für heterotrophe Organismen lebensnotwendigen hohen Sauerstoffgehalt – ist das Ergebnis der assimilierenden Tätigkeit von Bakterien. Es waren Cyanobakterien (früher „Blaualgen" genannt), die bereits vor 3,5 Mrd. Jahren bei stärker alkalischem Milieu aus mit Kalziumkarbonat übersättigtem Meerwasser feinlagigen Kalk in Form von Stromatolithen abschieden (Abb. 4.10). Auch heute existieren solche sauerstoffproduzierenden Stromatolithe in Natronseen und im Meer wie zum Beispiel an der

Abb. 4.10 Stromatolithkolonien mit typischen Wuchsformen der Cyanobakterien, in hochsalzhaltigem Meerwasser im Gezeitenbereich gewachsen. Hamelin Pool (als Marine Nature Reserve geschützt), Shark Bay an der Westküste Australiens (Foto: K. Hoffmann)

4.6 Frühzeit der Biosphäre – Bedeutung für den Menschen

Westküste Australiens. Die Uratmosphäre war vorher fast frei von Sauerstoff. Dessen Pegel ist erst seit ungefähr 2 Mrd. Jahren bis zum heutigen Wert von 20,95 Vol.-% angestiegen. Von diesem Zeitpunkt an treten auch Eisenoxide (Hämatit: Fe_2O_3) führende Rotsedimente auf, während Uranerz führende Konglomerate, die an der Erdoberfläche bei sauerstofffreier Atmosphäre entstanden sein müssen, seit dieser Zeit nicht mehr gebildet wurden. Die entscheidenden Entwicklungen, welche die Frühzeit der Geo- und Biosphäre bis vor rund 65 Mio. Jahren prägten und ohne die es keine Evolution zum Menschen gegeben hätte, zeigt Tab. 4.4.

Ein epochales Ereignis war die Besiedlung der Festländer durch Landpflanzen vor rund 420 Mio. Jahren. Sie bewirkte, dass alle kontinentalen Verwitterungs-, Abtragungs- und Sedimentationsprozesse seither stark durch die Vegetation beeinflusst wurden. Erst

Tab. 4.4 Wichtige Zeitmarken der Evolution – Entstehung der Erde und Evolution der Organismen

Jahre vor heute	Ereignis
13.700.000.000	Urknall („Big Bang"), Entstehung des Universums
13.400.000.000	Erste Galaxien
4.600.000.000	Entstehung des Sonnensystems und der Erde
4.300.000.000	Älteste Gesteine der Erdkruste
>4.000.000.000	Beginn der biochemischen Evolution
4.000.000.000	Erste organische Verbindungen („Biomoleküle")
3.800.000.000	Älteste bekannte Sedimentgesteine
3.800.000.000	Erste einzellige Lebewesen (Prokaryota)
3.500.000.000	Älteste stromatolithische Riffe (Cyanobakterien, O_2-Produktion)
2.000.000.000	Atmosphäre mit freiem Sauerstoff (O_2)
1.600.000.000	Erste Zellen mit echtem Zellkern (Eukaryota)
610.000.000	Erste Metazoen (Ediacara-Fauna)
545.000.000	Entfaltung wirbelloser Tiere
530.000.000	Erste Chordatiere (mit Zentralnervensystem)
450.000.000	Fischartige Wirbeltiere (kieferlose Agnatha)
440.000.000	Erste echte Fische
420.000.000	Älteste Landpflanzen
380.000.000	Erste Amphibien
340.000.000	Erste Reptilien (z. T. „Ursaurier")
250.000.000	Frühe Dinosaurier
200.000.000	Erste Säugetiere
65.500.000	Aussterben der Saurier (Asteroideneinschlag)
65.000.000	Aufstieg der Säugetiere

seit dem Devon konnten sich die Überreste von Pflanzen in größeren Mengen ablagern, und es entstanden seit dieser Zeit mächtige Torflager, die später zu Braun- und Steinkohlenflözen umgebildet wurden. Der Reichtum der Erde an fossilen Energierohstoffen (Braunkohle, Steinkohle, Erdöl, Erdgas) ist somit erst ein Erbe der jüngsten Erdgeschichte, genauer gesagt: des letzten Zehntels der Erdgeschichte.

Erdöl und Erdgas, die neben der Kohle wichtigsten fossilen Energieträger, sind aus Überresten pflanzlicher und tierischer Produktion (vor allem Phyto- und Zooplankton) hervorgegangen; sie unterlagen der Umwandlung durch Druck, Temperatur und mikrobielle Prozesse (B. P. Tissot & D. H. Welte, 1984). Dieses Beispiel zeigt zum einen, dass die „belebte" Umwelt wesentlich tiefer reicht, als allgemein angenommen wird – nämlich nicht nur bis in die Tiefsee, sondern bis weit in die Erdkruste hinein. Nicht nur das Sonnenlicht, sondern auch geothermische Energie und chemoautotrophe Prozesse ermöglichen Leben. Die an heißen, vulkanischen Hydrothermen am Boden der Tiefsee entdeckten Lebensgemeinschaften riesiger Röhrenwürmer sind ein eindrucksvoller Beleg dafür (W. Bach 2015; P. Herzig 2015). Es ist durchaus möglich, dass das Leben überhaupt innerhalb der sich bildenden Erdkruste vor mehr als 4 Mrd. Jahren entstanden ist (C. Mayer et al. 2015; U. C. Schreiber 2019).

Menschliche Eingriffe in die Geosphäre

5.1 Eingriffe auf dem Festland und ihre Folgen

Die Vielgestaltigkeit der Kontinente – die Beschaffenheit von Landschaft, Klima und Vegetation – bot dem Menschen eine Vielfalt von Lebensmöglichkeiten. Die Gunst oder Ungunst der natürlichen Lebensraumbedingungen entschied über Jahrtausende maßgeblich über die Aktivitäten, die der Mensch in diesen Räumen entfaltete. Meistens musste sich der Mensch den Naturgegebenheiten anpassen. Mit dem sesshaft werden veränderte sich jedoch die Qualität seiner Eingriffe in die Umwelt grundlegend. Mit zunehmender Besiedlungsdichte, mit Steigerung der landwirtschaftlichen und schließlich der industriellen Aktivitäten wuchs auch das Ausmaß der Veränderungen. Es gibt heute Gebiete auf dem Festland, die derart stark verändert wurden, dass man von einer anthropogenen Landschaft sprechen muss (Großstädte, Industrielandschaften, Bergbaulandschaften, Agrarlandschaften). Auch der Central Park in New York wurde – als ursprünglich sumpfiges Gelände inmitten von Manhattan – als Parklandschaft künstlich geschaffen. Teile des Festlandes waren und sind direkt oder indirekt Eingriffen ausgesetzt, die sie immer stärker von den natürlichen Stoffkreisläufen entfernen.

5.1.1 Massenverlagerungen durch Rohstoffgewinnung

An der Erdoberfläche und im oberen Drittel der Erdkruste wurden bisher vom Menschen Gesteinsmassen umgelagert, die längst geologische Dimensionen erreicht haben. Nicht nur die planmäßig durchgeführten Erdbewegungen, sondern auch die ungewollt ausgelösten Umlagerungsvorgänge – wie Bergsenkung, Rutschungen oder Bodenerosion – müssen hier berücksichtigt werden. Horizontale und vertikale Massenverlagerungen werden vor allem durch Bautätigkeit, Rohstoffgewinnung und landwirtschaftliche

Aktivitäten bewirkt. Straßen-, Kanal- und Tunnelbau, Tagebau zur Gewinnung oberflächennaher Rohstoffe, Bergbau sowie die Förderung von Erdöl, Erdgas und Grundwasser sind mit der Mobilisation fester, flüssiger und gasförmiger Stoffe verknüpft. Alle diese Aktivitäten haben die geomorphologischen Verhältnisse – also das ursprüngliche Relief und Gefälle – verändert. Dies geschieht durch oberflächliche Abtragung oder Aufschüttung, aber auch durch Senkungsvorgänge, deren Ausmaß – vor allem bei der Förderung von Rohstoffen aus der Tiefe – die natürliche Rate der Senkungsvorgänge um ein Vielfaches übersteigt.

Mit dem verstärkten Einsatz modernster Technik haben auch Ausmaß und Folgen der Massenverlagerungen drastisch zugenommen. Gigantische Dimensionen erreichen sie im Braunkohletagebau des Rheinischen Reviers. Die natürlichen geomorphologischen und hydrogeologischen Verhältnisse werden dabei grundlegend verändert. Stoffliche und strukturelle Veränderungen – bis hin zur Schaffung neuer geologischer Körper – und irreversible Störungen des Grundwasserhaushalts sind die Folge. Die Sophienhöhe als begrünte Außenkippe des Braunkohletagebaus Hambach umfasst rund 13 km^2; sie ist über 200 m hoch und erreicht eine Gesamthöhe bis 302 m ü. NN (s. Abschn. 5.1.3.5). Eine weitere Kippe, deren Material aus dem Tagebau Garzweiler stammt (Abb. 5.1), ist die Vollrather Höhe (Abb. 5.2), die eine Höhe von 187 m ü. NN erreicht.

Abb. 5.1 Panorama Tagebau Garzweiler I; Blick vom Nordrand nach Süden (vorn Kippen aus Abraum) bis zu Kohlekraftwerken bei Frimmersdorf/Neurath (Aufnahme Nov. 2000)

5.1 Eingriffe auf dem Festland und ihre Folgen

Abb. 5.2 Fortsetzung des Panoramas (Abb. 5.1) im Südosten mit Bagger (Absetzer), dahinter die Vollrather Höhe (bis 187 m NN), die aus dem Abraum des südlichen Tagebaus Garzweiler von 1955–1968 aufgeschüttet wurde; bis 1999 wurden auf der Höhe 13 Windräder errichtet, die inzwischen durch leisere und effizientere ersetzt wurden

Obwohl es in Mitteleuropa kaum noch ein Gebiet von der Größe eines Messtischblattes (ca. 110 km^2) gibt, dessen Relief nicht vom Menschen überprägt oder stark verändert wurde, sind die anthropogenen Formen von der Wissenschaft stark vernachlässigt worden. Die Grundlagen einer Anthropogeomorphologie wurden in Deutschland von EDWIN FELS (1935, 1954) gelegt. Zukünftige Aufgabe muss es sein, die langfristigen Auswirkungen auf den künftigen Ablauf geologischer und geomorphologischer Prozesse zu erforschen. Neue Technologien – wie zum Beispiel die Ölschiefergewinnung oder die Erschließung unkonventioneller Gas- und Erdölvorkommen in größerer Tiefe durch hydraulische Fracking-Verfahren – müssen hinsichtlich ihrer potenziellen Folgen sorgfältig geprüft werden.

Durch Rohstoffgewinnung im Tage- und Tiefbau wurden weltweit enorme Mengen von Fest- und Lockergesteinen verlagert und zum Teil weit verfrachtet. Die weltweiten Kohletransporte per Schiff erreichen bereits heute die Größenordnung von 1 Mrd. t; das entspricht etwa 20 % der Weltkohleförderung. Es entstanden riesige Hohlformen an der Erdoberfläche und in der Tiefe, aber auch Massendefizite wie bei der Erdöl- und Erdgasförderung, welche ein Nachsinken der Erdoberfläche zur Folge haben. Der Abbau von Kohle, Erzen, Salzen, Festgesteinen und Massenrohstoffen – wie Kies, Sand oder

Kalkstein – ließ Hohlformen entstehen sowie infolge Verkippung von Abraum- und Bergematerial kegelförmige oder tafelbergartige Halden – allein im Ruhrgebiet infolge des Steinkohlenbergbaus über 140 solcher Bergehalden. So entstehen völlig neue Landschaften, deren Relief durch Tagebau oder Tiefbergbau stark verändert wurde. Täler und Senken werden oft mit Abraum aufgefüllt. In Schlammweihern setzen sich Schlämme aus der Aufbereitung ab. Die geologischen und geomorphologischen Auswirkungen haben im Industriezeitalter das Bild weiter Landschaftsgebiete geprägt und große Schäden verursacht. Frühgeschichtliche bis frühneuzeitliche Massenverlagerungen durch Bergbau mögen lokal zwar beachtlich sein; mengenmäßig sind sie jedoch gegenüber den Aktivitäten seit Beginn des 20. Jahrhunderts insgesamt eher gering. Welche Rohstoffe in Deutschland auch heute noch gewonnen werden, zeigt Tab. 5.1.

Materialentnahme und Umlagerung nahe der Erdoberfläche oder in der Tiefe bewirken fast immer Reliefveränderungen. Der Mensch wird damit zu einem unübersehbaren geologischen Faktor. Er schafft Formen, die sich von natürlich entstandenen Landschaftsformen deutlich unterscheiden. So weisen viele Eingriffe unregelmäßige oder auch geometrisch scharf begrenzte Formen auf, wie wir sie beispielsweise in Kiesgruben, Steinbrüchen oder Straßeneinschnitten beobachten können. Allgemein lassen sich „negative" und „positive" Formen – entsprechend der zerstörenden oder aufbauenden Tätigkeit des Menschen – unterscheiden. Das ursprüngliche Gefälle des Geländes wird dabei meist stark verändert. Ein versteiltes Gefälle verstärkt auch die Erosion durch Wind und Wasser. Es kommt zur Anlage zum Teil riesiger Hohlformen, deren Basis bis zu Hunderte von Metern unter der natürlichen Geländeoberfläche liegt. Zum Beispiel reichen die Tagebaue des Rheinischen Braunkohlenreviers in bis zu 500 m Tiefe; derzeit hat der Tagebau Hambach I die Tiefe von fast −300 m NN erreicht.

Tab. 5.1 Rohstoffgewinnung in Deutschland

Tagebau/Abgrabungen	Sand, Kies
	Torf
	Tongesteine
	Kalk- und Mergelsteine
	Natursteine, Naturwerksteine
Oberflächennahe Rohstoffe im Tieftagebau	Braunkohle (bis 2035)
	Karbonatgesteine
Tiefer liegende Rohstoffe im Bergbau untertage	Steinkohle (bis 2019)
	Erze (NE-Metalle)
	Salze (Steinsalz, Kalisalz)
	Industrieminerale
Förderbohrungen	Erdöl
	Erdölgas, Erdgas
	Sole, Heilwässer, Mineralwässer
	Grundwasser

5.1 Eingriffe auf dem Festland und ihre Folgen

Zum Teil werden Berge vollkommen abgetragen und planiert. Es veränderten sich nicht nur das Landschaftsbild, sondern auch die morphodynamischen Bedingungen. Auch der Boden- und Gesteinsaufbau auf Dutzenden Quadratkilometern wird grundlegend verändert.

Der Eingriff in den Wasserhaushalt durch die massive Regulierung von Fließgewässern oder die weiträumige Absenkung des Grundwasserspiegels hat in der Regel stark reliefverändernde Folgen. Alle Vorgänge, die mit der Auflockerung des Bodens, der Entnahme von Locker- und Festgesteinen oder anderen gezielten Massenverlagerungen an der Erdoberfläche oder unter Tage verbunden sind, haben darüber hinaus indirekte Folgewirkungen, die zu einer irreversiblen Veränderung des Reliefs und des Wasserhaushalts führen. Oft kommt es zur irreversiblen Störung geodynamischer Gleichgewichte. Es ist daher notwendig, jeden direkten Eingriff auch in Zusammenhang mit seinen indirekten Folgewirkungen zu sehen. Dabei ist zu beachten, dass der anthropogene Eingriff die natürlichen Kräfte verstärken, verzögern oder ihnen entgegenwirken kann – und dies über lange Zeit!

Durch die Gewinnung von festen, flüssigen oder gasförmigen Stoffen wird der Mensch auch zu einem herausragenden Abtragungs- und Transportfaktor. Die Raten der natürlichen Erosion und Denudation werden von ihm regional meistens um ein Vielfaches übertroffen. Insbesondere die im Tagebau, im Bergbau oder durch Bohrungen bewirkten Massenverlagerungen haben oft in kürzester Zeit zu bedeutenden landschaftlichen Veränderungen geführt. Trocken- und Nassbaggerungen von Sand und Kies hinterlassen Gruben oder – bei hohem Grundwasserstand – Baggerseen, die insbesondere im Niederrheingebiet zu prägenden Landschaftsformen anthropogenen Ursprungs geworden sind. Bergkuppen, unter denen sich meist harte, als Baustoff gesuchte Festgesteine befinden, wie etwa Sandsteine, Basalte oder Granite, wurden durch umfangreiche Steinbrüche ausgehöhlt oder teilweise so stark abgetragen, dass es zu einer regelrechten Umkehr des Reliefs kommt. Die Flanken von Bergen und Tälern, die in einem natürlichen Gleichgewicht mit den abtragenden Kräften stehen, werden durch die Massenverlagerungen meist versteilt und damit labil. Es kann dadurch verstärkt zu Rutschungen, Fels- oder Bergstürzen kommen.

Als Gebiete in Deutschland, deren Relief durch Massenverlagerung infolge Rohstoffgewinnung stark überprägt wurde, sind vor allem die vulkanische Osteifel (Gebiet um den Laacher See) mit ihren zahlreichen Bims- und Basaltschlackengruben zu nennen. Der von großen Kalk- und Dolomitsteinbrüchen beherrschte Raum Wülfrath-Dornap im westlichen Bergischen Land sowie das Rheinische Braunkohlenrevier mit seinen künftig bis über 500 m tiefen Tagebauen gehören ebenfalls dazu. Wurden im Braunkohletagebau nach dem 2. Weltkrieg Großbagger mit einer Leistung von 3000 m^3 pro Stunde eingesetzt, so sind heute im Rheinischen Braunkohlenrevier im Tagebau Hambach – auf einer geplanten Abbaufläche von insgesamt 80 km^2 – Schaufelradbagger und Absetzer im Einsatz, deren Leistung 240.000 Fest-Kubikmeter am Tag beträgt. Bis zum ursprünglich geplanten Abbauende im Jahr 2045 werden allein in diesem Tagebau bis zu 50 km^3 bewegt werden, um die Braunkohle aus Tiefen bis mindestens 520 m zu gewinnen. Bedingt durch den im Jahr 2020 gesetzlich beschlossenen Kohleausstieg und die Stilllegung der Braunkohletagebaue in Deutschland bis spätestens 2038 wird sich die genannte Gesamtabbaumenge reduzieren. Im Braunkohlenrevier des Weißelsterbeckens bei Leipzig wurden bis 1974 rund 7,5 km^3 Kohle gewonnen und Abraum bewegt (R. HOHL 1981, S. 563). Während die großen, noch laufenden Braunkohletagebaue Garzweiler und Hambach im Rheinischen Revier erst in den nächsten Jahrzehnten als Seen gestaltet werden, entstand in Mitteldeutschland eine Seenlandschaft mit bereits 64 Seen in den ehemaligen Braunkohletagebauen (L. EISSMANN und F. W. JUNGE 2013).

Die Massenverlagerung durch Rohstoffgewinnung bis weit unterhalb der Erdoberfläche – im Tiefbergbau und durch Förderbohrungen – hat im 20. Jahrhundert einen Gesamtumfang erreicht, welche die Summe aller in den vorhergehenden Jahrhunderten geförderten Mengen weit übersteigt. Aus der Tiefe werden heute neben Salzen, Erzen und anderen mineralischen Stoffen vor allem Steinkohle, Erdöl und Erdgas gewonnen. Hierdurch entstehen unterirdische Hohlraumsysteme, wie zum Beispiel Schächte, Stollen oder große Abbaukammern, die jedoch auf die Dauer nicht standfest sind und schließlich einbrechen. Der Bergbau reicht vielfach in Tiefen bis zu 1700 m hinunter. Die tiefsten Bergwerke erreichen 3900 m (Goldminen Western Deep Levels bei Johannesburg/ Südafrika). Eine dieser Goldminen (Mponeng) soll in Kürze sogar eine Tiefe von 5000 m erreichen. Im Ruhrgebiet, wo die Steinkohle bis in eine Tiefe von über 1600 m gewonnen wurde, liegen heute weite Gebiete bis zu 25 m tiefer als die ursprüngliche Erdoberfläche. Ungefähr 80–90 % der abgebauten Flözmächtigkeiten werden schon nach relativ kurzer Zeit als Bergsenkung wirksam (D. E. MEYER 1993c, 2002a). Ältere topographische Karten stimmen somit bezüglich ihrer Höhenlinien nicht mehr mit der Wirklichkeit überein. Welche Ausmaße die bergbaubedingten Reliefveränderungen von 1892 bis heute erreichten, wird am Beispiel des Ruhrgebiets deutlich (S. HARNISCHMACHER 2012).

Auch bei der Gewinnung von Erdöl und Erdgas kommt es zu weiträumigen Geländeabsenkungen, zumal nach dem 2. Weltkrieg die Förderung enorm angestiegen ist. Infolge des Massendefizits, welches durch die Förderung aus den Poren gering verfestigter Gesteine entsteht, kommt es zu erheblichen Setzungen. Ein klassisches Beispiel hierfür ist das Wilmington-Ölfeld im Gebiet südlich von Long Beach (Kalifornien), in dessen Zentrum im Jahre 1968 nach rund 30-jähriger Förderung ein maximaler Senkungsbetrag von 8,80 m gemessen wurde (J. F. POLAND in R. W. TANK 1983). Die Geländesenkungen erreichten dort zeitweise bis zu 60 cm im Jahr. Absenkungsbeträge von 30–35 cm pro Jahr wurden in der Po-Ebene in Oberitalien gemessen; sie waren dort durch intensive Wasser- und Erdgasgewinnung bedingt. Die Grundwassergewinnung hat vielerorts zu maximalen Absenkungen bis zu 15 m geführt, wenn im Untergrund besonders setzungsgefährdete Schichten anstehen.

Die dynamische Art, mit welcher der Mensch zerstörend in den Bau der Erdkruste eingreift, ist in mehrfacher Beziehung einzigartig in der Natur. Die selektive und regional konzentrierte Entnahme bestimmter Stoffe weit unterhalb des natürlichen Erosionsniveaus stellt einen Prozess dar, der in der Natur keine Parallele aufweist. Selbst die

5.1 Eingriffe auf dem Festland und ihre Folgen

Bildung von Karsthohlräumen ist an andersartige und meistens wesentlich langsamere Prozesse gebunden. Ein weiteres charakteristisches Merkmal der Rohstoffgewinnung sind weiträumige Massentransporte, etwa durch Eisenbahnen oder Tanker. Als irreversible Folgewirkungen sind insbesondere Abraum- und Bergehalden anzusehen, welche für alle Bergbaulandschaften kennzeichnend sind, wie etwa die Großhalden in den europäischen Steinkohlenrevieren oder die riesigen Halden des Goldbergbaus um Johannesburg in Südafrika. Der weitaus größte Teil der nutzbaren Rohstoffe fließt letztlich als ständiger Massenstrom in die Industrie- und Ballungsräume sowie in die großen Städte, wo es zu entsprechenden Massenkonzentrationen kommt. Dass dies bereits in früheren Jahrhunderten der Fall war, zeigen die mächtigen Kulturschichten größerer Städte wie Wien, Köln oder London, deren Anfänge in römische Zeit zurückreichen. In New York werden in Zukunft diese anthropogenen Schüttschichten noch weitaus mächtiger, da zum Beispiel die Wolkenkratzer Manhattans bis etliche Zehnermeter Tiefe reichen, um auf festem Felsgestein gegründet zu werden.

Geomorphologisch, hydrologisch und ökologisch sehr folgenreich ist der Bau von Verkehrswegen, insbesondere von Straßen, Autobahnen, Eisenbahnen, Tunneln und Kanälen; dabei werden gezielt Abgrabungen oder Aufschüttungen vorgenommen. Während beim Straßen- und Eisenbahnbau die Trassen früher so angelegt wurden, dass der Aushub etwa den für die Dammschüttungen benötigten Mengen entsprach, werden heute die anfallenden Massen über große Entfernungen bewegt. Die Landschaft wird dadurch oft tiefgreifend verändert. Es kommt daher nicht selten zu sekundär ausgelösten Massenbewegungen wie Rutschungen. Bedeutend sind vor allem die Massenverlagerungen bei Kanalbauten überall auf der Erde. So wurden beim Bau des fast 100 km langen Nord-Ostsee-Kanals rund 183 Mio. m^3 bewegt. Dieser Kanal, der 1920 eingeweiht wurde und später bis 11 m Wassertiefe ausgehoben wurde, gehört heute zu den meistbefahrenen Wasserstraßen der Erde. Große Massenverlagerungen gab es auch beim Bau des 82 km langen Panamakanals. Kaum zu bewältigen waren die Rutschungen, die sich beim Bau des Panamakanals 1906–1914 ereigneten, die auch später noch anhielten und viele Millionen Kubikmeter umfassten. Dieser Kanal wurde ab 2007 stark erweitert und so umgebaut, dass er jetzt mit Containerschiffen mit bis zu 12.000 Containern durchfahren werden kann. Auch diese Umbaumaßnahmen waren mit erheblichen Massenverlagerungen und dadurch ausgelösten Rutschungen verbunden. Die Anlage von Verkehrstrassen jedweder Art ist gleichbedeutend mit einer Zerschneidung von Naturlandschaften bis hin zur Verinselung. Dies hat wiederum gravierende Folgen vor allem für die Tierwelt. So werden Tierwanderungen erschwert oder unmöglich und ein genetischer Austausch – mit Folgewirkungen auch für den Artenbestand – wird unterbunden.

Das kumulierte Gesamtvolumen der beim Bau von Verkehrsanlagen bis zur Mitte des 20. Jahrhunderts bewegten Gesteinsmassen wurde auf mindestens 160 km^3 veranschlagt (E. FELS 1954). Dieses Volumen ist durch den verstärkten Verkehrsausbau in den letzten sechs Jahrzehnten auf allen Kontinenten so gewaltig angewachsen, dass eine Bilanzierung kaum möglich ist. Weltweit dürften die durch Verkehrswegebau umgelagerten Massen mittlerweile 5–10 km^3 pro Jahr erreichen. Geht man davon aus, dass durch die natürliche Erosion Sedimentmaterial von 20 Mrd. t (R. HÜTTL 2011) verfrachtet wird, dann würde – bei Umrechnung dieser Masse in Volumen – die nur durch Verkehrswegebau verlagerte Gesteinsmaterialmenge in derselben Größenordnung liegen. Eine von R. L. SHERLOCK (1922, S. 86) erstellte Gesamtbilanz bezifferte die bis dahin in Großbritannien vom Menschen bewirkten Massenverlagerungen auf umgerechnet insgesamt 30,5 km^3. Davon entfielen 88,6 % auf Bergbau und Tagebau und nur 11,4 % auf Maßnahmen baulicher Art. Eine Reihe von anthropogenen Formen war gar nicht als vom Menschen geschaffen erkannt worden.

Die Gewinnung von Rohstoffen an der Erdoberfläche hat regional auch zur Denudation – also einer flächenmäßigen Abtragung – der Erdoberfläche beigetragen. Große Mengen an Locker- und Festgesteinen, Energierohstoffen, Erzen und andere nutzbare Minerale sind in Gruben und Steinbrüchen, in flächenhaften Abgrabungen oder tiefreichenden Tagebauen gefördert worden. Vergleicht man Torfstiche, Kiesgruben, Bimstagebaue, Basaltsteinbrüche oder Braunkohlegroßtagebaue miteinander, so wird deutlich, dass ihre Formen und Dimensionen wesentlich von der Art ihrer geologischen Verbreitung, ihrer Mächtigkeit und der eingesetzten Gewinnungstechnik abhängen. Während früher in Mitteleuropa viele Zehntausend kleiner Lehm-, Sand- oder Mergelgruben oder kleiner Steinbrüche vorherrschten, so handelt es sich heute infolge der stärkeren Mechanisierung um Großbetriebe mit hoher Förderkapazität. Auch wenn diese Kleingruben in der Landschaft heute kaum noch erkennbar sind, haben sie doch das Relief und die Böden verändert. Diese anthropogen geschaffenen Reliefänderungen sind bisher nicht bilanziert worden; sie sind auch auf Karten kaum mehr oder nicht mehr ersichtlich.

5.1.2 Folgewirkungen von Massenverlagerungen

Bei der Rohstoffgewinnung lassen sich primäre, sekundäre und tertiäre Folgewirkungen unterscheiden. Als primär sind die durch direkte Relief-, Boden- und Wasserhaushaltsveränderung bedingten Biotop- und Artenverluste am Ort des Abbaus und dessen unmittelbarer Umgebung zu bezeichnen. Sekundäre Folgewirkungen treten auf, wenn beispielsweise durch die Verwitterung von Eisensulfiden Säuren (zum Beispiel Schwefelsäure H_2SO_4 auf Steinkohlebergehalden) entstehen. Auch Aktivitäten beim Rohstofftransport, bei der Aufbereitung – zum Beispiel beim Brennen von Zementrohstoffen – oder dem Abrösten von Erzen werden Schadstoffe freigesetzt, die letztlich zur Geoakkumulation in Böden und Sedimenten führen können oder die Nahrungskette belasten (toxische und letale Wirkungen, Bioakkumulation). Als tertiäre Folgewirkungen sind Schädigungen aufzufassen, die infolge stofflicher Veränderungen – wie bei der Verfüllung von Sand- und Kiesgruben mit Materialien aus der Rohstoffaufbereitung oder -nutzung (zum Beispiel Braunkohlenaschen, Schlacken mit Schwermetallen, Kohleentschwefelung) auf die Umwelt und die Ökosysteme durchschlagen. Dies könnte auch durch Grundwasserverunreinigungen geschehen. Hier zeigt sich, wie notwendig eine genaue Erfassung aller Einflussfaktoren ist. Als tertiäre Folgewirkung wäre – etwa bei der Verbrennung fossiler Energierohstoffe – die durch CO_2-Erhöhung in der Atmosphäre bedingte Klimaerwärmung und alle hierdurch bewirkten Einflüsse auf die Biosphäre und Anthroposphäre zu bewerten (Abschn. 7.5.2).

5.1.2.1 Relief- und Bodenveränderungen (Bodensenkungen)

Alle genannten Beispiele machen deutlich, dass das natürliche geomorphologische Relief immer stärker vom Menschen verändert und überformt wird. Aus diesen Eingriffen ergeben sich unmittelbare oder später auftretende Folgewirkungen. Diese stehen im engsten Zusammenhang mit Baumaßnahmen (Siedlungen, Verkehrswege, Hoch- und Tiefbau), mit der Rohstoffgewinnung (Tagebau, Bergbau), mit landwirtschaftlichen Aktivitäten (Kultivierung, Bewässerung, Terrassenbau) oder der Nutzung der Gewässer (Flussregulierung, Stauseen). Einerseits entstehen künstliche Hohlformen durch Materialentnahme an der Erdoberfläche oder komplizierte Hohlraumsysteme in Tiefen bis zu mehreren Tausend Metern. Andererseits schafft der Mensch künstliche Erhebungen – wie zum Beispiel Bergbauhalden oder Mülldeponien. Die Dimensionen der das Relief, den Boden und die geologischen Strukturen verändernden Eingriffe haben mit den technischen Möglichkeiten und verstärktem Energieeinsatz ständig zugenommen. Anthropogene Formen beherrschen daher in Mitteleuropa das Landschaftsbild. Eisenbahndämme, Autobahneinschnitte, Kanäle, künstliche Flussufer, Halden, Böschungen von Tagebauen oder schroffe Steinbruchwände in Bergflanken dokumentieren, dass der Mensch zum dominierenden geomorphologischen Faktor geworden ist.

Durch direkte anthropogene Massenverlagerungen werden vielfach auch gravitative Massenbewegungen ausgelöst. Rutschungen, Fels- und Bergstürze können die Folge sein. Häufig werden diese späteren Folgewirkungen nicht in Beziehung zum ursprünglichen Eingriff gesehen. Insbesondere bei komplexem Zusammenwirken der vielen Faktoren ist dies der Fall. Der Mensch greift darüber hinaus in den tieferen Bau der Erdkruste ein. An der Erdoberfläche werden gewaltige Erd- und Bodenmassen bewegt. Dies geschieht bei der Rohstoff- und Grundwassergewinnung, beim Bau von Verkehrswegen, Siedlungen, Industrieanlagen sowie bei der Errichtung von Landschaften und Kulturbauwerken. Bei der Flussregulierung, im Kanalbau und bei der Anlegung von Stauseen werden ebenfalls große Gesteinsmengen umgelagert. Von besonderer Art sind die landwirtschaftlichen Aktivitäten, wie Pflügen, spezielle Kultivierungsmaßnahmen und Terrassenbau. Auch bei der Entsorgung wie der Anlage von Deponien für Müll, Abfälle und Sondermüll sind umfangreiche Massenverlagerungen erforderlich. Eine Übersicht der verschiedenartigen Eingriffe und ihrer Folgewirkungen bietet Abb. 5.3.

Durch den Einsatz immer leistungsfähigerer Maschinen und Transportmittel gelingen heute in nur wenigen Jahren Massentransporte, die früher nicht einmal von vielen Generationen hätten geleistet werden können. Bodenstruktur und natürliches Relief sind vom Eingriff direkt betroffen. Es kommt dadurch langfristig zu Veränderungen,

A Primäre Folgewirkungen durch anthropogene Eingriffe (in Gesteinsuntergrund, Morphologie, Wasserhaushalt und Boden)				
Rohstoffgewinnung Massenverlagerung	Wasserwirtschaft	Verkehrsbau/Küstenschutz/Transport	Städtebau/Entsorgung/Militärische Aktivitäten	Landwirtschaft/ Forstwirtschaft
Gruben, Pingen Tagebaurestlöcher Steinbrüche Bergbauhohlräume (Stollen, Strebe, Kammern)	Gräben zur Be- und Entwässerung Kanäle Pumpspeicherbecken Brunnen Qanats	Straßeneinschnitte Eisenbahneinschnitte Kanaleinschnitte Hafenbecken Ausbaggerungen Tunnelbauten	Ausschachtungen für Bauwerke Geländeabtrag Kasematten Bombentrichter Sprengtrichter	Moorkultivierung Drainage Entwässerung Bodenverdichtung (Großgeräteeinsatz)
Bohrungen (Erdöl/-gas)	Bohrungen (Grundwasser)	Flussregulierung	Planierung	Terrassenbau Pflügen/Rodung
Abraumhalden Bergehalden Schlackenhalden Aufbringung von Schlämmen (Polder) Verfüllung von Senken	Dämme Staumauern Stauseen Talsperren	Dammbauten Deiche (Fluß, Meer) Küstenschutzbauten Uferbauwerke Aquädukte Viadukte	Siedlungshügel (Tells, Warften) Aufschüttungen Deponien Trümmerberge Verteidigungswälle	Marschkulturen Landgewinnung an der Küste Polderung
B Sekundäre Folgewirkungen der anthropogenen Eingriffe (Prozesse geologischer, geomorphologischer, hydrologisch-hydrogeologischer und pedologischer Natur)				

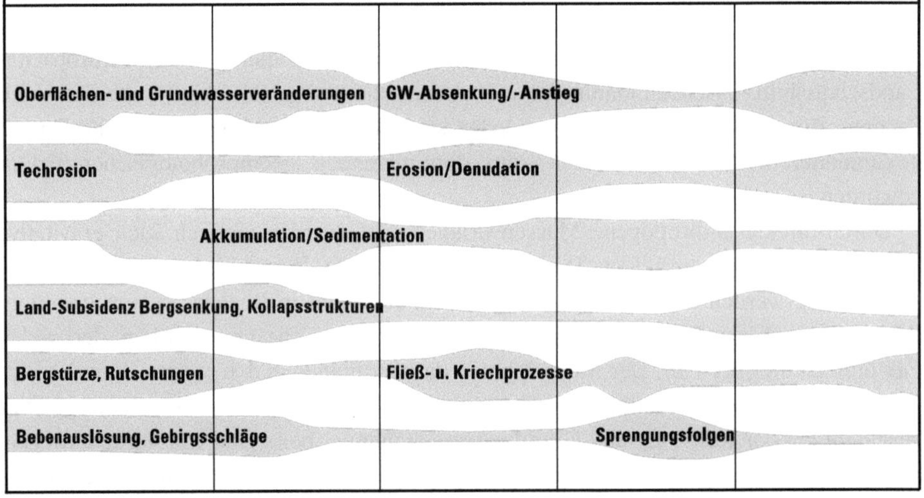

Oberflächen- und Grundwasserveränderungen   GW-Absenkung/-Anstieg

Techrosion   Erosion/Denudation

Akkumulation/Sedimentation

Land-Subsidenz Bergsenkung, Kollapsstrukturen

Bergstürze, Rutschungen   Fließ- u. Kriechprozesse

Bebenauslösung, Gebirgsschläge   Sprengungsfolgen

Abb. 5.3 Durch unterschiedliche anthropogene Eingriffe erzeugte primäre Folgewirkungen (A) und sekundäre Folgewirkungen (B). Im oberen Teil der Abbildung (A) werden die Aktivitäten den verschiedenen Wirtschaftsbereichen zugeordnet, im unteren Teil (B) wird die Intensität der sekundären Folgewirkungen durch die Breite der „Balken" verdeutlicht

die als indirekte Folgewirkungen sich meist nachteilig auswirken. Bei der Gewinnung von Energierohstoffen, Erzen und Industriemineralen kommt es außerdem zu tiefgreifenden Zerrüttungen des Gebirges und zu technotektonischen Störungen, wie sie sich als Bergsenkungen an der Erdoberfläche äußern. Dieser destruktiven Tätigkeit stehen

„konstruktive" Maßnahmen gegenüber, wie zum Beispiel Abraum- oder Bergehalden. Hinzu kommen Umlagerungs- und Transportvorgänge unmittelbar am Ort des Abbaus.

Umfangreiche Massenverlagerungen sind darüber hinaus beim Bau von Verkehrswegen wie Straßen, Eisenbahnen, Kanäle oder Tunneln, ferner bei der Errichtung von Siedlungen, Städten und Industrieanlagen erforderlich. Naturgegebene Hindernisse werden abgetragen oder planiert; tiefe Einschnitte oder hohe Dämme werden angelegt und Hohlformen zugeschüttet. Obwohl bei der Errichtung von Bauwerken Ausschachtungen vorgenommen werden, bedecken sich mit der Zeit die Siedlungsflächen mit zum Teil mächtigen Schuttschichten. Derartige Zeugen sind die Wohnhügel (Tells) alter Städte im Vorderen Orient wie Troja. Metropolen wie London, Paris, Wien oder Köln stehen auf mehrere Meter mächtigen Kulturschichten. So sind in London seit der Römerzeit mächtige Ablagerungen von Zivilisationsschutt festgestellt worden. Auch in Köln gelangt man in etwa 5 m Tiefe mit dem „Fahrstuhl in die Römerzeit" (R. PÖRTNER 1959). Bei der Errichtung von modernen Landschaftsbauwerken – wie Parks oder Großsportanlagen (Olympiapark München, Rheinauenpark Bonn) – wurden große Erdmassen bewegt. Nach dem 2. Weltkrieg wurden Berge aus Trümmerschutt zerstörter Großstädte aufgeschüttet. Allein in Berlin gibt es 9 Trümmerberge, die höher sind als 70 m und bis 115 m über NN aufragen, wie der Teufelsberg. In neuerer Zeit sind es vor allem Großdeponien, Abraum- und Bergehalden. Sie stellen anthropogene Großformen dar, die das Landschaftsbild stark verändern. Im Ruhrgebiet entstanden „Bergehalden". Die anfallenden Waschbergemengen im Steinkohlenbergbau betragen heute rund die Hälfte der gesamten Förderung. Die mit einer Fläche von 2,4 km^2 größte Halde im Ruhrgebiet und zugleich in ganz Europa ist Hoheward/Hoppenbruch bei Recklinghausen, deren Höhe 110 m über Flur erreicht (H.-P. NOLL 2008, S. 343).

Massenverlagerungen größten Ausmaßes erfolgten im 19. und 20. Jahrhundert nicht nur bei der Anlage von Eisenbahntrassen, sondern vor allem auch im Rahmen von Maßnahmen, die mit der Flussregulierung, dem Kanalbau sowie der Anlage von Talsperren verbunden waren. Umfangreiche Massenverlagerungen waren auch beim Deichbau und der Verwirklichung großzügiger Küstenschutzbauwerke notwendig. Dass diese Eingriffe bereits um die Mitte des 19. Jahrhunderts begannen, zeigt der Bau des Suezkanals 1859–1869, bei dem fast 180 Mio. m^3 bewegt werden mussten. Dieses Volumen entspricht größenordnungsmäßig dem gesamten Stauinhalt der sechs größten Oberharzer Talsperren. Die Anlage riesiger Stauseen in den letzten sechs Jahrzehnten und die durch sie bedingten Massenverlagerungen erreichten weitaus größere Dimensionen, sowohl im Hinblick auf die Erd-, Fels- und Betonmassen für den Dammbau als auch bezüglich der gestauten Wassermassen. So umfasst heute allein der Stauraum der 5 größten Stauseen der Erde 865 km^3, wobei das im Victoriasee (Tansania, Uganda, Kenia) durch Aufstau gespeicherte Wasservolumen von 205 km^3 eingerechnet ist. Einzelne Dammbauten wurden aus bis zu 100 Mio. m^3 Schüttmaterial errichtet. Auch zur Küstensicherung werden große Gesteinsmassen – oft aus küstenfernen Gebieten – bis an die Küsten verfrachtet. Dort wird dieses Material für den Bau von Deichen, Buhnen oder Wellenbrechern verwendet. An den deutschen Küsten und auf den Ost- und Nordfriesischen Inseln müssen – wegen des zu erwartenden Meeresspiegelanstiegs und dem prognostizierten höheren Auflaufen von Sturmfluten – die Deiche deutlich erhöht und an der Basis verbreitert werden, soweit dies in den beiden letzten Jahrzehnten nicht bereits geschah.

Die Landwirtschaft bewegt im Rahmen von Kultivierungs- und Bodenbearbeitungsmaßnahmen seit Jahrtausenden beträchtliche Bodenmassen. Weite Anbauflächen wurden in jüngerer Zeit tiefgepflügt. Auch wird durch moderne Bodenbewirtschaftungsmethoden der Bodenaufbau tiefgreifend irreversibel verändert. Auf der Erde werden heute mehr als 48 Mio. km² Ackerland bearbeitet. Es werden auf diese Weise jährlich sehr wahrscheinlich bis zu 15.000 km³ Boden vom Pflug bewegt. Die Trockenlegung von Sumpf- und Feuchtgebieten, die Moorkultivierung sowie alle Maßnahmen der Bodenmelioration und die Anlage von Anbauterrassen – insbesondere in Südostasien und in Hochgebirgen wie dem Himalaya – sind ohne umfangreiche Bodenbewegungen nicht möglich (Abb. 5.4). Die für die pflanzliche Ernährung genutzte Gesamtfläche an Böden entspricht etwa der Fläche Südamerikas. Die Bodennutzungsgesamtfläche für Viehwirtschaft – vor allem für Futtermittel – entspricht etwa der von ganz Afrika.

In ariden Gebieten ist der Bau von Bewässerungsanlagen, für welche Gräben bzw. Kanäle ausgehoben werden müssen, mit hohem Aufwand verbunden, insbesondere

Abb. 5.4 Anbauterrassen in sehr steinigem Gelände in ca. 3000 m Höhe im Niederen Himalaya bei Kharidhunga in Nepal

5.1 Eingriffe auf dem Festland und ihre Folgen

auch für deren Befestigung. Die Anlage von Qanats, die unterirdische Kanalsysteme zur Grundwassergewinnung sind, kann regional bedeutend sein. Das Abpumpen von Grundwasser für Bewässerungszwecke, wie es vor allem in Kalifornien über Jahrzehnte betrieben wurde, führte zu enormen Absenkungen infolge der Kompaktion der Lockersedimente nach dem Wasserentzug (San Joaquin Valley). Durch diese Form der Grundwasserförderung, aber auch durch die Gewinnung von Erdöl und Erdgas ausgelöste Senkungen betreffen inzwischen große Gebiete, insbesondere in den USA, in Russland sowie fast allen Erdölförderländern.

Heute werden große Mengen an Erdöl und Erdgas als jederzeit verfügbarer Vorrat gespeichert. In Norddeutschland wurden in Salzstöcken Dutzende von Großkavernen durch Aussolung angelegt, die vor allem der Einlagerung von Erdöl oder Erdgas dienen. Künftig wird die Anlage unterirdischer Speicher eine noch weitaus größere Rolle spielen. Nicht zu unterschätzen sind Massenverlagerungen für militärische Zwecke und bei kriegerischen Auseinandersetzungen. Denkt man an die Anlage breiter Verteidigungswälle, Schanzen und Gräben, die im Mittelalter alle größeren Städte umgaben, dann wird ersichtlich, dass bereits in der Vergangenheit derartige Maßnahmen beachtlich waren. Der Bau des Westwalls im 2. Weltkrieg machte enorme Massenverlagerungen und Betonbauten erforderlich, die auch in Jahrhunderten nicht zu beseitigen sind. Durch Schützengräben, Granaten oder sonstige Kampfmittel wurden an allen Fronten und Kriegsschauplätzen des 1. und 2. Weltkriegs flächenhaft allein in Mitteleuropa Tausende Quadratkilometer Boden bis viele Meter Tiefe in geradezu chaotischer Weise umgewälzt und total verändert (B. Steinweg und M. Kerth 2013). Im Vietnamkrieg wurden im Verlauf des Ho-Chi-Minh-Pfades Tunnelsysteme gewaltigen Ausmaßes von Hand angelegt. Heute werden für Verteidigungszwecke weitaus größere Erd- und Gesteinsmassen bewegt (unterirdische Bunker, Raketensilos, Munitionsdepots etc.). Hierbei müssen die jeweiligen geologischen Lagerungsverhältnisse in besonderer Weise erkundet und berücksichtigt werden.

Die Insel Helgoland, deren Buntsandsteinfelsen die Abb. 5.5 zeigt, ist ein drastisches Beispiel für den Versuch, eine ganze Insel in die Luft zu sprengen, wenngleich dies wohl primär nicht beabsichtigt war. Von den Engländern wurde am 18. April 1947 die Zündung von in den Kasematten der roten Felseninsel gelagerten 6700 t Kriegsmunition vorgenommen. Dabei wurde ein Teil der Felseninsel in die Luft gesprengt und stark verwüstet; zwischen dem Unterland und dem Felsoberland entstand ein Mittelland. Über 1,5 Mio. m^3 Gestein wurden in die Luft geschleudert (P. Schmidt-Thome 1987). Diese Sprengung, mit der alle militärischen Anlagen auf der Insel zerstört werden sollten, ist bis heute die weltweit größte Sprengung mit herkömmlichem Sprengstoff. Sie wurde von allem Erdbebenstationen in Mitteleuropa registriert.

Das weltweit größte und damit vom Baumaterialvolumen her gewaltigste Verteidigungsbauwerk, welches die längste vom Menschen errichtete Landschaftsbarriere darstellt, ist die mit allen ihren Teilen 21.000 km lange Chinesische Mauer (vgl. Abb. 5.6). Der Bau wurde im 7. Jahrhundert v. Chr. begonnen. Dieses Bauwerk weist wahrhaft geologische Dimensionen auf. Obwohl Teile der Mauer vom Menschen als

Abb. 5.5 Buntsandsteinfelsen an der Nordspitze von Helgoland mit Zwischenlagen von tonigen Schichten; die starke Klüftung hat auch zur Abtrennung der „Langen Anna" beigetragen

Steinbruch benutzt wurden, wird dieses Bauwerk über weitere Jahrtausende bestehen bleiben.

Die in den beiden Weltkriegen des 20. Jahrhunderts durch Flächenbombardement entstandenen Krater haben in weiten Teilen Europas die Erdoberfläche regelrecht umgepflügt. Im Vietnamkrieg wurden 1965–1971 nach einer Berechnung von A. WESTING und E. W. PFEIFFER (1972) in einem nur 170 km² großen Areal 2,5 km³ aus 26 Mio. Bombentrichtern ausgeschleudert. Diese Menge entspricht dem mehr als Zehnfachen des Volumens, welches beim Bau des fast 100 km langen Nord-Ostsee-Kanals bewegt wurde, oder der Kubatur von 1000 Cheops-Pyramiden. Die Cheops-Pyramide wiegt 6,5 Mio. t! Unterirdische Atombombenexplosionen haben in den Testgebieten (USA, Russland, Kasachstan, Atolle im Pazifik) auch den tiefer gelegenen geologischen Untergrund zertrümmert, wobei ein Teil des Gesteins verdampfte. Bei Tests an der Erdoberfläche können Krater von bis zu 2000 m Durchmesser und bis zu 80 m Tiefe – wie beim Castle-Bravo-Test auf Bikini im Jahr 1954 – entstehen.

Es war dieser US-Test mit einer 15 Megatonnen-Sprengkraft TNT dieser oberirdisch gezündeten Wasserstoffbombe der zweitstärkste hinter der sowjetischen „Zar-Bombe" (AN 602), deren Sprengkraft sogar etwa 50 Mt betrug (und die in etwa 4 km Höhe im Jahr 1961 über der Insel Nowaja Semlja gezündet wurde).

5.1 Eingriffe auf dem Festland und ihre Folgen 79

Abb. 5.6 Blick auf die Chinesische Mauer bei Badaling, Volksrepublik China (Foto: M. REICHARDT)

Durch die ungeheuren Sprengkräfte wurden auch die Lagerungsverhältnisse im weiteren Umkreis erheblich verändert. Sie werden daher auch in Zehntausenden von Jahren nachweisbar sein! Sollte bei künftigen Projekten, wie es vor Jahrzehnten geplant war, atomare Sprengkraft eingesetzt werden, so wären damit Massenverlagerungen in der Größenordnung von Dutzenden Kubikkilometern verbunden.

Anthropogene Massenverlagerungen sind mit destruktiven und konstruktiven Folgen verbunden. Die Hauptaktivitäten erfolgten seit Jahrhunderten im Rahmen der Lebensgrundfunktionen des Menschen: sich versorgen und ernähren, wohnen, verkehren. Dass weitere Aktivitäten hinzukamen, wird aus der Tab. 5.2 deutlich.

5.1.2.2 Rutschungen, Berg- und Felsstürze, Bodenerosion und Subrosion

Bei der indirekten Auslösung gravitativer Massenbewegungen an der Erdoberfläche sind die Voraussetzungen und Folgen ähnlich wie bei den natürlichen Vorgängen. Der Bewegungsablauf kann langsam, unterbrochen oder plötzlich und damit katastrophal sein. Häufig bleiben die Warnzeichen einer sich schließlich rasch vollziehenden Massenverlagerung unbeachtet oder werden falsch eingeschätzt. Kriechprozesse an Hängen können sich beschleunigen und eine allmähliche Entlastung kann Risse erzeugen, bis schließlich die Zugfestigkeit überschritten wird. Plötzliche Ereignisse – etwa Starkregen

Tab. 5.2 Anthropogene Massenverlagerungen auf dem Festland und im Küstenbereich

Aktivitäten	Destruktive Folgen Abbauende Tätigkeit	Konstruktive Folgen Aufbauende Tätigkeit	Hauptaktivität Transporttätigkeit
1. Rohstoff- und Wassergewinnung Abgrabungen, Tage- und Tiefbau, Bohrbetrieb Grundwassergewinnung Gewinnung von Baurohstoffen, Energierohstoffen, Erzen und Industriemineralien Hüttenwesen	Anlage von: Gruben (Kies-, Sand-) Steinbrüchen Torfstichen Tagebaulöchern Schächten Bergbaustollen -streben, Kammern Förderbohrungen (Erdöl, Erdgas, Salzsole, Grundwasser) Aussolung (Kavernen)	Anlage von: Abraumhalden Berghalden Schlackehalden Schutthalden	Maßnahme Umwühlen Bodenverlagerung Pipeline-Verlegung Sprengungen
2. Verkehrswegebau Wege, Straßen, Eisenbahn, Kanäle, Flugplätze	Einschnitte (Gelände) Anschnitte (Berghänge) Tunnelbauten (Eisenbahn, Auto, U-Bahn) Abtragung natürlicher Hindernisse	Dämme Vorschüttungen Aufschüttungen Zuschütten von Hohlformen, Seen, Polderflächen	Planierung
3. Siedlungsbau/Industrieanlagen Siedlungen/Städte	Ausschachtungen Abtragung von Hindernissen	Bauwerke Trümmerberge Siedlungsschutt Wohnhügel, teils (Kulturschichten) Warften	Planierung Bodenverlagerung

(Fortsetzung)

5.1 Eingriffe auf dem Festland und ihre Folgen

Tab. 5.2 (Fortsetzung)

Aktivitäten	Destruktive Folgen Abbauende Tätigkeit	Konstruktive Folgen Aufbauende Tätigkeit	Hauptaktivität
4. Wasserbau/Küstenschutz Flussregulierung, Kanalbau, Bewässerungsanlagen, Talsperren, Energiegewinnungsanlagen	Einschnitte Kanäle Kavernen Qanats (Khanats)	Küstenschutzbauwerke Dämme (Staumauern) Deiche Stauseen, Teiche, Wasserrückhaltebecken Landgewinnung künstliche Aufhöhung	Flussbettverlagerung
5. Landschaftsbau/Kulturbauten Sportstätten, Parks, Gärten, Kulturbauwerke	Bodenaushub Exkavationen	Landschaftsbauwerke Pyramiden Hünengräber	Relieferung Bauwerkserrichtung Material-Verlagerung
6. Landwirtschaft Bodenbearbeitung, Kultivierung, Melioration, Moorkultivierung	Abtorfung Drainagegräben	Anbauterrassen Weinbergmauern Substratherstellung (künstliche Böden)	Pflügen Tiefpflügen Konturpflügen
7. Entsorgung Abfall- und Müllbeseitigung Müllverbrennung Verklappung im Meer	Emissionen bei Verbrennung Deponien (Deponiegase)	Verfüllungen (Müll, Sondermüll, Bauschutt, Industriemüll, andere Abfälle wie Abraumsalze, Sole) Deponien	Abwassereinleitung (-versenkung) Emissionen/ Immissionen von Gasen, Flüssigkeiten
8. militärische Aktivitäten Verteidigungsanlagen, Schutzeinrichtungen, kriegerische Folgewirkungen	Schützengräben Bunkerkavernen Explosionstrichter (Krater) Bombentrichter (Atom-, Wasserstoffbombe) Giftgase	Schanzen Verteidigungsmauern Verteidigungswälle Bastionsanlagen	Sprengung Bombenabwurf Waffenentsorgung und -vernichtung (Festland, Meere)
9. Vorratslager Versorgungsanlagen Endlager	Kavernen (Salz) → Erdöl, Erdgas	Tanklager Bunker Kavernenspeicher Speicherlagerstätten (CO_2)	

oder Erschütterungen – vermindern die innere Reibung. Ein allmählich angestiegenes Kluftwasser setzt die Scherfestigkeit soweit herab, dass es zu plötzlichen Massenbewegungen kommt. Allein im 19. und 20. Jahrhundert gab es zahlreiche Bergstürze und Rutschungen, bei denen nicht nur hohe Schäden entstanden, sondern auch Tausende Menschenleben zu beklagen waren.

Vor allem kommt es infolge des Abbaus von Rohstoffen in Tagebauen und Steinbrüchen sowie bei der Aufschüttung von Abraum- und Bergehalden immer wieder zu ungewollten Rutschungen. Beim Bergsturz von Plurs im Bergell/Schweiz im Jahr 1618 kamen durch einen falsch angelegten Abbau die Massen in Bewegung und verschütteten 2430 Menschen (A. HEIM 1932). Bei einem weiteren Bergsturz im Schweizer Kanton Glarus stürzten im Herbst 1883 rund 10 Mio. m^3 Gesteinsmassen unterhalb des Plattenbergkopfes ab und brandeten am gegenüber gelegenen Düniberg empor, wo zahlreiche Zuschauer den Tod fanden, die den sich anbahnenden Bergsturz beobachten wollten (A. HEIM 1932). Die Ursache für diese Katastrophe war ein Schieferbruch, durch dessen Vortrieb das Widerlager am Bergfuß allmählich entfernt wurde. Komplizierter war das Ursachengefüge bei der Katastrophe von Vajont in Südtirol, wo am 9. Oktober 1963 rund 250 Mio. m^3 Gesteinsmassen vom Monte Toc in die gerade errichtete Vajont-Talsperre stürzten, wobei das gesamte inzwischen aufgestaute Wasser als 70 m hohe Flutwelle über die über 261 m hohe Bogenstaumauer gedrückt wurde und die gewaltige Flutwelle das Piavetal verwüstete. Über 2200 Bewohner verloren ihr Leben und fünf Dörfer wurden gänzlich ausgelöscht (L. MÜLLER-SALZBURG 1968).

Ein weiteres Beispiel sind die Felsstürze am Drachenfels im Siebengebirge bei Bonn; sie sind die Folge jahrhundertelanger Trachytgewinnung seit der Römerzeit bis in das 19. Jahrhundert, wobei sehr steile Felswände entstanden. Der letzte große Felssturz im Frühjahr 1967 war Anlass für umfangreiche Felssicherungsmaßnahmen, deren Kosten sich damals auf umgerechnet über 1,5 Mio. EUR beliefen. Große Rutschungen im Braunkohletagebau, wie sie zum Beispiel im ehemaligen Tagebau Fortuna im Rheinischen Revier im Jahr 1979 vorkamen, müssen bereits aus Gründen der Betriebssicherheit vermieden werden. Überall dort, wo der Mensch in den geologischen Bau tiefer eingreift, muss mit der Möglichkeit gravitativer Massenbewegungen gerechnet werden. Aber auch bei Haldenkörpern kann es auf geneigtem und stärker vernässtem Untergrund, sowie bei zu steilem Böschungswinkel zu Rutschungen kommen. Bei der Katastrophe von Aberfan im walisischen Kohlenrevier ereignete sich 1966 eine Haldenrutschung, bei welcher 139 Schüler und 5 Lehrer einer Schule ums Leben kamen; die Abraumhalde war völlig durchnässt. Bei Nachterstedt (Sachsen-Anhalt) rutschten im Sommer 2009 am Rand eines ehemaligen Braunkohletagebaus, der inzwischen als See gestaltet worden war, mehrere Häuser ab. Zahlreiche weitere Gebäude am Ortsrand mussten daraufhin abgerissen werden, um die Böschung zu stabilisieren. Dies war ein Warnsignal, sodass auch in anderen deutschen Tagebaugebieten derartige Böschungen auf Rutschungsgefahren kontrolliert wurden.

Verwitterungsprozesse, denen der Mensch bei Straßen- und Eisenbahneinschnitten Vorschub geleistet hat, führen bereits heute – oft nach wenigen Jahrzehnten – in verstärktem

5.1 Eingriffe auf dem Festland und ihre Folgen

Umfang zu Hanginstabilitäten. Es werden aber auch langandauernde Erosionsprozesse in Gang gesetzt, so zum Beispiel durch Flusskorrektur verstärkte Tiefenerosion im Flussbett oder durch falsche Bewirtschaftungsmethoden beschleunigte Bodenerosion. Das in diesem Jahrhundert verstärkte Vorwachsen des Mississippideltas ist vor allem auf die schleichende Zerstörung der nordamerikanischen Wälder zurückzuführen, die schon GEORGE PERKINS MARSH (1864) geißelte. Die Schlammablagerungen in der Chesapeakebay an der Ostküste in Virginia/USA sind zum Teil ebenfalls die Folge verstärkter Bodenerosion im Hinterland. Am Nordende der Bucht mussten rund 65 Mio. m^2 ausgebaggert werden.

Ein einziger Staubsturm konnte in den Great Plains (USA) am 11. Mai 1934 rund 300 Mio. t wertvollen Ackerboden ins Meer verfrachten. Diese katastrophalen Staubstürme („*Dust Bowl*") in den Getreideanbaugebieten waren die Folge von Rodung und Prärievernichtung in den USA und in Kanada. Auslöser waren Dürreperioden Mitte der 1930er-Jahre. Der amerikanische Schriftsteller JOHN STEINBECK (1902–1968) schilderte in seinem 1939 erschienenen Roman „Früchte des Zorns" das damalige Elend der Landbevölkerung, die zum Teil nach Kalifornien floh. Aber auch in zahlreichen anderen Ländern werden bei unterschiedlichsten Klimabedingungen – insbesondere durch Waldrodungen – Böden in einem Ausmaß zerstört, das eine Wiederaufforstung unmöglich macht. Beispiele finden sich im Himalaya (Abb. 5.7), in allen Mittelmeerländern, in Ostanatolien (Türkei), auf Madagaskar (Abb. 5.8) oder in Marokko.

Abb. 5.7 Vernichtung von Rhododendronwald in etwa 3000 m Höhe bei Kharidhunga/Nepal auf Talk- und Magnesitgesteinen mit Schürfen im Rahmen einer Lagerstättenerkundung

Abb. 5.8 Waldvernichtung und Bodenerosion auf Sandsteinen des Makay-Massivs im Südwesten Madagaskars (Flugaufnahme) (Foto: K. Hoffmann)

Eine besondere Form der Bodenzerstörung ist die Regenwaldvernichtung. Die weltweite Abholzung und Brandrodung der tropischen Regenwälder in Südamerika, Asien und in Asien schreitet immer weiter fort. Sie führt in der Folge auch zu einer meist irreversiblen Zerstörung der typischen Böden dieser Biome. Die organische Substanz und der Humus werden rasch oxidiert und abgebaut, sodass durch Erosion der Boden bis zum kaum verwitterten Gestein erodiert wird (vgl. Abschn. 7.5.2).

Während des Baus der Autobahn A61 in Rheinland-Pfalz kam es mehrfach zu Rutschungen wegen zu steiler Böschungsneigung oder bei tonigen Ablagerungen wie südlich Bad Neuenahr (Abb. 5.9).

Die Massenverlagerungen beim Bau von Verkehrsanlagen wurden bis zur Mitte des 20. Jahrhunderts bereits auf insgesamt mindestens 160 km^3 geschätzt (E. Fels 1954). Seither dürfte dieser kumulative Wert sicherlich eine Größenordnung von einigen Tausend Kubikkilometern im Zeitraum bis heute erreicht haben.

Der seit 800 Jahren betriebene Mansfelder Kupferschieferbergbau drang bis in die Tiefen von rund 1000 m vor. Obwohl nur ein einziges schichtiges Lager von einem halben Meter Mächtigkeit abgebaut wurde, musste das Grundwasser bis in diese Tiefe abgepumpt werden. Die Bergsenkungen im Mansfelder Revier sind im Wesentlichen als Folge dieser Grundwasserabsenkung anzusehen. Erhebliche Massen werden auch beim Bau von Erddämmen zur Errichtung von Talsperren bewegt. An der Granetalsperre am Harznordrand wurde zum Beispiel ein 600 m langer und 61 m hoher Damm auf-

Abb. 5.9 Böschungsrutschungen an Autobahn A61 südlich Grafschaft bei Bad Neuenahr in Rheinland-Pfalz

geschüttet, die benötigten 1,8 Mio. m³ Schüttmassen wurden aus einem Endmoränenzug am Harzrand entnommen. Am Fort-Peck-Stausee am Missouri (Montana/USA) wurden sogar 96 Mio. m³ Erdmassen für den Spüldamm benötigt, der nach seinem Bau in den 30er-Jahren des letzten Jahrhunderts lange Zeit als größter Erddamm galt. Bei einer Dammlänge von fast 6,5 km hatte er eine Höhe von über 75 m. Bereits bei der Dammschüttung kam es zu Rutschungen von rund 3,5 Mio. m³.

Im Salzbergbau kann es bei Laugeneinbrüchen immer wieder zu erdfallartigen Vertiefungen kommen. Schwere Gebäudeschäden, die häufig zum Abriss großer Bauwerke führen, sind die Folge bergbaubedingter ungleichförmiger Setzungen. Im Staßfurter Kalisalzrevier in Thüringen kam es bereits im 19. Jahrhundert zu Bergsenkungen von mehreren Metern. Die Förderung von Salzsole kann ebenfalls zu schweren Gebäudeschäden führen, wie sich vor allem in Lüneburg gezeigt hat. Große Teile der Altstadt waren von den Senkungen so stark betroffen, dass seit 1953 ungefähr 200 Häuser mit historisch wertvoller Bausubstanz abgerissen werden mussten. Die Salzgewinnung hatte den Lüneburgern einst zu Reichtum verholfen und jene Bürgerhäuser bauen lassen. Bis heute treten Folgeschäden an Straßen und Bauwerken auf, obwohl im Jahr 1980 die Soleförderung eingestellt wurde (Abb. 5.10, 5.11, 5.12, 5.13, 5.14 und 5.15).

In einem etwa 1 km² umfassenden Gebiet im Stadtkern von Lüneburg waren weitere Gebäude einsturzgefährdet oder standen schräg, wie man noch 1983 in der Straße

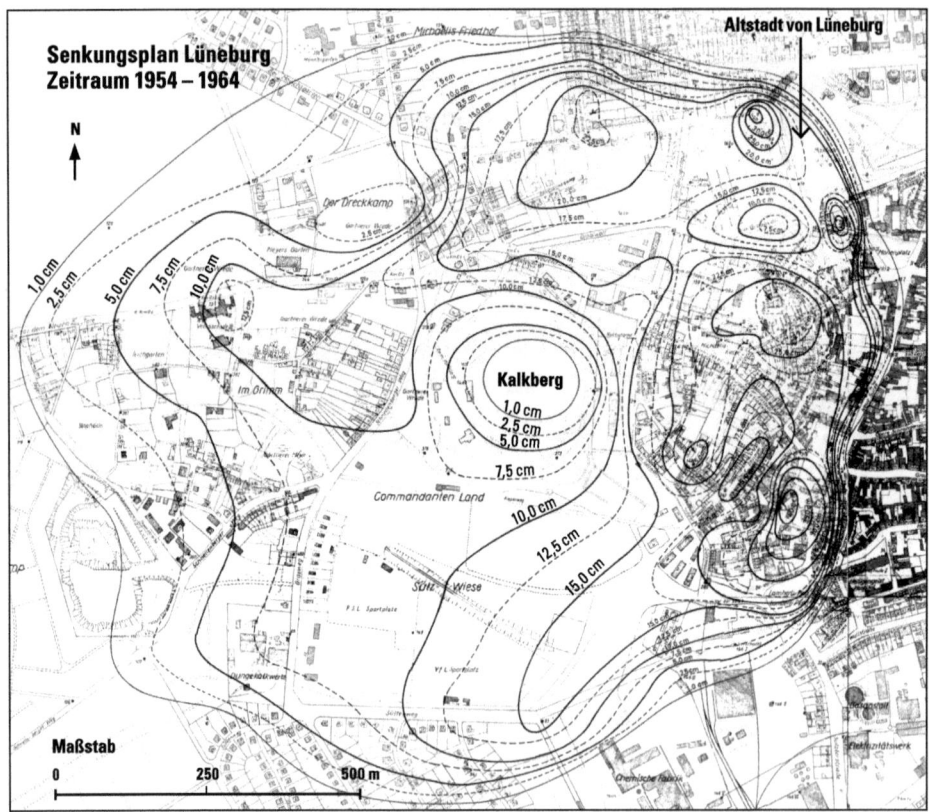

Abb. 5.10 Die seit dem Mittelalter betriebene Förderung von Salzsole in Lüneburg und damit die ungleichmäßige Bildung unterirdischer Hohlräume durch Auslaugung von Steinsalz führte zur Absenkung der Erdoberfläche. In dem Kartenausschnitt sind die Linien gleicher Absenkung im Zeitraum 1954–1964 eingetragen. Die Absenkung hält heute noch an, obwohl die Soleförderung im Jahr 1980 eingestellt wurde. Die Folge waren schwere Gebäudeschäden, sodass über 200 Bürgerhäuser in der Lüneburger Altstadt abgerissen werden mussten (siehe Profilschnitt und Fotos) (verändert nach Unterlagen Stadtarchiv Lüneburg)

Neue Sülze beobachten konnte. Andere wertvolle Bauwerke konnten nur mit hohen Kosten gerettet werden. An der St. Michaeliskirche sanken zum Beispiel Turm und Kirchenschiff ungleichmäßig ein; bereits im 19. Jahrhundert mussten die nördlich vorgelagerten Klostergebäude abgebrochen werden. Im Jahr 1980 wurde schließlich nach über 1000-jährigem Betrieb die Saline endgültig stillgelegt. Die Senkungen sind aber bis heute nicht völlig abgeklungen. Die geförderte Salzsole stammte aus 40–50 m Tiefe, wo heute der Salzspiegel liegt. Der Abriss der Häuser in der Innenstadt hatte auch zur Folge, dass die Bevölkerung hier um die Hälfte sank. Seit 2010 wurden lokal erneut Absenkungen registriert, sodass künftig wieder regelmäßig Messungen erforderlich sind. Dies zeigt zugleich die Schwierigkeiten bei der Vorhersage von Folgeschäden von Eingriffen in den tieferen Untergrund.

5.1 Eingriffe auf dem Festland und ihre Folgen

Lüneburg
Geologisches Profil längs der Straße „Auf dem Meere"

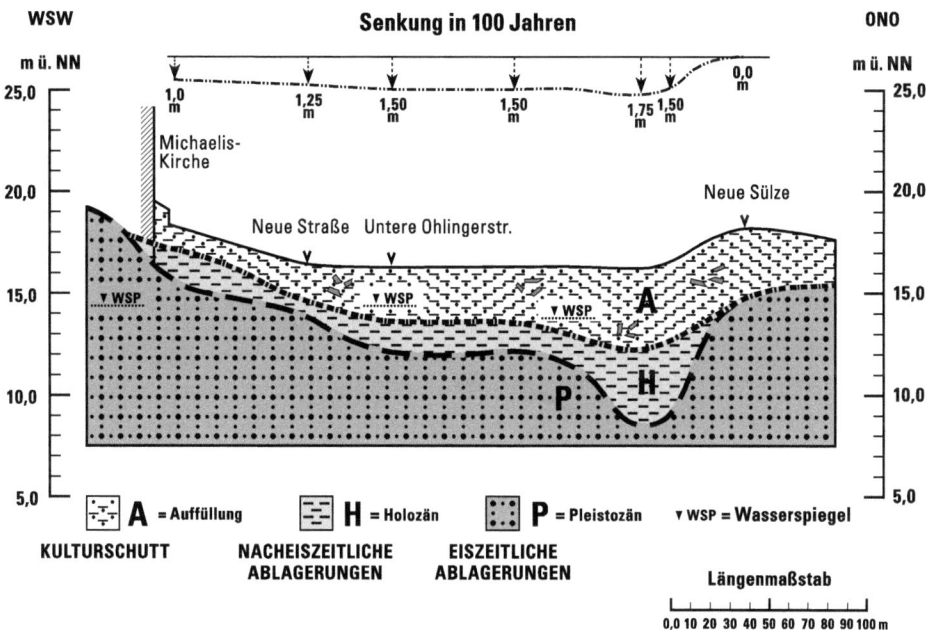

Abb. 5.11 Geologisches Profil mit Lockersedimenten und Absenkungsbeträgen in 100 Jahren infolge der Soleförderung, die 1980 eingestellt wurde (Lage des Profils s. Abb. 5.12) (verändert nach Unterlagen Stadtarchiv Lüneburg)

Bei der Rohstoffgewinnung werden nicht nur Locker- und Festgesteine, sondern auch flüssige und gasförmige Stoffe, wie Erdöl und Erdgas, gefördert. An der Erdoberfläche handelt es sich um flachgründige Abgrabungen, tiefere Gruben oder ausgedehnte Tagebaue. Unter Tage werden diese Rohstoffe in Bergwerken abgebaut oder durch Förderbohrungen gewonnen. An der Erdoberfläche entstehen meistens unregelmäßig gestaltete Hohlformen, die offen bleiben oder später verfüllt werden. In der Tiefe hingegen entstehen durch den Bergbau Hohlraumsysteme, insbesondere Schächte, Stollen und Strebe – wie im Kohle- und Erzbergbau – oder weit geöffnete Kammern, zwischen denen breite Pfeiler als stützende Elemente stehen bleiben, wie dies im Salzbergbau üblich ist. Die längerfristige Standfestigkeit hängt vor allem vom auflastenden Gebirgsdruck ab. Werden die entstandenen Hohlräume nicht wieder verfüllt – mit sogenanntem Versatz wie Spülversatz oder Blasversatz –, so stürzen diese Hohlräume nach gewisser Zeit ein oder sie schließen sich allmählich. Werden Rohstoffe relativ nahe der Oberfläche abgebaut, können tiefe Kollapsstrukturen entstehen.

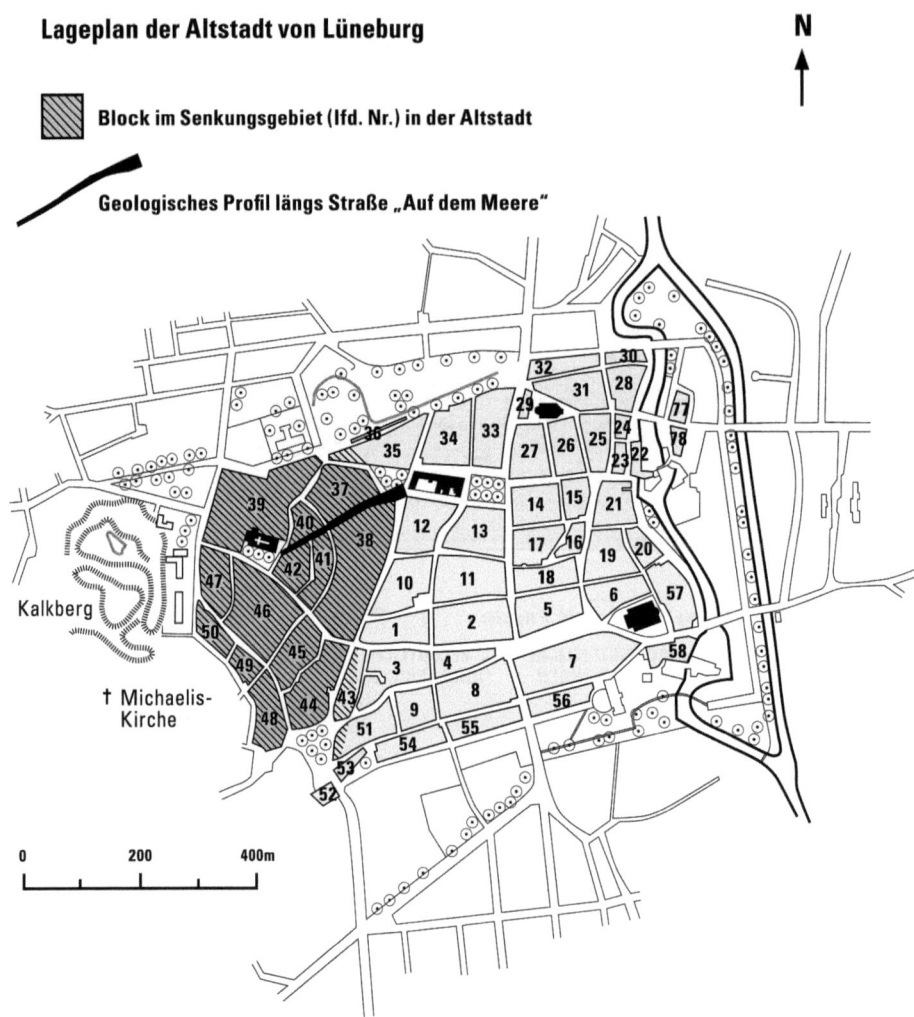

Abb. 5.12 Altstadt von Lüneburg mit Lage des Senkungsgebietes infolge jahrhundertelanger Salzsoleförderung und Lage des geologischen Profils zwischen Michaeliskirche und Neue Sülze (verändert nach Unterlagen Stadtarchiv Lüneburg)

Ungewollt werden vom Menschen Massenbewegungen induziert. Am häufigsten sind Gleitungen, Rutschungen, Fels- oder Bergstürze. Der Schweizer Geologe ALBERT HEIM (1849–1937) hat in seinem Werk „Bergsturz und Menschenleben" (1932) viele eindrucksvolle Beispiele aus dem Alpenraum geschildert, darunter schwere Bergstürze, bei denen der Mensch nicht nur Opfer, sondern auch der Verursacher war. Zahllos sind die größeren und kleineren Rutschungen an Straßen-, Autobahn-, Eisenbahn- und Kanaleinschnitten. Derartige Rutschungen hätten bei gründlicher ingenieurgeologischer Untersuchung vermieden werden können. Sie verursachen meist hohe Mehrkosten. Hinzu

Abb. 5.13 Senkungsgeschädigtes Haus in der Frommestraße 2, Altstadt Lüneburg im April 1933 (Stadtarchiv Lüneburg, Foto: A. BREBBERMANN)

kommen oft teure Stützbauwerke, um weitere Massenbewegungen zu verhindern, sodass sich oft die Fertigstellung erheblich verzögert. Bei einer weiteren Klimaerwärmung in den kommenden Jahrzehnten wird vor allem in den Hochgebirgen die Anzahl von Massenbewegungen aller Art drastisch zunehmen. Allein die Verschiebung der Permafrostgrenze in höhere Lagen gefährdet viele Ortschaften in den Tallagen, insbesondere in Österreich und in den Schweizer Alpen.

5.1.2.3 Massenverlagerung durch Rohstoffgewinnung im Vergleich mit natürlichen Massenbewegungen und Massentransporten

Die unmittelbaren Folgen der Rohstoffgewinnung, wie sie sich überall auf der Welt in gigantischen Massenverlagerungen äußern, werden bisher in Kauf genommen. Eine Unterscheidung von Massentransport, Massenbewegung und Massenverlagerung wird meist nicht gemacht. Hier wird eine kurze Übersicht gegeben, die insbesondere die anthropogene Mitwirkung berücksichtigt (Tab. 5.3).

Begriffe wie Umweltbelastung, Umweltschutz oder Ökologie tauchten bis 1995 in lagerstättenkundlichen Standardwerken nur selten auf. Der technologische Fortschritt zielte bisher auf immer größere Fördermengen, ein weiteres Vordringen in die Tiefe und auf eine Gewinnung in immer entlegeneren Gebieten der Erde – arktische Regionen,

Abb. 5.14 Tor eines Hauses, bei dem sich die Eisentore senkungsbedingt um fast 30 cm überlappen (Lüneburg, Frommestraße) (Stadtarchiv Lüneburg, Foto: F. LÖSCHNER, am 27.04.1933)

Abb. 5.15 Das gleiche Tor (im Volksmund „Tor zur Unterwelt") fast 4 Jahrzehnte später durch Kompression ganz geschlossen (Stadtarchiv Lüneburg, Foto: A. BREBBERMANN, im Mai 1971)

5.1 Eingriffe auf dem Festland und ihre Folgen

Tab. 5.3 Mobilisation von Massen durch geogene und anthropogene Kräfte

Massentransport	Massenbewegung	Massenverlagerung
Geogen	Geogen	Anthropogen
Anthropogen induziert oder beschleunigt	Anthropogen induziert oder beschleunigt	Anthropogen erzeugt
Exogen-dynamische Kräfte	Gravitationskraft	Technogene Kräfte
Transportmedien:	**Transportvorgänge:**	**Transportsysteme:**
Wasser Wind Eis	Kriechen Fließen Gleiten Rutschen Stürzen, fallen	Förderbänder Hubsysteme Landfahrzeuge Schiffe, Tanker, Pipelines Flugzeuge
Wirkungsbereich	**Wirkungsbereich**	**Wirkungsbereich**
♦ Boden, Untergrund ♦ Fließgewässer ♦ Seen ♦ Küste ♦ Flachmeer ♦ Tiefsee	♦ Hänge ♦ Böschungen	♦ Erdoberfläche ♦ Erdkruste ♦ Meeresboden
Auslösende Faktoren	**Auslösende Faktoren**	**Auslösende Aktivitäten**
Geogen ♦ Niederschlag ♦ Temperatur **Anthropogen** ♦ Entwaldung ♦ Massenverlagerungen ♦ Bodenbearbeitung	**Geogen** ♦ Starkregen ♦ Oberflächenwasser ♦ Grundwasser ♦ Erdbeben ♦ geodynamische Belastungen **Anthropogen** ♦ Massenverlagerungen ♦ Sprengungen, Explosionen	**Auslösende Aktivitäten** ♦ Rohstoffgewinnung durch Tagebau Bergbau Förderbohrungen ♦ Hoch- und Tiefbau ♦ Verkehrswegebau ♦ Wasserbau ♦ Landwirtschaft ♦ militärischer Bereich

#kleine Raute#

Schelfmeere und Tiefsee. Da alle Prozesse von der Aufsuchung einer Lagerstätte bis hin zur Aufbereitung der Rohstoffe in ihrer Gesamtheit gesehen werden müssen, sind sämtliche Massenverlagerungen in diesem Bereich sowohl unter geologisch-lagerstättenkundlichen als auch technisch-bergbaulichen Aspekten zu betrachten. Darüber hinaus betreffen alle weitergehenden Massenverlagerungen, wie etwa der Transport von Erzen oder Erzkonzentraten, von Kohle, Erdöl und Erdgas in mehrfacher Hinsicht die geologische Umwelt. Tankerunfälle, Undichtigkeiten bei Ölbohrplattformen oder Brüche von Pipelines geschehen immer wieder. Die jüngste und folgenreichste Katastrophe war der Brand und Untergang der Erdölexplorationsplattform „Deepwater Horizon" im Golf von Mexiko im Frühjahr 2010, bei dem schätzungsweise 800 Mio. l Öl austraten und die Golfküste auf einer Fläche von 9900 m² von der Ölpest betroffen wurde. 11 Menschen kamen ums Leben. Der Ölaustritt am Meeresboden war durch einen „Blowout" verursacht, den die Firma nicht zu schließen vermochte; dies gelang erst 3 Monate später! In etwa 1 km Meerestiefe wurde eine Zehnerkilometer messende Schadstofffahne mit Kohlenwasserstoffen aus dieser Quelle geortet. Diese schädigten das Meeresökosystem unmittelbar. Die Schäden wurden auf mehrere Zehner Milliarden Dollar beziffert, wobei die Höhe der Folgekosten die höchsten überhaupt bei einer solchen Katastrophe sein werden.

Erzverhüttung und Metallerzeugung sowie die Nutzung fossiler Energierohstoffe setzen sekundär weitere Massenverlagerungen in Gang. Hierzu gehört die Beseitigung zum Beispiel von Kraftwerksaschen, Verhüttungsrückständen oder Hochofenschlacken. Abröstgase von Sulfiderzen oder die Freisetzung von Kohlendioxid durch Verbrennungsprozesse fossiler Energieträger kommen hinzu. Auch beim Brennen von Kalkstein ($CaCO_3$) wird mehr als die Hälfte des abgebauten Gesteinsvolumens als CO_2 in die Atmosphäre abgegeben. Allerdings wird dieser Anteil beim Abbinden von Zementen zum Teil wieder aufgenommen, sodass hier die Bilanz besser ausfällt. Dies gilt nicht für das Brennen von Magnesit $MgCO_3$ zu Magnesium-Feuerfestmaterialien; hierbei wird das CO_2 voll freigesetzt.

5.1.2.4 Bodensenkungen durch Grundwassergewinnung und Grundwasserabsenkung

Intensive Lösungsvorgänge durch Wasser, das in Salz- und Karbonatgesteinen zirkuliert, führen in der Natur zur Bildung unterirdischer Karsthohlräume. Ihr Einsturz verursacht an der Erdoberfläche meist trichterförmige Einsenkungen, die als Dolinen oder Erdfälle bezeichnet werden; flachere Hohlformen nennt man Subrosionssenken. Der Mensch gewinnt unterirdisch große Mengen an festen, flüssigen und gasförmigen Rohstoffen. Hierdurch entstehen in geologisch relativ kurzer Zeit große Hohlraumsysteme, deren Standfestigkeit zeitlich begrenzt ist. Werden sie nicht wieder verfüllt – etwa durch sogenannten Versatz – dann brechen diese Hohlräume ein; die Folge sind weiträumige Absenkungen. Im Steinkohlebergbau sind je nach Tiefenlage und Mächtigkeit der abgebauten Flöze, den Abbaubedingungen und der Gebirgsfestigkeit unterschiedliche Senkungen zu verzeichnen. Im sogenannten Bruchbau entstehen bei geringer Abbautiefe oft trichterförmige Vertiefungen, zum Beispiel bei Waldalgesheim/Südhunsrück, wo früher Manganerze und später Dolomit abgebaut wurden. Obwohl der Bergbau aus Sicherheits- und Kostengründen immer versucht, die Schäden so gering wie möglich zu halten, hat es in der Vergangenheit beträchtliche Absenkungen selbst in den bebauten Gebieten gegeben. Im Ruhrgebiet sank zum Beispiel die Erdoberfläche teilweise bis zu 25 m ab, da hier zahlreiche untereinander liegende Flöze abgebaut wurden. Infolge der ungleichmäßigen Absenkung muss ständig Wasser abgepumpt werden, damit diese bergbaulichen Senkungsgebiete nicht versumpfen oder zu Seen werden. Diese sogenannten Wasserhaltungsmaßnahmen führen zugleich zu einer starken Absenkung des Grundwasserspiegels auch in der weiteren Umgebung. Hierbei spielen die unterschiedlichen Porositäten und Festigkeitseigenschaften der Gesteine eine wichtige Rolle, da neben wasserdurchlässigen, porenreichen Gesteinen auch wasserstauende, meist tonige und mergelige Gesteine vorkommen.

Die Grundwassergewinnung führt weltweit in zahlreichen Gebieten zur Entwässerung der oberen Grundwasserstockwerke infolge Überbeanspruchung bei der Gewinnung von Trinkwasser sowie vor allem bei landwirtschaftlichen Bewässerungsprojekten. Die Absenkung ist umso stärker, je setzungsempfindlicher die Lockergesteine sind, die den Grundwasserspeicher bilden. Hier sind vor allem Ton- und Siltgesteine, aber auch Torfe, Kiese und wenig verfestigte Sande zu nennen. Ihre Entwässerung führt zur Kompaktion und somit zur Absenkung der Erdoberfläche. In Kalifornien erreichte diese in 100 Jahren im Central Valley – vom Sacramento River bis zum San Joaquin Valley – Werte von vielen Metern, vor allem weil sich hier organisches Material in ehemaligen Binnendeltaablagerungen infolge der Sauerstoffzufuhr zersetzte (D. R. Coates 1981a). Das San Joaquin Valley umfasst – als südlicher Teil des Central Valley – ein Gebiet von rund 13.500 km^2, welches in weiten Teilen um 3–10 m abgesunken ist. Insgesamt ergibt sich ein Senkungsvolumen von etwa 186 km^3 (D. R. Coates 1981b, S. 457). Die Senkung hält von den 20er-Jahren des vorigen Jahrhunderts bis heute an; sie erreichte maximale Subsidenzraten von 55 cm pro Jahr. Erst Mitte der 70er-Jahre des letzten Jahrhunderts wurde die Bodensenkung nach Inbetriebnahme des über 1100 km langen California Aqueduct, durch das Wasser von der nordkalifornischen Sierra Nevada hertransportiert wurde, geringer. Das Grundwasser, das zum größten Teil für dieses bedeutende Landwirtschaftsgebiet der USA genutzt wird, ist inzwischen so knapp, dass ganze Plantagen zugrunde gehen – letztlich das Ergebnis eines Wasserraubbaus, das auch als „*groundwater mining*" bezeichnet wird. Oft sind auch die Wasserrechte längst vergeben, nach dem Prinzip „first in time, first in right".

Mit großen Senkungsproblemen durch eine stark wachsende Grundwasserentnahme aufgrund des raschen Bevölkerungswachstums hat vor allem die Stadt Mexiko City mit ihren inzwischen über 20 Mio. Einwohnern zu kämpfen. Hier wurden seit 1950 Setzungsbeträge bis zu 7,5 m bei jährlichen Absenkungsraten von 25–30 cm gemessen (A. Goudie 1981, S. 204). Hier handelt es sich um ursprünglich wassergesättigte und wenig verfestigte Ablagerungen eines früheren Sees. Mit den durch Grundwasserentzug ausgelösten Senkungen sind vor allem kostspielige Schäden an Straßen, Versorgungsleitungen, Abwasserkanälen und vielfach historischen Gebäuden verbunden. In einigen Stadtteilen beträgt die Absenkung sogar 10–15 m. Derzeit wird in Mexico City einer der weltgrößten Abwasserkanäle gebaut, der die Abwässer bündelt und Überschwemmungen vor allem in den abgesunkenen Gebieten verhindern soll. Schweizerische Unternehmen, die über viel Erfahrung verfügen, sind hier gefragt.

5.1.3 Langfristige Umweltbelastungen durch Rohstoffgewinnung

Umweltschäden, die durch Rohstoffgewinnung direkt oder indirekt bewirkt werden, äußern sich in a) unterschiedlich akuten Belastungen am Ort, welche mit Beendigung des Abbaus praktisch aufhören, b) Belastungen der weiteren Umgebung während der Betriebsdauer und c) indirekten und meist langfristigen Folgewirkungen. Man kann konstante Belastungen und mit der Abbaudauer zunehmende Belastungen unterscheiden. Zu den Belastungen während der Abbauphase gehören Emissionen von Staub und Lärm, die von Transportaktivitäten oder Sprengungen ausgehen. Diese Belastungen werden heute in Deutschland aufgrund strengerer Gesetze vermieden, sind aber in vielen Ländern Normalität. Zunehmende Schäden entstehen durch die Erhöhung oder eine verstärkte Mobilisierung von Schadstoffen. Insbesondere führt sie zur Akkumulation im Boden. Unbegrünte Halden sind auch über die eigentliche Betriebsphase hinaus Quellen von Schadstoffen in fester, flüssiger oder gasförmiger Form. Deshalb werden in Deutschland seit 30 Jahren Halden und Deponien bereits während der Schüttung planmäßig begrünt und bewässert. In der Zukunft kostenträchtige Folgelasten werden inzwischen als „Ewigkeitslasten" bezeichnet. Insbesondere im industriell und bergbaulich hochbelasteten Ruhrgebiet sind bis in ferne Zukunft diese Lasten mit dem Einsatz von über 12 Mrd. EUR zu bewältigen. Dieses Geld wird in den nächsten Jahrzehnten aus dem Stiftungsvermögen der ehemaligen RUHRKOHLE AG (heute RAG) kommen.

Zu den katastrophalen Folgen gehören Grubenunglücke wie durch Tagebau ausgelöste Grundbrüche, Felsstürze oder Rutschungen. Es ist daher notwendig, alle Möglichkeiten, die zu solchen Ereignissen führen können, zu prüfen. Darüber hinaus sind alle physikalischen und chemischen Belastungen sowie deren räumliche Ausdehnung genau zu differenzieren. Zu den Auswirkungen, welche die Landschaft und das Naturraumpotenzial langfristig und irreversibel beeinträchtigen, gehören vor allem die:

- Veränderung der Landschaftsformen (Tagebaue, Halden, Folgen von Bergsenkungen),
- Störung exogen-dynamischer Gleichgewichte (Bodenentwicklung, Oberflächengewässer und Grundwasserhydraulik, Erosions- und Transportgeschehen),
- Schädigung der Biosphäre (Beeinträchtigung oder Vernichtung von Ökosystemen, Aussterben von Pflanzen- und Tierarten).

5.1.3.1 Aufbereitung und Veredlung mineralischer Rohstoffe und ihre Folgewirkungen

Die Gewinnung mineralischer Rohstoffe ist der Beginn einer langen Kette umweltrelevanter Eingriffe und Veränderungen, die den Boden, die Landschaft und die Ökosysteme – auf dem Festland und im Meer – betreffen. Die Mobilisation von Stoffen, die durch besondere geologisch-mineralogische und geochemische Prozesse in der Erdkruste angereichert wurden – wie zum Beispiel Bleierze, hochreine Kalksteine, Steinkohle – bedeutet zunächst eine weitere technogene Konzentration dieser Stoffe. Ihre Freisetzung in fester, flüssiger oder gasförmiger Form in die Umwelt erfolgt bis zur Entsorgungsphase. Durch die Rohstoffaufbereitung, Verhüttung und den Transport gelangen die Stoffe innerhalb kürzester Zeit in die verschiedenen Teilbereiche der Geo- und Biosphäre (Boden, Wasser, Luft) sowie in die Technosphäre. Dieser anthropogen in Gang gesetzte Differenzierungsprozess ist – analog zur Stoffdifferentiation im natürlichen Stoffkreislauf – eine neue Form anthropogeologischer Tätigkeit (Abb. 5.16).

5.1 Eingriffe auf dem Festland und ihre Folgen

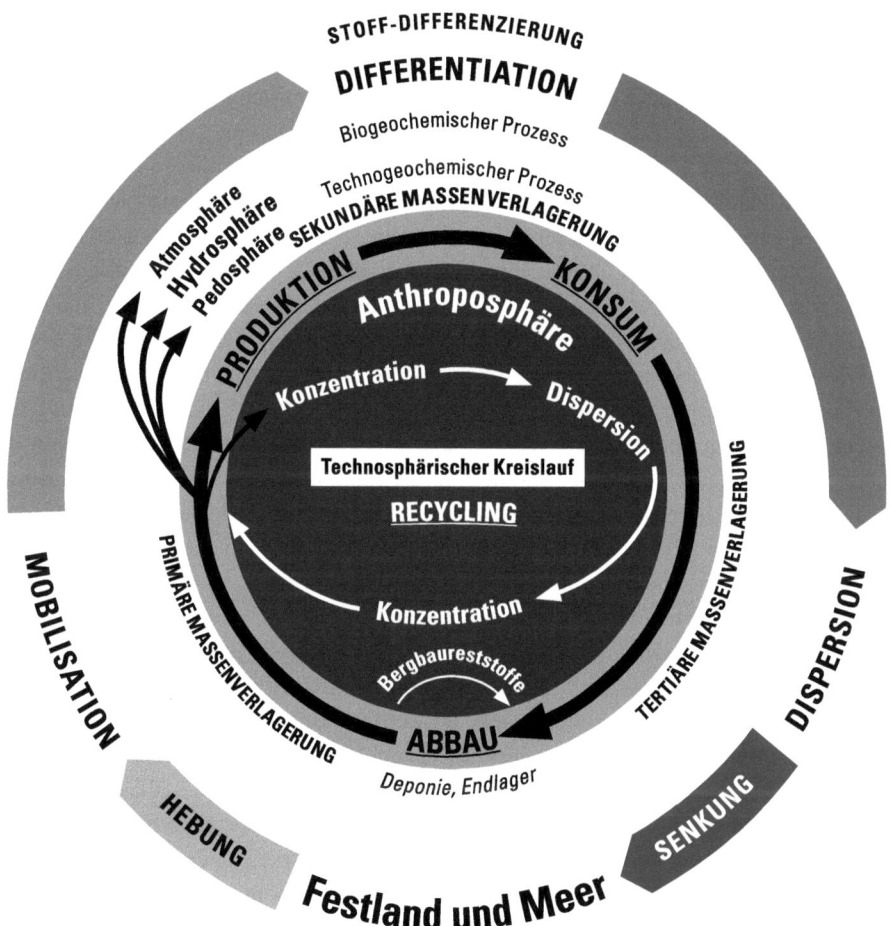

Abb. 5.16 Kreislaufprozesse in der Natur und ihren einzelnen Sphären sowie in der Anthroposphäre und Technosphäre, wobei die Massenverlagerungen von Stoffen aus der Erdkruste im Mittelpunkt stehen

Bestimmte chemische Elemente gelangen auf diese Weise verstärkt in den Stoffkreislauf. Es kommt dabei zur Geo- und Bioakkumulation dieser mobilisierten Elemente sowie neuer anorganischer bzw. organischer Verbindungen. Inzwischen existieren Tausende von chemischen Verbindungen, die in der Natur nicht vorkommen und nur vom Menschen erzeugt werden. Infolgedessen ergeben sich signifikante Veränderungen des ursprünglichen Stoffbestandes. Darüber hinaus bedeuten diese Stoffänderungen auch eine Verschiebung von Fließgleichgewichten. Entscheidend ist dabei, in welcher chemischen Verbindung der betreffende Stoff vorliegt. Die Löslichkeit hängt auch wesentlich vom Lösungsmittel selbst, vom pH-Wert und vom Redoxpotenzial ab. Während die natürlichen Verwitterungsvorgänge überall an der Erdoberfläche angreifen, ist die Entnahme von Rohstoffen aus der Erdkruste ein selektiver Vorgang. Dieser Prozess läuft umso intensiver ab, je höher der Einsatz an wissenschaftlich-technischem Wissen und der Einsatz von Energie ist. Die industriell-technische Revolution hat so zu einer qualitativ völlig neuen Form der Stoffmobilisierung geführt. Da die Erdkruste – das Wasser eingeschlossen –Träger der Biosphäre ist, müssen sich alle stofflichen und strukturellen Veränderungen auch auf diese auswirken. Diese anthropogenen „Signaturen" zur Bilanzierung menschlicher Einflüsse zu nutzen und so Stoffkreisläufe zu kontrollieren, wird in Zukunft eine wichtige Aufgabe des Geowissenschaftlers sein.

Die wirtschaftliche Nutzung des Geopotenzials ist die entscheidende materielle Grundlage der heutigen Industriegesellschaften. Unter Geopotenzial sind die Böden, das Wasser, die natürlichen Gesteine sowie die Erze und fossilen Energierohstoffe zu verstehen. Die Leistungsfähigkeit einer zukünftigen Gesellschaft wird in hohem Maße von der schonenden und nachhaltigen Nutzung der Georessourcen abhängen. Unter den jeweils herrschenden technisch-ökonomischen Bedingungen wird immer nur ein Bruchteil als „Reserven" im rohstoffwirtschaftlichen Sinne zur Verfügung stehen (Abb. 5.17).

Der Begriff der Rohstofflagerstätte bedeutet, dass ihr Inhalt technisch gewinnbar und wirtschaftlich abbauwürdig sein muss. Diese beiden Kriterien sagen jedoch noch nichts darüber aus, inwieweit Folgeschäden, die bei der Gewinnung und den sich anschließenden Aufbereitungs-, Veredlungs- und Transportvorgängen entstehen, in eine Schadensbilanz vorab einbezogen werden können. So gibt es zum Beispiel Zinkerze, die früher nicht abgebaut wurden, heute aber umweltfreundlicher verhüttbar sind und deshalb bevorzugt werden. Diese „nicht sulfidischen" Zinkerze führen weder Schwefel (S) noch Blei, das toxische Wirkung hat (G. Borg 2015, S. 223 f.). Eine Bilanzierung aller dieser Wirkungen geht heute noch nicht in Wirtschaftlichkeitsberechnungen ein. So ist es bisher vor allem die wirtschaftlich-technische Verfügbarkeit über Rohstoffe, die den Ausschlag für ihre Gewinnung gibt. Erst bei einer Berücksichtigung des „ökologischen Fußabdrucks" in eine volkswirtschaftliche Gesamtrechnung ließen sich negative Wirkungen auf andere Systeme, etwa auf Wasser oder Boden, minimieren. Dabei spielt auch der „Wasser-Fußabdruck" in Bezug auf die Landwirtschaft und die Rohstoffindustrie eine wichtige Rolle.

Rohstofflagerstätten sind ortsgebunden; ihr Vorkommen ist an eine Vielzahl komplexer erdgeschichtlicher Prozesse geknüpft. Bei der Bildung einer Erdöllagerstätte muss beispielsweise ein gutes Dutzend Bedingungen erfüllt sein. Letztlich ist jede Lagerstätte das Ergebnis exzeptioneller geologischer Bildungsvorgänge. Hier liegt auch der Grund für die Einschätzung seitens des Montangeologen, dass nutzbare Lagerstätten mineralischer Rohstoffe letztlich immer einen „Glücksfall" bedeuten. Der Rohstoff kann (so trivial dies klingen mag!) nur dort gewonnen werden, wo er vorhanden ist. Insofern ergibt sich bereits aus dieser Ortsgebundenheit ein Ziel- oder Nutzungskonflikt. Bei einer stark rohstoffabhängigen Industrie und Volkswirtschaft wird in der Regel dem Abbau einer wertvollen Lagerstätte der Vorrang vor anderen Nutzungen eingeräumt. Diese Auffassung war auch im alten Bundesberggesetz verankert. Nach dessen

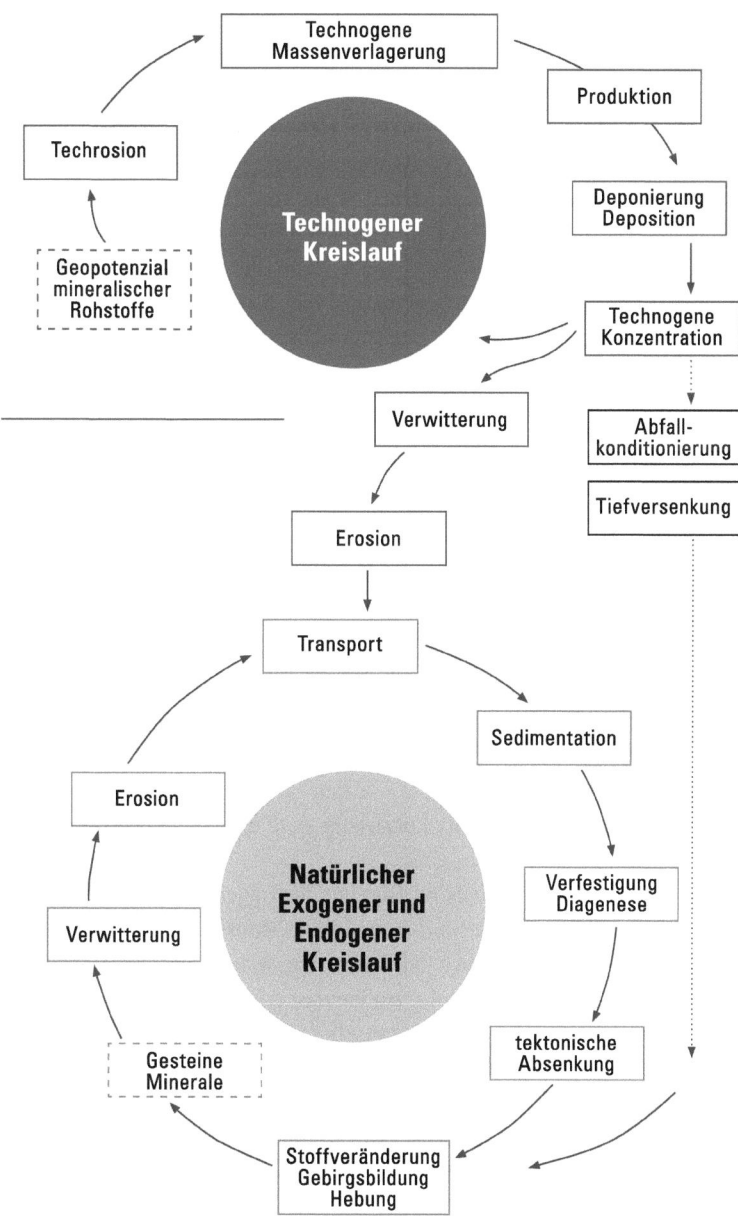

Abb. 5.17 Ankopplung des anthropogen-technogenen Teilkreislaufs an den natürlichen exogenen und endogenen Stoffkreislauf

Novellierung werden heute auch konkurrierende Nutzungsansprüche berücksichtigt. In weiteren Umweltgesetzen ist bei neuen Projekten eine Umweltverträglichkeitsprüfung (UVP) erforderlich.

5.1.3.2 Rohstoffgewinnung und Landschaftsveränderungen

Im Unterschied zu Landschaftsveränderungen durch Besiedlung, Landwirtschaft, Tief- und Wasserbau sind die durch den Abbau von Bodenschätzen bedingten Veränderungen besonders gravierenden und vielfach mit einer irreversiblen Störung auf zahlreichen Wirkungsebenen verbunden. Sieht man die Landschaft als ein in langen geologischen Zeiträumen entstandenes dynamisches System an, dann muss im Prinzip jede mit den herrschenden Umweltbedingungen nicht korrespondierende Veränderung destabilisierend wirken. Die anthropogene Abtragung von Bergen, die Schaffung großflächiger Hohlformen oder durch Bergbau, Erdöl-, Erdgas- und Wasserförderung verursachte Landsenkungen stellen tiefgreifende Landschaftsstruktur- und Stoffveränderungen dar. Sie sind durch Rekultivierungsmaßnahmen nicht rückgängig zu machen. Es ist daher falsch, dass bei der Betrachtung von Umweltbelastungen lediglich die im Abbau stehenden Flächen genannt werden. Zur Beurteilung sind die kumulierten Flächen, die durch den Abbau von Rohstoffen insgesamt betroffen wurden, heranzuziehen. Hinzu müssen auch alle Flächen gerechnet werden, die durch Bergbauanlagen, Halden und andere mit dem Abbau verknüpften Aktivitäten belastet wurden. Die Tatsache, dass die Raumbeanspruchung durch den Gewinnungsbetrieb zeitlich begrenzt war oder die betroffene Fläche anschließend rekultiviert wurde, muss letztlich auf dem Hintergrund aller erfolgten Veränderungen des ursprünglichen Bodens, Wasserhaushalts und Stoffbestandes gesehen werden.

Dabei mag der Eingriff selbst relativ kurzfristig sein; entscheidend kommt es darauf an

- welche Biotope sich von Natur aus im Bereich der Lagerstätte befinden oder befanden (einzigartige Seen, Fließgewässer mit Auwäldern, Moore usw.),
- wie lange die Böden, das Relief oder der Wasserhaushalt zu ihrer Entwicklung brauchten (Catena, Entwicklungstiefe, Bodenwasserhaushalt),
- welche hydrologischen und hydrogeologischen Verhältnisse über welche Zeiträume prägend wirkten (Grundwasserstockwerke, Quellen, Fließgefälle, Versickerungsrate, Grundwasserneubildungsrate),
- in welchem Maß laufende geologische Prozesse unterbrochen oder ganz unterbunden werden (zum Beispiel Verlandung von Seen, Hochmoorbildung, Sedimentakkumulation).

Danach wird schließlich die Qualität der Eingriffe zu bewerten sein. Darüber hinaus müssen zusätzliche anthropogene Belastungen berücksichtigt werden, insbesondere Schwermetallanreicherungen bei der Schaffung künstlicher Entwässerungssysteme oder der Errichtung von Halden und Deponien.

5.1.3.3 Stoffkreisläufe und landschaftsökologische Aspekte

Während die Mobilisation von Stoffen durch Verwitterung, Lösungsprozesse, Erosion, Transport in der geologischen Umwelt große Zeiträume in Anspruch nimmt (10^4–10^6 Jahre), vollziehen sich anthropogene Stoffmobilisationen in wesentlich kürzeren Zeiträumen (10^2 bis 10^3 Jahre). Insofern bedeuten die anthropogenen Mobilisationen meistens eine Beschleunigung, auf welche natürliche Populationen und Ökosysteme nicht schnell genug reagieren können. Die Zeiträume für eine Anpassung an die veränderten Bedingungen sind in der Regel zu kurz. Die Rohstoffgewinnung bedeutet letztlich die Vermehrung der „Quellen", ohne dass entsprechend geeignete „Senken" dafür vorhanden sind. Infolgedessen kann es in der Pedosphäre, Hydrosphäre und Atmosphäre vorübergehend zu einer überproportionalen Anreicherung von Schadstoffen kommen. Der Eingriff in immer tiefere Krustenstockwerke entspricht einer Erweiterung des exogen-dynamischen Stoffkreislaufes (Abb. 5.18).

Abb. 5.18 Lavaabbau am Plaidter Hummerich/Osteifel: Der markante Vulkankegel mit seinen Basaltschlacken und steinzeitlichen Siedlungsplätzen wird fast völlig zerstört. Luftaufnahme mit Blick nach Osten (LHA Ko/Hans Kiefer, Archiv: Landeshauptarchiv Koblenz)

So führt die Verbrennung fossiler Brennstoffe aus bis zu mehreren Tausend Metern Tiefe zwangsläufig zum Anstieg des CO_2-Pegels in der Atmosphäre. Die natürlichen biogeochemischen Stoffkreisläufe im System Boden–Wasser–Biosphäre werden durch zahlreiche Elemente verändert, die aus der Tiefe zugeführt werden (zum Beispiel Blei, Uran und viele andere Schwermetalle). Die Effizienz des Geofaktors Mensch hängt dabei maßgeblich von der Verfügbarkeit der technischen Hilfsmittel ab, mit dem ein Vordringen in größere Tiefen möglich ist. Insofern bedeutet eine Steigerung der Effizienz eine Beschleunigung des globalen irdischen Stoffkreislaufes. Die Frage ist daher, inwieweit es innerhalb der kurzen Zeiträume zur Einstellung von Gleichgewichten kommen kann und ob die betroffenen Organismen in der Lage sind, diesen Gleichgewichtsverschiebungen zu folgen. Andererseits muss betont werden, dass ohne die ständige Stoffzufuhr aus der Erdkruste eine Industriegesellschaft im heutigen Sinne nicht existenzfähig ist. Bei einer Stoffbilanzierung sind auch alle Folgenutzungen für Abgrabungsflächen, Tagebaue, Steinbrüche oder Bergbauhohlräume zu betrachten. Es sind dies vor allem landwirtschaftliche, forstwirtschaftliche, fischereiwirtschaftliche und naturschutzbezogene Folgenutzungen; diese sind jeweils gesondert zu betrachten und zu bewerten.

Früher stand der wirtschaftliche Nutzen bei der Rekultivierung im Vordergrund; heute wird verstärkt den Freizeitinteressen und den Naturschutzbelangen Rechnung getragen. Allerdings kommt es auch hier vielfach zu Nutzungskonflikten. Selten liegen den Folgenutzungen allerdings konsistente, an landschaftsökologischen Zusammenhängen orientierte Gesamtkonzepte zugrunde. Dies führt zwangsläufig zu Fehlentwicklungen und weiteren Folgeschäden. Die Form der Nachnutzung eines Abbaugebietes sollte deshalb – ausgehend von den natürlichen Regelfunktionen, deren Störung bzw. Störungsanfälligkeit – aus den Naturraumpotenzialen bewertet werden. Dem Arten- oder Naturschutzpotenzial sowie einem sich selbst regulierenden Naturhaushalt muss auf jeden Fall der Vorzug gegeben werden. Dabei müssen auch längerfristige Entwicklungszeiträume angesetzt werden, insbesondere, wenn damit eine Reintegration in eine zumindest naturnahe Landschaft erreicht werden soll. Hier bieten sich der Ökosystemforschung – also der Zusammenarbeit von Wissenschaftlerinnen und Wissenschaftlern aus Geologie, Bodenkunde, Hydrologie, Ökologie und Ingenieurbiologie – wichtige Forschungsmöglichkeiten. Dies gilt auch bei der Rekultivierung von Industriebrachen (D. D. Genske und S. Hauser 2003; H.-P. Noll 2008; A. Prossek et al. 2009).

5.1.3.4 Rohstoffgewinnung und Raumanspruch

Von allen Ökosystemen – den natürlichen agrarischen und urban-industriellen – sind die letzteren am stärksten von mineralischen Rohstoffen abhängig. Die damit direkt und indirekt verbundenen Massenverlagerungen haben inzwischen geologische Dimensionen erreicht. Die Ballungsräume sind seit Beginn des Industriezeitalters Hauptverbraucher der Georessourcen, die für die Bauindustrie, die Metallindustrie sowie für fast alle produzierenden Zweige der Grund- und Konsumgüterindustrie von größter Bedeutung sind. Zahlreiche Ballungsregionen in Deutschland wie etwa das Ruhrrevier, das

Aachener Revier oder das Saarrevier haben sich nur auf der Basis der hier verfügbaren Rohstoffe – vor allem von Steinkohle und Erz – zu ihrer heutigen Größe entwickeln können (H. Wiggering 1993; W. Kasig 2011; D. E. Meyer 2015). Im Ballungsraum Rhein-Ruhr leben über 10 Mio. Menschen. Andere große Ballungsräume auf der Erde hängen in ihren Grundlagen ebenfalls von der Verfügbarkeit von nicht regenerierbaren mineralischen Rohstoffen ab, solange eine echte Kreislaufwirtschaft fehlt.

Bereits im Altertum, im Mittelalter und in vorindustrieller Zeit war die Rohstoffgewinnung mit erheblichen Belastungen der Umwelt verbunden. Als Beispiele seien die Silbergruben von Laurion in Griechenland, die Salztorfgewinnung im Nordfriesischen Wattenmeer, der Betrieb der Solegewinnung von Lüneburg mit ihrem hohen Holzbedarf für das Sieden oder die Entwaldungen in den Erzrevieren der deutschen Mittelgebirge genannt. Im Industriezeitalter haben die Belastungen generell extrem stark zugenommen. Darüber hinaus besteht durch Abbau, Transport, Aufbereitung und Produktion eine deutliche Verbindung zu den Umweltbelastungen in Bio-, Hydro- und Atmosphäre.

Die Salzbelastungen der Fließgewässer in Deutschland gehen zum einen auf die Kalisalzgewinnung für Düngezwecke zurück. Es waren in erster Linie die Betriebe im Elsass, die den Rhein mit Salz befrachteten, und die mit der „Wende" meist stillgelegten Kalisalzgruben in Thüringen, die zur starken Versalzung der Werra und der Weser führten. Zum anderen führen auch Sümpfungswässer aus dem Stein- und Braunkohlenbergbau Chloride und Sulfate, die zur Gewässerbelastung beitragen. Hinzu kommt die thermische Belastung, die dadurch bedingt ist, dass die geothermische Tiefenstufe in Mitteleuropa die Wassertemperatur im Schnitt um etwa 3 °C pro 100 m ansteigen lässt. So liegt die Wassertemperatur in einer Tiefe von 1500 m bei 50–55 °C.

Im Raum Koblenz-Neuwied liegt das Vulkangebiet der Osteifel als Rohstoffgewinnungsgebiet und Wirtschaftsraum. Dieses Vulkangebiet ist seit Jahrzehnten ein Bereich großräumiger Landschaftszerstörung. Hier finden sich eindrucksvolle Zeugen jungquartärer Vulkantätigkeit. Die rings um den Laacher See liegenden Vulkanbauten sind zum großen Teil bereits abgebaut worden. Weitflächig wurden die Bimsschichten von mehreren Metern Mächtigkeit vom Menschen abgetragen. Übertiefe Tagebaue sind bis unmittelbar an den Rand des Naturschutzgebietes Laacher See herangerückt und gefährden dort die Biotope der Bergkuppen, die von Buchenwald bedeckt sind.

Der Ausbruch des Laacher-See-Vulkans vor fast 13.000 Jahren gehörte zu den jüngsten vulkanischen Großereignissen Europas. Die Dynamik der plinianischen Eruptionen, bei der neben den Bimswolken auch heiße Trassströme ins Brohltal flossen, spiegelt sich noch heute in der Morphologie wider. Die vor 600.000 Jahren beginnende und bis 13.000 Jahre vor heute andauernde Vulkantätigkeit in der Osteifel hinterließ eine Vielzahl von vulkanogenen Formen mit verschiedenartigen Förderprodukten, insbesondere Basaltlaven, Basaltschlacken, Bims und Trass. Diesen Gesteinen galt seit der Latènezeit (vorrömische Eisenzeit) und bis in die jüngste Zeit das Interesse der Baustoffproduzenten. Die Blütezeit der Werksteingewinnung lag in der Zeit vor und nach dem 1. Weltkrieg (Abb. 5.19). Es folgte auch nach dem 2. Weltkrieg ein regelrechter Abbauboom. Dabei wurden Leichtbaustoffe aus Bims produziert, Basalt für den Wasserbau

Abb. 5.19 Mühlstein-Lavabrüche bei Mayen/Osteifel: Das Mayen-Ettringer Feld ist von weiteren Lavasteinbrüchen umgeben, bis in das Gebiet von Mendig. Sie lieferten bereits in vorgeschichtlicher Zeit und bis ins 20. Jahrhundert Mühl- und Reibsteine für ganz Europa (Luftaufnahme, Archiv: LHA Ko/Petra Camritzer Landeshauptarchiv Koblenz)

gewonnen und Basaltschlacken für den Straßenbau verarbeitet. Der Abbau von Mühlsteinen aus Basaltlava erfolgte seit 2 Jahrtausenden bis ins 20. Jahrhundert – vor allem im Raum Mayen und Mendig am Laacher See (Abb. 5.18, 5.19).

Die weitgehende Zerstörung einer lehrbuchhaft erhaltenen Vulkanlandschaft in der Osteifel hatte weitreichende ökologische Konsequenzen. Auch wenn der Bimsabbau aus Wirtschaftlichkeitsgründen (hoher Abraum!) inzwischen weitgehend eingestellt wurde, werden vor allem Basaltschlacken und verfestigte Tuffe weiterhin gewonnen. Der 1968 erschienene Landschaftsplan (G. Preuss, 1968) Vulkaneifel hat dieser Entwicklung leider keinen Einhalt bieten können – im Gegenteil. So verschwanden allein in der Osteifel zahlreiche einst markante Bergkuppen aus dem Landschaftsbild oder es blieben nur kümmerliche Reste. Hierzu gehören zum Beispiel der Rothenberg nördlich des Laacher Sees, die Kunksköpfe oder der Herchenberg (W. Meyer 1999; H. Straube 2003; W. Meyer 2014). So wundert es den Besucher nicht, wenn er – statt eines mustergültigen Vulkanparks – in der Osteifel eine „Mondlandschaft" antrifft.

5.1.3.5 Beispiel Rheinisches Braunkohlenrevier

Das Rheinische Braunkohlenrevier gehört zu den größten und am tiefsten reichenden Tagebaugebieten in Europa (Abb. 5.20 und 5.21). Der Tagebau Garzweiler umfasst ein insgesamt 110 km² großes Gebiet, das sich westlich der Stadt Köln bis an die Linie Erkelenz-Eschweiler erstreckt; 3 Flöze stehen hier im Abbau. Der Tagebau Hambach, dem der alte Hambacher Forst geopfert wird, nimmt wahrscheinlich bis 2035 eine Gesamtfläche von 85 km² ein, sofern der Abbau nicht vorher beendet wird.

Die zur Gewinnung der Braunkohle erforderlichen Sümpfungsmaßnahmen bedingen Veränderungen des Oberflächen- und Grundwasserhaushaltes. Diese führen auch zu gravierenden wasserwirtschaftlichen Konsequenzen, da sich die bis über 500 m Tiefe reichende Grundwasserabsenkung auf sämtliche Grundwasserstockwerke auch außerhalb der eigentlichen Tagebaubereiche erstreckt (zum Beispiel Tagebaue Garzweiler I und II und Hambach I und II). Entsprechend der wechselvollen und der gestörten tektonischen Lagerungsverhältnisse ergeben sich recht komplexe Grundwasserverhältnisse.

Die Grundwasserabsenkung wird besonders die Feuchtgebiete und Talauen mit ihren grundwasserabhängigen Vegetationsbeständen (Erlenbruchwälder oder spezielle Feuchtbiotope) betreffen. Die heutige Grundwasserneubildung ist beispielsweise im Raum Mönchengladbach durch annähernd 900 Grundwasser-Messstellen bekannt. Die natürliche Neubildungsrate reicht danach bei Weitem nicht aus, um die Absenkung, die sich bis 3 km nördlich des Tagebaus Garzweiler auswirkt, zu kompensieren. Es wird daher seitens der Rheinbraun AG/RWE Power als Betreiber danach gestrebt, durch gezielte Versickerung von Sümpfungswässern die Grundwasserabsenkung im Randbereich des großräumigen Absenkungstrichters – allerdings nur im obersten Grundwasserleiter – auszugleichen. Die besonders bedrohten Feuchtbiotope liegen in den Talauen der Nebenflüsse der Maas, insbesondere der Niers, der Schwalm und der Nette (Schwalm-Nette-Gebiet); sie können nur durch die Rückhaltung von Restwasser, eine Überleitung von hydrochemisch geeignetem Wasser in die Feuchtgebiete oder Infiltration über Versickerungsbecken bzw. -gräben gesichert werden. Das Wasser stammt aus Tiefbrunnen und wird von der Rheinbraun AG/RWE Power geliefert. Ziel ist es, die wertvollen Feuchtbiotope zu erhalten – auch dann, wenn der Kontakt zum Grundwasser unterbrochen wird – sowie einen ausreichenden Oberflächenabfluss zu gewährleisten.

Als Forderungen, die im Prinzip auch für alle ähnlich gelagerten Abbauprojekte gelten, sind folgende Punkte zu nennen:

- Am Prinzip der Nachhaltigkeit ausgerichtete Nutzung geogener Ressourcen,
- Minimierung bergbaulicher bzw. durch Tieftagebau hervorgerufener langfristiger Folgewirkungen einschließlich potenzieller Folgewirkungen,
- Wahrnehmung aller Möglichkeiten einer Renaturierung unter Berücksichtigung fortlaufender exogen-dynamischer Prozesse,
- Vermeidung der Nutzung ökologisch wertvoller, nicht ersetzbarer Lebensräume,

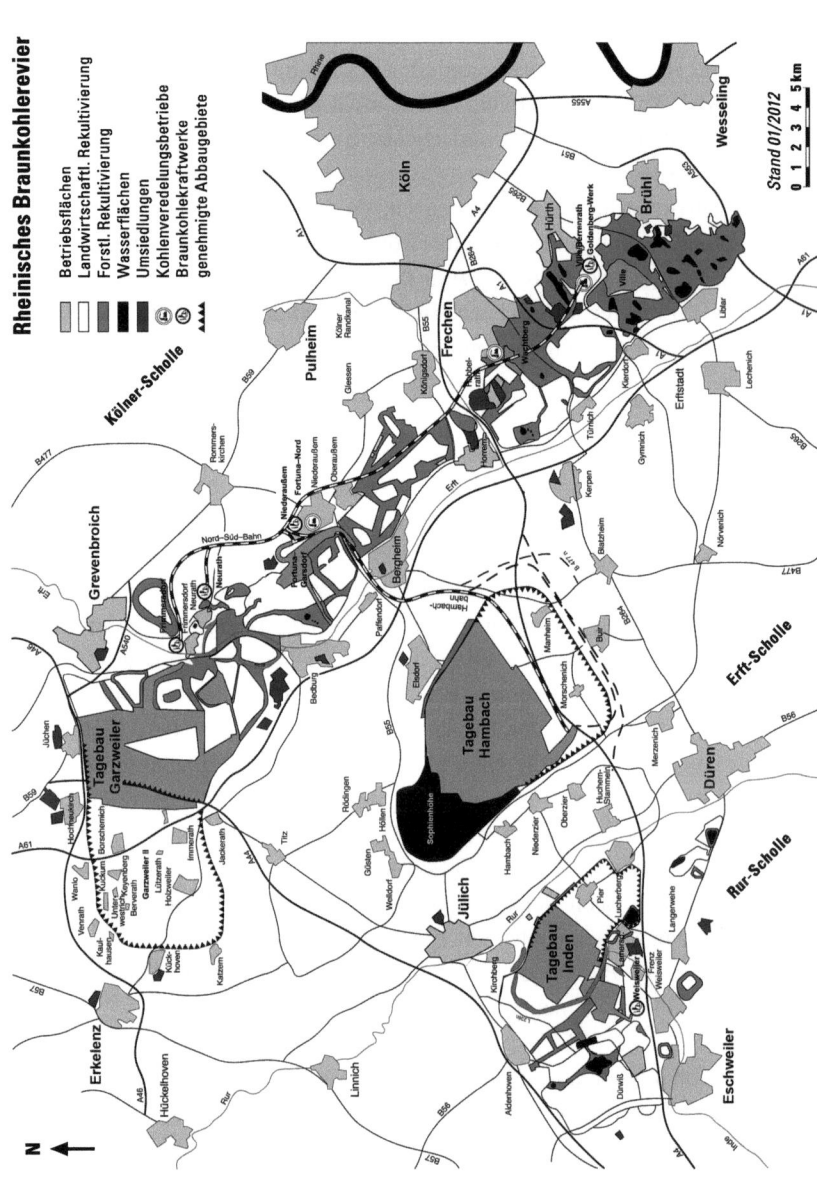

Abb. 5.20 Tagebaue im Rheinischen Braunkohlenrevier: Es sind die ehemaligen Tagebaue und ihre Nachnutzung dargestellt. Der Tagebau Hambach (Kartenmitte) und der Tagebau Garzweiler im Norden stehen noch 15 Jahre im Abbau. Mit Ausnahme des Ortes Holzweiler werden alle Ortschaften im westlichen Teil dieses Tagebaus verlegt; in den Resttagebauen sind Seen geplant (verändert nach Plänen der RWE Power)

5.1 Eingriffe auf dem Festland und ihre Folgen

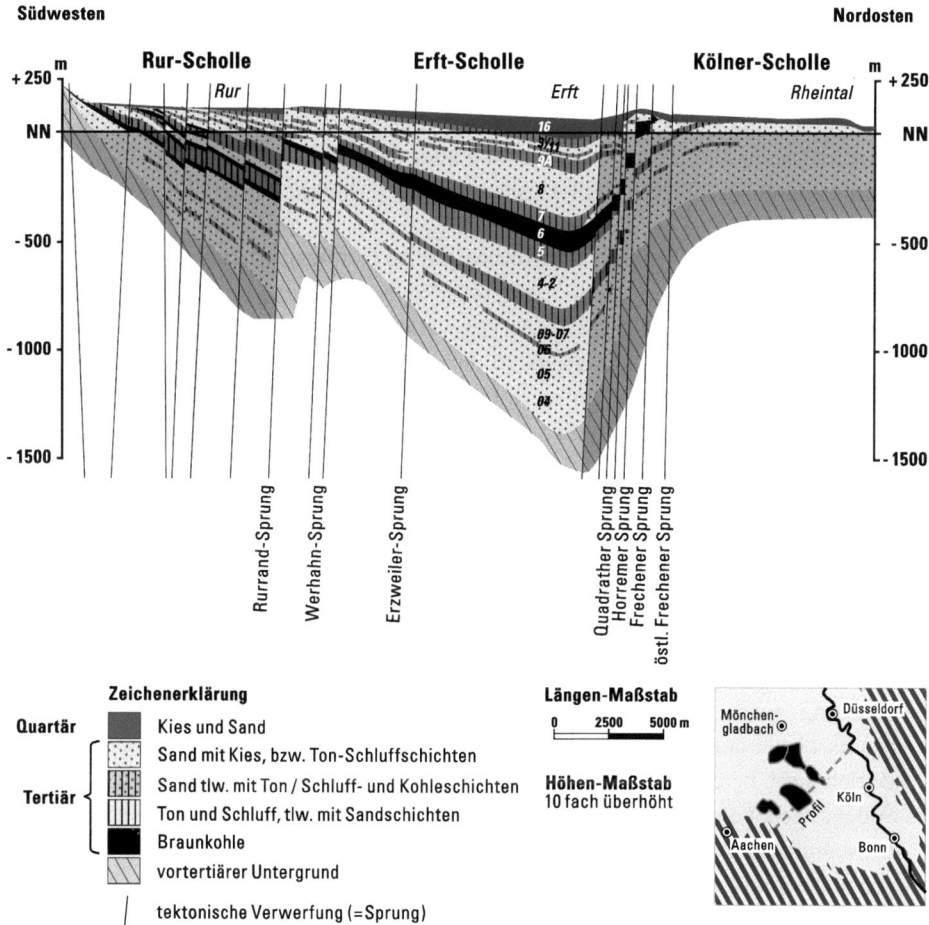

Abb. 5.21 Geologisch-tektonisches Profil durch die Rheinische Braunkohlenlagerstätte von SW nach NO bis in eine Tiefe von –1500 m NN. Die Schichten des Tertiärs und des Quartärs sind durch Abschiebungen staffelartig versetzt. Die am stärksten abgesenkte Grabenscholle ist die Erftscholle, in welcher das bis zu 100 m mächtige Hauptflöz (6) bis in eine Abbautiefe von –500 m NN reicht. Im Tagebau Hambach in der Erftscholle bewegt sich der Abbau nach Osten, wo die größte Kohlemächtigkeit vorliegt. Die tektonischen Verwerfungen werden als „Sprünge" bezeichnet (verändert nach Plänen der RWE Power)

- Minimierung der Dispersion und Akkumulation von Elementen, von denen Belastungen für Pflanzen, Tiere und den Menschen ausgehen (Schwermetalle, toxische Substanzen, Säuren),
- verstärkter Grundwasserschutz und Reduzierung der Einleitung von Wässern mit erhöhtem Salzgehalt und höherer Temperatur aus tieferen Grundwasserstockwerken unmittelbar in die Vorflut,

- ganzheitliche Konzeption bei Rekultivierung und landwirtschaftlicher Nachnutzung,
- Umweltschonende Beseitigung bergbaulich bedingter Abfälle und Immissionen durch Nutzung von Kreislaufprozessen oder deren Einbindung in natürliche Stoffkreisläufe,
- Beachtung natürlicher geo- und biogeochemischer Barrieren, Stoffkreisläufe und naturgegebener Gradienten (Reduzierung aller Schadstoffe in Kraftwerken, CO_2-Einsparung durch effizientere Kohleverstromung, CO_2-Abscheidung; s. Abschn. 7.5).

5.1.3.6 Rohstoffgewinnung und ökologische Konsequenzen

Die Rohstoffgewinnung ist einer der großen anthropogenen Eingriffe in den Naturhaushalt, deren nachteilige Aus- und Folgewirkungen nicht zu ignorieren sind. Die Rohstoffwirtschaft gehört andererseits zu den wichtigsten Grundlagen auch vieler Entwicklungsländer, aus denen wichtige Rohstoffe – vor allem Erze, Energierohstoffe und Industrieminerale – kommen. Daher kann es nicht nur um die Beurteilung der Folgen der Rohstoffverarbeitung in Deutschland selbst gehen, sondern es müssen auch die ökologischen Konsequenzen für alle Rohstoffförderländer gezogen werden. In diesem Zusammenhang ergeben sich drei Fragenkomplexe, die hier nur kurz angerissen werden sollen und im Absatz 5.2.2.3 näher erörtert werden:

- Wie sehen die bisherigen Eingriffe und Schadensbilanzen, der Umfang von Stoff- und Massenverlagerungen sowie alle sekundär mit Gewinnung, Transport und Aufbereitung verbundenen Schadstoffemissionen aus? Welche Folgewirkungen sind bereits eingetreten und inwieweit sind die verursachten Schäden in ihren kausalen Beziehungen bereits geklärt?
- Welche geoökologischen Folgen sind durch die zunehmende Nutzung geogener Ressourcen in Zukunft zu erwarten? Welche Risiken gehen von bereits in Angriff genommenen Bergbaugroßprojekten aus?
- Wie wird sich angesichts einer exponentiell auf über 10 Mrd. Menschen innerhalb der nächsten Jahrzehnte anwachsenden Weltbevölkerung und damit der generell steigende Bedarf an Rohstoffen auf die empfindlichen und in der Nähe von Ballungsregionen bereits stark vorbelasteten Ökosysteme auswirken? Reicht die Zeit aus, um die ökologischen Risiken geplanter Großprojekte entscheidend zu vermindern?

Umweltgeologische und ökologische Folgewirkungen treten durch Prozesse während und nach Beendigung des Abbaus auf. Je nach geologischem Aufbau, Georelief und Landschaftsaufbau sowie nach Umfang und Tiefe der Eingriffe können die Folgen von völlig unterschiedlicher Intensität sein. Sie reichen von landschaftsökologisch noch vertretbaren Veränderungen bis hin zur totalen Landschaftszerstörung. Stark beeinträchtigt werden in der Regel das Arten- und Naturschutzpotenzial sowie das Wasserpotenzial. Das Ertragspotenzial sowie das Erholungspotenzial und Entsorgungspotenzial können häufig wieder hergestellt, mitunter sogar gesteigert werden. Dies bedeutet generell, dass mit den nachteiligsten ökologischen Folgen bei der Inanspruchnahme empfindlicher und stark wasserabhängiger Ökosysteme zu rechnen ist. Aber auch bei anthropogen geprägten Landschaften – wie etwa Heidegebieten oder bewirtschafteten Talauen – ist mit starken Schädigungen zu rechnen, wenn der Boden und der Grundwasserhaushalt gestört sind.

Die Schaffung rein anthropogener bzw. technogener Physiotope – mit von den ursprünglichen Verhältnissen stark abweichendem Relief (zum Beispiel Großsteinbrüche, Halden oder Tieftagebaue) – kommt einem regelrechten Umbau der Landschaft gleich. Die neuen Physiotope zeichnen sich zunächst durch verstärkte Labilität aus. In der Regel greifen hier die exogen-dynamischen Prozesse wie Verwitterung und Bodenerosion – begleitet von gravitativen Rutsch- und Gleitvorgängen – wesentlich stärker an. Es vergehen längere Zeiträume, ehe es zur Einstellung eines neuen Gleichgewichtes kommt. Der Wasserhaushalt zeichnet sich durch starke Unausgeglichenheit aus, sodass durch Rekultivierung oder Renaturierung neu entstandene Biozönosen meist erhöhten Stressbelastungen ausgesetzt sind (Trockenheit, Staunässe, verstärkte Erosion); dann können Pionierarten und Neophyten sich stark ausbreiten. Dies wiederum führt zu einer Zurückdrängung heimischer Floren. Am stärksten sind die Böden verändert; das gilt für die Schadstoffgehalte, die Bodenstruktur sowie ihre Speicherfunktionen für organische Substanz und Wasser (W. BURGHARDT 2002).

Zahlreiche Abbaustellen, wie Steinbrüche oder Tagebaue zur Gewinnung von Locker- und Festgesteinen, Erzen oder anderen mineralischen Rohstoffen, bilden – infolge des neu geschaffenen anthropogen-technogenen Reliefs und damit veränderter mineralogisch-geochemischer Eigenschaften – geeignete Standorte für gefährdete Pflanzen- und Tiergemeinschaften. Hier hat sich gezeigt, dass die Renaturierung solcher Gewinnungsstellen in ökologischer Hinsicht auch zu wertvollen Ergebnissen im Hinblick auf den gezielten Natur- und Artenschutz führen können. Diese Chancen wurden bisher viel zu selten genutzt! Durch Tagebau freigelegte Felsgesteine können zum Beispiel artenreiche Flechtenstandorte werden, wie dies in alten Pingen bei Mechernich in der Nordeifel der Fall ist; hier handelt es sich um den artenreichsten Flechtenstandort in Nordrhein-Westfalen.

Besondere Chancen bieten vor allem auch ehemalige Ton- und Mergelgruben, Kalkstein- und Dolomitsteinbrüche, Basalt- und Tuffgruben sowie Abgrabungen von Sand und Kies. Hier können sich Pflanzensukzessionen einstellen, wenn diese künstlichen Lebensräume stärker strukturiert und – bezogen auf die möglichen exogendynamischen Prozesse (Verwitterung, Erosion, Sedimentation) – besser gestaltet werden. In diesem Fall trägt die selbstständige Fortentwicklung der Lebensgemeinschaften zur Stabilisierung der Gesteins- und Wasserverhältnisse und einer günstigeren Bodenentwicklung bei. Unterbleiben weitere Eingriffe seitens des Menschen, dann werden sich diese „Biotope von Menschenhand" zu höheren Sukzessionsstadien hin entwickeln. Sogar bei extremen Standortbedingungen kann den hier adaptierten Arten eine dauerhafte Überlebenschance geboten werden. Letztlich ist entscheidend, welche Verwitterungsresistenz, welche Wasser- und Wärmekapazität, welche Kluftdichte oder sonstigen mineralogisch-geochemischen Eigenschaften die Gesteine und Rohböden haben. Zeitweise stillgelegte Steinbrüche sollten auf jeden Fall temporär unter Naturschutz gestellt werden. Angesichts starker Belastungen durch Raum beanspruchende Nutzungen, insbesondere Bebauung, Verkehrswege, intensive Landwirtschaft, hat sich gezeigt, dass gerade von solchen Standorten aus, die gleichsam „Trittsteine" darstellen, sich bedrohte Arten wieder ausbreiten können.

5.1.4 Eingriff in den Wasserhaushalt: Oberflächenwässer, Grundwasser und Tiefenwasser

5.1.4.1 Stauseen und künstliche Seen: Sedimentablagerung und Schadstoffe

Seit vielen Jahrtausenden werden Flüsse gestaut, um Felder zu bewässern – wie im Altertum in Mesopotamien. Im Mittelalter wurden in Deutschland Staubecken für bergbauliche Zwecke angelegt, vor allem im Harz, wo damals der Erzbergbau in Blüte stand. Die älteste Talsperre in Deutschland ist der Oderteich im Harz, der 1714–1721 angelegt wurde. In der Nähe von Klöstern wurden Fischweiher angelegt, die auch heute noch die Landschaft prägen, wie zum Beispiel in Franken im Raum Erlangen. Diese Wasserspeicher mögen auch noch so zahlreich sein, die in ihnen gesammelten Wassermengen waren und sind unbedeutend, vergleicht man sie mit den vor allem im 20. Jahrhundert angelegten Stauseen und Talsperren, deren Fassungsvermögen geologische Größenordnungen erreicht. Hierbei werden nicht nur große Erd- und Gesteinsmassen oder Beton benötigt, um Dämme oder Staumauern zu errichten, sondern es sind vor allem die Wassermassen selbst, die in riesigen Reservoiren gespeichert werden und durch ihre Masse als Auflast sogar Erdbeben auslösen können. Die Kapazität der vier größten Stauseen der Erde (Kariba, Bratsk, Assuan, Volta) besitzen jeweils eine Größe zwischen 140 und 180 Mrd. m^3 ($= 140–180 km^3$). Allein diese vier zwischen 1959 und 1971 gebauten Stauseen haben eine Gesamtspeicherkapazität von 680 km^3.

Der hydrostatische Druck der gestauten Wassermassen bewirkte bei diesen Großstauseen eine Subsidenz, die beim Karibasee fast 13 cm, beim Lake Mead/USA insgesamt 20 cm betrug. Der Lake Mead ist volumenmäßig der größte Stausee der USA; durch die 221 m hohe Staumauer – dem Hoover Dam – wurde der Colorado an der Grenze Nevada/Arizona zum Lake Mead aufgestaut. Das Bauwerk wurde 1936 fertiggestellt; die Speicherkapazität betrug damals 38 km^3. Durch Sedimentablagerungen von rund 3 km^3 wurde die Speicherkapazität auf rund 35 km^3 reduziert. Vergleicht man hiermit den Wasserinhalt des Bodensees (48,4 km^3), so wird die geologische Dimension deutlich. Allerdings ist heute der Wasserstand im Lake Mead stark abgesunken, zum einen durch die Wassernutzung und zum anderen durch extreme Trockenheit in den vergangenen beiden Jahrzehnten. Inzwischen liegt der Seespiegel etwa 42 m tiefer und weite Teile des Lake Mead liegen trocken.

Die Folgewirkungen der großen Staudammprojekte sind außerordentlich weitreichend und komplex. Mit dem Aufstau vollziehen sich sowohl geophysikalische, hydrologische und hydrogeologische als auch geomorphologische, bodenkundliche und ökologische

Veränderungen. Das Einzugsgebiet wird komplett umgestaltet und die Folgewirkungen machen sich noch weit unterhalb der Dämme bis in den Küstenbereich bemerkbar. Das Erosions- und Sedimentationsgeschehen wird über Tausende Kilometer grundlegend verändert. So werden in den Stauseen große Sedimentmengen abgelagert und fruchtbare Schlämme gelangen auf diese Weise nicht mehr in den Unterlauf der Flüsse. In den aufgestauten Abschnitten wird nicht mehr erodiert, sondern sedimentiert. Besonders stark ist dieser Effekt bei Flüssen und Strömen mit hoher natürlicher Sedimentfracht. Bereits bei kleineren Stauseen, wie dem Baldeneysee in Essen (Abb. 5.22), wo die Ruhr vor 80 Jahren zu einem 8 km langen See gestaut wurde, lagerten sich von 1933 bis 1977 insgesamt 1,6 Mio. m^3 Schluff und Feinsand ab. Diese stellenweise bis über 4 m mächtigen, schwermetallhaltigen Schichten sind das Ergebnis der Klärfunktion (T. NIEHAUS 1981; RUHRVERBAND 2014).

Weite Teile des Sees waren dadurch so stark verflacht, dass fast zwei Drittel dieser akkumulierten Massen 1984 ausgebaggert wurden. Da sich der Stauraum infolge des auch unter dem See betriebenen Steinkohlebergbaus im gleichen Zeitraum absenkte, war der Stauraum noch größer geworden. Die Polder, in welche der Schlamm in die Ruhraue oberhalb des Sees gepumpt wurde, sind heute weitgehend verfestigt und bewachsen. Deren zunächst geplante Gestaltung zu Hügeln verbietet sich jedoch von selbst, da sonst

Abb. 5.22 Baldeneysee/Ruhr in Essen – Stausee seit 1933 mit Stauwehr, Wasserkraftwerk und Schleuse als riesiger Schlammfang, dessen ursprüngliches Stauvolumen von 8,3 Mio. m^3 sich bis 1985 auf etwa 6,5 Mio. m^3 verringerte; Blick über die Westhälfte des Sees in Ostrichtung (Luftbild Fotoarchiv Ruhrverband)

Abb. 5.23 Ruhrtal in östlicher Hälfte des Baldeneysees vor dessen Aufstau; links oben die 1973 stillgelegte Zeche Carl Funke bei Essen-Heisingen. Blickrichtung Osten, ca. 1931 (Luftbild Fotoarchiv Ruhrverband)

die Schwermetalle in den tonarmen Lockersedimenten leicht remobilisiert werden und dadurch in die Aueböden oder die Ruhr gelangen würden. Die Talaue der Ruhr vor dem Bau des Baldeneysees zeigt Abb. 5.23.

Alle Stauseen im Unterlauf der Ruhr hatten während der Bergbau- und Industrieepoche die Aufgabe, das stark verschmutzte und belastete Ruhrwasser zu klären. So spiegelt sich diese Belastung – insbesondere auch der Nebenflüsse – in den Sedimenten im zeitlichen Verlauf sowie der Konzentration bestimmter Elemente wider. Als Beispiel wird die Entwicklung im Harkortsee bei Wetter (Abb. 5.24) für die Schwermetallbelastung in den Jahren 1940–2000 dargestellt (Abb. 5.25).

Insbesondere die Industriebetriebe im Raum der Stadt Hagen lieferten ein breites Spektrum an Spurenelementen, die durch die Nebenflüsse Lenne, Volme und Ennepe in die Ruhr eingetragen wurden (Abb. 5.26 und 5.27). Sowohl der Niedergang des Steinkohlebergbaus als auch des Schwermetallsektors im Ruhrgebiet (Abb. 5.28) lassen einen deutlichen Rückgang der Schwermetallbelastungen seit 1968 nachweisen; seit etwa 1970–75 greifen auch die Luft- und Wasserreinhaltungsgesetze wie die TA Luft sowie das Wasserhaushaltsgesetz (WHG).

Dass auch Schwermetalle und andere Schadstoffe in verstärktem Maße durch die Luft in Stauseen eingetragen wurden, zeigen Sedimente, die im Zeitraum 1932–1985 im

5.1 Eingriffe auf dem Festland und ihre Folgen

Abb. 5.24 Harkortsee zwischen Wetter/Ruhr (vorn) und Herdecke; die Flüsse Volme und Ennepe sowie die Lenne lieferten die schadstoffbelasteten Sedimente (vgl. Abb. 5.26). (Luftbild Fotoarchiv Ruhrverband)

Sösestausee im Harz abgelagert wurden. Die Abb. 5.29 zeigt auch die Anreicherungsfaktoren für 8 Elemente, ebenso auf welche Weise Schadstoffe über den Boden an den Talhängen in das Seesediment gelangten. Dabei spielt auch der geologische Schichtenbau eine wichtige Rolle (J. MATSCHULLAT et al. 1994).

5.1.4.2 Bewässerungsprojekte und Umweltgefahren – gewinnt die Natur?

Es wurden weltweit Kanäle gebaut, die nur der Bewässerung dienen. Als einer der größten gilt der All-American Canal, der Wasser vom Colorado über 130 km zum Imperial Valley mit seinen riesigen Obstplantagen hinüberleitet. In langen Kanälen wird auch das Wasser im Central Valley/Kalifornien nach Süden geleitet. In Australien wird Wasser zur Bewässerung von der regenreichen Ostküste sogar über die Wasserscheide hinweg nach Westen geführt. In Südafrika hat der längste Bewässerungsstollen eine Länge von 82 km. Weitaus gigantischer waren zwei bisher nicht realisierte Projekte geplant. Dazu gehörte die Umleitung der großen sibirischen Flüsse nach Süden („Dawidow-Projekt"). Hier hätten bei dem ursprünglich bis zum Jahre 2030 geplanten Bau Hunderte von Millionen m^3 Erdmassen und bei völliger Realisierung dieses ehemals sowjetischen Projektes bis zu 13 Mrd. m^3 (= 13 km^3) bewegt werden müssen, um

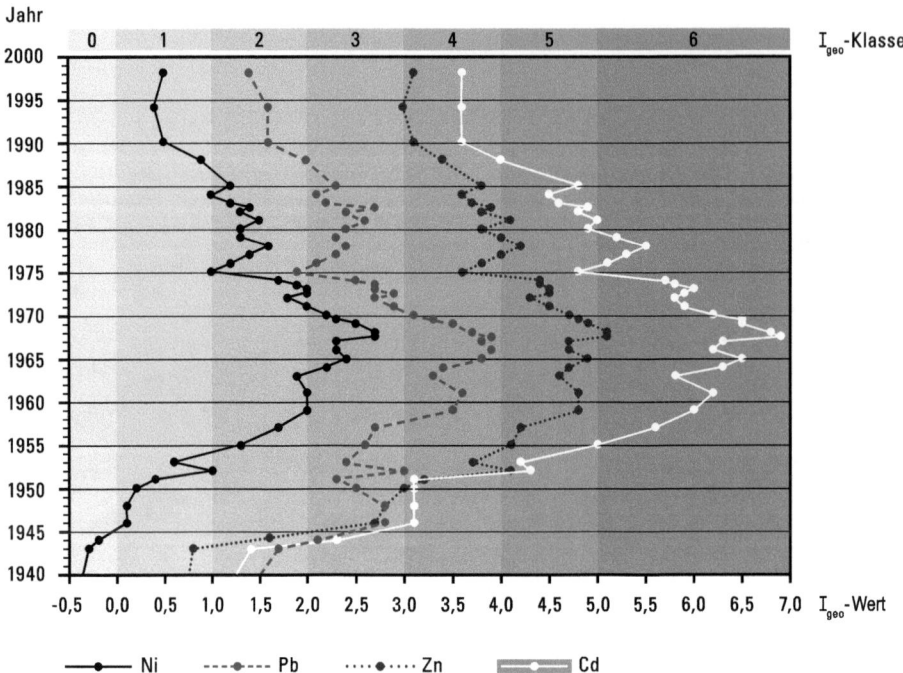

Abb. 5.25 Schadstoffbelastungen im Harkortsee bei Wetter/Ruhr in den im Zeitraum 1940–2000 abgelagerten Sedimenten. Gemessen wurden die Elemente Blei (Pb), Zink (Zn), Cadmium (Cd) und Nickel (Ni). Es sind die I_{geo}-Werte nach German Müller dargestellt. Die I_{geo}-Klassen nach G. Müller zwischen 0 und 6 sind je nach Intensität in unterschiedlichen Graustufen dargestellt. Die Belastungen stiegen zwischen 1940 und 1968 stark an, um dann auf geringere Werte abzufallen. Die Schadstoffgehalte um das Jahr 2000 waren vor allem für Zink und Cadmium relativ hoch (nach J. Rosenbaum-Mertens 2003)

jährlich ca. 300 km³ Wasser nach Süden abzuleiten! Das damalige Projekt, die Flüsse Jenissei, Irtysch und Ob nach Süden in Richtung Aral- und Kaspisee umzuleiten, wurde von Radim Kettner (1960) sogar als „Krone aller Wassergroßbauten, die grandios in die Naturverhältnisse riesiger Gebiete eingreifen" bezeichnet! Allein zur Überwindung der Wasserscheide am Turgai-Plateau hätten mehr als 10 km³ Gesteinsmassen bewegt werden müssen. Dabei wurde sogar an den Einsatz von Atomenergie gedacht. Ein aus heutiger umweltgeologischer, ökologischer und klimatologischer Sicht höchst fragwürdiges Projekt, dessen Folgen in jedem Fall unabsehbar gewesen wären!

Ein ebenfalls riesiges Projekt in der Libyschen Wüste Ägyptens hätte die Auffüllung der Qattara-Senke mit Wasser aus dem Mittelmeer bedeutet. Es hätte ein Dutzende Kilometer langer Kanal gebaut werden müssen. Auch bei diesem Projekt wurde der Einsatz von Atomenergie für die gewaltigen Massenverlagerungen erwogen. Dieses Projekt wäre ebenfalls aus umweltgeologischer und ökologischer Sicht mit weitreichenden und gravierenden Auswirkungen für Böden, Wasserhaushalt, Klima und die dortigen

5.1 Eingriffe auf dem Festland und ihre Folgen

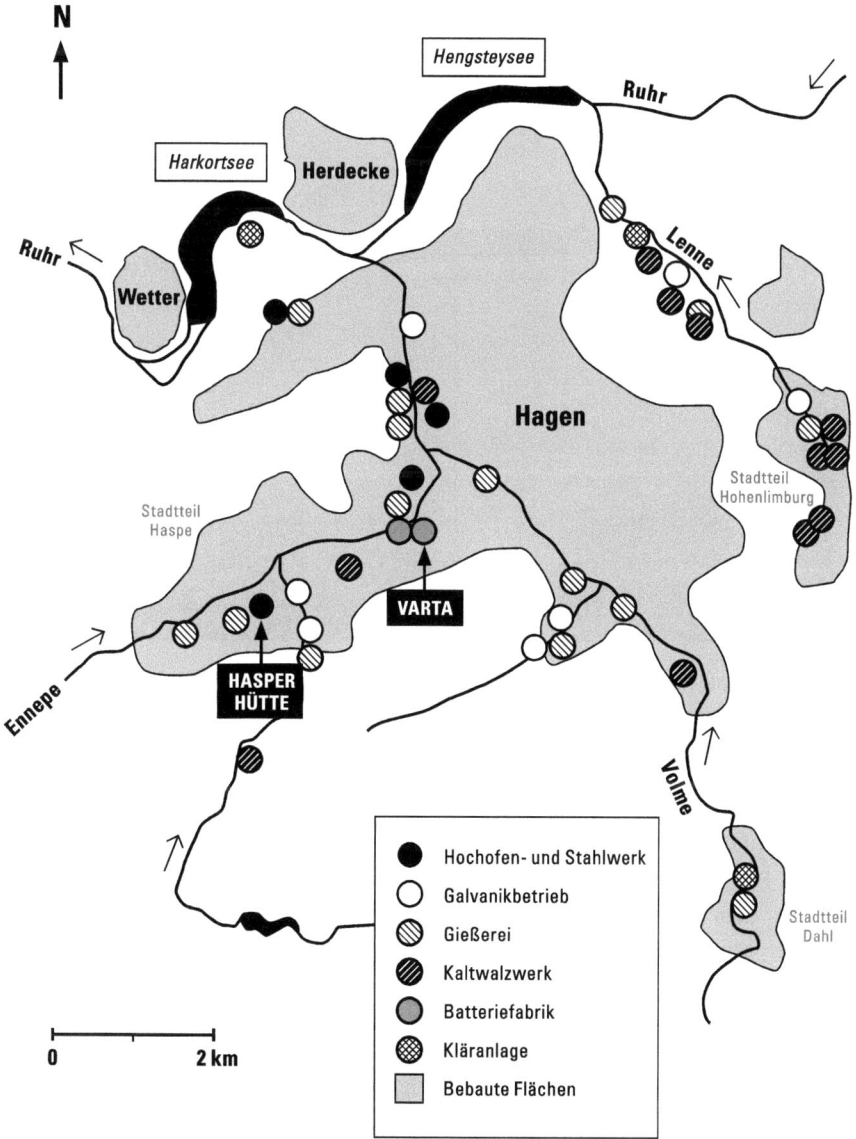

Abb. 5.26 Lage der Industriestandorte, von denen die Metalle und Schwermetalle in die Nebenflüsse der Ruhr (Ennepe, Volme und Lenne) eingeleitet wurden und so in den Hengstey- und den Harkortsee gelangen konnten; vgl. Abb. 5.25 (nach J. ROSENBAUM-MERTENS 2003)

wertvollen Ökosysteme verbunden gewesen. Es wäre langfristig sicher zu katastrophalen Entwicklungen gekommen. Zwar wurde der Plan, die Qattara-Senke für die Energieversorgung zu nutzen, nach dem Bau des Nasserstausees aufgegeben. Es gab danach jedoch weitere Planungen, die eine Süßwasserzuleitung aus dem Nildelta vorsahen, um eine

Abb. 5.27 In größeren Bergsenkungsseen – wie hier in Dortmund-Hallerey – konnten sich durch Lufteintrag und Abschwemmungen schwermetallhaltige Sedimente bilden

Agrarnutzung möglich zu machen. Extreme Verdunstungsraten und drohende Versalzung wären die Folge gewesen. Dass man in Ägypten solche Bewässerungsprojekte aufgrund des hohen Bevölkerungsdrucks durchaus realisiert, zeigt das Toshka-Projekt. Hier wird Wasser aus dem Nassersee durch die hochleistungsfähige Mubarak-Pumpanlage etwa 50 m höher gepumpt und in die Toshka-Senke durch einen Kanal gebracht. Insgesamt sollen hier über 3 Mio. Menschen angesiedelt werden, insbesondere um wirtschaftliche Produkte auch für den Export zu erzeugen! Bedenkt man, dass von 1980 bis 2000 weltweit bis zu 7000 Mrd. m^3 Wasser für Bewässerungsprojekte benötigt wurden, von denen nur etwa 25–30 % in die Flüsse zurückgegeben werden (Global 2000, S. 722), so kann man sich den Umfang aller Wasserverluste vorstellen. Die meisten der in den vergangenen Jahrzehnten errichteten Stauseen dienen vorrangig der Bewässerung; sie liefern rund ein Drittel des Wassers für diesen Zweck (M. BLACK und J. KING 2009).

Von großer Bedeutung für Bergbau und Hüttenwirtschaft waren in Deutschland die zahlreichen Teiche im Oberharz, deren Fassungsvermögen schon im 16. und 17. Jahrhundert bis über 300.000 m^3 betrug. Der dort 1686 gebaute Prinzenteich staute bei einer Dammhöhe von 9,4 m sogar 500.000 m^3. Viele dieser Teiche prägen die Landschaft auch noch heute, wie beispielsweise bei Clausthal-Zellerfeld. Das Fassungsvermögen des Oderteichs im Harz von 1714 betrug damals 1,67 Mio. m^3 bei einer Dammhöhe

5.1 Eingriffe auf dem Festland und ihre Folgen

Entwicklung der Kohleförderung im Ruhrgebiet

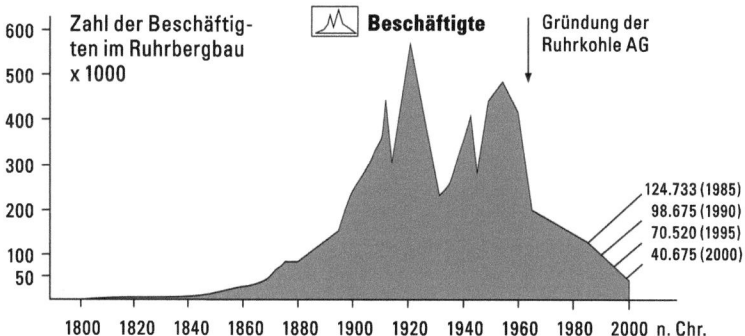

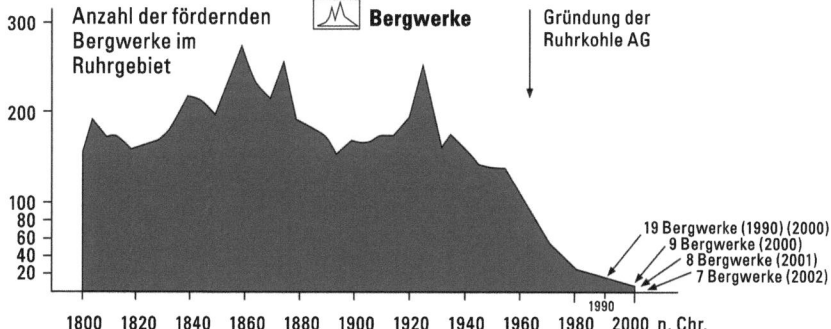

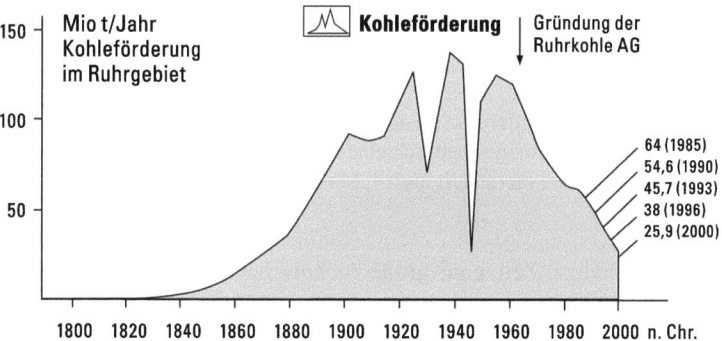

Abb. 5.28 Entwicklung der Steinkohleförderung im Ruhrgebiet im Zeitraum 1800–2000 n. Chr. in Mio. t pro Jahr sowie der Zahl der Bergwerke (Mitte) und der Beschäftigtenzahlen (oben). Im Jahr 2014 fördern nur noch zwei Bergwerke; 2018 wird die Förderung im Ruhrgebiet völlig eingestellt, sodass alle Zahlen bis dahin auf Null sinken (nach Daten der Ruhrkohle AG/RAG)

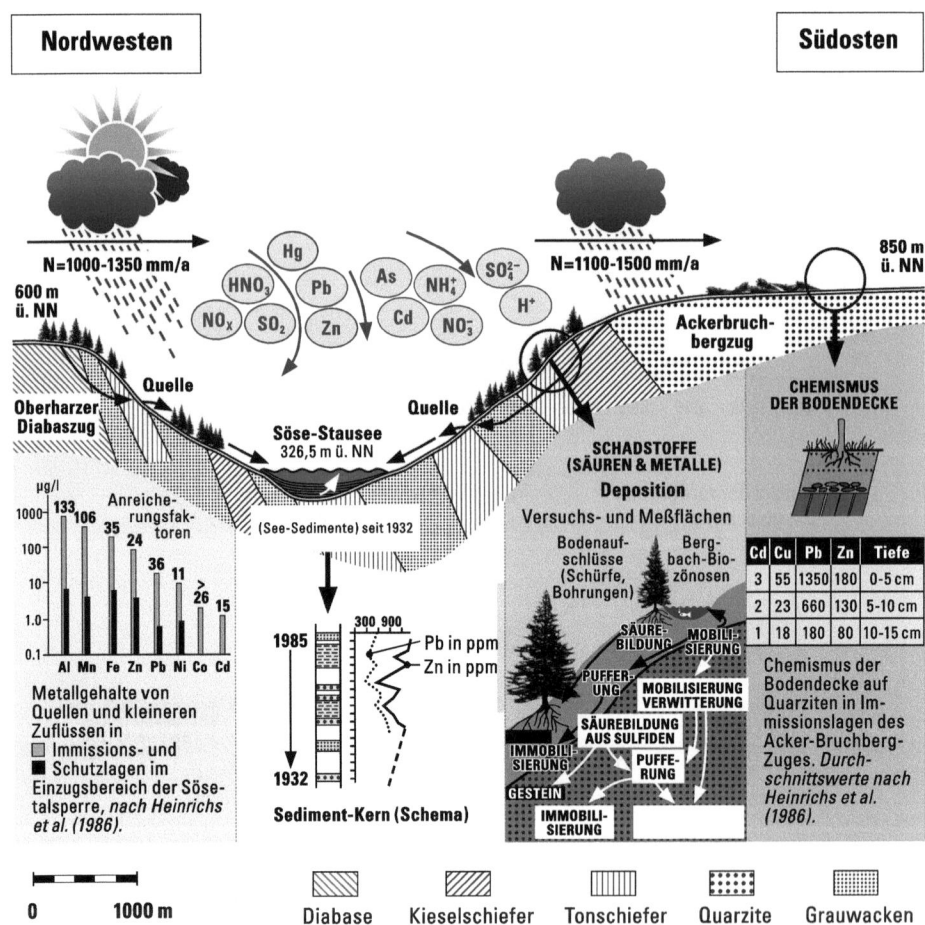

Abb. 5.29 Profildarstellung von Stoffen, Schadstoffen sowie den beteiligten Prozessen in Böden, Gewässern und Quellen und den geologischen Schichten in Abhängigkeit des Gesteinsaufbaus am Beispiel des Söse-Stausees im Harz (verändert nach J. Matschullat 1994)

von 18 m – für die damalige Zeit eine große technische Leistung. Die Anlagen der Oberharzer Wasserwirtschaft wurden im Jahr 1992 zum Weltkulturerbe erklärt. In der Bundesrepublik existieren heute überall größere Talsperren. Zu den vom Volumen her größten zählen die Rurtalsperre in der Nordeifel mit 205 Mio. m³, die Edertalsperre in Hessen mit 202 Mio. m³, ferner im Sauerland die Biggetalsperre mit 171,7 Mio. m³ und der Möhnestausee mit 135 Mio. m³ sowie in Bayern der Förgensee mit 165 Mio. m³ Stauvolumen. Der Gesamtinhalt dieser Talsperren beträgt jedoch nur knapp 1 km³.

Erst ein Vergleich dieser für Mitteleuropa großen Talsperren mit den größten Stauseen in Asien, Afrika und Nordamerika macht deutlich, wie sehr seit Mitte des 20. Jahrhunderts Größenordnungen im Staudammbau erreicht werden, die nur mit geologischen

5.1 Eingriffe auf dem Festland und ihre Folgen

Maßstäben zu messen sind! Zu einem der größten Projekte in Afrika gehört der Cabora-Bassa-Stausee am Mittellauf des Sambesi (Mosambik). Er wurde von 1969–1979 gebaut und weist einen nutzbaren Stauraum von 65 km^3 auf. Ähnlich wie im Nasserstausee bei Assuan werden auch hier große Schlammmengen zurückgehalten, sodass das Fehlen dieses Schlamms im Unterlauf und im Sambesidelta Probleme aufwirft wie im Nildelta. Früher gelangten im Niltal jährlich rund 50 Mio. t fruchtbarer Schlamm auf die Felder, bis in den Deltabereich hinein. Heute lagert sich dieser Schlamm als Sediment im Stausee ab. Es wurden bereits bei der Planung 20 % des Stauraums – dies entspricht etwa 30 km^3 Schlamm – dafür vorgesehen.

Eine Untersuchung an 968 Stauseen in den USA, die alle Größenordnungen umfasste, ergab, dass bei einem ursprünglichen Gesamtstauvolumen von 75,5 km^3 bis 1990 bereits Sedimente im Umfang von 3 km^3 abgelagert wurden (KELLER 1982, S. 259). Dies geschah in einem Zeitraum von nur 15–20 Jahren. Demnach würden kleinere Stauseen bereits in einigen Jahrzehnten, größere in 400–500 Jahren mit schlammigen Ablagerungen weitgehend aufgefüllt sein. Selbst eine teilweise Füllung würde die Funktionen stark einschränken. Von den heute in den USA existierenden größeren Stauseen mit mehr als 7,5 m Dammhöhe werden rund 20 % als solche mit größeren Gefahrenmomenten angesehen (D. R. COATES 1981). Aufgrund ihrer Größe und ihrer Dammkonstruktion müssen diese ständig überwacht werden. Eines der größten Flussmanagement-Projekte war die Errichtung von insgesamt 39 Staudämmen im Flusssystem des Tennessee River. Das Einzugsgebiet ist über 100.000 km^2 groß und die gesamten Hochwasserreservoire und Rückhalteräume können etwa 18 km^3 Wasser speichern, sodass es kaum noch zu großen Überschwemmungen wie früher kommen kann (D. R. COATES 1981, S. 602). Bei weiterer Klimaerwärmung (s. Abschn. 7.5) sind trotz dieser Maßnahmen regionale Überflutungen nicht auszuschließen!

Bereits um 3000 v. Chr. wurden im Industal Staubecken zur Bewässerung angelegt. Der Bau von Erddämmen für derartige Zwecke war im Euphratgebiet um 2000 v. Chr. bereits gesetzlich geregelt. Heutzutage werden die größten Stauseen der Erde vor allem zur Bewässerung sowie zur Wasserkraftgewinnung gebaut. Sie dienen darüber hinaus zum Schutz vor weitreichenden Überschwemmungen und zur Trinkwasserversorgung wachsender Bevölkerungen. Die Errichtung von Dämmen und bis 300 m hohen Staumauern ist mit großen Massenverlagerungen verbunden. Jüngstes Beispiel ist der Dreischluchtenstausee in China. Zahlreich sind die mit dem Staudammbau verbundenen Probleme wie die Eutrophierung oder das in Dürreperioden vermehrte Trockenfallen von nur flach überstauten Bereichen. Hinzu kommen Bevölkerungsprobleme durch Umsiedlung; in Afrika wurden bei Großprojekten Hunderttausende Menschen umgesiedelt. Ferner sind ökologische Auswirkungen durch mangelnde Schlammzufuhr, verstärkte Erosion im Deltabereich sowie Versalzung der Böden die häufigste Folge mit generell negativen Rückwirkungen auf die Landwirtschaft. Auch Seuchengefahr besteht, wenn große Stauseebereiche zeitweise trocken fallen.

5.1.4.3 Eingriffe in den Grundwasserhaushalt und die Dynamik der Fließgewässer

Besonders zielstrebig hat der Mensch seit 5 Jahrtausenden in den Wasserhaushalt eingegriffen. Es ergaben sich gravierende Veränderungen der hydrologischen und hydrogeologischen Naturgegebenheiten. Die stärksten Veränderungen bewirkten die Maßnahmen zur Gewinnung von Trink- und Brauchwasser, zur Felderbewässerung und Wasserkraftgewinnung sowie zum Hochwasserschutz. Ferner war die Schiffbarmachung der Flüsse ein vorrangiges Ziel, das man durch Flussbegradigung, Rinnenvertiefung oder den Bau von Staustufen erreichte. Umfangreiche und kostspielige Wasserbaumaßnahmen waren damit verbunden. Die Flüsse und Ströme wurden begradigt und aufgestaut. Damit änderten sich der jahreszeitliche Abfluss und die Ganglinien des Hochwassers. Durch diese Eingriffe wurden großregional auch die Niederschlags- und Verdunstungsverhältnisse maßgeblich beeinflusst, wodurch sich klimatische Veränderungen ergaben.

In ständig wachsendem Maße wurde auch das Grundwasser für die Trinkwasserversorgung für Industriezwecke und Bewässerungsprojekte beansprucht. Gravierende Belastungen, die den gesamten ober- und unterirdischen Wasserhaushalt betreffen, stellen Grundwasserabsenkungen infolge der Rohstoffgewinnung dar. Dabei wurden jahrzehntelang im Tieftagebau – wie beispielsweise im Rheinischen Braunkohlenrevier – Wassermengen von größenordnungsmäßig bis zu 1 Mrd. m^3 pro Jahr gehoben. Inzwischen ist diese Wasserhebungsmenge zurückgegangen. Der Betrieb der Großtagebaue Garzweiler II und Hambach erfordert bis über das Jahr 2035 hinaus ein weiteres Abpumpen. Derzeit müssen jährlich Millionen m^3 gefördert werden. Der größte Teil davon wurde über die Erft bzw. den Erftkanal in den Rhein eingeleitet. Die dabei entstandenen Absenkungstrichter reichten meist weit über das eigentliche Abbaugebiet hinaus. Auch die Einleitung dieser Tiefengrundwässer, die höhere Salzgehalte und stark erhöhte Temperaturen aufweisen, stellte eine zusätzliche Belastung jener Oberflächengewässer dar, in welche sie eingeleitet werden. Auch die großen Braunkohlenreviere im Mitteldeutschen Revier und in der Lausitz mussten weiträumig entwässert werden (Abb. 5.30). Heute muss der Spree das Wasser entnommen werden, um die ausgekohlten Tagebaue in der Lausitz als Seen zu gestalten, was wiederum den Spreewald in seiner Existenz gefährden könnte. Um dies zu verhindern, sind genaue Wasserbilanzen erforderlich.

Solche gezielten Eingriffe steuern in zunehmendem Maße den Wasserkreislauf auf der ganzen Erde. Hierzu zählen auch alle indirekten Einwirkungen, wie sie sich als Folgen der Vernichtung der natürlichen Auenvegetation oder aus Nutzungsänderungen durch Acker-, Forst- und Wasserwirtschaft ergeben. In Deutschland gibt es kaum noch Gebiete, in denen der Wasserhaushalt vom Menschen nicht weitestgehend oder irreversibel verändert wurde. So liegt beispielsweise in den meisten Talauen heute der Grundwasserspiegel deutlich niedriger als früher, oft um viele Meter. Die Wasserversorgung in Deutschland erfolgt zum großen Teil aus tiefer gelegenen Aquiferen bis 200 m Tiefe, lokal bis 700 m. Oft hat das Wasser in geringer Tiefe bereits hohe Salzgehalte – wie etwa im Niederrheingebiet. Die Wasserversorgung in Deutschland ist jedoch insgesamt

5.1 Eingriffe auf dem Festland und ihre Folgen

Abb. 5.30 Braunkohletagebaue im Mitteldeutschen Revier südlich von Leipzig; Aufnahme vom August 1989 (Landsat 7; USGS / Deutsches Zentrum für Luft- und Raumfahrt DLR)

gesichert, da dem Untergrund nicht mehr Wasser entnommen werden darf, als an Grundwassererneuerung stattfindet. Die regionalgeologischen Verhältnisse – insbesondere der Gesteinsaufbau und die Tektonik – bedingen sehr unterschiedliche Wasserverfügbarkeit im Untergrund. Großstädte wie Hamburg oder Stuttgart müssen ihr Wasser zum Teil aus der Lüneburger Heide bzw. aus dem Bodensee beziehen. Infolge der künftigen Klimaerwärmung und dadurch bedingter höherer Verdunstung kann es in Zukunft zu Engpässen bei der Wasserversorgung auch in Deutschland kommen.

Allgemein werden die Abfluss- und Versickerungsbedingungen durch die vereinfachte Wasserhaushaltsgleichung erfasst: $N = A_o + A_u + V$ (N = Niederschlag, A_o = Oberflächenabfluss, A_u = unterirdischer Abfluss bzw. Versickerung, V = Verdunstung). Besonders stark von anthropogenen Veränderungen betroffen sind der oberflächliche und der unterirdische Abfluss. Diese Änderung wirkt sich wiederum auf eine Reihe von exogendynamischen Prozessen wie Erosion, Transport und Sedimentation aus. In warmen und ariden Klimazonen verdunsten über Stauseen gewaltige Wassermengen – über dem Nassersee bis zu 15 km^3 pro Jahr!

Ein enormes Ausmaß haben die anthropogenen Eingriffe in den Wasserhaushalt in den industriellen Ballungsräumen und in den Megacities erreicht. Das Wasser gehört zu den unverzichtbaren Lebensgrundlagen des Menschen sowie der gesamten Tier- und Pflanzenwelt. Zu den ältesten Maßnahmen gehörte die Nutzung der Fließgewässer in den Bewässerungssystemen der alten Hochkulturen Ägyptens, Mesopotamiens oder Chinas. Die gezielte Bewässerung gehörte dort zu den Grundvoraussetzungen einer dauerhaften Besiedlung und eines geregelten Ackerbaus (Nil, Euphrat, Tigris). Dabei spielte auch die gerechte Verteilung eine wichtige Rolle. Bis in die jüngste Zeit wurden die Oberflächengewässer in dichter besiedelten Gebieten der Welt so stark in ihrem Verlauf und im Abflussverhalten geändert, dass vom kleinen Gebirgsbach bis zum Strom kaum noch ein Gewässer natürliche Züge aufweist. Auch an Nil, Euphrat und Tigris wurden im 20. Jahrhundert Großtalsperren gebaut, die eine ständig wachsende Bevölkerung versorgen – mit Wasser für die Landwirtschaft, mit Elektrizität, mit Trink- und Brauchwasser. Die 7 Talsperren an Euphrat und Tigris, die in der Türkei, im Irak und in Syrien liegen, haben eine Speicherkapazität von über 210 km^3. Der Atatürk-Stausee in Südostanatolien (Türkei) hat die Landschaft in diesem Teil des tief eingeschnittenen Euphrattals völlig verändert (NATIONAL GEOGRAPHIC 2007, S. 93). Mit einer Speicherkapazität von fast 49 km^3 dient er vor allem der Felderbewässerung in einer ariden Region, die seit Ende des 20. Jahrhunderts hohe Getreideerträge liefert. Wenn die im Oberlauf gelegenen Talsperren riesige Wassermengen speichern, die zum Teil schon im Stausee und letztlich bei der Bewässerung verdunsten, erhalten die „Unterlieger" – und damit benachbarte Länder – entsprechend geringere Mengen. Letztlich können „Wasserkriege" die Folge sein!

Umfassende Regulierungen im 19. und 20. Jahrhundert erfolgten in erster Linie zum Hochwasserschutz, zum Ausbau der Flüsse als Verkehrs- und Transportwege (Kanalisierung), zur Wasserkraftgewinnung (Staudämme) mit Turbinen sowie zur Wasserversorgung der Städte. Die Fließgewässer wurden auch in künstliche Betten verlagert, umgeleitet und teilweise zu riesigen Seen aufgestaut. So wurde das Abflussregime ganzer Flusssysteme systematisch umgestaltet. Weitere Einwirkungen gehen von der Bebauung der Tallandschaften, der Kies- und Sandgewinnung in den Talauen sowie von Maßnahmen zur Grundwassergewinnung aus („Uferfiltrat"). Für eine landwirtschaftliche Nutzung sind im Unterlauf der Flüsse umfangreiche Drainagemaßnahmen erforderlich. Auch die Anlage industrieller Komplexe in unmittelbarer Nähe der Flussufer führt zu entsprechenden Veränderungen des Wasserhaushalts. Dies gilt auch für Kernkraftwerke, die meistens an Flüssen liegen.

Diese Maßnahmen haben nicht nur die einzelnen hydrologischen Einflussfaktoren des Wasserhaushaltes, sondern auch insgesamt die Dynamik der Fließgewässer stark modifiziert. Eingriffe in geomorphologische, bodenkundliche oder ökologische Verhältnisse sind, direkt oder indirekt, mit verschiedenen Störungen hydrologischer und hydrogeologischer Gleichgewichte verbunden. Ihre Langzeitfolgen sind bis in die jüngste Zeit hinein nicht hinreichend untersucht. Sie sind in ihrem Ausmaß oft weit unterschätzt worden. Insbesondere bei Eingriffen, die am kurzfristigen Erfolg orientiert sind, können längerfristig erhebliche Nachteile ergeben. Heute muss deshalb klargestellt werden, dass der mit hohem technischem Aufwand betriebene Aus- und Umbau des Gewässernetzes für das künftige geologische und hydrogeologische Geschehen bleibende Veränderungen – meist eine Lenkung in völlig neue Bahnen – bedeutet. Darüber hinaus werden anthropogeologische Körper und Strukturen geschaffen, welche dauerhaft alle morphodynamischen und bodenbildenden Prozesse in der weiteren Umgebung beeinflussen und damit auch in einen anthropogenen Entwicklungsprozess einmünden.

Zahlreiche Einzeldisziplinen beschäftigen sich mit den Grundlagen des Wasserhaushalts. Neben Meteorologie und Hydrologie sind insbesondere die geowissenschaftlichen Disziplinen Hydrogeologie, Geomorphologie und Bodenkunde mit der Klärung der komplexen Zusammenhänge befasst. Praktische Aufgaben obliegen vor allem den staatlichen Wasserwirtschaftsämtern, der Bundesanstalt für Gewässerkunde in Koblenz und den geologischen Diensten der einzelnen Bundesländer Deutschlands sowie der Bundesanstalt für Geowissenschaften und Rohstoffe (BGR) in Hannover. Eine sehr gute Übersicht über die vielfältigen Grundlagen bietet der Hydrologische Atlas der Bundesrepublik Deutschland (REINER KELLER 1978/1979). Hierin wurden neben den zahlreichen Grundlagenkarten wichtige Daten zur Wasserwirtschaft, wie sie für den Wasserbau, die Talsperren- und Siedlungswasserwirtschaft erforderlich sind, zusammengestellt. Dieser Atlas wurde ständig aktualisiert (HYDROLOGISCHER ATLAS DEUTSCHLAND 2003). Der Ausbau von Wasserstraßen für den Schiffverkehr, die Anlage von Wasserreservoiren zur Trinkwasserversorgung, die Errichtung von Deichen und Staudämmen, die dem Hochwasserschutz (u. a. Hochwasserrückhaltebecken), der Energiegewinnung und Bewässerungsprojekten dienen, wird mit dem Ziel verfolgt, dem Nutzen der menschlichen Gesellschaft zu dienen. Dieses Ziel wurde in der Vergangenheit nicht selten verfehlt.

Neben den klimatischen und vegetationsmäßigen Bedingungen wird der Wasserhaushalt der Flüsse stark vom Relief und geologischen Aufbau des Einzugsgebietes bestimmt. Die hydrologischen und hydrogeologischen Verhältnisse stehen dabei in sehr enger Wechselbeziehung. Durch seinen Eingriff verändert der Mensch zahlreiche Parameter, die den natürlichen Abfluss steuern. Die Möglichkeiten, Flüsse und ihre Talauen wirtschaftlich zu nutzen, hängen primär stark von der Wasserführung und damit vom Jahresgang des Abflusses ab. Die Nutzung der Talaue wird vor allem vom Grundwasserstand bestimmt.

Wasserführung, Erosion und Sedimentation vollziehen sich aufgrund der natürlichen Gesetzmäßigkeiten; werden diese nicht beachtet, können die Schäden den Nutzen übersteigen. Korrekturen sind nur dann erfolgreich, wenn das gesamte Flusssystem berücksichtigt wird. Alle diese komplexen Zusammenhänge werden in Deutschland in hydrogeologischen Kartenwerken im Maßstab von meistens 1:50.000 bis 1:100.000 dargestellt, die von den Geologischen Landesämtern der einzelnen Bundesländer erarbeitet werden. Die rechtlichen Regelungen zur Nutzung und zum Schutz von Oberflächengewässern und Grundwasser sind seit 1960 im Wasserhaushaltsgesetz (WHG) – heute in der Fassung von 2009 – festgelegt, das auch den Umgang mit wassergefährdenden Stoffen regelt.

Flussregulierungen werden vom Menschen seit Jahrtausenden vorgenommen. Bereits vor 5000 Jahren wurden an den Ufern des Nils Dämme zum Hochwasserschutz angelegt. Sie dienten aber bereits auch der landwirtschaftlichen Kultivierung; Ziel war eine planmäßige und gerechte Bewässerung. In den vergangenen Jahrhunderten standen in den sich industriell entwickelnden Gebieten siedlungs- und verkehrsmäßige Erschließung der Ufer- und Auenlandschaften, die Wassergewinnung und Wasserkraftnutzung, die Förderung der Schifffahrt sowie die Abwasserbeseitigung im Vordergrund. Die Uferbereiche wurden drainiert, Altarme abgeschnitten oder trockengelegt. Dies hat zu einschneidenden Veränderungen des Flussverlaufes geführt. Große Flusssysteme, wie das Missouri-Mississippi-System in den USA, sind seit Jahrzehnten vollständig anthropogener Steuerung unterworfen. In allen hoch entwickelten Staaten wurde der Ausbau der Fließgewässer so energisch betrieben, dass heute ein Stadium erreicht ist, welches insgesamt weit entfernt ist von den ursprünglichen Gegebenheiten und oft bereits ein Rückbau nach dem Niedergang von Bergbau- und Industriezweigen erfolgt. Auch in der Bundesrepublik wurden die meisten der größeren Flüsse begradigt und kanalisiert. Ursprüngliche Strukturen finden sich in historischen Karten und Plänen. Diese sind derzeit eine wichtige Grundlage, wenn Flüsse – wie die Emscher im mittleren Ruhrgebiet – renaturiert werden. Die Emscher wurde vor etwa 100 Jahren zur *Cloaca maxima* des Ruhrreviers – als Abwasserkanal betoniert und bis zur Unkenntlichkeit verändert. Heute wird das ganze Flusssystem der Emscher völlig neu gestaltet – ein Projekt, das fast 5 Mrd. EUR kosten wird (EMSCHERGENOSSENSCHAFT 2014).

Die intensive Gewässernutzung setzt eine zielbewusste und systematische Bewirtschaftung und damit eine entsprechende Planung voraus. Diese Aufgabe wird von der Wasserwirtschaft wahrgenommen, die alle Eingriffe in die Oberflächengewässer und das Grundwasser vornimmt. Zu den Aufgaben der passiven Wasserwirtschaft zählen die Entwässerung, der Gewässerschutz, die Wildbachverbauung und der Hochwasserschutz. In Europa müssen derzeit EU-Wasserrahmenrichtlinien umgesetzt werden. Das bedeutet, dass europaweit einheitliche Qualitätsstandards gelten. Dies gilt sowohl für die Gewässerqualität als auch für den Zustand der Fließgewässer. Allerdings genügten diesen Qualitätsanforderungen im Jahr 2015 noch mehr als ein Drittel der deutschen Flüsse nicht!

Die Flusskorrekturen umfassen außer der Begradigung durch Mäanderdurchstiche, Trockenlegung von Altarmen und die Schaffung neuer Flussbetten eine Schüttung von Längsdämmen bzw. Deichen, Aufhöhungen und Befestigung der Ufer, eine Vertiefung des Flussbetts und die Beseitigung von Stromschnellen. Der natürliche Flussverlauf ist in der Regel durch ein Mäandrieren und eine Verlagerung der Mäanderschleifen gekennzeichnet. Durch die Begradigung wird der Lauf meist erheblich verkürzt. Gemäß der hydraulischen Gesetzmäßigkeiten bei der Einengung des Abflussquerschnitts und der durch die Laufverkürzung bedingten Versteilung der Gefällestrecke werden die Schleppund Erosionskräfte eines Flusses erheblich gesteigert. Die Folge ist ein noch tieferes Einschneiden in das Flussbett. Infolge dieser Sohlenerosion sinkt der Flusswasserpegel. Auch der Abfluss wird erheblich beschleunigt. Hierdurch werden höher gelegene Teile der Talaue (Niederterrasse, Hochflutaue) nicht mehr überschwemmt und das Verhältnis zwischen Erosion und Sedimentation wird empfindlich gestört. Da die Transportkraft mit Erhöhung der Fließgeschwindigkeit zunimmt, wird mehr Material fortgeführt oder an der Sohle erodiert. Der Grundwasserspiegel, der mit dem Pegel des Vorfluters kommuniziert, sinkt infolge der Sohlenerosion. Die stark grundwasserführenden Sande und Schotter, welche die Talaue füllen, werden auf diese Weise teilweise drainiert. Die Grundwasserabsenkung kann so in niederschlagsärmeren Perioden zur Austrocknung der Böden, der Altarme sowie feuchter und sumpfiger Auenbereiche führen. Da Oberflächenwasser und Grundwasser als hydrologische Einheit zu sehen sind, muss jede Flussregulierung zu morphologischen, bodenphysikalischen und ökologischen Veränderungen im Fluss und seinen ufernahen Bereichen führen. Ein komplexes Geschehen dieser Art hat beispielsweise zu einer weitgehenden Denaturierung der Everglades in Florida/USA geführt. Heute versucht man, einen Teil der Maßnahmen (Kanalisierung, Trockenlegung, Agrarnutzung) wieder rückgängig zu machen und damit zumindest teilweise frühere Ökosysteme in diesem ursprünglich über 10.000 km^2 großen Gebiet wiederherzustellen – wie Mangrovenwälder, Sumpfgebiete und Moore mit ihrer endemischen Flora und Fauna.

Ursprünglich verhinderten die nährstoffreichen Auelehmablagerungen mit ihrer typischen Auenvegetation eine rasche Austrocknung der Talauen. Der Rückgang der Auenvegetation erhöht die Verdunstungsrate sowie die Austrocknung der Böden. Eine dadurch verringerte Grundwasserneubildungsrate belastet den Wasserhaushalt. In ariden Gebieten kommt es durch das Ausbleiben weitreichender Überschwemmungen nicht mehr zur Einspeisung von Niederschlagswasser in das obere Grundwasserstockwerk.

Der Ausbau der Gewässer war in der Neuzeit stark auf siedlungs- und verkehrstechnische sowie hygienische Verbesserungen ausgerichtet. Die nachteiligen Folgewirkungen für den Naturhaushalt machten sich oft erst viel später bemerkbar. So ist man heute bei vielen Flusssystemen der Erde mit vielfältigen Problemen konfrontiert. Ursache ist eine falsche Einschätzung natürlicher geologischer Prozesse. Eine der folgenreichsten wasserbaulichen Maßnahmen in Deutschland war die Oberrheinkorrektur durch JOHANN G. TULLA. Nach seinen Plänen wurden 1817–1876 dort massive Eingriffe zum Hochwasserschutz, zur Landgewinnung und zu Meliorationszwecken durchgeführt. Es folgten weitere Regulierungen zur Schiffbarmachung. Viele spätere Maßnahmen ergaben sich aus veränderten Nutzungsansprüchen sowie als Folge der ersten Korrektion. Der Oberrhein, dessen Flussschleifen in der Oberrheinischen Tiefebene kilometerweit auspendelten und sich dabei ständig verlagerten, wurde so in ein relativ geradliniges, enges Bett mit befestigten Ufern gezwungen. Allein auf (damals) bayerischem und badischem Gebiet erfolgten 18 Durchstiche. Der Flusslauf von Basel bis Worms wurde so um 81 km auf 273 km verkürzt. Durch diese Laufverkürzung um 23 % wurde das Gefälle der Flusssohle stark versteilt. Die Tiefenerosion erreichte rund 7 cm/Jahr und damit das Vielfache der natürlichen Erosionsrate.

Das Fließgewässernetz eines dicht besiedelten Landes wie der Bundesrepublik Deutschland wird heute weitgehend vom Menschen unter wasser- und energiewirtschaftlichen Nutzaspekten gesteuert, sodass die ursprünglichen hydrologischen und hydrogeologischen Prozesse nur in stark veränderter Form ablaufen können. Die seit Mitte des 19. Jahrhunderts durchgeführten Maßnahmen – wie Wildbachverbauung, Flussregulierung oder Kanalisierung – sowie die Anlage von Talsperren vor allem im 20. Jahrhundert haben die hydrologischen und hydrogeologischen Bedingungen grundlegend oder vielfach irreversibel verändert. Das betraf auch die exogen-dynamischen Prozesse wie Erosion, Transport und Sedimentation. Aber auch sonstige Veränderungen der geologischen Gegebenheiten, der Geomorphologie, des Bodens und der Ökosysteme im Einzugsgebiet wirken sich direkt oder indirekt auf den Wasserhaushalt aus. Die künstliche Steuerung des Abflussregimes muss auch späteren Veränderungen Rechnung tragen – wie Änderungen der Bodennutzung oder der flächenhaften Versiegelung der Landschaft durch Bauten und Straßen im Einzugsgebiet eines Flusses. Jede spätere Maßnahme kann auch ursprünglich sinnvolle Wasserbaumaßnahmen beeinträchtigen.

Eine häufige Folge ist die verstärkte Erosion im Flussbett. Dieses tiefere Einschneiden führt zu einer Versteilung der Ufer und oft zu Uferabbrüchen. Zum Ausgleich dieser Sohlenerosion müssen große Geröllmassen dem Flussbett zugeführt werden, wie dies zum Beispiel in zahlreichen Abschnitten des Rheins erfolgt. Die verstärkte Flusseintiefung führt generell auch zu einer Absenkung des Grundwasserspiegels. Hierdurch kommt es an steiler geböschten Ufern ebenfalls zu Instabilitäten. Eine Stromrinnenvertiefung kann aber auch Folge eines verstärkten Abflusses, zum Beispiel durch Einleitung zusätzlicher Wassermassen, durch Ausbaggerung oder durch eine Verengung des Abflussquerschnitts unterhalb von Staustufen auftreten. Auf die Notwendigkeit konsequenten Handelns haben insbesondere HEINRICH HÄUSLER (1959) am Beispiel der Donau sowie HEINRICH JÄCKLI (1985, S. 97) am Beispiel von Flüssen in den Schweizer Alpen hingewiesen.

In Flussabschnitten, in welchen die Abflussmenge – etwa durch Flussüberleitungen, Wasserkraftgewinnung oder beim Talsperrenverbund – künstlich verringert wird, kann es zur Verflachung des Flussbettes infolge verstärkter Sedimentablagerung kommen. In Rückhaltebecken und Talsperren werden Sedimente eingefangen. Ferner kann es infolge der verringerten Strömungsgeschwindigkeit zu verstärkter Ablagerung kommen, wie etwa an Gleithängen von Flüssen oder bei Stauseen, wo die Wassertiefen relativ gering sind. Ein solches Fluss-/Seeregime wirkt sich sowohl auf die physikochemischen Bedingungen des Wassers sowie des Untergrundes als auch auf die pflanzliche und tierische Besiedlung aus. Das Seeregime wird dann besonders deutlich, wenn massenhafte Planktonblüten auftreten, die in den flacher überstauten Bereichen besonders ausgeprägt sind.

5.1.4.4 Oberirdischer Wasserhaushalt und anthropogene Grundwasserbeeinflussung

Der oberirdische und unterirdische Wasserkreislauf sind über Versickerung und unterirdischen Abfluss miteinander verbunden. Alle anthropogenen Aktivitäten, welche die Versickerungsbedingungen verändern, haben großen Einfluss auf Menge und Qualität des Grundwassers. In urbanisierten Gebieten wird durch großflächige Versiegelung der Landschaft infolge Bebauung, durch Bodenverdichtung sowie durch umfangreiche Maßnahmen zum Ausbau der Fließgewässer der oberirdische Abfluss erheblich gesteigert. Sowohl durch die Drainage des Regenwassers als auch durch erhöhte Verdunstung infolge höherer Temperatur des Stadtklimas wird die Grundwasserneubildung erheblich reduziert. Umgekehrt beeinflusst die Förderung von Grundwasser den Oberflächenabfluss – etwa durch Einleitung von Abwässern, Kühlwässern oder Sümpfungswässern aus dem Bergbau. Hierdurch wird auch der Wasserkreislauf verändert. Das Ausmaß wird aber nicht nur von der Intensität der Eingriffe, sondern auch von den regionalgeologischen Bedingungen – wie der Durchlässigkeit der Böden und Gesteine oder der Tiefenlage der Wasser führenden und stauenden Schichten – bestimmt.

In landwirtschaftlich intensiv genutzten Gebieten wird vor allem durch künstliche Feldbewässerung oder Entwässerungsmaßnahmen die Wasserbilanz stark verändert. Bewässerungen und Beregnung können zu einer Grundwasseranreicherung beitragen, während die Trockenlegung von Feuchtgebieten meistens eine Absenkung des Grundwasserspiegels zur Folge hat. Die für Bewässerungszwecke benötigten Wassermengen werden aus Flüssen, Stauseen oder aus dem Grundwasser zugeführt. Sie stammen oft auch aus weit entfernten Einzugsgebieten und bewirken so im Endeffekt eine größere Veränderung der ursprünglichen Abfluss- und Verdunstungsverhältnisse. Beispiele sind das San Joaquin Valley und das Imperial Valley in Südkalifornien mit ihren riesigen Obst- und Gemüseplantagen oder das East Uweinat Projekt im Südteil der Western Desert in Ägypten, wo das Wasser für die Landwirtschaft aus fossilem Grundwasser des Nubischen Sandsteins stammt (H. H. ELEWA 2012).

Darüber hinaus müssen sich auch die Grundwasserverhältnisse mit dem technischen Ausbau der Vorfluter verändern. Je nach Eingriffsart kommt es – gewollt oder ungewollt – zu einer Absenkung oder einem Anstieg des Grundwasserspiegels. Großräumige Anhebungen werden vor allem durch Stauseen verursacht. Zu den geplanten Eingriffen kommen zahlreiche ungewollte Beeinflussungen der Grundwasserbilanz. Hier sind vor allem Vegetations- und Nutzungsänderungen zu nennen oder die durch Groß- und Tieftagebau bedingten Entwässerungsmaßnahmen sowie die Freilegung des Grundwassers. Hinzu kommt die Zerschneidung von Aquiferen, wie sie durch den Bau von Kanälen, Tunneln etc. oder durch bergbaubedingte Störungen der Gebirgslagerung geschieht. Starken Einfluss haben auch die Trockenlegung von Feuchtgebieten und Mooren sowie die Vernichtung von Wäldern. Die Folge ist eine Verringerung der Retentionswirkung sowie eine stark erhöhte Verdunstungsrate. Die Veränderung der Grundwasserfließrichtungen hat meistens bergbauliche Ursachen. Strebt man vollständige Wasserbilanzen an, so müssen die anthropogenen Einflüsse unbedingt berücksichtigt werden. Angesichts der ständig an Umfang und Intensität zunehmenden Eingriffe in den Wasserkreislauf weltweit durch Trockenlegung, Urbanisierung und Erweiterung landwirtschaftlicher Flächen ist die Bilanzierung sehr erschwert (M. BLACK und J. KING 2009). Die zunehmende Entleerung immer tieferer Aquifere mit ihren mehrere Jahrtausende alten („fossilen") und oft salzhaltigen Grundwässern führt letztlich zu deren Erschöpfung. So sah man sich in Israel zu noch wirksameren Sparmaßnahmen gezwungen (Tröpfchen-Bewässerung, Wasserkreisläufe in Fabrikations- oder Fischzuchtbetrieben).

5.1.4.5 Tiefversenkung von Abwässern

Die Industrie versenkt ihre Abwässer zu einem Teil in unterirdische Speichergesteine, wobei es sich meist um tiefer liegende verkarstete Dolomite oder Kalksteine handelt. Die Verpressung erfolgt über Bohrungen, und man geht davon aus, dass die Gesteine in größerer Tiefe mehr oder minder unbegrenzt diese Abwässer aufnehmen können. Diese Voraussetzung ist aber oft nicht gegeben und es ist nur eine Frage der Zeit, ob und inwieweit eines Tages derartige Wässer wieder an die Erdoberfläche treten und dort wertvolle Trinkwasserreservoire verunreinigen. Dies ist vielfach ungeklärt oder zeitlich schwer bestimmbar. Außerdem können weitere Schäden – etwa durch Auslaugung und dadurch hervorgerufene Erdfälle – entstehen. Seit über 8 Jahrzehnten ist beispielsweise die Tiefenverpressung in der hessischen Kalisalzindustrie – wie dies zum Beispiel bei Heringen oder Neuhof-Ellers der Fall war – in der Erdölindustrie (vor allem Öl- und Erdgasfelder in Niedersachsen), aber auch in der chemischen Industrie gängige Praxis. Im Elsass gab es seitens der Bevölkerung Proteste gegen Erkundungsbohrungen der Kaliindustrie, um die Ablaugen, statt diese in den Rhein einzuleiten, in tiefer gelegene Schichten des Tertiärs des Oberrheingrabens zu versenken – bis die Kalisalzgewinnung im Elsass, die vor über 100 Jahren begann, am Ende des 20. Jahrhunderts ganz eingestellt wurde. In Deutschland werden Abwässer in Tiefen von wenigen Hundert Metern bis zu 3000 m an mindestens über 100 Stellen verpresst, der größte Teil davon von der Salzindustrie. Daneben handelt es sich sowohl um Laugen als auch um Säuren und tritiumhaltige Wässer.

Auch leergeförderte Erdölspeicher können, da sie von abdichtenden Schichten überlagert werden, große Abwassermengen aufnehmen. Die Frage, ob ein solcher Untertagespeicher dicht oder in bestimmten Richtungen durchlässig ist, hängt jedoch von verschiedenen geologischen Verhältnissen ab. Tektonische Störungen, Verbindungen mit verkarsteten Hohlräumen oder engständige Kluftsysteme sind derartige Schwachstellen. Oft waren die hydraulischen Verbindungen nicht genau bekannt oder schwer überprüfbar, sodass in etlichen Fällen eine Verpressung später eingestellt wurde. Wirtschaftlich besonders bedeutend war das Werra-Kalisalzrevier, wo zwei Kalisalzflöze in der Werra-Folge (Perm) abgebaut wurden. Bei der Aufbereitung der Kalium- und Magnesiumsalze fielen große Mengen an Salzablaugen an, die im ebenfalls permischen Plattendolomit versenkt wurden, zumal die darin enthaltenen natürlichen Wässer salzführend waren. Die Mengen von Salzlaugen, die allein im Werra-Revier in die Tiefe verpresst werden, liegt größenordnungsmäßig heute bei 5–10 Mio. m^3 pro Jahr. Inwieweit der Aufstieg dieser Ablaugen in darüber liegende Schichten – wie etwa den Buntsandstein (Untere Trias) – Trinkwasser gefährdet und weitere Schäden verursacht, muss durch geophysikalische Messungen bei Befliegung dieses Gebietes kontrolliert werden.

Es zeigte sich, dass Abwasserversenkungen Erdbeben verursachen können. Das Erdbeben, das sich nahe der thüringischen Grenze mit der Magnitude 5,6 im Frühjahr 1989 ereignete und schwere Schäden in Völkershausen verursachte, war allerdings ein sogenannter Gebirgsschlag, bei dem die Pfeiler im damaligen Kalibergwerk Ernst Thälmann zusammenbrachen. Die ehemalige DDR erhob zwar den Vorwurf, das Beben sei durch die bei Heringen in der Bundesrepublik in den Untergrund verpressten Salzlaugen ausgelöst worden. Erdbebenphysikalische Untersuchungen ergaben hingegen, dass eine Verschiebung an einer tektonischen Störung, die durch verpresste Abwässer hätte geschmiert werden können, nicht als Auslöser infrage kam. Eine Sprengung im Bergwerk selbst hatte den Zusammenbruch eines ganzen Abbaufeldes verursacht. Es ist jedoch bekannt, dass Erdbeben in der Tat durch Wasser, das in den Untergrund verpresst wurde oder durch andere anthropogene Eingriffe dorthin gelangte, ausgelöst werden. Erdöl- und Geothermiebohrungen, aber auch bergbauliche Aktivitäten können hydraulische oder felsmechanische Auswirkungen haben. Daher ist grundsätzlich mit Beben oder neuen Wegsamkeiten für Flüssigkeiten zu rechnen, die Beben auslösen können. Erdbeben bis zur Stärke M = 3,3, die sich im Jahr 2006/2007 bei Basel ereigneten, sind auf eine Bohrung im Rahmen eines Geothermieprojektes zurückzuführen. Allerdings ist trotz des hohen Drucks, mit dem Wasser durch das ungefähr 5000 m tiefe Bohrloch ins Gestein gepresst wurde, dieser Vorgang nur Auslöser bei bereits vorhandenen Spannungen, die früher oder später zu einem Beben geführt hätten. Trotz der gebotenen Vorsicht bei künftigen Projekten zur Gewinnung von Erdwärme – wie etwa im Verlauf des 280 km langen Oberrheingrabens zwischen Basel und Mainz, im Alpenvorland oder in Norddeutschland – ist die Nutzung der Geothermie aus der Tiefe notwendig (H. RÜTER 2015, S. 214 f.).

Schlussfolgerungen
Es müssen daher bei allen künftigen Rohstoffgewinnungsprojekten die

- **lagerstättenkundlich-geologischen Rahmenbedingungen**
  (Vorratssituation, Qualität, Rohstoffsicherung, Nutzungskonflikte),
- **technisch-ökonomischen Rahmenbedingungen**
  (Abbaumethode, -tiefe, -kosten, Absatzmarkt bzw. Bedarfssituation unter regionalen und überregionalen Aspekten),
- **landschaftsökologischen und ökologischen Folgewirkungen**
  (Biotopveränderung, Folgen für Naturraumpotenzial, Wasserhaushalt, Pflanzen- und Tierwelt)
- **wasserrechtlichen und umweltrechtlichen Rahmenbedingungen**

im Zusammenhang und in ihren möglichen Wechselwirkungen geprüft werden.
Das Rohstoffpotenzial ist nicht vermehrbar und es ist ortsgebunden. Es muss auch künftigen Generationen in ausreichendem Maß zur Verfügung stehen. Die

technisch-wirtschaftlichen Bedingungen ändern sich fortwährend, insbesondere die Abbautechniken, die Dimensionen der Eingriffe sowie die durch Gewinnung, Aufbereitung, Transport bzw. Transportweite bedingten Kosten, welche ihrerseits von der konjunkturell bedingten Nachfrage abhängen. Die geoökologischen Folgen sind vielfach irreversibel. Ein zerstörtes Biotop ist in aller Regel weniger stabil als das ursprüngliche. Auch nach der Rekultivierung oder Renaturierung bleibt ein erhöhtes Gefährdungspotenzial bestehen. Die Wirkungen können über die Zeit kumulieren. Sie dürfen daher nicht räumlich isoliert und zeitlich verengt gesehen werden. Falsche oder fehlerhaft konzipierte Folgenutzungen und Rekultivierungsmaßnahmen führen zu langfristig negativen Sekundärwirkungen, die sehr hohe Kosten verursachen können und insgesamt die Leistungsfähigkeit des Naturhaushalts stark mindern. Diese Kosten ließen sich vermeiden, sofern eine umfassende, wissenschaftlich fundierte Untersuchung trans- und multidisziplinär erarbeitet wird.

Es muss daher einerseits darauf ankommen – unter voller Einbeziehung der geologischen/wirtschaftsgeologischen, hydrologisch-hydrogeologischen und bodenkundlichen Sachverhalte – volkswirtschaftlich sinnvolle Langzeitkonzepte zu entwickeln. Andererseits ist es aus landschaftsökologischen und synökologischen Gründen erforderlich, die primären Wirkungen, die sekundären und tertiären Folgewirkungen zu unterscheiden und jeweils so zu minimieren, dass der Artenbestand und die unterschiedlichen Lebensräume mit ihren zu schützenden Tier- und Pflanzenarten erhalten bleiben. Hier bieten sich neue Ansätze für eine ganzheitliche Landschaftsanalyse ebenso wie für einen vorausschauenden, nachhaltigen Landschaftsschutz!

5.2 Umweltrelevante sekundäre Folgen der Eingriffe

5.2.1 Halden, Abraumkippen und Rückstandsdeponien

Im Tagebau und Bergbau fallen im wachsenden Maße Gesteinsmassen an, die bei der Förderung des jeweiligen Rohstoffs mitbewegt werden müssen. Hier sind in erster Linie der Abraum beim Tagebau, ferner taubes Gestein im Erzbergbau, Waschberge im Steinkohlebergbau und Abraumsalze im Salzbergbau zu nennen. Hinzu kommen Rückstände, die bei der weiteren Aufbereitung anfallen, wie zum Beispiel Klärschlämme, Flotationsrückstände, Schlacken und sonstige Aufbereitungs- bzw. Prozesswässer, deren suspendierte oder gelöste Fracht wieder abgeschieden und schließlich deponiert werden kann. Die Art ihrer Verbringung hängt wesentlich von der Materialbeschaffenheit und der Wirtschaftlichkeit ab. Zu einem gravierenden Umweltproblem wird die Aufhaldung oder Deponierung überall dort, wo nicht nur das Landschaftsbild beeinträchtigt, sondern auch der Boden durch Chloride, Sulfate und andere Schadstoffe wie etwa Schwermetalle belastet wird. Bei vielen Halden kommen weitere Gefährdungen hinzu, wie Staubabwehungen, Änderungen des Kleinklimas und Rutschungen an zu steilen Böschungen. Falsche Schüttung ist oft die Ursache verstärkter Erosion oder von Grundbrüchen.

Das Landschaftsbild stören Halden insbesondere dann, wenn sie Dimensionen von mehreren Quadratkilometern erreichen. Dies ist bei älteren Halden, wie sie im Zusammenhang mit der mittelalterlichen Natursteingewinnung oder dem Erzbergbau entstanden, meist nicht der Fall. Dennoch wiesen bereits im Altertum Halden wie bei den Silberminen von Laurion in Griechenland beachtliche Dimensionen auf. Aus der Haldengröße konnte man übrigens auf die Menge des gewonnenen Silbers schließen. Der Oberharzer Erzbergbau hinterließ zahlreiche Halden, von denen die kleineren heute bewaldet sind. Sind die Schwermetallkonzentrationen extrem hoch, wie etwa an Standorten, die dem Hüttenrauch direkt ausgesetzt waren, so sind diese auch nach Jahrhunderten noch kahl.

Bei der Gewinnung von Natursteinen wurden Abraum und geringerwertiges Material meist in unmittelbarer Nähe verkippt, sodass Talhänge und Talauen in ihrer Gestalt stärker verändert wurden. Zahlreiche Halden wurden bei der Dachschiefergewinnung hinterlassen, wie zum Beispiel bei Bundenbach im Südhunsrück, bei Nuttlar im östlichen Sauerland oder in Kaub am Mittelrhein. Derartige Schieferhalden können später wieder aufgearbeitet werden, wenn sich das Material etwa für die Baustoffherstellung eignet. Ältere Steinbrüche werden oft von Abraumhalden flankiert, deren Böschungen steiler sind als das ursprüngliche Relief. Diese wurden früher nicht rekultiviert. Hier konnte es später zu Rutschungen kommen, wenn durch eine weitere Überschüttung die Halde vergrößert wurde und im Haldenkörper sich der Porenhohlraum durch Stauwasser weitgehend füllte. Katastrophale Auswirkungen hatte eine derartige Haldenrutschung im Kohlerevier bei Aberfan in Wales; hier kamen 139 Schüler und 5 Lehrer einer Schule ums Leben. Bei Klotten an der Mosel, wo im Sommer 1968 nach wochenlangem Regen in einem Seitental der Mosel – dem Klottener Bachtal – eine ehemalige Kippe wie ein Murstrom zu Tal schoss, kamen keine Menschen zu Schaden. Eine ursprüngliche Steinbruchhalde war zuvor jahrelang mit Müll, Bauschutt, Bauaushub und Autoreifen planlos überschüttet worden, sodass sich das Wasser in der Kippe ansammeln konnte.

Halden des Erzbergbaus stellen mit ihren allgemein hohen Metallkonzentrationen bedeutende Gefährdungen für Böden und Ökosystem dar: Schwermetalle wie Cu, Zn, Cr, Ni, Pb und Co sowie radioaktive Elemente wie Uran oder Thorium und Radium, die sich langfristig besonders nachteilig für Tier- und Pflanzenleben auswirken. Sie werden im Laufe der Zeit durch Verwitterungsprozesse aus den Erzrückständen freigesetzt. Dies gilt auch für verkippte oder deponierte Schlacken, Stäube, Schlämme und sonstige Rückstände aus der Metall erzeugenden und verarbeitenden Industrie (Abb. 5.31).

Der in Abb. 5.31 dargestellte Industrieboden im Ruhrgebiet erreicht eine Mächtigkeit von 2,20 m; dies ist keineswegs ungewöhnlich. Die Zink- und Bleigehalte [mg/kg] sind im Bergematerial und vor allem in Schlacken der Metallverhüttung enthalten. Die hohe Zahl an Hütten- oder Hochofenwerken im mittleren und südlichen Ruhrrevier – seit der zweiten Hälfte des 19. Jahrhunderts in Betrieb –, aber auch die Kriegsauswirkungen ließen riesige Flächen von Industrieböden entstehen. Infolge der Bergsenkung wurden

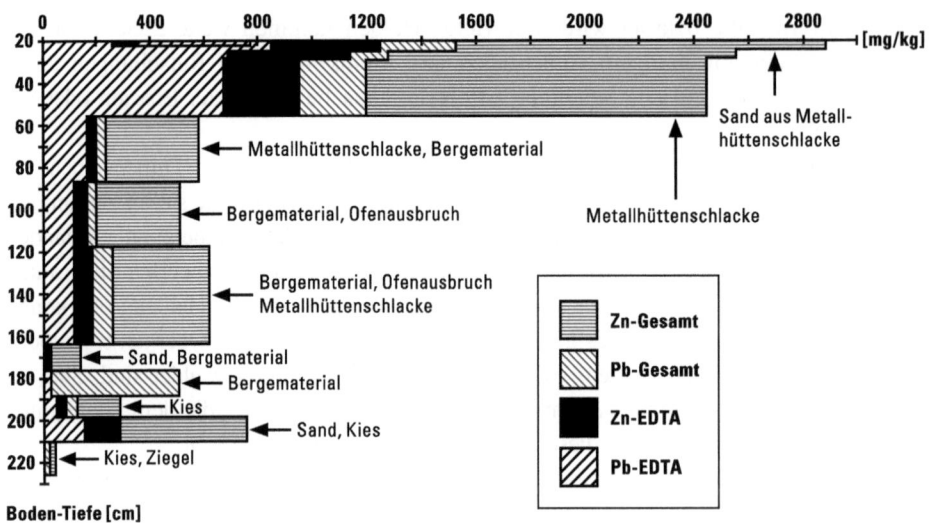

Abb. 5.31 Blei- und Zinkbelastung eines Industriebodenprofils bis etwa 200 cm Bodentiefe im Ruhrgebiet; die Gehalte an Blei (Pb) und Zink (Zn) [mg/kg] wurden als EDTA-Gehalt sowie als Gesamtwert bestimmt (verändert nach D. A. HILLER und H. MEUSER 1998)

diese später auch zum Teil von Bergematerial überschüttet. Halden von Erzbergwerken sind meist kaum bewachsen – auch nicht nach Jahrhunderten! Dort vorkommende Pflanzenarten sind gegenüber erhöhten Metallkonzentrationen tolerant, wie Schwermetallfluren mit Galmeiveilchen – zum Beispiel im Raum Goslar am Harznordrand und im Gebiet von Stolberg bei Aachen – zeigen. Insbesondere die Böden und das Grundwasser können in der unmittelbaren und weiteren Umgebung beträchtlich erhöhte Schwermetallgehalte bis zu mehreren Tausend ppm aufweisen. Diese sind auf Erosion, Auswaschung oder Abwehung zurückzuführen. Römische Halden gibt es noch heute im Stolberger Raum (F. K. SCHNEIDER 1982). Auch Verhüttungsplätze zeichnen sich durch erhöhte Schwermetallgehalte aus. Sie lassen sich im Oberharz, im Schwarzwald und im Erzgebirge nachweisen (D. E. MEYER 2002b).

Eine besondere Umweltbelastung stellen Halden dar, deren Höhen mehrere Zehnermeter bis zum Teil bis über 100 m betragen. Riesendimensionen werden beim Goldbergbau in Südafrika, beim Salzbergbau in Nord- und Mitteldeutschland oder beim Steinkohlenbergbau im Ruhrgebiet („Bergehalden") erreicht (vgl. Abb. 5.32 und 5.33).

Insbesondere hat der fortschreitende Mechanisierungsprozess unter Tage zu einem starken Anwachsen der Waschbergehalden im Ruhrrevier geführt. Hier sind es über 120 größere Halden, die im gesamten Ruhrgebiet etwa 30 km^2 Fläche beanspruchen. Derartige Großhalden verändern das Landschaftsbild grundlegend. Als Aufschüttungen fehlen diesen Halden die elementaren Merkmale gewachsenen Bodens, ein geologischer Gesteinsaufbau und ein geregelter Grundwasserhaushalt. Auch ein nährstoffreicher Oberboden mit entsprechender Vegetation sowie ein Relief, das im Gleichgewicht mit den Niederschlags- und Abflussverhältnissen steht, fehlt. Nicht nur die äußere Form,

5.2 Umweltrelevante sekundäre Folgen der Eingriffe

Abb. 5.32 Goldminenhalden („Maulwurfshügel") bei Johannesburg/Südafrika; Aufbereitung älterer Halden, um restliches Gold zu gewinnen (Fotos: H. WIGGERING)

sondern die Tatsache, dass überhaupt künstliche Berge in einer ursprünglich flachen oder hügeligen Landschaft aufragen, weist diese Halden als Fremdkörper in der Naturlandschaft aus. Als Landschaftsbauwerke werden im Ruhrgebiet die Bergehalden der dritten Haldengeneration bezeichnet. Die angestrebte Integration in die Landschaft hängt jedoch nicht allein von der äußeren Form ab. Ausschlaggebend für die Umweltverträglichkeit ist die morphologische, hydrogeologische, bodenkundliche und ökologische Gestaltung. Die Schaffung einer dauerhaften Vegetation, eines günstigen Haldenklimas sowie eine Nichtbeeinträchtigung der Wasserversorgung sind entscheidend für die Integration in die Landschaft (Abb. 5.34). Die Eigenschaften des Landschaftsbauwerks Halde werden von allen in den in der Abbildung genannten Rahmenbedingungen bestimmt. Diese erzeugen anthropogene Geo- und Biofaktoren, die in enger Wechselbeziehung stehen und so die Haldenfazies charakterisieren – als Gesamtheit aller anthropogenen Bildungsprozesse und Merkmale (M. KERTH und H. WIGGERING 1991a, S. 47–58).

Durch die Aufschüttung von Halden werden das ursprüngliche morphologische Relief und der Boden irreversibel verändert. Die hoch aufragenden Halden verändern das Klima, die Albedo und die Staubkonzentration in der Luft. Sie beeinflussen auch die Windströmung und -richtung sowie das Klima; sie verändern den Wasserhaushalt und damit die Verdunstungsrate. Die Qualität des Oberflächen- und Grundwassers hängt vom Aufbau des Rohbodens und des künstlichen Ökosystems ab. Wind- und Wassererosion werden verstärkt und es kommt bei trocken gefährdeten Haldenoberflächen zu

Abb. 5.33 Steinkohlenbergehalde im Schüttungsstadium im Ruhrgebiet mit starker Rillenerosion durch Regenwasser (Foto: H. WIGGERING)

starken Abwehungen und an steileren Böschungen zur Rillenerosion durch abfließendes Regenwasser (vgl. Abb. 5.33). Durch den Luftsauerstoff werden die Sulfide FeS_2 (Pyrit, Markasit) oxidiert. Bei dieser Reaktion wird Wärme frei, die durch Selbstentzündung von Restkohle im Bergematerial zu Haldenbränden führt.

Haldenbrände, wie sie in Steinkohlenrevieren häufig auftreten – insbesondere in China und Südostasien – emittieren Rauch, giftige Schwelgase und Wärme. Diese stellen in China einen erheblichen Anteil der Luftverschmutzung dar, denn solche Brände sind kaum zu löschen und können Jahrzehnte andauern. Durch Verwitterungsprozesse werden zunächst die leicht löslichen Salze – vor allem Chloride und Sulfate –, dann aber im sauren Milieu auch Metallionen aus den Erzmineralen in Kohle und Nebengestein mobilisiert (Abb. 5.35). Diese können in das Grund- und Oberflächenwasser gelangen, wodurch die Vegetation im Umfeld beeinträchtigt wird. Auch pflanzentoxische Aluminiumionen werden unterhalb pH 4,5 verstärkt freigesetzt.

Im Ruhrgebiet gab es um 1960 rund 140 Bergehalden. Im Jahr 1980 wurden nur noch 30 Großhalden bewirtschaftet. Der Anteil der Berge – also des tauben Gesteins, das die Flöze unter- oder überlagerte – an der Rohförderung betrug 1940 etwa 18 % und 1960 ca. 33 %. Im Jahr 1980 wurden 57 Mio. t taubes Gestein gefördert, von denen zwei Drittel aufgehaldet wurden; nur ein geringer Anteil wurde wieder als Versatz unter Tage eingebracht. Etwa 10 Mio. t wurden im Straßenbau verwendet. Im Jahr 1985 waren

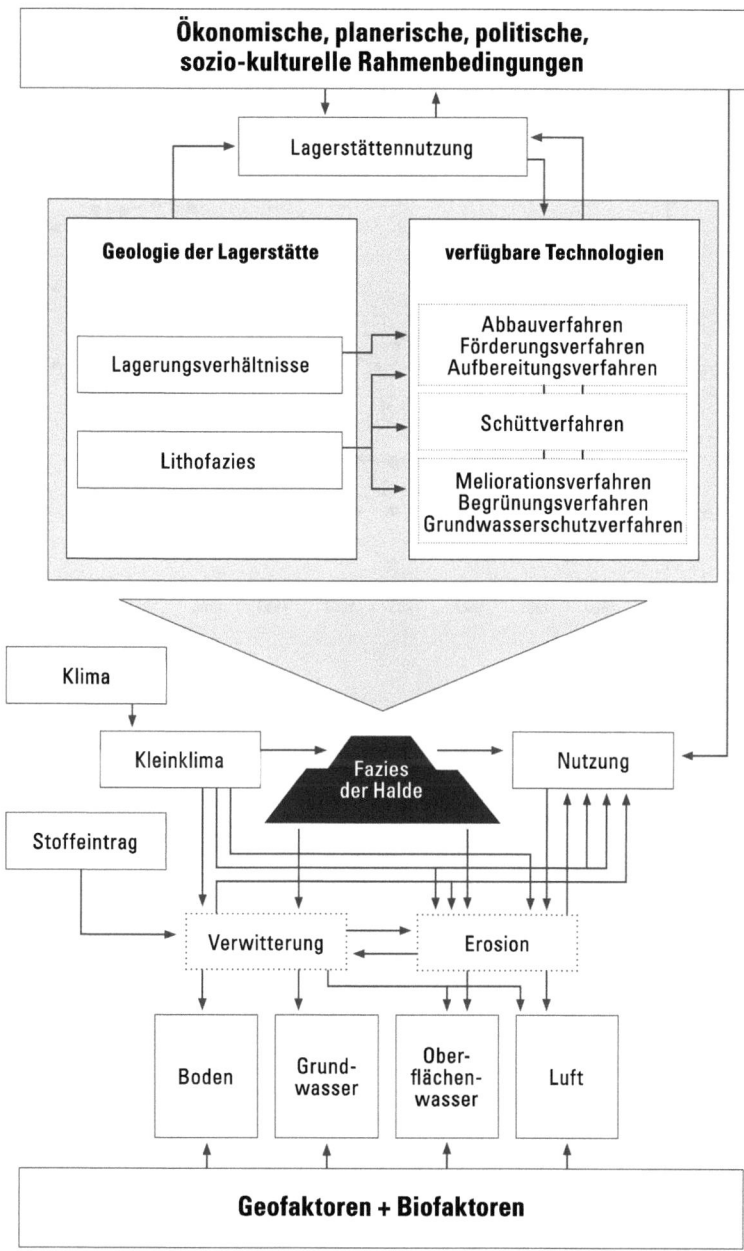

Abb. 5.34 Steinkohlebergehalden und ihre lithofaziellen Eigenschaften in Abhängigkeit des geologischen Aufbaus der Lagerstätte und der Abbautechnologie (nach M. KERTH 1988)

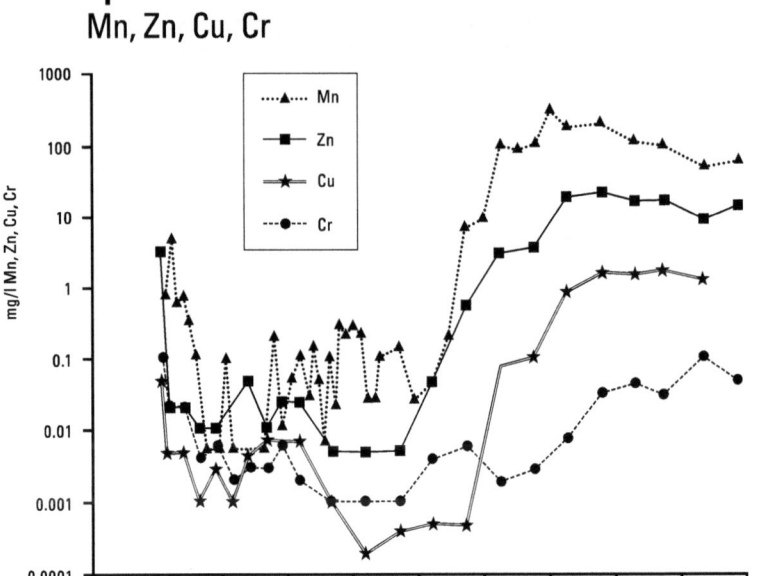

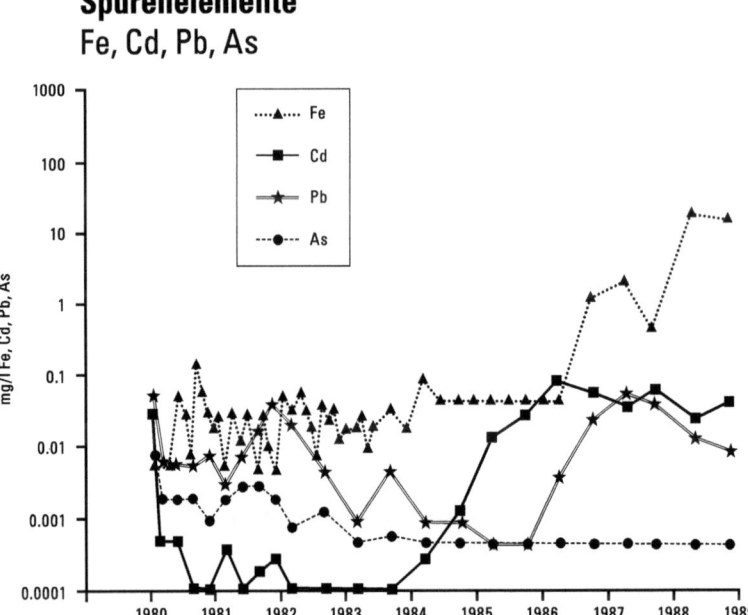

Abb. 5.35 Schwermetall-Auslaugung aus Steinkohlenbergematerial im Lysimeterversuch in einem Zeitraum von 9 Jahren (1980–1989) im mg/l. Die ansteigenden Mengen der einzelnen Spurenelemente sind auf sinkende pH-Werte unterhalb pH 4 infolge der Pyritverwitterung bedingt (nach M. Schöpel und J. Thein 1991)

es bereits 70 Mio. t Bergematerial, von denen rund 45 Mio. t aufgehaldet wurden. Das bedeutete, dass pro geförderte Tonne Steinkohle 0,9 t Gestein mitgefördert wurden. Bis zur Einstellung des Ruhrbergbaus im Jahr 2018 beträgt dieses Verhältnis ungefähr 1:1 bei gleichzeitig sinkender Produktion.

Wasserwirtschaftlich gesehen stellen Bergehalden schon deshalb ein Problem dar, weil das Verhältnis Versickerung/Oberflächenwasserabfluss stark verändert wird. Durch die bei der Schüttung erzeugte hohe Verdichtung des Haldenkörpers kommt es hier zu einer stark verringerten Rate der Grundwasserneubildung. Das oberflächlich abfließende Wasser wird direkt den Vorflutern zugeführt. Darüber hinaus erhöht sich bei fortschreitender Verwitterung und Auswaschung des Bergematerials die Salzbelastung des frei abfließenden Wassers, ehe sie später wieder abnimmt. Die Abb. 5.36 zeigt die unterschiedliche Ausbreitung von Salzionen im Umfeld einer Bergehalde sowie die pH-Wert-Verteilung.

Die teilweise sehr hohen Chlorid- und Sulfatgehalte stammen aus der $NaCl$-$CaSO_4$-Führung der Ton- und Schluffsteine, welche vom salzigen Tiefengrundwasser durchtränkt sind. Zusätzlich entsteht Sulfat bei der Verwitterung von Pyrit (FeS_2), der in der Kohle und im Nebengestein reichlich enthalten ist. Unter Sauerstoffzufuhr werden feinkörnige Eisensulfide (Pyrit, Markasit) zunächst oxidiert; dabei entsteht letztlich Schwefelsäure (H_2SO_4). Zur Bilanzierung der potenziellen Chlorid- und Sulfatemissionen wurden von J.-M. DÜNGELHOFF et al. (1983) experimentelle Daten zugrunde gelegt, die aus Lysimeteranalysen der Halde Pattberg bei Moers-Repelen im Zeitraum 1977–1982 gewonnen wurden. Dabei wiesen die Sickerwässer längerfristig Chloridkonzentrationen von 11.000 mg/l und Sulfatwerte von 5800 mg/l auf. Die Halde Pattberg wurde seit 1962 aufgeschüttet. Allein der ältere Haldenkörper umfasste 8,9 Mio. m^3 Schüttmaterial bei einer Höhe von 51 m. Seit 1976 wurde diese Halde auf 13,4 Mio. m^3 bei einer Höhe von 62 m erweitert. Täglich wurden 10.000–12.000 t Bergematerial verkippt. Abb. 5.37 zeigt diese Halde nach ihrer Rekultivierung.

Die Frage, ob das Ausgangsmaterial des Bergematerials, die Verwitterungsprozesse und damit die Schütttechnik eine natürliche Bodenbildung in kürzerer Zeit ermöglichen und ob es möglich ist, Steinkohlebergbauhalden rasch zu begrünen, wurde durch zahlreiche Forschungsarbeiten an der Universität Essen (heute Universität Duisburg-Essen) in den Jahren zwischen 1980 und 2000 beantwortet. Die Ergebnisse flossen unmittelbar in die Richtlinien zur Anlage von Bergehalden ein. Haldenbegrünungen sind inzwischen durchaus erfolgreich; auf den Haldenoberflächen stehen heute oft Windkraftanlagen.

Die relativ hohen Sulfat- und Chloridgehalte des Substrats wirken sich jedoch ungünstig aus, weil eine rasche Bodenbildung nicht erfolgen kann. Die Tatsache, dass das Bergematerial aus vielen Hundert Metern Tiefe – z. Zt. bis zu 1700 m – stammt, wird oft nicht ausreichend beachtet. Es ist mineralogisch und chemisch nicht direkt mit solchen Karbonschichten vergleichbar, die bereits über längere Zeit an der Erdoberfläche der Verwitterung ausgesetzt waren. Dieser Verwitterungsvorgang erstreckte sich über Jahrtausende. Das Initialstadium der Verwitterung der Haldensubstrate ist durch ein subsalinares Milieu gekennzeichnet (H. WIGGERING und M. KERTH, 1991).

Abb. 5.36 Diese drei Teilabbildungen zeigen eine Bergehalde im Ruhrgebiet, deren Kern vor über 50 Jahren geschüttet wurde, mit einer Anschüttung geringer verwitterten frischen Materials. In Abhängigkeit ihres Löslichkeitsverhaltens, der Eigenschaften des umgebenden Bodens sowie des pH-Wertes wurden die Natrium- und Magnesiumionen unterschiedlich weit transportiert. Es sind die Linien gleicher Konzentration sowie die Grundwasserfließrichtung dargestellt; diese zeigen, dass sich verschiedene chemische Elemente mit der Zeit unterschiedlich ausbreiten. Die Konzentrationen wurden aus Bohrprobendaten ermittelt (nach M. Schöpel und J. Thein 1991)

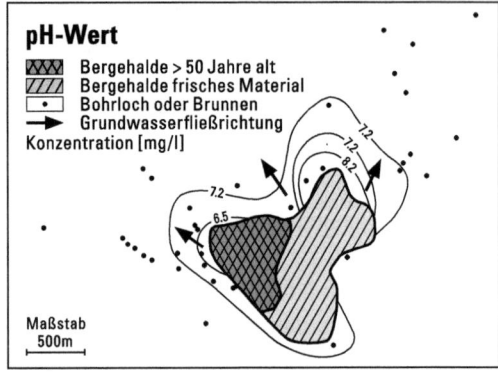

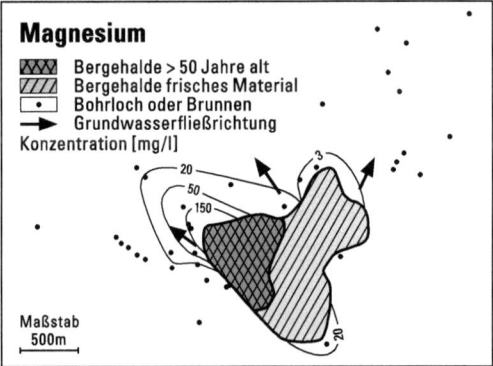

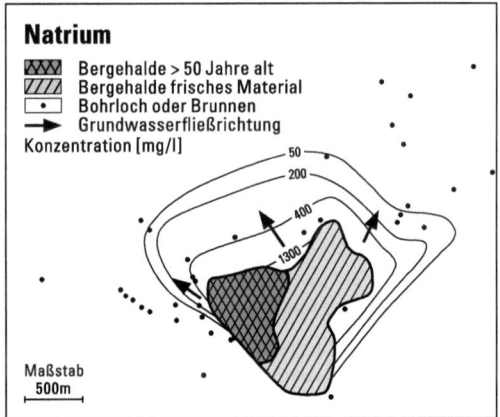

Bestimmte stratigraphische Einheiten des Ruhrkarbons – wie die Horster und Dorstener Schichten (Westfal B/C) – liefern ein Bergematerial mit extrem niedrigen pH-Werten, sodass Begrünungsversuche der Haldenoberflächen fehlschlugen, wenn nicht Zusätze von stückigem Kalk und Dolomit die Schwefelsäure abpufferten (M. Kerth 1988). Ein weiteres Problem stellen Halden mit ihren Auswirkungen für die umgebende Landschaft

5.2 Umweltrelevante sekundäre Folgen der Eingriffe

Abb. 5.37 Halde Pattberg bei Moers-Repelen; Blick nach Westen mit der Autobahn A57 dahinter (© Regionalverband Ruhr, Essen)

dar. Es werden vor allem die Oberflächengewässer, das Grundwasser, die Böden und die Luft belastet, denn es werden Salze, toxische Schwermetalle und Stäube emittiert, die bei relativ niedrigem pH-Wert leicht mobilisierbar sind.

In der Steine-und-Erden-Industrie wird meist nur Abraum und stärker verwittertes Material deponiert. Da diese Stoffe meist inert sind, geht von ihnen in der Regel nur eine geringe Umweltbelastung aus. Hingegen fallen im Erz-, Salz- und Kohlebergbau bei der Aufbereitung dieser Rohstoffe große Mengen tauben Gesteins in Form von Waschbergen, Flotations- und Lösungsrückständen an. Im Stein- und Kalisalzbergbau werden vor allem Rückstandssalze trocken aufgehaldet; diese Halden können Höhen von mehr als 100 m erreichen (Abb. 5.38). Infolge der hohen Löslichkeit der Salze werden die Vorfluter und das Grundwasser ganz besonders stark belastet. Eine Gefährdung für die Umwelt stellt die Laugung von Halden des Goldbergbaus dar, wie etwa in Australien bei Boulder/Kalgoorlie (Abb. 5.39).

Dort ist eine Begrünung kaum möglich, weil dieses fast völlig aus Quarz bestehende Material chemisch behandelt wurde (Cyanide zur finalen Goldauslaugung). Dieses

Abb. 5.38 Rückstandssalze auf der Halde des Kalisalzbergwerkes Bleicherode/Thüringen. Inzwischen wurden Teile der Halde übererdet und begrünt (Foto: M. REICHARDT)

Material ist vom Wind leicht mobilisierbar, sodass regelrechte Staubstürme die Folge sind. Dass von den Halden des Erzbergbaus auch heute noch erhebliche Schwermetallbelastungen ausgehen, zeigen Beispiele aus den klassischen Erzbergbaurevieren in Deutschland, etwa im Oberharz, im Erzgebirge oder im Rheinischen Schiefergebirge. Ein hohes Gefährdungspotenzial besitzen die sogenannten Tailings. Dabei handelt es sich um feinkörnige und äußerst schwermetallreiche Schlämme aus der Erzaufbereitung, die in großen Absetzbecken abgelagert werden. Sowohl durch Restwässer als auch Sickerwässer werden Gewässer und Böden kontaminiert und damit werden auch Pflanzen und Tiere belastet. Zu nennen sind vor allem sulfidische Flotationsschlämme und Schlämme bei der Urangewinnung weltweit.

Die Bergehalden des Steinkohlenbergbaus bestehen zu etwa 90 % aus tonig-siltigen Gesteinen bei der Gewinnung im Streb. Sie wurden größtenteils aufgehaldet, weil ihr Versatz unter Tage zu hohe Kosten verursacht hätte. Anderseits stellen sie wegen ihrer Flächeninanspruchnahme und der möglichen Emissionen von Staub und Rauchgasen sowie von Wärme aus exothermen Reaktionen bei der Oxidation der Sulfide eine starke Umweltbelastung dar. Früher kam es häufig zu Haldenbränden, weil das kohlehaltige, Markasit und Pyrit (FeS_2) führende Bergematerial zu locker geschüttet wurde und der Luftsauerstoff Zutritt hatte, sodass es zur Selbstentzündung kam. Solche brennenden Halden mussten oft abgetragen werden. Heute werden Schwelbrände durch die höhere Verdichtung beim Schüttvorgang verhindert.

Bei der Weiterverarbeitung von Erzen und Kohlen fallen auch Hüttenschlacken und Kraftwerksaschen an, die zu einem großen Teil in Tagebaulöchern verkippt werden. Bei

Abb. 5.39 Schichtig abgelagerte Sande aus der Goldgewinnung, die durch Cyanidlaugung behandelt wurden (Foto: H. WIGGERING)

vielen dieser Deponien handelt es sich um die „Altlast" von morgen, wenn eine spätere Belastung des Grundwassers mangels zuverlässiger Abdichtung eintreten sollte. Kraftwerksaschen von Braun- und Steinkohlekraftwerken wurden in großer Menge sowohl in Tagebauen als auch unter Tage in Bergbauhohlräumen eingebaut. Auch nach Beendigung des Bergbaus und dem nachfolgendem Wiederanstieg des Grundwasserspiegels müssen die Barrieren dieser Untertagedeponien langfristig dicht sein.

Die mit der Rohstoffgewinnung im Tagebau seit Jahrzehnten praktizierten Gewinnungsverfahren sind häufig mit gravierenden Eingriffen in die Landschaft und den tiefen geologischen Untergrund verbunden. Die natürlichen geomorphologischen Formen werden durch den Tagebau stark verändert: Berg- und Talflanken werden an exponierter Stelle aufgerissen, Bergkuppen abgetragen oder regelrecht ausgehöhlt. In der flacheren Landschaft bleiben überall auf der Erde ausgedehnte Gruben mit steilen Böschungen zurück. Die Gewinnung von Massenrohstoffen wie Kies, Sand oder Kalkstein sowie der Abbau von Braunkohle hat sich in den letzten Jahrzehnten durch den enorm gestiegenen Bedarf an Bau- und Energierohstoffen stark ausgeweitet. Wenn keine Wiederverfüllung erfolgt, bleiben riesige Hohlformen zurück, deren Tiefe nicht nur – wie früher – wenige Meter bzw. Zehnermeter, sondern Tiefen von mehreren Hundert Metern erreicht.

Im deutschen Braunkohletagebau entstehen bei der Tagebauerschließung gewaltige Abraumkippen. Die gewaltige Menge von über 2 km³ an sandigen, kiesigen und tonigen Schichten über dem Hauptflöz des Tagebaus Hambach I im Rheinischen Braunkohlenrevier musste über einen Zeitraum von 5 Jahren abgetragen werden, um im Jahr 1984 dort die erste Tonne Kohle fördern zu können. Seit Beginn des Braunkohletagebaus im 19. Jahrhundert bis zum Jahr 1980 wurden insgesamt 188 km² Fläche beansprucht; davon wurden bis dahin 127 km² rekultiviert. Die Rekultivierung des Südreviers mit seinen vielen Seen – in den hier meist nicht sehr tiefen ehemaligen Tagebauen – gilt dabei als vorbildlich.

Die Massenkalksteinbrüche bei Wülfrath und im Hönnetal – im nördlichen Rheinischen Schiefergebirge – sind bis über 150 m tief. Die Sohlen der heute in Betrieb befindlichen Tagebaue im Rheinischen Braunkohletagebau liegen heute bei 300 m; der künftige Tagebau Hambach II soll sogar eine Tiefe von über 520 m erreichen. Zwangsläufig bleiben riesige Resttagebaulöcher zurück. Nach Beendigung des Abbaus sollen in diesem bis zu 200 m tiefe Seen entstehen. Damit wird nicht nur das Landschaftsbild tiefgreifend verändert, sondern auch der geologische Aufbau einer ganzen Region. Damit in engstem Zusammenhang stehen Eingriffe in morphodynamische, hydrogeologische und geochemische Prozesse, deren Störung zu Umweltbeeinträchtigungen im Bereich des Bodens, der Vegetation und des gesamten Wasserhaushalts führt. Vergleicht man die heutigen, von Groß- und Tieftagebauen ausgehenden Wirkungen mit den früheren Belastungen durch örtlich begrenzte Abgrabungen, Kleintagebaue oder Steinbrüche, so erkennt man letztlich den qualitativen Unterschied. Allerdings kann auch durch oberflächennahe Rohstoffgewinnung der Naturhaushalt stark beansprucht werden (zum Beispiel Bimsstuffgruben, Torfstiche, Natursteintagebaue, Kies- und Sandgruben in Talauen).

5.2.2 Irreversible Langzeitfolgen anthropogener Eingriffe

Eine der größten Gefahren besteht darin, dass der Mensch mit den technischen Mitteln, die ihm heute zur Verfügung stehen, in der Lage ist, irreversible Eingriffe in der Landschaft vorzunehmen und dass er dieses seit Jahrhunderten tut. Die Folge ist, dass sich die gestörten Bereiche oft nicht mehr regenerieren können – jedenfalls nicht in kurzer Zeit. Sensible Ökosysteme wie Moore, Wattgebiete, Mangrovenwälder oder tropische Regenwälder werden unerträglich belastet und ganze Gruppen von Lebewesen werden ausgerottet. Das Aussterben von Tier- und Pflanzenarten ist Geolog/innen und Paläontolog/innen aus der geologischen Vergangenheit bekannt. Die Ursachen waren allmähliche oder auch katastrophale Umweltveränderungen: Meerestransgressionen, Heraushebung von Gebirgen, drastische Klimaveränderungen oder auch Asteroideneinschläge. Der große „Faunenschnitt" an der Wende Kreide/Tertiär vor ca. 67,5 Mio. Jahren wird heute mit einem Asteroideneinschlag erklärt, der für die Großreptilien – die Land- und Meeressaurier – aber auch für weitere Tiergruppen, die mehr als 100 Mio. Jahre beherrschend waren, das „Aus" bedeuteten. Zwar ist dieses Massenaussterben noch nicht endgültig geklärt, doch deutet die weltweit in den entsprechenden Schichten nachgewiesene Iridium-Konzentration auf ein extraterrestrisches Großereignis. Der Chicxulub-Krater bei der Halbinsel Yucatan im Golf von Mexiko wird als Ergebnis des Einschlags eines bis 10 km großen Asteroiden gesehen, der diese globale Katastrophe verursachte (vgl. A. DEUTSCH 2010: 20 ff.).

Viele Eingriffe des Menschen tragen bereits heute katastrophale Züge. Selbst nach Massenaussterben wie an der Kreide/Tertiär-Grenze gab es genügend Zeit für eine Anpassung überlebender Organismen an neue Umweltbedingungen! Heute bricht der Mensch die Evolution für viele Linien ab, bevor eine Anpassung der bedrohten Arten erfolgen kann. Die große Frage, die sich hier den Geowissenschaftler/innen stellt, ist: Welche Bedingungen sind dies, in welcher Form unterscheiden sich seine Eingriffe von denen anderer Arten und wie sind die Dimensionen? Vorgänge, die sich früher in Jahrtausenden abspielten, sind heute um das Hundertfache und mehr beschleunigt, zum Beispiel bei Vorgängen der Erosion und Sedimentation, insbesondere auch der vom Menschen bewirkten Techrosion und den Massenverlagerungen über alle Barrieren – wie Ozeane und Hochgebirge – hinweg. Fossile Energierohstoffe, die sich in 400 Mio. Jahren in der Erdkruste gebildet haben, werden in weniger als 400 Jahren abgebaut und verbrannt sein, also in 1 Millionstel der Bildungszeit!

Der massive Eingriff des Menschen in den Naturhaushalt führt zwangsläufig zu einer Änderung der natürlichen Umwelt von Tieren und Pflanzen, letztlich auch der Umwelt des Menschen selbst. Der Bau einer Großtalsperre führt zum Beispiel zur Veränderung der Grundwasserverhältnisse, diese wiederum wirken sich auf chemische und physikalische Prozesse aus. Umgekehrt gehen von dieser veränderten Umwelt direkt Einflüsse auf das Bauwerk selbst und seine unmittelbare Umgebung aus. Die Auflast des Wassers kann zu Gebirgsdruckveränderungen und damit zu anthropogen ausgelösten Beben führen. Die vergrößerte Wasserfläche steigert die Verdunstungsrate, die wiederum zu klimatischen Veränderungen führt.

Der anthropogene Eingriff in die Natur ist somit Auslöser einer Kausalkette von Ereignissen, die wiederum Rückwirkungen auf die gesamte Umwelt haben. Natürliche Stoffkreisläufe sind bereits heute in vieler Hinsicht gestört (D. E. MEYER 1995a, S. 404 ff.). Auch irreversible Aus- und Rückwirkungen im globalen Maßstab sind zu erwarten. Diese sind im Einzelnen vom Menschen nicht mehr steuerbar. Alle Auswirkungen müssen daher in Bezug auf die gesamte betroffene Umwelt gesehen werden.

5.2.2.1 Bergschadenswirkungen des Untertagebergbaus

Der Abbau von Rohstoffen in der Tiefe löst infolge allmählicher Subsidenz oder Bruchbildung im Hangenden der Bergbauhohlräume vertikale und horizontale Gebirgsbewegungen aus, die bis zur Erdoberfläche reichen (H. KRATZSCH 1983). Es kommt ferner zu großregionalen Absenkungen der Geländeoberfläche. Hunderte bis Tausende von Quadratkilometern können davon betroffen sein. Das Ruhrrevier hat eine Größe von rund 4400 km², von denen der größte Teil heute vom Bergbau betroffen ist. Gravierend sind in der Regel die Auswirkungen bei sehr ungleichförmiger Absenkung.

Dabei wechseln Dehnungs- und Pressungszonen einander ab. Diese Veränderungen im Untergrund bedingen Schäden an Gebäuden, Fabrik- und Hafenanlagen, an Kanalbauten, Brücken, Schienen und Straßen. Ferner sind Leitungen und Pipelines betroffen. Bei diesen Anlagen kommt es – entsprechend ihrer Lage im Pressungs- und Dehnungsbereich – zur Spalten- oder Rissbildung sowie zu horizontalen Stauchungen, lateralen Verschiebungen oder zur Schiefstellung der Bauwerke. Mitunter bleibt nur der Abriss der Gebäude oder Wohnsiedlungen übrig. Wellenförmig abgesunkene Autobahnabschnitte müssen ständig aufgeschüttet und Brückenbauwerke angehoben werden. Wurde der Sicherheitspfeiler an einem Förderschacht zu eng bemessen, kann es zu Schäden im Schachtumfeld kommen.

Die Bergsenkungen im dicht besiedelten Steinkohlebergbaugebiet des zentralen Ruhrreviers erreichen bis 25 m. Diese wirken sich auf das Gefälle von Vorflutern aus; eine normale Entwässerung ist dadurch nicht mehr möglich, sodass weite Gebiete im Einzugsbereich vor allem der Emscher und Lippe versumpfungsgefährdet sind. Mehr als 900 km^2 Landfläche im Ruhrrevier müssen künstlich entwässert werden (Abb. 5.3). Benachbarte Gebiete rücken damit zunehmend in den Grundwasserbereich; es müssen daher Nutzungsänderungen vorgenommen werden. Die Zonen, die am stärksten von Bergsenkungen betroffen sind, zeigt eine Karte von S. HARNISCHMACHER (2012). Sie konzentrieren sich auf die Großmulden des oberkarbonischen Steinkohlengebirges, die in SW-NO-Richtung verlaufen, da dort die meisten Flöze abgebaut wurden.

5.2.2.2 Techrosion – ein anthropogeologischer Prozess

Durch den Abbau von Rohstoffen wirkt der Mensch im Sinne der Erosion. Er trägt Gesteinsmassen ab und transportiert sie, indem er weitgehend Maschinenkraft einsetzt. Während die natürlichen Erosionsvorgänge durch Wasser, Wind und Eis im Wesentlichen auf die Erdoberfläche beschränkt sind, reicht der bergbauliche Eingriff des Menschen heute fast 4000 m hinab in die Erdkruste, bei der Erdöl- und Erdgasgewinnung sogar bis über 7000 m. Diese Erosionsleistung des Menschen ist, bezieht man sie auf die Abbaufläche, bis zum Faktor 1000 höher als die natürliche Erosionsrate. Die Bergbauleistung unter Tage übertrifft bei weitem die natürliche Subrosionsrate, wie sie durch Lösungsvorgänge, wie bei der Verkarstung, vor allem in Salz- oder Karbonatgesteinen bewirkt wird. Größere Karsthöhlen bilden sich in Jahrtausenden, der Mensch schafft größenordnungsmäßig vergleichbare Hohlraumsysteme in kürzester Zeit. Auch indirekt trägt die Rohstoffgewinnung zur Steigerung der natürlichen Erosion bei. Beim Gips-, Kalk- und Dolomitabbau kann der ungehinderte Zutritt von Regenwasser lehmgefüllte Karstschlotten freispülen und den Vorgang der Verkarstung erheblich beschleunigen. Unmittelbare Folge ist eine erhöhte Lösungsfracht des Grund- und Oberflächenwassers. Beim Tagebau wird die schützende Boden- und Pflanzendecke beseitigt, wodurch Wasser- und Winderosion meist noch lange über die Betriebsphase hinaus andauern. Bergbau- und Abraumhalden unterliegen wegen fehlender oder mangelhafter Vegetationsdecke und meist relativ steilen Böschungen verstärkter Erosion durch Wind und Wasser.

Durch Rohstoffgewinnung werden aber nicht nur die exogen-dynamischen Prozesse beschleunigt, sondern es wird der geologische Aufbau der Erdkruste, wie er durch den Stoffbestand und die tektonischen Strukturen gegeben ist, qualitativ verändert. Unter natürlichen Bedingungen wird ein derartiger Effekt nur durch endogene Prozesse im Rahmen der Metamorphose oder Gebirgsbildung hervorgerufen. In diesem Sinne stellt beispielsweise der völlige Abbau eines Kohleflözes eine absolut neuartige Form von Stoffveränderung der Erdkruste dar. Bei starker metamorpher Beanspruchung würde die Kohle in Graphit umgewandelt, bei tektonischer Verformung käme es zur Faltung. Der Eingriff des Menschen führt jedoch zu einer totalen Entfernung des Kohleflözes auf große Distanz, sodass ein zukünftiger Geologe annehmen könnte, es hätte hier nie ein Kohleflöz gegeben!

5.2.2.3 Rohstoffgewinnung und dauerhafte Veränderung der natürlichen Umwelt

Die meisten der durch Rohstoffgewinnung nahe der Erdoberfläche und in der Tiefe verursachten Veränderungen sind nicht reparabel. Sie stellen Veränderungen der Umweltbedingungen in räumlicher, struktureller und stofflicher Hinsicht dar. Betroffen sind in erster Linie das Relief, die Bodenstruktur und der mineralogische Stoffbestand und damit auch das Nährstoffangebot und der Wasserhaushalt. Dies bedeutet nicht, dass sämtliche Folgen negativ zu bewerten sind, ganz abgesehen vom Entwicklungsziel. Bezogen auf die Wachstumsbedingungen von Pflanzen kann zum Beispiel die flächenhafte Gewinnung von Bims (Neuwieder Becken) als Meliorationsmaßnahme angesehen werden. Techrosive Maßnahmen in Gebieten, bei denen Pflanzennährstoffe aus Böden tiefgründig ausgewaschen wurden, können zum Beispiel zur Freilegung fruchtbarer Substrate führen. Je tiefer allerdings der Eingriff reicht, umso stärker werden Gesteine freigelegt, die seit Jahrtausenden oder Jahrmillionen nicht in Kontakt mit der Atmosphäre und Biosphäre waren und die daher in der Regel unter reduzierenden Bedingungen existierten, also dem Sauerstoff (O_2) entzogen waren. Ein derartiger Vorgang wird auch als „Exhumierung" bezeichnet. Es wird somit verständlich, warum die technogene Selektion, Konzentration und Umwandlung tiefer gelegener Rohstoffe fast immer mit Belastungen für die natürliche Umwelt verbunden sind, wenn etwa schwefelhaltige Verbindungen nicht sofort technisch abgeschieden werden. Wenn sich die Rohstoffgewinnung früher in erster Linie an Gewinnbarkeit, Konzentration, Vorräten und Aufbereitbarkeit der Rohstoffe orientierte, dann werden in Zukunft verstärkt die Ressourcensituation (Vorratssicherung), die Umweltverträglichkeit und die Risikoabschätzung der ökologischen Folgen im Vordergrund stehen. Eine volkswirtschaftliche Kosten-/Nutzenrechnung, die verstärkte Berücksichtigung von Naturschutzbelangen sowie die drastische Reduzierung von Schadstofffreisetzungen werden ausschlaggebend für die Erteilung einer Abbaugenehmigung sein.

Die Rohstoffgewinnung ist jedoch nur einer der vielen gravierenden Eingriffe in den Naturhaushalt, dessen Aus- und Folgewirkungen heute nicht mehr zu ignorieren sind. Die internationale Rohstoffwirtschaft stellt natürlich heute eine der wichtigsten

Grundlagen von Industrie- und Entwicklungsländern dar, aus denen wichtige Rohstoffe – vor allem Erze, Energierohstoffe und Industrieminerale – importiert werden. Daher kann es nicht nur um die Beurteilung der Folgen im eigenen Lande gehen, sondern es müssen auch die ökologischen Konsequenzen für die Rohstofffförderländer der Dritten Welt und künftig auch direkt verstärkt in den Weltmeeren registriert und minimiert werden, wenn dort Rohstoffe in größerem Umfang – insbesondere durch multinationale Großkonzerne – gewonnen werden. In allen ökologisch sensiblen Bereichen werden Langzeitfolgen auftreten. Für diese Folgen sind nicht nur die Abbauländer, sondern auch die Importländer verantwortlich. Die Bundesrepublik Deutschland hat ebenso wie andere Staaten, die stark vom Rohstoffimport abhängen, Sorge für eine ökologisch verträgliche Abbauweise zu tragen. Es sind dabei die gleichen Maßstäbe anzulegen, die auch für die Gewinnung im eigenen Land gelten.

In diesem Zusammenhang ergeben sich drei große Fragenkomplexe, bei denen die Antworten noch weitgehend offen sind:

1. Wie sehen die bisherigen Eingriffe und Schadensbilanzen, der Umfang von Stoff- und Massenverlagerungen sowie alle sekundär mit Gewinnung, Transport und Aufbereitung verbundenen Schadstoffimmissionen aus? Welche Folgewirkungen sind bereits eingetreten und inwieweit sind die verursachten Schäden in ihrer kausalen Abhängigkeit fundiert untersucht?
2. Welche weiteren geoökologischen Folgen sind durch die bisherige Nutzbarmachung geogener Ressourcen in Zukunft zu erwarten und welches Risiko geht von bereits in Angriff genommenen Bergbauvorhaben und anderen Maßnahmen zur Gewinnung von mineralischen Rohstoffen aus?
3. Wie wird sich angesichts einer weiterhin exponentiell anwachsenden Weltbevölkerung – auf über 10 Mrd. Menschen innerhalb der nächsten Jahrzehnte – der damit generell steigende Bedarf an Rohstoffen aus der Erdkruste auf die empfindlichen, vor allem in der Nähe von Ballungsregionen stark vorbelasteten Ökosysteme auswirken? Reicht die Zeit noch aus, die enormen ökologischen Risiken bereits geplanter Großprojekte entscheidend zu vermindern, um insbesondere wertvolle Lebensräume zu erhalten? Bleiben noch Möglichkeiten, das Artensterben nicht noch drastischer werden zu lassen und damit letztlich die Lebensgrundlagen für den Menschen selbst zu vernichten?

Ökologische Folgewirkungen können durch Prozesse während und nach Beendigung des Abbaus auftreten. Sie betreffen entweder die Biozönosen unmittelbar oder durch Veränderung der das Biotop bzw. das Habitat bestimmenden Boden-, Relief- und Wasserverhältnisse und damit indirekt auch das Mikroklima. Je nach geologischem Aufbau und Landschaftstyp, nach Umfang und Tiefe der Eingriffe, d. h. der Dimensionen der verlagerten Boden-, Gesteins- und Wassermassen, sind die Folgen von unterschiedlicher Intensität. Sie reichen von landschaftsökologisch noch vertretbaren Veränderungen bis hin zur totalen Landschaftszerstörung.

Das Ausmaß, in welchem das Naturraumpotenzial eines Gebiets beeinträchtigt wird, hängt in der Regel davon ab, welche Nutzungspotenziale bevorzugt werden. Stark beeinträchtigt werden in der Regel das Arten- und Naturschutzpotenzial sowie das Wasserpotenzial, während das biotische Ertragspotenzial, das Erholungspotenzial und das Entsorgungspotenzial häufig wieder hergestellt werden können. Dies bedeutet, dass mit lange andauernden ökologischen Folgen bei der Inanspruchnahme wertvoller und empfindlicher natürlicher Ökosysteme zu rechnen ist. Aber auch bei reiferen vom Menschen geprägten Kulturlandschaften, wie etwa Heidegebieten (Lüneburger Heide) oder extensiv bewirtschafteten Auen, ist mit hohen Schäden zu rechnen.

Die Schaffung anthropogener bzw. technogener Physiotope mit einem von den ursprünglichen Verhältnissen stark abweichendem Relief – wie etwa Großsteinbrüche, Großhalden oder Tieftagebaue – kommt einem Umbau der Landschaft gleich. Diese neugeschaffenen Physiotope zeichnen sich auch in umweltgeologischer Hinsicht durch eine verstärkte Labilität aus. In der Regel greifen hier die exogen-dynamischen Prozesse – wie Verwitterung, Bodenerosion, gravitative Rutsch- und Gleitvorgänge – wesentlich stärker an und wirken über längere Zeit, ehe es zur Einstellung eines neuen Gleichgewichtes kommt. Auch der Wasserhaushalt weist meistens starke Unausgeglichenheit aus, sodass selbst nach einer Rekultivierung oder Renaturierung entstandene Biozönosen entsprechend höheren Stressbelastungen ausgesetzt sind.

Zahlreiche Abbaustellen, Steinbrüche oder Tagebaue von Locker- und Festgesteinen, Erzen oder anderen mineralischen Rohstoffen bilden infolge des technogenen Reliefs und zum Teil sehr unterschiedlicher mineralogisch-geochemischer, aber auch physikalischer Eigenschaften der Gesteine Extremstandorte. Für gefährdete oder vom Artenbestand her stark dezimierte Pflanzen- und Tiergemeinschaften können diese ein Zufluchtsort sein. Ähnliches gilt auch für Halden und Reststoffdeponien. Hier hat sich insgesamt gezeigt, dass eine gelungene Renaturierung solcher Gewinnungsstellen in ökologischer Hinsicht zu wertvollen Ergebnissen im Hinblick auf Natur- und Artenschutz führte. Besondere Chancen bieten sich vor allem in Ton- und Mergelgruben, in Kalk- und Dolomitsteinbrüchen, Basalt- und Tuffgruben sowie bei Abgrabungen von Sand und Kies. Hier können sich dann sich selbst weiterentwickelnde Pflanzensukzessionen einstellen, wenn diese künstlichen Lebensräume stärker strukturiert und bezogen auf die wirksamen exogen-dynamischen Prozesse (Verwitterung, Erosion, Sedimentation) besser gestaltet werden. In diesem Fall trägt die Fortentwicklung der Lebensgemeinschaften auch zur Stabilisierung der Gesteins- und Wasserverhältnisse und einer günstigeren Bodenentwicklung bei. Unterbleiben weitere Eingriffe seitens des Menschen, dann ist sogar damit zu rechnen, dass diese Biotope „von Menschenhand" sich zu höheren Sukzessionsstadien entwickeln oder dass bei extremen Standortbedingungen die hier adaptierten Arten auf Dauer eine Überlebenschance haben. Es muss jedoch betont werden, dass renaturierte Flächen wasserwirtschaftlich nur eingeschränkt oder gar nicht mehr nutzbar sind – weder kurz- noch langfristig.

Leider kann hier nicht im Einzelnen auf die vielfältigen Möglichkeiten eingegangen werden, die geologisch-mineralogisch differierende Substrate bilden. Oft hängt es entscheidend davon ab, welche Verwitterungsresistenz, welche Wasseraufnahmefähigkeit, Wärmekapazität oder geochemische Eigenschaften die Gesteine haben. Dementsprechend könnten gezielt Pflanzen- und Tierarten begünstigt werden, die standortgemäß sind und eine nachhaltige Entwicklung gewährleisten. An dieser Stelle sei erwähnt, dass im dicht besiedelten Nordrhein-Westfalen derzeit 13 ha Fläche/Tag „verbraucht" werden, zum Teil versiegelt oder überbaut; das entspricht fast 50 km^2 im Jahr! In anderen Bundesländern Deutschlands liegt der Flächenverbrauch meist etwas niedriger; an der Spitze des Flächenverbrauchs liegt Bayern. Diesen zu minimieren ist eine wichtige Zukunftsaufgabe. Es wäre bereits ein Fortschritt, gelänge es, diesen Bedarf bis 2025 zu halbieren.

Es gibt Lagerstättentypen, die aufgrund ihrer geologischen Entstehung relativ geringmächtige, aber flächig ausgebreitete Körper darstellen. Das sind vor allem Kies- und Sandvorkommen in den Auebereichen der Flüsse sowie deren quartärzeitlichen Terrassenablagerungen, ferner fluvioglaziale Bildungen und Moore, wie sie in Norddeutschland und im Alpenvorland vorkommen, die großräumig abgebaut oder trockengelegt wurden. Als wichtigste oberflächennahe Rohstoffe nehmen Kies- und Sandablagerungen – als Baurohstoffe – in Nord- und Süddeutschland weite Gebiete ein. In der alten Bundesrepublik lieferten zwischen 1950 und 1990 die Kies- und Sandvorkommen über 11 Mrd. t; das entspricht rund 6 km^3 (D. E. Meyer 1989, S. 25). Geht man davon aus, dass sich in den nächsten Jahrzehnten der Absatz verringert, so sind dennoch mindestens weitere 600 km^2 Abbaufläche erforderlich. Die Sand- und Kiesproduktion in Deutschland entspricht ungefähr zwei Drittel der Gesamtproduktion der Steine-und-Erden-Industrie. Gerade die Gewinnung von Sand und Kies erfolgt entlang der großen Flüsse in den Talauen, wobei Grundwasser führende Schichten flächenhaft abgetragen werden. Der Rückzug der Gebirgsgletscher begünstigt auch eine Kiesgewinnung an Gletscherflüssen; diese allerdings gilt es zu verhindern. Immer größere Transportdistanzen vom Gewinnungsort werden in Kauf genommen. Andere Länder gewinnen Kies und Sand aus dem Meer. Diese Rohstoffe sind inzwischen weltweit zu einem äußerst knappen Gut geworden.

Wie stark der Flächenanspruch ist, lässt sich auch am Beispiel der Torfgewinnung aufzeigen. In Niedersachsen, wo die Moore ursprünglich 6300 km^2 bedeckten – davon 3000 km^2 Niedermoor und 3300 km^2 Hochmoor –, existierten 1980 nur noch rund 4500 km^2 Moorflächen. Von diesen Mooren waren nur noch etwa 100 ha biologisch intakt! Von den im Moorschutzprogramm der Niedersächsischen Landesregierung (1981) erfassten 1860 km^2 Moorflächen wurden 1150 km^2 als abbauwürdige Lagerstätten für die Torfgewinnung klassifiziert. Als naturnah wurden lediglich 80 km^2 eingestuft. Während damals nur 38 km^2 unter Naturschutz standen, wurden weitere 280 km^2 für den Naturschutz als wertvoll angesehen. Dass nach Abtorfung zusätzlich 325 km^2 unter Naturschutz gestellt werden sollten, weil man ihre Wiedervernässung plante, ist kein echter Ausgleich. Die bisher geringen Erfolge bei der Renaturierung mit moderner Maschinentechnik abgebauter Moorflächen sprechen für sich. Von Hand abgetorfte Moore in der Lüneburger Heide wurden jedoch erfolgreich renaturiert. Die

Fortschreibung dieses Moorprogramms nach nunmehr 25 Jahren muss die ökologischen Erfordernisse und den Naturschutz von Mooren sowie ihre Funktion als CO_2-Speicher stärker einbeziehen. Dies gilt für alle Moorflächen in Deutschland, die früher rund 18 000 km² bedeckten, wovon aber ein hoher Anteil der Abtorfung zum Opfer fiel.

Andererseits zeigte sich, dass bei der Rekultivierung bzw. Renaturierung ehemaliger Abbaustellen – insbesondere von Steinbrüchen, Sand- und Kiesgruben – die Chance besteht, für viele bedrohte Arten entsprechend geeignete Refugialbiotope zu schaffen. Wichtigste Voraussetzung für eine dauerhafte Besiedlung ist die Berücksichtigung der pedologischen und hydrologischen Prozessdynamik, aber auch aktuogeologischer Vorgänge. Es müssen daher in Zukunft vielfältig strukturierte Biotope geschaffen werden, die sich selbst weiterentwickeln. Zum Schutz stark gefährdeter oder fast ausgestorbener Arten sollte die Schaffung von nährstoffarmen Biotopen im terrestrischen und limnischen Bereich sowie von feuchten bis wechselfeuchten sowie von extrem trockenen Biotopen favorisiert werden. Biotope dieser Art sind in den letzten Jahrzehnten durch landwirtschaftliche Intensivnutzung, Überbauung und andere Formen der Versiegelung in hohem Maße vernichtet worden. Hier bieten sich besonders die von Natur aus nährstoffarmen Kies- und Sandtagebaue (Trocken- und Nassabbau) sowie Steinbrüche in Kalk- und Silikatgesteinen an, die sehr häufig mineralreicher sind und deshalb durch Verwitterung der Silikate meist die Alkalien und Erdalkalien pflanzenverfügbar machen.

Diese Strategie sollte nicht nur auf die Abbaustellen selbst, sondern in verstärktem Maße auch auf durch Sekundärfolgen betroffene Areale wie etwa durch bergbauliche Senkung entstandene Feuchtbiotope, ferner Halden von Steinbrüchen, Bergehalden in den ehemaligen Steinkohlenrevieren etc. angewendet werden. Bei sehr großen Arealen wie den Außenkippen des Braunkohletagebaus – wie beispielsweise der Sophienhöhe am Tagebau Hambach –, bei Halden des Steinkohle- und des Erzbergbaus in Europa und auf anderen Kontinenten ergeben sich immer wieder große Schwierigkeiten. Ohne Rekultivierung, Bodenaufbereitung und geeignete Düngung ist eine pflanzliche Besiedlung auf Dauer nicht möglich. Allerdings gibt es zahlreiche Versuche, über geeignete Pionierbesiedler zu Sukzessionen zu kommen, welche die Biodiversität erhöhen. Das Ziel ist jedoch – unabhängig von der Vielfalt der Arten – ein stabiles, belastbares Ökosystem, das sich selbstständig weiterentwickelt.

Die Folgenutzungen sollten planerisch unter Berücksichtigung biowissenschaftlicher, landschaftsökologischer und geowissenschaftlicher Daten festgelegt werden. Dies gilt auch für die Lagerstätten-Umweltverträglichkeitsprüfung und ökologische Wirkungsprognosen. Nur so lässt sich bei stärker raumbeanspruchenden Abbauvorhaben eine sinnvolle Vernetzung von Biotopen erreichen. Die Konsequenzen sind auf Landes-, Regional- und Kommunalebene zu ziehen, wie sie unter anderem von Landschaftsplanern und -ökologen wie HANS KIEMSTEDT, LOTHAR FINKE oder EBERHARD GEISLER am Ende des 20. Jahrhunderts gefordert wurden. Von größter Bedeutung sind dabei auch die Böden mit ihrer Struktur, ihrer ausreichenden Wasser- und Nährstoffversorgung sowie einem intakten Bodenleben.

Ausschlaggebend sind Kenntnisse über die

1. Rohstoffmengen und -qualität,
2. Lagerstättenverbreitung (Fläche, Tiefenlage),
3. volkswirtschaftliche Bewertung (Rohstoffsicherung, Vorrangflächen),
4. Verfügbarkeit bestimmter Rohstoffe (Zerschneidung, Überbauung, Grundwasserschutz, Naturschutzkonflikte),
5. Bedarfssituation (Datenbanken),
6. Substitution knapper Rohstoffe (Forschungsbedarf),
7. umweltverträgliche Gewinnungs- und Fördertechniken (Weiterentwicklung),
8. Schadstoffpotenziale der Rohstoffe (Minimierung).

Dies bedeutet zugleich, dass eine ständige Weiterentwicklung von Rahmenkonzeptionen unter voller Einbeziehung der miteinander verbundenen Naturraumpotenziale erfolgen muss. Die bislang oft nur lokal und regional angestrebte Lösung von Nutzungskonflikten reicht nicht mehr aus. Das Beispiel der über ein Jahrhundert dauernden Nordwanderung des Steinkohlenbergbaus von der Ruhr in das Lippegebiet oder die Ausweitung des Braunkohletagebaus in der Niederrheinischen Bucht, welcher zweifellos eines der größten und folgenreichsten Bergbauprojekte in Mitteleuropa darstellt, machen dies in besonderer Weise deutlich. Auch weitere Rohstoffgewinnungsaktivitäten in der Bundesrepublik – vor allem der Abbau von Torf, Sand und Kies sowie von Karbonatsgesteinen und Natursteinen – ist hier zu betrachten. Der Rohstoffsicherung kommt für die Gesellschaft trotz vieler Auflagen ein hoher Rang zu. Da es bis heute neben dem Bundesberggesetz (BBergG) noch kein bundesweites Rohstoffabbau- bzw. Lagerstättengesetz gibt, in dem diese Abwägung eindeutig vorgenommen wird, bestünde die Chance, die Belange der Lebensraumsicherung für den Menschen und für die Tier- und Pflanzenwelt im Gesamtzusammenhang neu zu regeln. Nur so lässt sich ein Abgleich von ökologischen und ökonomischen Erfordernissen erreichen.

Die Frage, ob die bisherigen Verluste an natürlichen und naturnahen Biotopen sich insgesamt negativ auf das Evolutionspotenzial auswirken, ist im Prinzip noch offen. Allerdings könnte angesichts der hohen Verluste an Arten und Biotopen, welche vor allem durch die industrielle Landwirtschaft verursacht wurden, bereits ein irreversibler Verlust eingetreten sein. Hier muss sich auch der Umweltgeologe die Frage stellen, welche Bedeutung der Eingriff des Menschen in den Naturhaushalt – bis hin zu den globalen Folgewirkungen – auf dem Hintergrund der erdgeschichtlichen Entwicklung und der Evolution der Organismen hat. Zieht man heute eine Zwischenbilanz, dann wird klar, dass der Mensch in steigendem Maß massiv in viele Kreisläufe eingegriffen hat. Gigantische Massenverlagerungen, großräumige Freisetzung toxischer Elemente und Stoffe, aber auch das bisher erreichte Ausmaß der Landschaftszerstörung tragen weltweit Züge einer Entwicklung, die mit großen Naturkatastrophen im Laufe der Erdgeschichte vergleichbar sind. Das Aussterben von über 90 % aller Arten und höheren Taxa an der Wende Perm/Trias – vor rund 250 Mio. Jahren – oder an der Kreide/Tertiär-Grenze – vor 67 Mio. Jahren – ist zwar noch nicht völlig geklärt.

Katastrophale Massenaussterben sind in den letzten 550 Mio. Jahren 5 Mal aufgetreten! Für das kommende 6. Massenaussterben wäre sehr wahrscheinlich der Mensch selbst verantwortlich (M. GLAUBRECHT 2019).

Die Frage, ob der Mensch spätestens seit Beginn der Industrialisierung zu einem der wirksamsten geologischen und ökologischen Faktoren geworden ist, muss heute eindeutig bejaht werden. Die Frage ist, ob der *Homo sapiens* selbst eine „Naturkatastrophe" darstellt, wie es der Biologe HUBERT MARKL einmal in einem Aufsatz formuliert hat. Der Mensch kann nicht aus seiner Verantwortung für die Zukunft entlassen werden, gerade wegen seiner Fähigkeit, auch hoch komplexe Zusammenhänge zu beurteilen.

Im Hinblick auf die planerische Praxis der Landschaftsökologie hat LOTHAR FINKE bereits 1986 darauf hingewiesen, dass der geologische Untergrund und die Rohstofflagerstätten als Teilkomplex bzw. Potenzial gesondert zu betrachten sind. Zweifellos wäre es weder sach- noch funktionsgerecht, diesen Teil des Geosystems anderen Teilkomplexen wie dem Boden oder dem Relief zuzuordnen. Es ist erstaunlich, dass diese Erkenntnis erst spät kam, nachdem die besondere Qualität aller mit dem Abbau von Lagerstätten verbundenen Folgewirkungen früh erkennbar war. Diese besondere Qualität ist durch die geochemischen und mineralogischen Eigenschaften der Rohstoffe, aber auch durch alle mit dem Abbau verbundenen Folgewirkungen gegeben. Die Wechselwirkungen zwischen dem geologischen Stoffbestand aus der Erdkruste und der geistgesteuerten selektiven Gewinnung hochangereicherter, seit Jahrmillionen dem biologischen Stoffkreislauf entzogener Stoffe einerseits und den technogenen Förder- und Aufbereitungstechniken andererseits haben zu qualitativ völlig neuen, in der Erdgeschichte noch nicht da gewesenen exogen-geodynamischen Bedingungen geführt. Leider hat die Ausklammerung des Menschen den Blick auf diese absolute Neuerung bisher verstellt.

Insofern müssen alle Möglichkeiten einer raum- und systemorientierten Sicherung von Rohstofflagerstätten (Rohstoffsicherungsgebiete) genutzt werden. In Nordrhein-Westfalen wurden Kies- und Sandlagerstätten entsprechend gesetzlicher Vorgaben gesichert (I. SCHÄFER 2010). Die Schutzbedürftigkeit auf der einen Seite (verfügbares Naturraumpotenzial, Nutzungsbedarf) und das Gefährdungspotenzial (Emissionen, Stoff- und Flächenentzug) auf der anderen Seite sind für die Abschätzung der Ressourcenbelastung und der Nutzungsbeeinträchtigung heranzuziehen. Die „biologische Risikoanalyse" (E. BIERHALS et al. 1974) beschränkt sich auf Beeinträchtigungen für den Menschen als Nutzer. In diesem Sinne wurde auch die „ökologische Wirkungsanalyse" (HANS KIEMSTEDT 1983) verstanden. Unter Berücksichtigung ökologischer Wirkungszusammenhänge werden auf der Verursacher/Wirkung/Betroffener-Ebene die Faktoren zur Abschätzung des Risikos herangezogen. Die ökologische Wirkungsprognose geht hingegen deutlich über die ökologische Risikoanalyse hinaus. Sie empfiehlt sich auch bei der Umweltverträglichkeitsprüfung von Rohstoffabbauvorhaben. Wirkungsanalyse und -prognose sind erforderlich, um die in den Naturschutzgesetzen festgelegten Ziele zu realisieren. Es ist daher nicht vertretbar, Langzeitwirkungen wie bisher außen vor zu lassen und eine Risikoabschätzung bei Maßnahmen der Rohstoffgewinnung nur nutzungsbezogen und nicht auch in Bezug auf den Wert der Tier- und Pflanzenarten „an sich" zu betrachten (L. FINKE 1986, S. 185). Es müssen dabei neben dem Faktor Zeit insbesondere die Fähigkeiten der einzelnen Arten beachtet werden, sich in neu geschaffenen Ökotopen, die stark anthropogen gestaltet sind, dauerhaft zu behaupten. Entscheidend ist letztlich die Stabilität der Ökosysteme, die bei einer Änderung der Umweltbedingungen oder anthropogenen Belastungen erforderlich ist (W. HABER 1995, S. 270 ff.). Diese Stabilität bedeutet zugleich, dass das Ökosystem „elastisch" genug sein muss, vor allem im Hinblick auf die Sukzession und die Produktivität, wie es WOLFGANG HABER (1995) definierte.

5.2.2.4 Minimierung umweltrelevanter und ökologischer Folgewirkungen

Die Minimierung umweltrelevanter und ökologischer Folgewirkungen vor, während und nach dem Abbau von Rohstoffen ist sowohl aus wirtschafts- wie umweltgeologischen Gründen dringend erforderlich. Auch die berechtigte Forderung nach strikter Beachtung des Vorsorgeprinzips und des Gebots der Nachhaltigkeit zielt in die gleiche Richtung. Dieses Ziel dient zugleich der Ressourcensicherung für künftige Generationen. Eine Schadensminimierung muss bereits bei der geologisch-lagerstättenkundlichen Prospektion einsetzen. Die systematische Erstellung von Lagerstätten- und Rohstoffsicherungskarten in geeigneten Maßstäben und mit genauen Angaben über Quantität, Qualität und Verwendungszweck des jeweiligen Rohstoffs kann erheblich dazu beitragen, Fehlplanungen zu vermeiden. Bei Großprojekten werden die größten Probleme durch ungleichmäßige Landsenkung, Grundwasserentzug sowie durch Deponierung von Abraum- und Haldenmaterial verursacht. Die mit ihnen verbundenen langfristig wirksamen ökologischen Folgen müssen daher künftig drastisch reduziert werden!

Das Recycling von Abfällen und Baustoffen, die Nachnutzung bergbaubedingter Abfälle sowie der verstärkte Einsatz von Substituten (zum Beispiel Gips aus der Rauchgasentschwefelung), ferner die Einsparungen beim Energieverbrauch tragen dazu bei, dass Rohstoffe effizienter als bisher genutzt werden und sich so der Flächenanspruch deutlich verringert. Besonders wichtig ist die Mitwirkung von Geowissenschaftlern während und nach Beendigung der Abbauaktivitäten bei der Rekultivierung und der Nachnutzung von Abbau- und Betriebsflächen – insbesondere auch im Hinblick auf Natur- und Landschaftsschutz. Diese Mitwirkung muss bereits bei der Abbauplanung beginnen. Sie ist während des Abbaus fortzuführen. Es geht dabei um eine Beurteilung der Locker- und Festgesteine im Hinblick auf den Wasserhaushalt. Darüber hinaus ist die Beurteilung von Lagerungs- und Gefügestörungen, welche Rekultivierungs- und Renaturierungsmaßnahmen wesentlich mitbestimmen, erforderlich. Insbesondere müssen die abiotischen Ökofaktoren und die Stoffkreisläufe im Hinblick auf das Langzeitverhalten und die Prozessdynamik berücksichtigt werden (D.E. MEYER 1995a, S. 404 ff.). Alle diese Probleme lassen sich nur in engster Zusammenarbeit von Geowissenschaftlern, Biologen, Landschaftsökologen und Planern lösen. Hierzu liefern alle staatlichen geologischen Dienste der Bundesländer umfangreiches Datenmaterial in Form auch digital verfügbarer Informationssysteme und Karten zu den Themenbereichen

Tab. 5.4 Übersicht über die Potenziale der Böden, die Leistungen für Naturhaushalt und Gesellschaft erbringen können (verändert nach: SCHEFFER/SCHACHTSCHABEL, Lehrbuch der Bodenkunde, 16. Aufl.)

Biotische Potenziale	Abiotische Potenziale	Flächenpotenziale
Lebensraum	Luftfilter	Bebauung
Nahrungs- und Futterproduktion	Filter und Puffer im Wasserkreislauf	Verkehrswege
Werkstoffproduktion	Rohstofflagerstätte (nutzbare Rohstoffe)	Ablagerung (Deponien, Halden)
Energieproduktion	Wasserspeicher	Erholungspotenzial
Genressourcen		
Bioreaktor		

der Geologie, Rohstoffe, Geothermie, Hydrogeologie, Bodenkunde, Ingenieurgeologie, Bohrdaten oder schutzwürdige Aufschlüsse und Böden. Da auch hier konkurrierende Nutzungen zu komplizierten Abwägungen Anlass geben, sind staatliche Dienste gefordert – etwa bei Geothermieprojekten, die Grundwasser beeinflussen können. Bei der Bodennutzung sind wichtige Potenziale zu beachten (Tab. 5.4).

5.2.2.5 Veränderung geologischer Strukturen und ihre Folgen

Tagebau und Bergbau verändern das ursprüngliche Relief in meist irreversibler Weise. Meistens werden dabei die geomorphologischen Formen versteilt. Steinbrüche, Ton-, Sand- und Kiesgruben sowie ältere Tagebaue auf Erz oder Kohle bleiben als Hohlformen mit relativ steil geböschten Abbaurändern zurück, sofern nicht vor Beendigung des Abbaus für eine günstigere Gestaltung gesorgt wird. Auch nach teilweiser Verfüllung sind die Reliefverhältnisse verändert. Da sich der Abbau in früheren Jahrhunderten auf Abbaustellen an der Tagesoberfläche konzentrierte, verwundert es nicht, dass diese das Landschaftsbild nicht so stark beeinträchtigten wie die unter Einsatz moderner Großgeräte entstandenen Groß- oder Tieftagebaue. Hier sind vor allem der Abbau von Basalt, vulkanischer Schlacken und Bimsstuffe in der Eifel sowie die großen Tagebaue auf Massenkalk und Dolomit im Rheinischen Schiefergebirge zu nennen. Abbautiefen von bis zu 100 m und mehr werden hier erreicht. Weitaus größere Dimensionen haben der Eisenerztagebau in der Steiermark/Österreich (Abb. 5.40) oder die Eisenerztagebaue in Südafrika (Abb. 5.41), um nur diese als Beispiele zu nennen.

Relativ steile Böschungen besitzen auch die großen Sand- und Kiesgruben, in denen diese für die Bauindustrie so unentbehrlichen Massenrohstoffe nass oder trocken gebaggert werden. Dieser Abbau hat weite Talauenbereiche – wie des Rheintals zwischen Bonn und Kleve, des mittleren Weser-, des unteren Elbetals sowie des oberen Lippegebietes geomorphologisch besonders stark verändert. In diesen Talauen bleiben grundwassergefüllte Baggerseen mit zu steil geböschten Ufern zurück. Diese in den vergangenen Jahrzehnten erfolgten großflächigen Eingriffe haben die Landschaft so stark verändert, dass die ursprüngliche Geländegestalt nicht mehr erkennbar ist.

Abb. 5.40 Eisenerz-Tagebau am Erzberg/Steiermark in Österreich; das Erz (FeCO$_3$ Siderit) wird seit mindestens dem 12. Jahrhundert bis heute (VA Erzberg GmbH, Voestalpine-Konzern) abgebaut. Der heutige Strossen-Abstand beträgt 24 m; die Erzvorräte reichen noch mehrere Jahrzehnte (Foto: VA Erzberg GmbH/Bavaria Luftbildverlags GmbH)

Die Abtragung von markanten Bergkegeln – etwa dem Großen Weilberg im Siebengebirge (Abb. 5.42), den Basaltkuppen im Gebiet von Linz am Rhein oder der markanten Bergkegel in der Osteifel – wie dem Herchenberg, dem Rothenberg, den Kunksköpfen oder dem Plaidter Hummerich im Laacher-See-Gebiet – stellt nicht nur eine Beeinträchtigung des Landschaftsbildes dar, sie bedeutet einen massiven Verlust geologischer und geomorphologischer Strukturen. Berge werden eingerumpft, im Innern ausgehöhlt oder gänzlich planiert. Auch am Rodderberg bei Mehlen südlich Bonn-Bad Godesberg (Abb. 5.43) wurden Basaltschlacken und Tuffe im Verlauf des Kraterwalls eines ehemaligen Maarvulkans abgebaut (D. E. MEYER 1974).

Mit dieser anthropogenen Reliefumkehr wird die geologische Struktur selbst beseitigt! Die Eifel würde ohne ihre Vulkanberge nicht nur ihren wahren landschaftlichen Charakter einbüßen, es würden damit auch die dortigen Lebensräume vernichtet (W. MEYER 2014). Deren Grundlage sind die natürlichen geologischen, bodenkundlichen und hydrologischen Gegebenheiten. Auch die kleinklimatischen Bedingungen sind davon betroffen. Das Laacher-See-Gebiet erfuhr eine besonders starke Zerstörung prägender Landschaftselemente. Die nach dem 2. Weltkrieg erfolgte intensive Rohstoff-

Abb. 5.41 Eisenerztagebau (Sishen Mine) in Südafrika bei Dingleton/Provinz Nordkap; seit 1953 wird das Erz abgebaut – Tabebaulänge 14 km. Es ist einer der weltgrößten Tagebaue (Foto: H. WIGGERING)

gewinnung – vor allem von Basalten, basaltischen Schlacken und Bimstuffen – belegt, dass hier fast immer der wirtschaftliche Nutzen den Vorrang hatte. Das Brohltal nördlich des Laacher Sees wurde kastenförmig erweitert, weil man hier auf Kilometern Länge den vulkanischen Trass abbaute, dessen hydraulische Eigenschaften beim Deichbau geschätzt waren (Abb. 5.44).

Das Naturschutzgebiet des Siebengebirges bei Bonn wäre weitgehend durch die Gewinnung wertvoller Natursteine als einzigartige und ökologisch besonders vielfältige Vulkanlandschaft zerstört worden, wenn nicht vorausschauende Männer – unter ihnen der Berghauptmann und Geologe HEINRICH VON DECHEN (1800–1889) – bereits im 19. Jahrhundert Maßnahmen zur Rettung der Siebengebirgslandschaft eingeleitet hätten (Abb. 5.45) – nachdem bereits in römischer Zeit der Trachyt des Drachenfels abgebaut worden war und im Mittelalter der Natursteinabbau am Drachenfels sowie an weiteren markanten Bergen fortgesetzt wurde.

Die romanischen Kirchen in Köln und Bonn, auch der gotische Kölner Dom, wurden weitgehend mit Vulkangestein aus dem Siebengebirge erbaut. Durch preußische Kabinettsorder wurde im Jahr 1836 der Steinbruchbetrieb am Drachenfels untersagt. Der Blick von der linken Rheinseite auf den Drachenfels wäre sonst völlig verändert (Abb. 5.46).

Abb. 5.42 Ehemaliger Basaltsteinbruch Großer Weilberg im Siebengebirge bei Bonn. Die Gewinnung des säulig erstarrten Basalts dieses Vulkans führte zur völligen Aushöhlung der Bergkuppe. Dieser Aufschluss, der heute unter Naturschutz steht, dokumentiert die vulkanische Geschichte des Siebengebirges vor 25–18 Mio. Jahren

Die letzten großen Felsstürze am Steilhang der früheren Trachytsteinbrüche des Drachenfels erfolgten 1967 (Abb. 5.47); die riesigen Felsblöcke blockierten den Hauptweg zum Berggipfel.

Die daraufhin durchgeführten Felssicherungsmaßnahmen werfen ein Schlaglicht auf ein Problem, das fast alle Steinbrüche, Tagebaue oder Gruben auf Dauer betrifft: die Instabilität der vom Menschen geschaffenen Felswände (Abb. 5.48, 5.49 und 5.50).

Da sowohl der Gipfel als auch die Reste der mittelalterlichen Burg vom Absturz bedroht waren, aber damals auch ein Hotelneubau mit großer Aussichtsterrasse geplant war (etwa 1 Mio. Besucher im Jahr!), waren ingenieurgeologische Maßnahmen erforderlich. Es wurden in dem stark verwitterten Trachyt Spalten mit bis zu 10 cm Öffnungsweite festgestellt. Nach über 4 Jahrzehnten wurden in den letzten Jahren (bis 2020) weitere ingenieurgeologische Sicherungsmaßnahmen durchgeführt.

Jede Versteilung bewirkt im Zusammenwirken mit Vorgängen der Entlastung und Verwitterung eine deutliche Erhöhung der Gefahr von Rutschungen, Felsstürzen oder Steinschlag. Diese Gefährdung wächst häufig Jahrzehnte nach Beendigung des Abbaus erheblich an, insbesondere mit der Steilheit der künstlichen Böschungen. Auch Felswände an Eisenbahn- oder Kanaleinschnitten sind meistens nicht länger als ein

Abb. 5.43 Tuffgrube am Nordostrand des Walles des ehemaligen Rodderberg-Vulkans in Bonn

Abb. 5.44 Im Brohltal nördlich des Laacher-See-Vulkans wurde der sog. Trass, ein Produkt des Laacher-See-Vulkans, in voller Breite abgebaut; die großen Hohlräume im Trass sind standsicher

Abb. 5.45 Porträtbüste Heinrich von Dechen (1800–1889) im Geologischen Institut der Universität Bonn

Abb. 5.46 Blick nach Osten von der Tuffgrube am Rodderberg über den Rhein auf den einstigen Großvulkan des Siebengebirges mit Drachenfels und dem Ort Königswinter am Bergfuß

5.2 Umweltrelevante sekundäre Folgen der Eingriffe

Abb. 5.47 Trachytblöcke am „Eselsweg" unterhalb der Drachenfelskuppe nach dem Felssturz im Jahr 1967

Jahrhundert standsicher. Viele von ihnen mussten in den letzten Jahrzehnten kostenaufwendig saniert werden. Aufgrund der stabilen Stellung der Basaltsäulen ist die ehemalige etwa 100 m hohe Steinbruchwand an der Rabenlay bei Bonn-Oberkassel (Abb. 5.51) relativ standfest.

Den Böschungen von in Betrieb befindlichen Tagebauen muss natürlich aus Sicherheitsgründen höchste Aufmerksamkeit geschenkt werden. Dies gilt insbesondere für Groß- und Tieftagebaue. Trotz entsprechender Vorkehrungen kommt es immer wieder zu größeren Abbrüchen. Selbst in jüngster Zeit kam es in den rheinischen Braunkohletagebauen mit ihren mächtigen Deckschichten zu größeren Rutschungen. Hier entstanden und entstehen durch die riesigen Tagebaue Hambach und Garzweiler völlig neue anthropogene „Landschaften". Aufgrund von Lagerungsstörungen sind sowohl beim Absenken als auch beim späteren Wiederanstieg des Grundwassers bodenmechanische und hydrodynamische Veränderungen zu berücksichtigen. Es kommt zu sogenannten „hydraulischen Kurzschlüssen". Verfüllungen der Tagebaue mit kohlehaltigem Material aus dem Abraum machen eine Grundwassernutzung nach Abbau und Rekultivierung unmöglich – auch nicht nach Jahrhunderten. Nach der Tagebauverfüllung steigt zwar der Grundwasserspiegel wieder an, doch die aus den Füllmassen gelösten Stoffe (vor allem Eisen, Aluminium und weitere Schwermetalle) verunreinigen das Grundwasser in

Drachenfels-Gipfel
im Siebengebirge bei Bonn

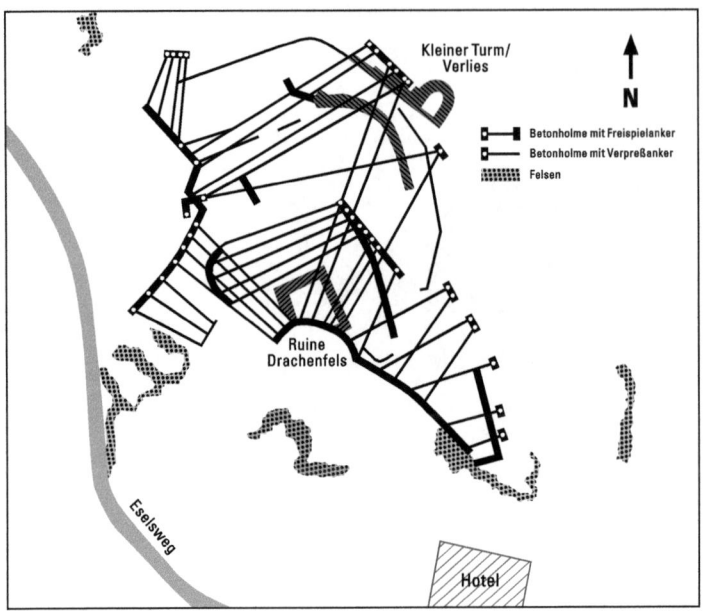

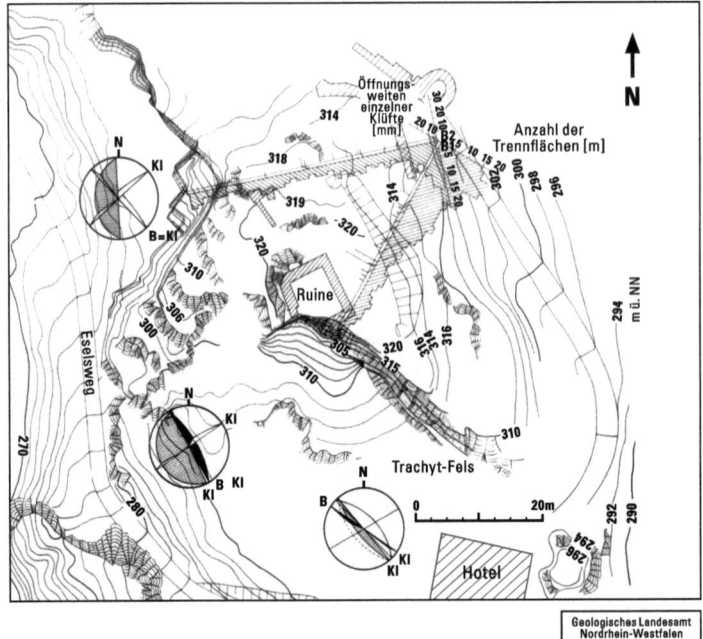

Abb. 5.48 Das vulkanische Gestein Trachyt wurde bereits seit der Römerzeit am Gipfel des Drachenfels im Siebengebirge bei Bonn abgebaut. Die Morphologie des Drachenfels mit seinen Steilhängen rund um die mittelalterliche Burgruine wird in der unteren Abbildung dargestellt;

◀ in dieser Abbildung ist außer Höhenlinien [m ü. NN] auch die Hauptrichtung der Klüfte und sonstigen Trennflächen in „Richtungsrosen" zu ersehen. In der oberen Abbildung (im gleichen Maßstab) sind die Anker in ihrer Länge und ihrem Verlauf eingetragen, durch welche die durch den Gesteinsabbau stark verwitterten Felswände zwischen 1970 und 1973 gesichert wurden. In den Betonholmen befinden sich Geräte zur Messung der Zugspannungen (verändert nach Unterlagen und Daten Geologischer Dienst NRW, Krefeld)

so hohem Maß, dass sich eine Nutzung verbietet. Tagebauseen sind meist biologisch tot infolge der Versauerung.

Die Standsicherheit künstlicher Böschungen in Locker- und Festgestein hängt von einer Reihe wichtiger Faktoren ab. Insbesondere zählt hierzu die räumliche Lage der Schichtung und sonstiger Trennflächen – wie Klüftung, Schieferung oder Verwerfungen. Die Standsicherheit hängt auch stark von der Wasserführung und der Wasserdurchlässigkeit der unterschiedlichen Schichten ab. Nur wenige Jahrzehnte genügen für eine stärkere Verwitterung. Vom Menschen bestimmte Faktoren, welche die Standfestigkeit bestimmen, sind der Böschungswinkel, die Strossenhöhe sowie alle durch die Spreng- oder Abbautechnik

Abb. 5.49 Drachenfelskuppe mit den Felsblockabrissstellen längs von zum Teil spaltenartig erweiterten Großkluftflächen, die auch die ehemaligen Steinbruchwände bildeten; oben der Bergfried der Burg Drachenfels (Foto: Geologischer Dienst NRW, Krefeld)

Abb. 5.50 Felsanker an den Steinbruchwänden der Bergkuppe des Drachenfels unterhalb der Burgruine; Ankerenden mit in-situ-Spannungsmessern unter Betonholmen (s. a. Abb. 5.48), sonst Felsnägel und Spritzbeton (Foto: Geologischer Dienst NRW, Krefeld)

bewirkten Eingriffe, durch welche die Festigkeitseigenschaften verändert werden. Von der genauen Kenntnis dieser Faktoren hängt letztlich die Sicherheit ab. Auch die indirekten Folgen des Eingriffs – wie erhöhter Oberflächenabfluss oder verstärkte Erosion – sind dabei zu berücksichtigen. Die künstliche Entwässerung von ursprünglich Grundwasser führenden Sedimenten bedingt in der Regel Setzungsvorgänge. Ein Wiederanstieg des Grundwassers kann später zu einer erhöhten Rutschungsgefährdung an Böschungen führen. Vor allem Siedlungen an Tagebaurändern oder deren Nachbarschaft wären derartigen Risiken ausgesetzt.

Während beim Tagebau unmittelbar Hohlformen an der Erdoberfläche geschaffen werden, treten beim Bergbau unter Tage und der Förderung durch Bohrungen regional Absenkungen des Geländes auf, die man als „Bergsenkung" bezeichnet. Dabei kommt es zu Bergschäden, welche sich auf Verkehrswege, Gebäude, Industrie- und Hafenanlagen, aber auch auf die Vorflutbedingungen und die ursprüngliche Flächennutzung auswirken. Die Bergschadenkunde ist eine eigene Disziplin. Die Senkungen werden durch Einbrechen der Bergbauhohlräume bedingt. Lagerungsverhältnisse, Abbautiefe und Mächtigkeit der abgebauten Lager haben dabei wesentlichen Einfluss auf den Senkungsbetrag. Ungleichmäßige Senkung führt zu Schiefstellungen der Geländeoberfläche: Autobahnen, Schienenwege, Kanäle oder natürliche Flussläufe verlaufen schließlich regelrecht gewellt. Zerrungs- und Pressungszonen wechseln einander ab, sodass die

5.2 Umweltrelevante sekundäre Folgen der Eingriffe

Abb. 5.51 Basaltsteinbruchwand an der Rabenlay mit über 100 m Höhe bei Bonn-Oberkassel; der Abbau der Säulenbasalte, mit denen Ufermauern und Deiche am Rhein und in den Niederlanden erbaut wurden, bestimmen heute das Landschaftsbild. Am Fuß des früheren Steinbruchs wurde das Doppelgrab des Menschen von Oberkassel gefunden

darüber befindlichen Bauwerke, Fundamente und Mauern reißen. In vielen Fällen bleibt daher nur der Abriss der Gebäude oder ganzer Siedlungen. Der Senkungsbetrag bei „Bruchbau" kann bis zu 95 % der abgebauten Mächtigkeit betragen. Im Ruhrbergbau werden 80–90 % des berechneten Senkungsbetrages bereits innerhalb eines Jahres an der Erdoberfläche wirksam. Plötzliches Nachbrechen von Bergbauhohlräumen löst Erdbeben aus, deren Magnitude 4–4,5 auf der Richterskala erreichen kann; Beben mit einer Magnitude > 4,5 sind sehr selten. Im Ruhrgebiet wurden Bebenstärken von maximal 3,4 registriert. Die Abb. 5.52 zeigt Stärke und Verbreitung der Beben infolge des Steinkohlebergbaus des Ruhrgebiets in den noch bis zum Jahr 2018 aktiven Betriebsfeldern. Nach völliger Stilllegung werden diese Beben geringer werden und ganz ausklingen. Der dann einsetzende Wiederanstieg des Grundwassers kann allerdings ebenfalls Beben auslösen.

Unter Tage können Gebirgsschläge zu gefährlichen Nachbrüchen führen. Gebirgsschläge ereignen sich ohne vorherige Ankündigung durch Bruchgeräusche, im Unterschied zu sog. Gebirgsbrüchen bzw. Gewichtsbrüchen. Im Saarland hat ein bergbaubedingtes Beben der Stärke 4,5 (Richterskala) am 22. Februar 2008 zur gänzlichen Einstellung des Kohlebergbaus geführt. Die Bebenstärke war proportional der Erstreckung des mächtigen Sandsteinpakets, das dort das abgebaute Flöz überlagerte. Durch Rohstoffgewinnung im Tieftagebau oder Bergbau werden die geodynamischen

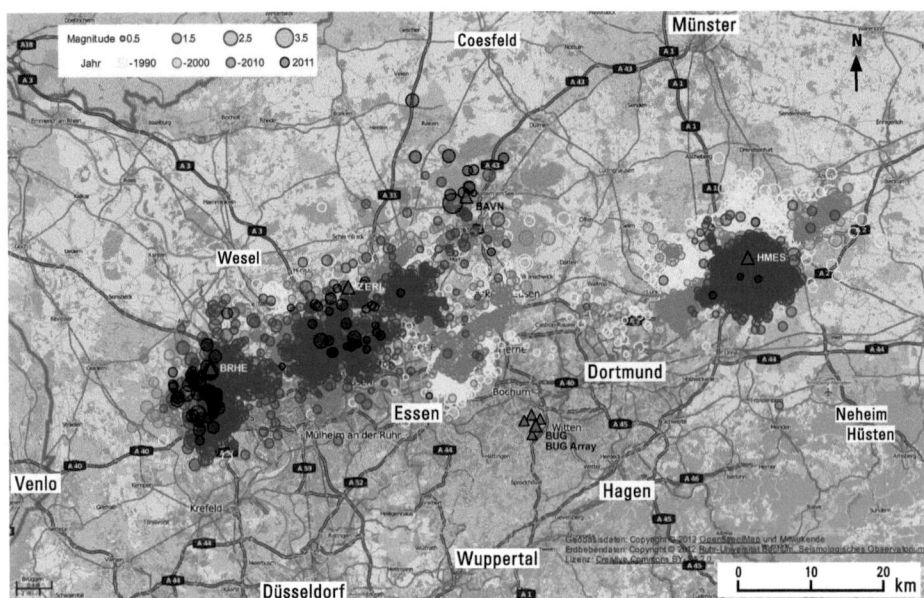

Abb. 5.52 Diese Karte zeigt die Lage von anthropogenen Erdbeben-Epizentren im Ruhrgebiet im Zeitraum von zwei Jahrzehnten (1990–2011) mit Magnituden bis zur Stärke 3,5 (Richterskala). Diese Beben wurden sämtlich durch den aktiven Steinkohlebergbau ausgelöst. Mit dem Abbau verschiebt sich im Laufe der Zeit auch die Lage der Epizentren, der Bebenstärke und der Bebenhäufigkeit. Mit dem Ende des Bergbaus im Jahr 2018 werden diese anthropogen bedingten Beben weitgehend ausklingen. Erdbeben-Darstellung und Daten: Geophysik/Observatorium Ruhruniversität Bochum; Kartengrundlage: Geobasisdaten © Open Street Map)

Verhältnisse in der Regel langfristig gestört. Durch umfangreiche Massenverlagerungen werden die Gleichgewichtsbedingungen im Gesteinsuntergrund verändert. Tiefgreifender und weiträumiger wirksam sind die durch den Bergbau unter Tage ausgelösten Spannungsumlagerungen, die den tektonischen Aufbau stören – zum Beispiel durch Einbrechen der Bergbauhohlräume, Schollenrotation oder Wiederbelebung von Verwerfungen. Der Mensch wird auch damit zum „tektonischen Faktor".

Eine weitere irreversible Folge sind Veränderungen der Wasserverhältnisse. Bergsenkungen haben im Ruhrgebiet in den letzten Jahrzehnten vor allem weite Gebiete der Emscher- und der Lippezone so stark absinken lassen, dass diese gepoldert werden müssen, insgesamt fast 1000 km^2 (Abb. 5.53). Das bedeutet, dass diese Areale auch in Zukunft durch noch leistungsstärkere Pumpwerke ständig entwässert werden müssen, um nicht zu versumpfen oder zu ausgedehnten Seen zu werden. Dies ist mit hohen Kosten verbunden, die auch nach völliger Stilllegung des Bergbaus anfallen, solange hier Menschen in Städten leben.

Im südlichen Ruhrgebiet sind in der breiten Aue des Ruhrtals in den letzten Jahrzehnten Seen entstanden, nachdem durch die frühere bergbauliche Absenkung der

5.2 Umweltrelevante sekundäre Folgen der Eingriffe

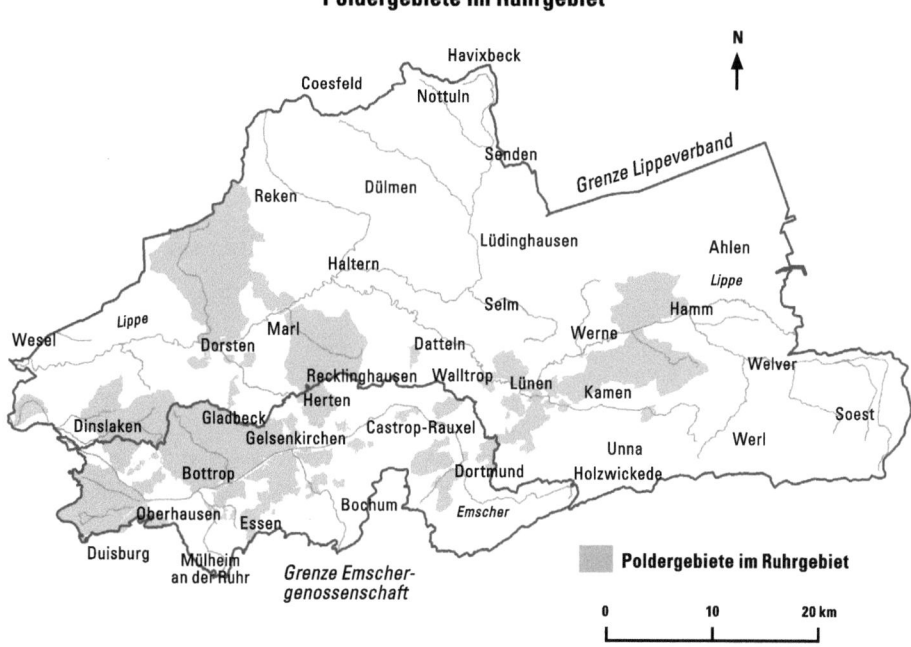

Abb. 5.53 Infolge bergbaubedingter Absenkung der Geländeoberfläche, die bis über 25 m betragen kann, steigt der Grundwasserspiegel in diesem Maß relativ an. Es muss deshalb das Wasser dauernd – auch in Zukunft! – abgepumpt werden, um Versumpfung oder Seenbildung in diesen Poldergebieten zu verhindern. Dies ist Aufgabe von Emschergenossenschaft und Lippeverband. (Quelle: Emschergenossenschaft/Lippeverband, Essen)

Grundwasserspiegel relativ anstieg. Allgemein gehört der Eingriff in die Grundwasserverhältnisse zu den gravierendsten Folgen beim Abbau von Rohstoffen. Es entstehen Bergsenkungsseen wie in Dortmund-Hallerey oder bei Essen-Heisingen (Abb. 5.54).

Beim Tieftagebau und im Bergbau untertage müssen oft mehrere übereinander liegende Grundwasserstockwerke leer gepumpt werden. Diese „Wasserhebung" gehört zur Grundvoraussetzung, die es dem Bergbau überhaupt erst ermöglichte, in größere Abbautiefen vorzudringen. Im Braunkohletagebau Hambach müssen während der gesamten Abbaudauer bis 2050 insgesamt 30–40 Mrd. m^3 Grundwasser aus den darüber befindlichen Schichten abgepumpt werden. Für den Tagebau Garzweiler II muss diese Wasserhebung bis etwa zum Jahr 2035 fortgesetzt werden.

Diese Maßnahme führt auch zu einer weiteren Grundwasserabsenkung in der Umgebung. Tektonische Verwerfungen am westlichen Tagebaurand verhindern eine noch weiter ausgreifende Absenkung. Dementsprechend verbleiben nur dort – jenseits der Verwerfung – nutzbare Grundwasservorräte. Betroffen sind auch Wasserwerke, deren Grundwasserreserven reduziert werden, wie beispielsweise im Raum Mönchengladbach durch den Tagebau Garzweiler.

Abb. 5.54 Bergsenkungssee in der Ruhrtalaue in Essen-Heisingen, Blick nach Osten

Aber nicht nur die Störung der geohydraulischen Bedingungen und der Verlust nutzbarer Grundwasservorräte, sondern vor allem auch die Förderung zumeist salzhaltiger Grubenwässer (v. a. NaCl, Fe, Mn, NH_4, H_2S, CO_2) führt zu erheblichen Belastungen der Vorfluter, in welche die Grubenwässer eingleitet werden. Insbesondere sind die Tiefenwässer durch die erhöhte Salzfracht stark belastet. Das gleiche gilt für die Salzlaugen aus dem Stein- und Kalisalzbergbau, aber auch für Laugungswässer bei der Gewinnung von Uran, Kupfer und anderen Metallen durch „Leaching". Eine Belastung sind auch die Abwässer, die bei der Aufbereitung von Erzen (zum Beispiel Wäsche, Flotation) als Prozesswässer anfallen. Dies gilt auch für Sickerwässer aus Halden oder Untertagedeponien, in denen bergbaubedingte Schlämme gelagert werden. Hier können vor allem Sulfate und Chloride der Alkalien, aber auch Schwermetalle ins Grundwasser gelangen. Als besonders problematisch werden alle in der Tab. 5.5 genannten Rückstände angesehen. Ihre sichere Deponierung ist in vielen Ländern bisher nicht erfolgt. In Deutschland gelten heute strengere Abfallgesetze als vor Jahrzehnten. So sind für viele Stoffe Sondermülldeponien vorgeschrieben.

Das Verpressen von Ablaugen und Prozesswässern in den tieferen Untergrund, wie dies bisher vor allem im Salzbergbau geschah und weiterhin geschieht, kann ebenfalls zu hohen Salzbelastungen im Grundwasser führen. Dies gilt auch für Stoffe wie Öle, Phenole und andere organische Verbindungen, die durch Betriebsunfälle oder falsche

Tab. 5.5 Besonders problematische Rückstände

Material	Herkunft
Rotschlamm	Aluminium-Produktion
Salzrückstände, Ablaugen	Steinsalz- und Kalisalzbergbau
Kraftwerksaschen	Braunkohle- und Steinkohlebergbau
Radioaktive Materialien	Uranerzbergbau
Hochradioaktive Abfälle	Kernkraftwerke
Gips aus Entschwefelungsanlagen	Steinkohle- und Braunkohlebergbau, Entsorgungswirtschaft, Umweltschutz
Erdöl- und Erdgasgewinnung	Bohrschlämme
Verschwelungsrückstände	Ölschieferbergbau
Kokereirückstände in flüssiger und halbfester Form	Kokereibetriebe
Kampfmittel und Munition	Rüstungsindustrie, Kriegsfolgen

Lagerung rasch in den Untergrund gelangen können. Thermische Belastungen treten dann auf, wenn Tiefengrundwässer mit Temperaturen von 60 °C und mehr gefördert und in die Vorfluter eingeleitet werden. Sie kommen auch dort vor, wo durch exotherme chemische Reaktionen das Grundwasser zusätzlich aufgeheizt wird. Der Bergbau kann sich auch auf die Grundwassersituation nahe der Erdoberfläche auswirken, wenn hydraulische Kontakte bestehen (Abb. 5.54).

So können natürliche Quellen oder Heilquellen versiegen. Letztlich kann der Grundwasservorrat in dem Stockwerk, aus dem Trinkwasser gefördert wird, langfristig reduziert werden. Unter Tage gehören unkontrollierte Wassereinbrüche zu den großen Gefährdungen. Dies kann nicht nur zum plötzlichen „Absaufen" von Bergwerken, sondern – wie im Jahr 1975 beim Salzbergwerk Ronnenberg bei Hannover – auch zu Kollapsstrukturen oder Subrosionssenken an der Erdoberfläche führen. Im Jahr vor der plötzlichen Schließung waren aus dieser Grube noch 800.000 t Kalisalz gefördert worden. Erhebliche Probleme gibt es, wenn Salzbergwerke für die Einlagerung schwach- und mittelradioaktiver Abfälle, wie im Fall des ehemaligen Bergwerks Asse bei Wolfenbüttel (Niedersachsen), genutzt werden. Eine Bergung der defekten oder durch Salzlaugen korrodierten Fässer ist aufgrund der Einsturzgefahr von Hohlräumen hoch problematisch und wird extrem teuer. Eine Sanierung ist noch nicht in Sichtweite! Ähnlich ist die Situation im ehemaligen Salzbergwerk Morsleben, in das zu DDR-Zeiten radioaktives Material (LAW, MHW) in Fässern eingelagert wurde und das nach 1990 weitergenutzt wurde. Auch dort sollen die Fässer geborgen werden; diese müssen in sichere Endlager verbracht werden.

Bei der Rohstoffgewinnung in leicht löslichen oder verkarstungsfähigen Gesteinen (Salz, Gips, Karbonate) kann es infolge mechanisch bedingter Auflockerung zu einer erhöhten Wasserwegsamkeit und dadurch zu verstärkter Subrosion kommen. Werden diese geologischen Bedingungen nicht beachtet, können unerwartet Schäden an der Erdoberfläche auftreten. Die unkontrollierte Aussolung, aber auch die fehlerhafte Anlage von Kavernen in Salzdiapiren kann zu andauernden Schäden im Gelände oder an Bauwerken führen. Gleiches gilt für die Anwendung verschiedener Laugungsverfahren zur Rohstoffgewinnung in der Tiefe.

Während der oberflächennahe Tagebau unmittelbar sichtbare Schäden im Landschaftsbild, in der Vegetation und bei den Böden hinterlässt, wird beim Tiefbergbau die gesamte geologische Struktur gestört. Die bergbaulich bedingte Absenkung der Geländeoberfläche führt fast immer zu einer starken Störung des Grundwasserhaushalts. Außerdem sind Bergschäden an Gebäuden und Infrastrukturen infolge der ungleichförmigen Absenkung weit verbreitet. Ihr Ausmaß und die an der Erdoberfläche sichtbaren Veränderungen hängen wesentlich von der Abbautiefe und den Abbaumethoden ab. Eine häufige Folge sind die sogenannten Tagesbrüche, aber auch das Versiegen von Brunnen. Der Naturraum wird in Bergbauregionen zusätzlich durch Zechengebäude, Transportanlagen, Verhüttungsbetriebe, Kokereianlagen, Deponien oder Halden langanhaltend beansprucht. Die Immissionen können weiträumig zur Dauerbelastung werden. Besonders stark wird in der Regel der Grundwasserhaushalt in jenen Gebieten betroffen, in denen das Wasser aus großer Tiefe gehoben werden muss, um die fördernden Bergwerke oder Tagebaue trocken zu halten. Die bergbaulich bedingten Prozesse beeinträchtigen den Grundwasserhaushalt langfristig. Besonders problematisch ist, wenn es nicht gelingt, die salzhaltigen Grubenwässer von Trinkwasserressourcen fernzuhalten und auch an der Erdoberfläche getrennt abzuführen. Nach Beendigung des Bergbaus im Ruhrgebiet im Jahr 2018 darf auch der Wasserspiegel des Grundwassers keinen Kontakt mit Trinkwasser führenden Schichten haben. Daher darf der Grundwasserspiegel maximal bis -400 m unter Flur ansteigen, denn zwischen Trinkwasserspeicher – im nördlichen Ruhrgebiet die oberkreidezeitlichen Halterner Sande (bis 250 m mächtig) – und den salzhaltigen Tiefenwässern soll ein Mindestabstand von 150 m eingehalten werden. Derzeit wird Tiefenwasser noch an 10 Stellen gepumpt. Künftig werden 6 Hochleistungstauchpumpen das Tiefengrundwasser zutage fördern. Diese „Ewigkeitslasten" werden auf mindestens 5 Mrd. EUR veranschlagt, also fast die Hälfte der finanziellen Rückstellungen für die Gesamtlasten in der Nachbergbauzeit. Diese Beeinträchtigungen möglichst klein zu halten, ist eine ebenfalls wichtige Aufgabe der Umweltgeologie!

5.2.3 Schädigung der Biosphäre durch Schadstoffeinwirkungen

5.2.3.1 Saure Niederschläge und neuartige Waldschäden in Mitteleuropa

Die Ursachen des sogenannten „Waldsterbens" in Mitteleuropa in den letzten Jahrzehnten sind komplexer Natur. Die wissenschaftliche Kontroverse um die Ursachen spiegelt diese Tatsache wider. Bei allen Laborversuchen kann immer nur eine begrenzte

Zahl von Faktoren – um die Versuchsbedingungen überschaubar zu halten – berücksichtigt werden. Je einfacher die Versuchsanordnung, umso „klarer" ist meist das Ergebnis. Die Auswertung von Felduntersuchungen ergibt hingegen ein komplexes Ursachen-Wirkungs-Gefüge. Ein Ausblenden einzelner Faktoren vereinfacht zwar den Untersuchungsvorgang, erhöht aber gleichzeitig die Gefahr, dass entscheidende Wechselbeziehungen übersehen werden. Erschwerend kommt der zu berücksichtigende Zeitfaktor hinzu. Erst wenn alle natürlichen geologischen, biologischen, bodenkundlichen und hydrologischen Geländefunde einbezogen und darüber hinaus die forstwirtschaftlichen und klimatischen Voraussetzungen berücksichtigt werden, gelangt man hier zu verlässlichen Aussagen. Eine umfangreiche Studie über die Ursachen des Waldsterbens im Erzgebirge machte dies deutlich (B. LOMSKY et al. 2002). Hinsichtlich des methodischen Ansatzes als auch der interdisziplinären Durchführung sind zwei Forschungsprojekte hervorzuheben: das „Solling-Projekt" und das Forschungsprojekt „Naturpark Schönbuch", dessen landschaftsökologische Ausrichtung zu wesentlichen Erkenntnissen über die neuartigen Waldschäden beigetragen haben (B. ULRICH et al. 1979; G. EINSELE 1986).

Dass die sauren Niederschläge ein Produkt der Industriegesellschaft sind, durch deren Aktivitäten in Industrie, Verkehr und Energieerzeugung gasförmige und feste Schadstoffe in die Atmosphäre gelangen, ist heute unstrittig. Die Bildung von Schwefelsäure (H_2SO_4) und anderen Säuren erniedrigt den pH-Wert im Boden beträchtlich. Regenwasser, das zusätzlich angereichert ist mit Stoffen, die sich schon vorher aus der Luft auf den Blättern niedergeschlagen hatten, führt gleichfalls zu einer deutlichen Herabsetzung des pH-Werts im Boden; diese wird als Bodenversauerung bezeichnet. Sieht man davon ab, dass bereits unmittelbar an den oberirdischen Pflanzenorganen Schädigungen auftreten, so gilt es nach jahrelangen Untersuchungen als gesichert, dass auch das Wurzelwerk der Bäume entscheidend betroffen ist. Allerdings sind die schädigenden Prozesse nicht auf eine Ursache oder wenige auslösende Faktoren zurückzuführen, wie zum Beispiel die Schädigung der Mykorrhiza-Pilze etc., der Mikrofauna oder die erhöhte Mobilisierung von Schwermetallen infolge des stark gesunkenen pH-Wertes. Niedrige pH-Werte führen auch zur erhöhten Mobilisierung von Aluminiumionen (Al^{3+}), die pflanzentoxisch wirken. Auch die Auswaschung von Alkalien (Natrium und Kalium) sowie Erdalkalien (Kalzium und Magnesium) spielt dabei eine Rolle.

Auch führte die Abscheidung von basischen Stäuben aus der Luft durch Staubfilter bei Beginn der Luftreinhaltemaßnahmen zu verstärktem Anstieg des Säuregehalts der Niederschläge aufgrund mangelnder „Abpufferung". Bei dem langen wissenschaftlichen Streit in den 80er-Jahren war eine Reihe von Fragen zu beantworten: Wie sind jene Böden beschaffen, auf denen der Wald steht? Spielt der Aufbau des geologischen Untergrundes, auf dem sich diese Böden unter ganz bestimmten klimatischen Bedingungen gebildet haben, eine wesentliche Rolle? Inwieweit hat die Forstwirtschaft selbst bestimmte natürliche Grundlagen nicht beachtet? Welche Rolle spielen umweltpolitische Entscheidungen in den 60er-Jahren, die zur drastischen Verringerung der Staubemissionen und durch den Bau hoher Schornsteine zu einer scheinbaren Verringerung freigesetzter Luftschadstoffe führten? Wie wirken sich erhöhte Ozonwerte und ein verändertes Klima aus? In welcher Weise ist die Beschaffenheit der Niederschläge in Form von Regen, Nebel, Eis etc. ausschlaggebend für bestimmte Waldschäden? Antworten auf diese Fragen liefert eine landschaftsökologische Analyse.

Der geologisch geschulte Blick auf eine Karte der Waldverteilung in Deutschland genügt, um zu erkennen, dass sich hier der geologisch-tektonische Aufbau mit seinen strukturellen Baueinheiten widerspiegelt. Die unterschiedliche Beschaffenheit der Gesteine hat eine in geomorphologischer Hinsicht hochdifferenzierte Landschaft geschaffen, welche die physiogeographischen, hydrogeologischen und bodenkundlichen Gegebenheiten entscheidend mitgeprägt hat. Ferner war die Windrichtung mit dem Haupttransport der Schadstoffe und deren Quellen in Beziehung zu bringen, um die neuartigen Waldschäden zu erklären. Die heutige Waldverbreitung in Mitteleuropa ist im Wesentlichen vom Menschen bestimmt. Im Mittelalter wurde Wald dort gerodet, wo der Boden von Natur aus reich an Mineralen und pflanzenverfügbaren Nährstoffen war, ferner dort, wo der Bodenaufbau und die Bodenstruktur für günstige Wasser- und Nährstoffverhältnisse sorgten. Verstärktes Bevölkerungswachstum und der dadurch gestiegene Bedarf an landwirtschaftlicher Nutzfläche führten in den vergangenen Jahrhunderten schließlich dazu, dass relativ mineralarme, vielfach zur Bodenversauerung neigende Böden als Waldstandorte anteilsmäßig zunahmen. Es sind häufig Grenzertragsböden, die heute wieder bewaldet sind. Sie liegen zudem in größerer Höhenlage. Im 19. Jahrhundert wurden die in Deutschland weitverbreiteten Böden des Buntsandsteins wegen ihrer Nährstoffarmut sogar als „nationales Unglück" von den auf landwirtschaftlichen Nutzen bedachten Geologen und Volkswirtschaftlern angesehen. Gerade diese Gebiete gehören heute zu den „grünen Lungen" und zu jenen Gebieten, die für den Wasserhaushalt größte Bedeutung haben.

Die Hoch- und Kammlagen der deutschen Mittelgebirge, die meist bewaldet sind, bestehen in der Regel aus harten Gesteinen wie Sandsteinen, Quarziten oder Grauwacken – wie im Harz, Siegerland, Sauerland, Taunus, Hunsrück, Frankenwald, Erzgebirge – oder sauren Graniten und Gneisen (zum Beispiel Schwarzwald, Bayrischer Wald, Fichtelgebirge). Sie sind letztlich ein Erbe aus dem Devon und Karbon (D. E. MEYER 2002b). Ihre Verbreitungsgebiete gehören zu den waldreichsten Regionen in Deutschland. Es waren zugleich auch jene Gebiete, in denen die Waldschäden besonders hoch waren. Die Frage, ob eine Neigung dieser Böden und ihres Gesteinsuntergrundes zur Versauerung vorliegt, ist grundsätzlich zu bejahen. Die Untersuchungen von Böden im Siegerland, im nördlichen Frankenwald sowie im Harz, im Fichtelgebirge oder im Erzgebirge, wo der Wald in den Hoch- und Kammlagen besonders stark vorgeschädigt war, ließ erkennen, dass hier die Böden von Natur aus einen sehr ungünstigen Mineral- und Nährstoffhaushalt aufweisen. Auf den quarzreichen unterdevonischen Siegener Schichten im Siegerland kommen zum Beispiel vor allem Braunerden mit nur geringem Gehalt an austauschbaren basischen Kationen (Ca^{2+}, Mg^{2+}) und wegen Tonmineralmangel nur geringer Sorptionsfähigkeit für Pflanzennährstoffe vor. Der niedrige Basengehalt basiert auf dem Fehlen karbonatischer Komponenten in den Ausgangsgesteinen. Durch anthropogenen Einfluss kam es hier teilweise zu „geköpften" Bodenprofilen, bei denen der humusreiche A-Horizont erodiert wurde (H. GRABERT und H.-D. HILDEN 1972). Im Erzgebirge, das vom Waldsterben besonders stark betroffen war, waren die Kammlagen fast kahl und die dortigen Böden hochgradig versauert (B. LOMSKY et al. 2002). Im nordwestlichen Frankenwald sind im Bereich des Bergaer Sattels vor allem altpaläozoische Schichten verbreitet, auf denen sich – mit Ausnahme der devonischen Diabase – überwiegend nährstoffarme Braunerden entwickelten. Vor allem die Höhenrücken und stärker geneigten Hänge im Verbreitungsgebiet der nährstoffarmen Grauwacken und Schiefer des Unterkarbons wurden deshalb weitgehend waldbaulich genutzt. Hier handelt es sich um basenarme Sandböden, die bei geringer Sorptionsfähigkeit und vorherrschender Untergrunddurchlässigkeit zur Auswaschung von Alkalien, Erdkalien sowie von Eisen- und Aluminiumverbindungen Anlass gaben. Die Bodenreaktion ist daher sauer bis stark sauer. Die Armut an pflanzenverfügbaren Nährstoffen (K^+, P_2O_5) sowie der Mangel an austauschbaren Ca^{2+} ist groß.

Geringes Wasserspeichervermögen, hohe Erosionsgefährdung und Neigung zur Austrocknung sind generell ungünstig für eine ackerbauliche Nutzung. Die auf sauren, quarzreichen Gesteinen entstandenen Böden sind meistens recht nährstoffarm, sodass sie nur stellenweise landwirtschaftlich genutzt werden. An dieser Stelle sei betont, dass Wasser im normalen Gleichgewicht mit dem CO_2 der Luft einen pH-Wert von 5,7–5,8 aufweist, während bei saurem Regen der pH-Wert teilweise bis 2 abfällt! Hohe Schornsteine von Kraftwerken, Hüttenwerken und anderen Industrieanlagen waren über Jahrzehnte für die weite Verbreitung der sauren Niederschläge die Hauptursache. Dieser „Verdünnungseffekt" war von den Verursachern beabsichtigt, denn darin bestand die „Logik" der „Hochschornsteinpolitik", die ursprünglich sogar bis 400 m hohe Schornsteine in großen Höhen des Mittelgebirges plante. Industrieabgase wären dann durch in Mitteleuropa vorherrschende Westwindlage bis weit nach Osten gelangt! Aufgrund der Rauchgasentschwefelung und des Rückgangs der Schwerindustrie sind im Ruhrgebiet die Schwefeldioxid-Gehalte seit 1998 inzwischen sogar auf Werte deutlich unter 10 µg/m^3 gesunken. Diese Gehalte lagen bis 1964 noch über 200 µg/m^3, bei austauscharmen Inversionswetterlagen sogar bis > 3000 µg/m^3 im mittleren Ruhrgebiet (W. KUTTLER et al. 2015, S. 34).

5.2.3.2 Schädigung der Biosphäre durch Luftschadstoffe

Klimaveränderungen haben im Verlauf der Erdgeschichte immer großen Einfluss auf die Evolution und das Wachstum von Pflanzen und Tieren gehabt. Auch relativ kurzfristige Schwankungen, wie sie durch Vulkanausbrüche hervorgerufen werden, haben regional und global zu großen Auswirkungen geführt. Als Beispiele seien hier nur die Vulkanausbrüche auf Island an der Lakispalte (1783), sowie in Südostasien des Tambora-Vulkans (1815) und des Krakatau (1883) genannt. Eine jahrelange weltweite Abkühlung war jeweils die Folge dieser gewaltigen Vulkaneruptionen. Zehntausende von Menschen und Tieren starben durch den Krakatau-Ausbruch – insbesondere durch Missernten, welche die Folge der durch die Eruption ausgelösten zeitweisen Klimaverschlechterung waren. Das Jahr 1816 – nach dem Tambora-Ausbruch – ging als „Jahr ohne Sommer" in die Geschichte ein! Während der quartären Eiszeiten kam es auch großräumig zu

Klimaänderungen, deren Folge eine erhebliche Verschiebung der Pflanzengürtel war. Klimawechsel hatten letztlich das Aussterben zahlreicher Tierarten – wie des Mammuts und des Höhlenbären – zur Folge.

Die Erdgeschichte hat gezeigt, dass sich bei langfristigen Klimaänderungen große Krisen für die Ökosysteme und den Bestand bestimmter Arten ergeben können. Die Grundvoraussetzungen für das Leben auf der Erde würden durch eine weitgehende Zerstörung der Ozonschicht wesentlich verändert. Die dadurch verstärkte UV-Strahlung würde zu einer stark erhöhten Mutagenitätsrate führen. Im Zusammenwirken mit den heutigen massiven Eingriffen des Menschen in die Evolution könnte es somit innerhalb geologisch relativ kurzer Zeit zum Aussterben bereits stark gefährdeter Pflanzen- und Tierarten kommen. Derartige Veränderungen müssen daher mit den Massenaussterben im Laufe der Erdgeschichte verglichen werden, auch wenn deren spezielle Ursachen unklar sind. Weitreichende Folgen für die Biosphäre hat die globale Klimaerwärmung um bisher rund 1 °C durch einen weiteren CO_2-Anstieg, der durch die zunehmende Verbrennung fossiler Energierohstoffe bedingt ist (s. Kap. 7). Nach Auffassung des Weltklimarates würden sich die Klimazonen und damit auch alle Vegetationszonen der Erde erheblich verschieben.

Der anthropogene Eintrag von Gasen und toxischen Elementen in die Ökosysteme auf dem Weg über die Atmosphäre bewirkt generell eine Störung der biotischen und abiotischen Faktoren. Infolge des sauren Regens kommt es zu einer Versauerung von Böden und Seen, die schließlich zum Aussterben höher entwickelter Lebensformen in den betroffenen Seen, zum Beispiel in Skandinavien, in den Neuenglandstaaten/USA oder im Sudbury-Distrikt in Ontario/Kanada, führt. So war zum Beispiel in mehr als der Hälfte der 200 Seen in den Adirondacks der pH-Wert auf Werte deutlich unter 5 gesunken. In fast allen dortigen Seen starben die Fische aus. Die herrschenden Klimabedingungen (Windrichtung, Windgeschwindigkeit usw.) spielen bei der Verbreitung von Schadstoffen immer eine entscheidende Rolle. In Mitteleuropa starben die Wälder auch in solchen Regionen, die weit entfernt von den Emissionsquellen lagen, wenn ein entsprechender Ferntransport gegeben war. Die Primärproduktion der Biosphäre wird in betroffenen Gebieten infolge wachsender Schadstoffbelastung längerfristig zurückgehen. Es ist auch denkbar, dass aufgrund sich weiter verschlechternder natürlicher Umweltbedingungen die Agrarproduktion trotz weltweit steigendem Dünger- und Energieeinsatz sinkt.

Die Reaktionsmechanismen, die zur Schädigung der Ökosysteme führen, sind vielfältig und komplex. So kommt es darauf an, ob die Ablagerung der Schadstoffe nass, trocken oder aus der gasförmigen Phase erfolgt. Bei Pflanzen werden vor allem die äußeren Organe (Blätter, Nadeln) geschädigt; aber auch über die Wurzeln werden stark toxische Elemente und Verbindungen aufgenommen. Dabei sind in den Boden eingewaschene Schadstoffe wirksam; sie erzeugen Veränderungen des chemischen, bodenphysikalischen und auch des mikrobiologischen Milieus. Eine Schädigung der Baumwurzeln, die durch absterbende Pilzhyphen bedingt ist, ist in Kombination mit Frost und anderen Faktoren für Waldschäden mitverantwortlich. Eine differenzierte

Betrachtung ist also erforderlich. Dies gilt für die Vielzahl der in der Luft befindlichen Stoffe aus anthropogenen wie natürlichen Quellen ebenso wie die atmosphärisch gesteuerten Kreisläufe unter sich ändernden Klimabedingungen.

5.2.3.3 Herkunft von Schwermetallen in der Umwelt

Durch Rohstoffgewinnung und -verarbeitung – vor allem von Erzen, aber auch von fossilen Brennstoffen – werden in erhöhtem, zum Teil sogar extremem Umfang Schwermetalle mobilisiert. Dies geschieht zumeist bei niedrigen pH-Werten (unter pH 5). Hierzu gehören vor allem folgende Metalle: Blei, Zink, Kupfer, Nickel, Kobalt und Uran, das radioaktiv ist und über eine Zerfallsreihe zu drei Bleiisotopen führt (A. V. Hirner et al. 2000). Radon ^{222}Rn wird gasförmig aus Graniten und ähnlichen Tiefengesteinen, aber auch aus Schwarzschiefern und Kohleaschen freigesetzt (A. Siehl 1996). Alte Halden in Erzbergbaugebieten – wie dem Erzgebirge, dem Oberharz, Schwarzwald und der Nordeifel – sind noch heute, oft nach Jahrhunderten, vegetationslos. Lediglich schwermetallliebende oder -tolerante Pflanzenarten und Flechten sind dort verbreitet. Aber auch aus Steinkohlebergehalden werden Schwermetalle durch Verwitterung freigesetzt (vgl. Abb. 5.35).

Da viele Erze vor allem in der Erdkruste in sulfidischer Form vorliegen, entstehen bei der Verwitterung an der Erdoberfläche durch Sauerstoff Schwefelsäuren. Diese wiederum erhöhen die Löslichkeit der Schwermetalle. Vielfach kommt in diesen Erzen Pyrit (FeS_2) vor, der über mehrere Oxidationsstufen zu Eisenoxiden bzw. -hydroxiden verwittert. Insbesondere Haldenrückstände und windverdriftete Stäube können über lange Zeit Quellen von toxischen Schwermetallverbindungen sein. Es genügen oft Elementkonzentrationen von einigen Hundert ppm, um das Pflanzenwachstum zu behindern. Auch in den Braunkohlelagerstätten kommt als Sulfid das Mineral Pyrit (FeS_2) vor, sodass die Kippen der Braunkohletagebaue durch die Oxidation dieser Eisensulfide zur Quelle saurer Lösungswässer werden. Diese wiederum lassen die Tagebauseen versauern. Neben den Hauptmetallen werden weitere Metalle und Schwermetalle freigesetzt, die in Böden und Gewässer und damit in die Nahrungskette – bis hin zum Menschen – gelangen.

Besonders sind es die von folgenden Erzlagerstättentypen, in denen die Metalle hauptsächlich vorkommen:

	Lagerstättentyp	Chemische Verbindungen von Metallen (Hauptmetalle)
1.	Blei-Zink-Lagerstätten	Sulfide, Karbonate, Phosphate, Sulfate (Pb, Zn)
2.	Kobalt-Nickel-Lagerstätten	Sulfide, Arsenate, Arsenide (Co, Ni)
3.	Kupferlagerstätten	Sulfide (Cu, Fe)
4.	Eisenerzlagerstätten	Sulfide, Oxide (Fe, Ti)
5.	Silberlagerstätten	Sulfide (Ag)
6.	Kohlelagerstätten	Sulfide (Fe)
7.	Uranlagerstätten	Oxide, Phosphate, Vanadate (U, Pb)
8.	Eisen-Mangan-Lagerstätten	Oxide, Sulfide (Fe, Mn)

Die vor allem bei der Sauerstoffverwitterung und Hydrolyse entstehenden Verbindungen sind leichter oder auch schwerer lösliche Salze, die durch Wasser, Wind und Bodenlösungen verfrachtet werden. Es kann daher in bestimmten Bodenhorizonten zu Anreicherungen der Metalle kommen. Dabei kann sowohl die Sorptionsfähigkeit bestimmter Minerale und Humusformen als auch der pH-Wert und das Redoxpotenzial ausschlaggebend sein. Auch Fließgewässer und Seen weisen oft deutlich erhöhte Gehalte auf – sowohl in Gebieten, wo die genannten Lagerstätten vorkommen, als auch dort, wo eine bergbauliche Gewinnung stattfand. Finden die Aufbereitung der Erze und die Verhüttung am gleichen Ort statt, sind die Metallkonzentrationen in Luft, Wasser und Böden – auch in der weiten Umgebung – besonders hoch. In Böden und Sedimenten kommen dann Konzentrationen bis zu mehreren Tausend ppm vor. Ein Beispiel in Deutschland ist die Bleierzlagerstätte von Mechernich/Nordeifel, wo auch nach Schließung des Bergbaus und teilweiser Rekultivierung Blei in hohen Konzentrationen vorkommt, zum Teil allerdings in schwer löslicher Verbindung (J. Schalich et al. 1986).

Auch alle Industriebetriebe, die Blei und andere Schwermetalle verarbeiten oder vorarbeiteten – wie im Raum Hagen – sind Hauptemittenten. Ökotoxikologisch war Blei von besonderem Interesse, weil dieses Schwermetall von Tier und Mensch in sehr unterschiedlichen Verbindungen aufgenommen wurde (U. Ewers und H.-W. Schlipköter 1991; A. V. Hirner et al. 2000, S. 259 ff.). So wurde Blei bei der Herstellung von Bleiakkumulatoren, von Wasserleitungen (Bleirohre) sowie dem Bleizusatz im Benzin für Ottomotoren eingesetzt. Schon im alten Ägypten fand Blei vor über 4000 Jahren Verwendung – etwa zum Glasieren in der Töpferei. Ein weiteres Beispiel, in welcher ungeheuren Menge Schwermetalle in alle Kompartimente der Umwelt gelangen, ist die Nickel-Magnetkies-Lagerstätte von Sudbury in Kanada (J. O. Nriagu et al. 1982; D. E. Meyer 1986). Entsprechend der Genese und mineralogischen Zusammensetzung aller oben genannten Lagerstättentypen und der Verwendung der aus ihnen gewonnenen Metalle lassen sich Aussagen darüber machen, in welchen natürlichen oder anthropogenen Kompartimenten sie angereichert sind. Die Anreicherung von Schwermetallen in den Seen um den Sudbury-Komplex zeigt die Tab. 5.6.

Tab. 5.6 Anreicherung von Schwermetallen in den Seen um den Sudbury-Lagerstättenkomplex/Ontario (nach Angaben von Nriagu et al. 1982, aus D. E. Meyer, 1986)

	Ø Konzentration in suspendierter Fracht im 30-km-Radius [µg/g]	Akkumulierte Metallmenge in den Seesedimenten [mg/m^2/Jahr]	Anreicherungsfaktor gegenüber den Oberflächensedimenten Faktor x
Nickel (Ni)	1500	100–600	12–115
Kupfer (Cu)	420	50–300	10–77
Blei (Pb)	540	10–60	2–10
Zink (Zn)	360	5–30	2–8
	Insgesamt 2820	5–600	2–115

5.2 Umweltrelevante sekundäre Folgen der Eingriffe

Tab. 5.7 Weltweiter Verbrauch umweltrelevanter Schwermetalle im Vergleich zu ihrer anthropogenen Immission in die Atmosphäre (berechnet nach Angaben von Niriagu 1979, aus D. E. Meyer 1986)

	Metallverbrauch $[10^9$ kg]			Immission in die Atmosphäre $[10^6$ kg]		
	Vor 1900	1900–1980	Anteil Nach 1900 [%]	Vor 1900	1900–1980	Anteil Nach 1900 [%]
Cd	–	0,5	100	82	234	74,1
Cu	58	249	81,1	412	1763	81,1
Pb	80	161	66,8	3520	15 933	81,4
Ni	0,2	16,8	98,8	12	991	98,8
Zn	65	185	74	3645	10 350	74
	Σ 203,2	Σ 612,3		Σ 7671	Σ 29 271	
	815,5 · 10^9 kg			36 942 · 10^6 kg		
	(= 815,5 Mio. t)			(= 36,9 Mio. t)		

Die anthropogenen Immissionen in die Atmosphäre erfolgen vor allem bei der Verhüttung und hängen im Wesentlichen vom weltweiten Metallverbrauch ab, der für die Zeit vor 1900 und die Zeit 1900 bis 1980 in der Tab. 5.7 dargestellt ist.

5.2.4 Altlasten, radioaktive Abfälle und deren Endlagerung

5.2.4.1 Altlasten, Altablagerungen und Altstandorte auf dem Festland und im Meer

Als Altlasten, deren Dokumentation in Deutschland inzwischen weitgehend abgeschlossen ist, werden umweltgefährdende Stoffe jeder Art bezeichnet, die als Reststoffe und Abfälle auf dem Betriebsgelände von Industrieanlagen, Kokereien, Chemiefabriken oder Kläranlagen auf der Erdoberfläche, im Boden oder im tieferen Untergrund zurückgelassen wurden. Diese Stoffe können auch in Behältern eingebracht worden sein, die mit der Zeit undicht werden oder korrodieren. Durch spätere Aktivitäten können diese Altlasten wieder freigelegt werden und die Umwelt direkt gefährden. Oft wurden diese Stoffe – wie Altöle, Teer, Giftgas, Dioxin oder Kampfstoffe – fahrlässig und ohne Konzept in oberflächennahen oder grundwasserführenden Schichten gelagert. Wie viele solcher chemischer „Zeitbomben" im Boden schlummern, lässt sich nur vermuten. In Deutschland dürften es viele Zehntausend solcher Altlasten sein, die ein hohes latentes Gefährdungspotenzial darstellen. Kontaminationen der weiteren Umgebung werden oft nur durch Zufall entdeckt. Eine Sanierung derartiger Gebiete – vielfach handelt es

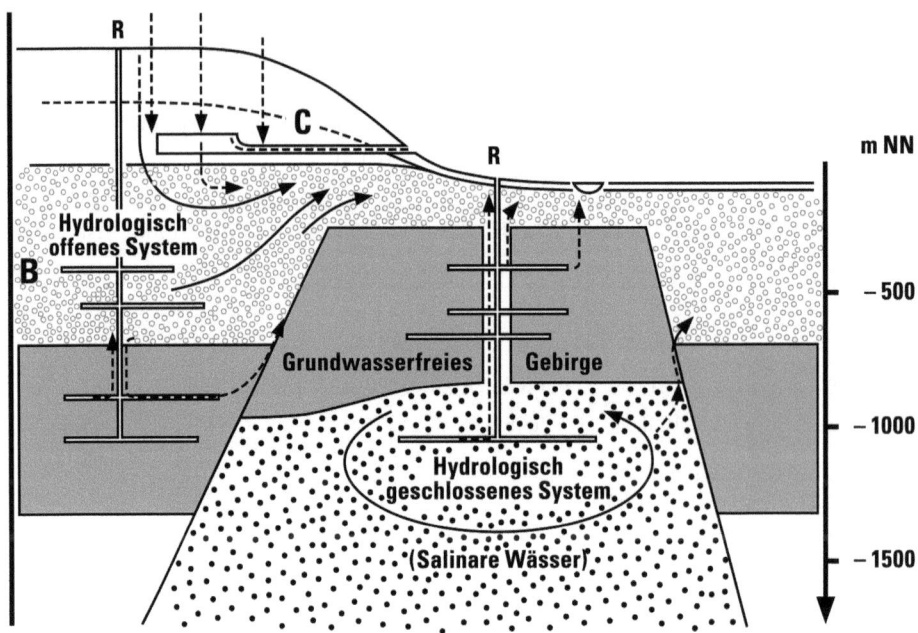

Abb. 5.55 Fließwege von Grundwasser durch Lockergesteine in einem hydrologisch offenen System, das sowohl mit dem Oberflächenwasser als auch mit dem Wasser aus tiefer gelegenen Festgesteinen kommuniziert. In einer tektonischen Hochscholle (Horst) herrschen grundwasserfreie Verhältnisse oder ein hydrologisch geschlossenes System (zum Beispiel Salzwasser); begrenzte hydraulische Kontakte existieren längs der tektonischen Verwerfungen (verändert nach J. Thein 1993)

sich um großflächige ehemalige Industrie- oder Verkehrsanlagen – ist notwendig. Um Grundwassergefährdungen durch Emissionen aus Altlasten zu vermeiden, ist eine flächenmäßige Dokumentation in allen Bundesländern Deutschlands schon deshalb erforderlich, weil die Grundwasserlandschaften weder mit den politischen Grenzen noch mit den Grenzen der Einzugsgebiete der Flüsse identisch sind.

Die Aufsuchung und Erkundung von Altlasten geschieht mithilfe von Bohrungen, geophysikalischen Verfahren, chemischen Tests von Bodenproben sowie Luftbildauswertungen. Es schließt sich die Erkundung der geologischen und hydrogeologischen Rahmenbedingungen an: Schichtenaufbau, Gesteinstypen, Mineralbestand, Durchlässigkeit, Lage des Grundwasserspiegels. Der Probennahme (v. a. Wasser-, Boden- und Gasproben) durch Bohrungen folgen Laboruntersuchungen, wobei es insbesondere um Giftigkeit und Migrationsverhalten der Stoffe geht. Entscheidend für die Beurteilung, auf welchem Wege sich Schadstoffe ausbreiten können, sind die hydrogeologischen Verhältnisse, wie sie in Abb. 5.55 dargestellt sind. Die Gefährdungen für den Menschen müssen abgeschätzt werden, ehe es am Standort zu Sanierungsmaßnahmen kommt. Derartige „in situ"-Maßnahmen können eine Abdeckung sein, aber auch eine seit-

5.2 Umweltrelevante sekundäre Folgen der Eingriffe

Abb. 5.56 Ehemalige Ölschiefergrube Messel bei Darmstadt; in dieser Grube wurde zunächst eine Mülldeponie geplant und eine Basisabdichtung sowie Wasserhaltung geschaffen, ehe die Grube 1995 zum UNESCO-Naturerbe (Fossilien aus der Eozän-Formation) ernannt wurde

liche Abdichtung durch Spundwände sowie Basis- bzw. Sohlabdichtungen durch Ton oder andere Materialien (vgl. Abb. 5.56). Aber auch eine Einkapselung oder chemische Immobilisierung der Schadstoffe kommen infrage. Zur speziellen Probennahme sind vielfach Kernbohrungen unerlässlich, um exakte Daten im Labor zu ermitteln. Schließlich erfolgt eine Bewertung möglichst durch Altlastensachverständige (M. KERTH, 2015, S. 94–101). Bewertungskonzepte für größerflächige Altablagerungen und Altstandorte wurden bereits von L. KRAPP (1995, S. 111 ff.) entwickelt. Danach wird aufgrund der gesetzlichen Vorschriften geprüft, welche Maßnahmen zu treffen sind – zum Beispiel im Hinblick auf den Boden- und Gewässerschutz.

Eine Abtragung bzw. völlige Auskofferung der Altlast ist dann erforderlich, wenn eine akute oder dauerhaft hohe Gefährdung vorliegt. Als Behandlungsverfahren nach Abtragung bzw. Auskofferung der Altlast werden unterschiedliche Verfahren eingesetzt:

- physikalische und/oder chemische Aufbereitung,
- biologische und mikrobiologische Behandlung,
- Verbrennung und thermische Verfahren der Bodenreinigung,
- Deponierung an anderer, sicherer Stelle,
- Bodenwäsche und Wiederverwendung des Materials.

In Deutschland werden alle aus der Zeit vor 1972 stammenden stillgelegten Anlagen und Grundstücke, auf denen Abfälle gelagert oder verfüllt wurden, als Altablagerungen bezeichnet. Oft sind deren Verursacher nicht mehr zu ermitteln oder diese existieren nicht mehr. Mit Inkrafttreten des Bundes-Bodenschutzgesetzes (BBodSchG) sind ordnungsgemäße Deponien zu errichten, die langfristig zu überwachen sind.

Altlasten wurden zwar kartenmäßig erfasst, aber nur dann saniert, wenn eine akute Umweltgefährdung bestand. Schätzungsweise existieren in Deutschland einige Hunderttausend Altlasten und Altstandortverdachtsflächen. Allein in Nordrhein-Westfalen beträgt die Zahl von Altlastenablagerungen und Altstandorten über 82.000; diese wurden im Zeitraum 1985–2012 erfasst – mit weiterhin zahlenmäßig steigender Tendenz! (http://www.lanuv.nrw.de). Eine besondere Form sind die kriegsbedingten Altlasten in Form von Sprengstoffen, Bomben, Munition und anderen Kampfstoffen aus dem 1. und 2. Weltkrieg. Auch ehemalige Standorte von Munitionsfabriken und militärische Übungsplätze zählen dazu. Erst in jüngerer Zeit findet eine systematische Erforschung und Erkundung von militärischen Altlasten und Anlagen statt.

Im Ruhrgebiet, wo Altlasten und Altstandorte meistens direkt nebeneinanderliegen und die Eigner sehr oft wechselten, sind alte Dokumente und Befragungen wichtig. Eine Oberflächenabdeckung ist ratsam, um Sickerwässer – etwa bei lange Zeit brachliegenden Flächen – zu reduzieren. Die Zahl umweltgefährdender Altlasten ist hier besonders hoch. So gab es allein rund 20 Kokereistandorte. Diese sind besonders durch polyzyklische aromatische Kohlenwasserstoffe (PAK) belastet (K. HOFFMANN 1993a, S. 94 ff., 1996; S. 88–122 in H. NEUMAIER und H. H. WEBER 1996). Auf die extreme Langlebigkeit von Teerölphasen wies M. KERTH (2013, S. 231–237) hin. Diese kann bis zu 1000 Jahre betragen. Insofern stellt sich die Frage der Nachhaltigkeit unter Einhaltung der Umweltqualitätsziele in besonderer Weise. Neben dem geochemischen Verhalten spielt für das Langzeitverhalten der Stoffe ihre abfalltechnische Behandlung eine entscheidende Rolle (U. FÖRSTNER 1994, S. 181 ff.). Nachprüfungen sind dann wichtig, wenn ehemalige Industrieflächen – wie Raffinerien, Chemiestandorte oder Bergbaugelände – umgenutzt wurden. In Deutschland haben die Bundesländer eigene Abfallgesetze erlassen, die neben den Landeswassergesetzen den Umgang mit Altlastverdachtsflächen regeln.

Die bisherigen Strategien der Abfallentsorgung waren, diese auf den Wasser-, Boden- und Luftpfad zu schicken. Im Einzelnen wurden dabei folgende Verfahren angewandt:

1. Entgiftung durch Zerstörung (zum Beispiel Verbrennung toxischer Substanzen),
2. Verdünnung und Konzentrationsverminderung,
3. Verbringung in abgelegene Gebiete der Tiefsee oder in Tiefseegräben,
4. Deponien und Endlager (in tieferen Gesteinsschichten).

Abfälle ganz zu vermeiden, indem man Stoffkreisläufe schafft, oder die Abfälle zu recyceln, ist erst in den beiden letzten Jahrzehnten verwirklicht worden. Dabei ist es sinnvoll, sich die Stoffkreisläufe vom geowissenschaftlichen Standpunkt aus klarzumachen.

Die in der Bundesrepublik geltende gesetzliche Grundlage bietet das Gesetz zur Förderung der Kreislaufwirtschaft und Sicherung der umweltverträglichen Bewirtschaftung von Abfällen (Kreislaufwirtschaftsgesetz – KrWG) (http://www.gesetze-im-internet.de/bundesrecht/krwg/gesamt.pdf). Eine vollkommene Kreislaufwirtschaft setzt jedoch voraus, dass die natürlichen Stoffkreisläufe und damit auch alle geologischen und geochemischen Prozesse einbezogen werden!

5.2.4.2 Radioaktive Abfälle und ihre Entsorgung

Die Herstellung von Atomwaffen aus radioaktiven Elementen, die in der Natur vorkommen (vor allem Uran und Thorium) sowie die Verwendung von Uran-235 zur Energieerzeugung in Kernkraftwerken sind die Hauptquellen hochradioaktiver Abfälle. Weitere Industrie- und Technikzweige sowie die Medizin erzeugen größere Mengen an mittel- und schwachradioaktiven Abfällen. Die Zahl der in der Natur vorkommenden Radioisotope, die zum Teil sehr langlebig sind, liegt bei 60. Hinzu kommt eine Vielzahl vom Menschen technisch erzeugter Radionuklide. Die natürlichen Radionuklide kommen in Gesteinen der Erdkruste vor oder sie sind kosmogenen Ursprungs. Besonders wichtig sind die Zerfallsreihen die Zerfallsreihen der 14 Actinoide mit ihren Mutternukliden Thorium-232, Uran-235 (U-235) und Uran-238. Allein die Zerfallsreihen dieser drei Nuklide umfassen rund 3 Dutzend radioaktive Isotope, die beim Zerfall entstehen und unterschiedliche Halbwertzeiten aufweisen. Viele Gesteine und die in ihnen enthaltenen Minerale enthalten in geringer Menge radioaktive Isotope – wie zum Beispiel Granit oder Schwarzschiefer, aus denen in höherer Konzentration das radioaktive Edelgas Radon (^{222}Rn) entweicht. Mensch und Umwelt werden dadurch von Natur aus belastet (A. SIEHL 1996; J. WIEGAND und G. BÜCHEL 1997). Seit der Entwicklung von Kernwaffen im 2. Weltkrieg und dem Abwurf von Atombomben auf die japanischen Städte Hiroshima und Nagasaki im Jahr 1945 hat die kriegstechnische und industrielle Nutzung weltweit in dramatischem Maße zugenommen. Dementsprechend stieg die Radioaktivität in der Atmosphäre vor allem durch die oberirdischen Atombombenversuche an. Diese Kernwaffentests sind zwar seit 1963 verboten, wurden aber zum Teil – auch unter Wasser und unterirdisch – fortgesetzt (insgesamt fast 2100 Tests seit 1945).

Die Nutzung radioaktiver Stoffe stellt weltweit zweifellos in mehrfacher Hinsicht eine völlig neue Bedrohung des Menschen dar. Dies gilt nicht nur für terroristische Anschläge oder einen möglichen Kriegseinsatz von Atomwaffen in Zukunft, sondern auch für die sogenannte „friedliche" Nutzung, wenn es nicht gelingt, radioaktive Abfälle sicher zu entsorgen. Insofern ist die Endlagerung solcher Abfälle eine der größten Herausforderungen, der sich Wissenschaft und Technik in nächster Zukunft stellen müssen. In Deutschland kam im Jahre 2015 eine Arbeitsgruppe der sogenannten Endlagersuchkommission des Bundestages sogar zu der Einschätzung, dass erst zwischen 2095 und 2170 n. Chr. eine verschlossene Endlagerstätte für hochradioaktive Stoffe denkbar ist. Zuständig für die Errichtung von Endlagern ist in Deutschland der Bund. Mitbeteiligt ist das Bundesamt für Strahlenschutz in Salzgitter (http://www.bfs.de). Deshalb ist es heute umso dringlicher, die bereits bestehenden und künftigen Zwischenlager abzusichern. Die Nuklearabfälle werden dort noch Jahrzehnte lagern, wenn es nicht doch gelingt, ein Endlager früher fertigzustellen. Die „Kommission

Lagerung hochradioaktiver Abfallstoffe" hat in ihrem Abschlussbericht 2016 einen Endlagerstandort bis 2031 vorgesehen. Weiterer wichtiger Partner bei der Sicherung ist die Physikalisch-Technische Bundesanstalt (PTB) als Bundesbehörde.

Es wird geschätzt, dass allein der Rückbau und Abriss der stillgelegten deutschen Atomkraftwerke über 300 Mrd. EUR kosten wird. Dieser Rückbau ist insgesamt ein sehr komplexer Vorgang, wie zum Beispiel der derzeitige Abbau des KKW Greifswald/ Lubmin in Mecklenburg-Vorpommern, das offiziell 1995 stillgelegt wurde, zeigt. Die Kosten werden auf bis zu 5 Mrd. EUR veranschlagt. In Frankreich sind zum Beispiel derzeit 58 Reaktoren in Betrieb, die im Lauf der nächsten Jahrzehnte stillgelegt werden müssen. Im Übrigen ist in den kommenden Jahrzehnten der Abriss von Hunderten Atomkraftwerken weltweit erforderlich. Anfang 2020 waren in 31 Ländern noch 442 Kernkraftwerke in Betrieb, die etwa 10 % der Weltstromerzeugung abdecken (NUKLEARFORUM SCHWEIZ 2020). Mit den derzeit noch über 50 im Bau befindlichen werden auf der Erde bald annähernd 500 Reaktoren in Betrieb sein. Hierbei geht es nicht nur darum, die abgebrannten hochradioaktiven Kernbrennstäbe sicher zu entsorgen, sondern auch alle baulichen Einrichtungen, die in den KKWs verstrahlt wurden. Je nach Abfallart ist eine Konditionierung notwendig, ehe diese gefährlichen Reststoffe endgelagert werden. Eine solche Konditionierung umfasst sämtliche Maßnahmen der Behandlung radioaktiver Abfälle, um diese sicher zu transportieren, zwischenzulagern und zur Endlagerung vorzubereiten. Auch eine Einschließung hochradioaktiven Abfalls in künstliche Gesteine (zum Beispiel Beton, Synroc), Glas oder Keramik könnte einer Endlagerung vorausgehen.

Um eine sichere Entsorgung und völlige Abschirmung von der Biosphäre zu gewährleisten, ist zunächst die genaue Kenntnis der radioaktiven Abfallstoffe erforderlich:

- Element (radioaktives Isotop, Radionuklid)
- Stärke der Strahlung (Aktivität) in Becquerel (Bq)
- Zerfallsdauer (physikalische Halbwertszeit $T_{1/2}$)
- Arten der Strahlung (α-, β-, γ-Strahler)
- Aggregatzustand (fest, flüssig, gasförmig)
- Konzentration (in Verdünnung oder Anreicherung)
- Wärmeentwicklung beim Zerfallsprozess

Da in der Halbwertszeit $T_{1/2}$ die Hälfte des Radionuklids „zerfällt" – also in ein stabiles oder radioaktives Tochterelement umgewandelt wird – nimmt die Aktivität im Lauf der Zeit ab; die Maßeinheit ist heute Becquerel, wobei 1 Bq gleich 1 Zerfall pro Sekunde ist. Bei der α-Strahlung werden Helium-Kerne abgestrahlt, bei der β-Strahlung sind es Teilchen in Form von Elektronen oder Positronen, während die γ-Strahlung und die Röntgenstrahlung elektromagnetischer Natur sind. Vielfach handelt es sich beim Zerfall um ganze Zerfallsketten, wobei sich zahlreiche Tochternuklide bilden – wie beim Uran-238-Zerfall bis zum stabilen Blei-206 (= „Uranblei"). Vom radioaktiven Element Plutonium (Pu) kommt nur das sehr seltene und langlebigste Isotop Pu-244 in der Natur

5.2 Umweltrelevante sekundäre Folgen der Eingriffe

vor. Die übrigen Radioisotope Pu-235 bis 243 entstehen nur künstlich bei Kernspaltungsprozessen. Von diesen, so schätzt man, gelangten bisher bis zu 5 t in die Umwelt (Kernwaffentests, Leckagen, Unfälle etc.).

Allgemein lassen sich schwach-, mittel- und hochradioaktive Abfälle unterscheiden. Manche radioaktiven Isotope gefährden die Biosphäre und den Menschen in besonders hohem Maße – wie zum Beispiel Strontium-90, Caesium-134, Caesium-137, Plutonium 241 – infolge der Aufnahme durch den Körper und Einbau ins Gewebe (zum Beispiel Knochen) oder durch Anreicherungen in der Nahrungskette. Je nach Art und Intensität der Strahlen führt der Kontakt oder die Aufnahme zu Krebserkrankungen – wie Leukämie oder Schilddrüsenkrebs – und letztlich letalen Folgen. Das Strahlenrisiko für den Menschen erhöht sich mit der Organdosis (früher Äquivalentdosis), deren Einheit Sievert (Sv) ist. Dabei wird die Energiedosis mit einem Bewertungsfaktor multipliziert, der für γ- und β-Strahlen 1 beträgt; α-Strahlen werden mit dem Faktor 20 bewertet. Diese Bewertungsfaktoren sind jedoch umstritten. Einen absolut hermetischen Abschluss von der Umwelt erfordern die hochradioaktiven HAW (*high active waste*). Diese stellen im Prinzip auch „Rohstoffe" dar, sodass eine Wiederaufbereitung stattfindet wie in Frankreich in La Hague durch die Firma COGEMA. Auch in England (Sellafield) und Japan findet eine Wiederaufbereitung statt. In Deutschland gab es harte politische Auseinandersetzungen um die seinerzeit geplante Wiederaufbereitungsanlage in Wackersdorf in Bayern. Diese wurde schließlich nicht gebaut. Auch bei der Wiederaufbereitung sowie einer Partionierung und Transmutation von Radionukliden fallen letztlich Abfälle an, deren Entsorgung nur durch Endlagerung in tieferen geologischen Formationen erfolgen kann. Allerdings sind diese sogenannten „P&T-Verfahren", die eine Abtrennung (Partionierung) und anschließende Umwandlung (Transmutation) vorsehen, umstritten, da sie sehr aufwendig sind und das Endlagerproblem nicht lösen. Bei der Transmutation werden längerlebige Radioisotope in kürzerlebige umgewandelt; so verringert sich lediglich das Endlagervolumen.

Je nach Aktivität der Radionuklide und der anfallenden Mengen wurden sehr unterschiedliche Endlagerkonzepte vorgeschlagen. Grundsätzlich ist zunächst eine Zwischenlagerung notwendig, um vor der Endlagerung die Strahlungsaktivität und somit die Wärmeentwicklung abklingen zu lassen; dieser Prozess kann mehrere Jahrzehnte dauern. Die Halbwertszeit für ein bestimmtes Radionuklid ist konstant. Das bedeutet, dass die Menge des Radionuklids nach vielen Halbwertszeiten exponentiell abnimmt. Die Radionuklide mit relativ niedrigen Halbwertszeiten weisen allerdings die höchste spezifische Aktivität auf – die gleiche Materialmenge vorausgesetzt. Die radioaktiven Abfälle stammen vor allem aus Kernkraftwerken, industriellen Anlagen zur Herstellung von Kernbrennstäben, aus Kernforschungsanlagen (KFA), Kliniken und Forschungszentren der Universitäten sowie aus der Rüstungsindustrie (H. MICHAELIS und C. SALANDER 1995). Auch ein Schiffstransport von radioaktiven Stoffen aus der Wiederaufbereitungsanlage in La Hague – wie zum Beispiel der Plutoniumtransport im Jahr 1999 von Frankreich nach Japan – war höchst riskant! In Kernkraftwerken kann es immer wieder zu Störfällen kommen – bis hin zum größten anzunehmenden Unfall (GAU), bei denen große Mengen Radioaktivität in die Natur und Umwelt gelangen. Dies geschieht, wenn es zu einer Kernschmelze kommt – wie es 1986 in Tschernobyl (Ukraine) oder 2011 nach einem Tsunami in Fukushima (Japan) der Fall war. In Fukushima gelangten nach der Kernschmelze in 3 Reaktorblöcken radioaktive Stoffe über das Grundwasser auch ins Meer. Radioaktiven Fallout erzeugten die jahrzehntelang durchgeführten unter- und oberirdischen Kernwaffentests. Von 1945 bis heute wurden von 8 Staaten mehr als 2100 Tests mit Atomwaffen durchgeführt, die letzten widerrechtlich von Nordkorea, das ebenfalls über Nuklearwaffen verfügt und sich jeder Kontrolle widersetzt.

Für alle radioaktiven Abfälle ist eine sichere Entsorgung unabdingbar! Am problematischsten ist die Endlagerung von hochradioaktiven Abfällen (vgl. Tab. 5.5). Hier reichen rein technische Barrieren nicht aus. Die Endlagerkonzepte bedürfen daher besonders eingehender Untersuchungen der Gesteine, die für eine Einlagerung geeignet sind. Dies können Tiefengesteine (zum Beispiel Granit), metamorphe kristalline Gesteine (zum Beispiel Gneise), aber auch mächtige Sedimentgesteine wie Tonsteine oder Steinsalz sein. Eine Verbringung in „größere" Tiefen unter der Erdoberfläche ist bereits deshalb erforderlich, weil man jedweden Kontakt mit Luft, Boden und Grundwasser ausschließen muss! Einzig ein Multibarrierenkonzept ist deshalb für die Langzeitsicherheit geeignet. Die bisher diskutierten Multibarrierenkonzepte sind schematisch in Abb. 5.57 dargestellt, wobei die Barriere „Ozeanwasser" nur im Fall einer Endlagerstätte unterhalb des Tiefseebodens – also im Tiefseeton – infrage kommt. Im Fall von Atommüll auf dem Meeresboden ist dies keine wirkliche Barriere, da freigesetzte Radionuklide so lange weitertransportiert werden können, bis ihre ganze Aktivität abgeklungen ist (s. Abschn. 6.13).

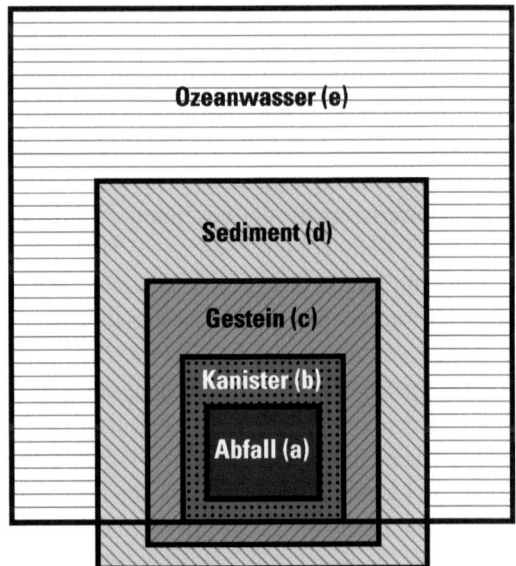

Abb. 5.57 Modell der Barrieren bei der Endlagerung radioaktiver Stoffe auf dem Festland und im Meeresboden. (Nach Vorschlägen zahlreicher Autoren)

5.2 Umweltrelevante sekundäre Folgen der Eingriffe

Die Probleme, die beim Umgang mit den unterschiedlichen Radionukliden – den kurzlebigen bis extrem langlebigen – existieren, werden seit Ende des 2. Weltkriegs von Physikern, Technikern, Chemikern, Biologen, Genetikern, Medizinern und Radiotoxikologen, in den letzten Jahrzehnten verstärkt auch vonseiten der Geowissenschaften untersucht. Letztere sind vor allem mit den Erfordernissen einer Endlagerung in Gesteinen befasst, die geeignet sind, radioaktive Abfälle über extrem lange geologische Zeiträume von mindestens einigen Hunderttausend Jahren sicher zu lagern. Dies gilt für in der Natur vorkommende Radioisotope sowie für künstliche Spaltprodukte, abgebrannte Kernbrennstäbe in Atomkraftwerken oder verstrahlte Baustoffe aus deren Rückbau- bzw. Abrissphase. Hinzu kommen vermehrt radioaktive Abfälle der Technik und der Medizin. Das bedeutet, dass es sich um relativ große Mengen von schwach radioaktivem Material (*low active waste*, LAW), mittelradioaktivem Abfall (*medium active waste*, MAW) sowie vergleichsweise geringe Mengen von hochradioaktivem Abfall (*high active waste*, HAW) handelt. Die weitaus größte Abfallmenge besteht aus Radionukliden, die nur geringe Wärme entwickeln; in Deutschland liegt ihr Anteil bei ca. 90 %.

Bei allen Formen der Radioaktivität – dieser Begriff wurde erstmals im Jahr 1898 von MARIE CURIE (1867–1934) verwendet – wird beim Kernzerfall Energie und ionisierende Strahlung frei. Radioaktive Strahlung in deutlich erhöhter Dosis schädigt jedwede Form des Lebens. Aber selbst geringe Dosen, die man früher für ungefährlich hielt, können Schäden von Zellen und Geweben erzeugen oder Strukturveränderungen im Erbgut hervorrufen. Diese Vorgänge werden im Rahmen der Ökotoxikologie und der Radioökologie untersucht (CH. STREFFER 1995, S. 367 ff.; CH. STREFFER und C. F. GETHMANN 2011). Die Gefährdung bzw. Schädigung von Organismen hängt entscheidend von der Art des Zerfalls, der Strahlendosis und der Dauer der Bestrahlung ab. Wird radioaktives Material – zum Beispiel Strontium-90 mit einer Halbwertszeit von 28,1 Jahren – in Knochen des Körpers eingebaut, werden vielfach Krebs oder genetische Schäden ausgelöst. Die Expositionspfade über die Luft oder das Wasser führen meist zu einer direkten Aufnahme durch den Menschen – durch Einatmen, Nahrungsaufnahme oder Trinken. Auch die Aufnahme des Fallouts aus radioaktiven Wolken von Atombombenversuchen (Iod-131, Caesium-134, Caesium-137) oder Kernschmelzkatastrophen wie dem Super-GAU von Tschernobyl (1986), wo unter anderem erhebliche Mengen an Plutonium-241 frei wurden, hat Krebsleiden und den Tod vieler Menschen zur Folge (GSF 2006, S. 54–58). Für Plutonium, dessen häufigstes Radioisotop Pu-239 eine Halbwertszeit von rund 24.100 Jahren hat, heißt dies, dass es mindestens 500.000 Jahre von der belebten Umwelt abgeschottet werden muss; das entspricht etwa der zwanzigfachen Halbwertszeit. Erst dann ist die Strahlungsaktivität weitestgehend abgeklungen. Der Sicherheit angemessen wäre jedoch ein Endlager, das über 1 Mio. Jahre stabil bleibt!

Was bedeutet dies aus geowissenschaftlicher Sicht für die Beschaffenheit und Langzeitstabilität eines Endlagers in der tieferen Erdkruste? Radioaktive Abfälle entwickeln Wärme, die – nachdem sie in CASTOR-Behältern transportiert wurden, wie dies seit 1995 in das Zwischenlager in Gorleben (Kreis Lüchow-Dannenberg an der Unterelbe) geschieht – über Jahrzehnte abklingen muss, ehe eine Endlagerung erfolgen kann.

Dies geschieht derzeit in dem dortigen Zwischenlager. Der ursprüngliche Plan, in einem Endlager im dortigen Salzstock, und zwar im reinen Steinsalz (NaCl), den Abfall einzubringen, kann aber nur dann gelingen, wenn keine thermisch erzeugte Strukturveränderung des Wirtsgesteins eintritt. Absolut zu meiden sind zahlreiche Komplexsalze mit Magnesium, Kalium und Kristallwasser im Kristallgitter. Solche Salze schmelzen oder verändern sich bereits bei Temperaturen von z. T. deutlich unter 100 °C. Wichtigste Vorbedingung ist generell die Stabilität des Salzstocks gegenüber allen denkbaren geologischen Prozessen, die in der gesamten Folgezeit eintreten könnten! Weder Erdbeben noch vulkanische Prozesse, weder die Lösung von Salz in der Tiefe noch starke Erosion – etwa durch einen erneuten Eisvorstoß in einer weiteren Kaltzeit (wie er in diesen Zeiträumen möglich wäre) dürften stattfinden! Sonst böte auch die geologische Barriere – als letzte eines Multibarrierenkonzepts – keine Sicherheit!

Die Frage der Rückholbarkeit von bereits „endgelagerten" Abfällen, die in den letzten Jahren verstärkt diskutiert wurde, hat deshalb auch den Zeitaspekt vorrangig zu berücksichtigen. Was sich in derartig langen Zeiträumen ereignen kann, ist nicht vorhersagbar! Bei der Aufbereitung von Kernbrennstoffen würde man auf eine Endlagerung restlicher Abfälle dennoch nicht verzichten können! Daher ist man weltweit weiterhin auf der Suche nach geeigneten Lokalitäten. Regionen, die für den Bau von Endlagern ganz ausscheiden, lassen sich generell benennen: seismisch und vulkanisch aktive Zonen sowie Gebiete, die aus Lockergesteinen bestehen. Alle kontinentalen Schilde, die aus sehr alten Kristallingesteinen bestehen, wären dagegen besser geeignet. Auch mehrere Hundert Meter mächtige Tongesteine sind eine Option, zum Beispiel in Frankreich und in der Schweiz. Besonders geeignet sind Tone, bei denen sich selbst kleinste Risse wieder schließen können und deren Sorptionsfähigkeit hoch ist. In den Alpen wird versucht, Endlagerkavernen in einem jungen Faltengebirge zu realisieren. Hier ist in der Schweiz die NAGRA, die auf nationaler Ebene für die Lagerung radioaktiver Abfälle zuständig ist, seit fast 40 Jahren dabei, für ein Endlager den Opalinuston der Doggerschichten (Jura) zu erkunden. Beim Atomkraftwerk Forsmark in Schweden baute man Endlagerkavernen im granitischen Kristallingestein. Dieses Endlager SFR Forsmark liegt an der südschwedischen Ostseeküste in der Gemeinde Östhammar; dort wurden zwei jeweils 1 km lange Stollen in 60 m Tiefe zu den Einlagerungskavernen vorgetrieben. Es ist für schwach- und mittelradioaktive Stoffe vorgesehen, die ab 2015 dort eingelagert werden sollen. Das Einlagerungsvolumen soll zunächst 100.000 m^3 umfassen. Sollte hier zur endgültigen Abschließung ein Kupfermantel bis zu 1 m Dicke verwendet werden, wie dies offenbar geplant ist, müsste eine solche Maßnahme als äußerst fragwürdig – auch aus Gründen des Ressourcenschutzes – betrachtet werden. Ob allerdings Kupfer der Korrosion im Endlagerzeitraum standhält, ist strittig.

In Deutschland setzte man jahrzehntelang auf Steinsalz als Endlagerwirtsgestein, zumal es in Norddeutschland eine hohe Zahl von Salzstöcken gibt. Leider wurden von rund 140 Salzstöcken damals nur 24 begutachtet. Aus rein politischen Erwägungen wurde der Salzstock von Gorleben ausgewählt und geologisch näher erkundet,

5.2 Umweltrelevante sekundäre Folgen der Eingriffe

obwohl bis 1990 die Grenze zur ehemaligen DDR mitten durch diesen Salzstock verlief! In dieses Erkundungsbergwerk im Salzstock von Gorleben wurden bisher über 1,6 Mrd. EUR investiert. Das „Feld", in das später die hochradioaktiven Abfälle gebracht werden sollen, blieb bislang „unverritzt". Reines Steinsalz wurde vor allem deshalb als besonders geeignet betrachtet, weil es fließfähig ist und Risse sich deshalb rasch wieder schließen können. Trotzdem gab es von geowissenschaftlicher Seite auch starke Einwände gegen das „Salzstock-Konzept" speziell auch im Fall Gorleben (D. APPEL, K. DUPHORN et al. 1984, S. 94–159). Für die Einlagerung schwachradioaktiver Abfälle eignen sich Eisenerzlager der oberen Juraformation, die ab 1961 im Gebiet der Stadt Salzgitter abgebaut wurden. Hier wurde nach Einstellung des Erzabbaus im Jahr 1976 die Endlagerfähigkeit zwischen 800 und 1250 m Tiefe erkundet. Inzwischen ist nach einem Planfeststellungsbeschluss im Jahr 2002 und abgewiesenen Klagen die Einlagerung von etwa 300.000 m^3 Abfällen mit vernachlässigbarer Wärmeentwickelung erlaubt.

Ehemalige Salzbergwerke – wie im Salzstock Asse bei Wolfenbüttel – als „Endlager" für geringradioaktive Abfallstoffe jahrzehntelang zu nutzen, war, wie sich inzwischen erwies, eine schlechte Lösung! Das Bergwerk Asse II als „Forschungsbergwerk" zu betreiben und seit dem Jahr 2009 als Endlager nach Atomrecht in Betrieb zu nehmen, war bereits zu Beginn mit kaum kalkulierbaren Risiken verbunden. Die Abkippung von Fässern mit schwachradioaktivem Abfall aus der Industrie und oft ohne genaue Inhaltsdokumentation war schlicht fahrlässig! Die Tatsache, dass seit Jahren Hohlräume nachbrechen, Salzlaugen auftreten und jetzt sogar die Rückholung von 124.000 Fässern erwogen wird, zeigt, welch aufwendige Maßnahmen erforderlich sind, um Schlimmeres zu verhüten! Ein weiterer Schacht, der zur Rückholung erforderlich ist, wäre frühestens 2025 fertig. Eine Bergung der Fässer würde dann vermutlich erst zwischen 2030–2040 erfolgen können. Die Kosten dürften sich auf mindestens 1–2 Mrd. EUR belaufen! Ein weiterer Problemfall ist das Atommülllager Morsleben, ebenfalls ein ehemaliges Salzbergwerk, das bereits zu DDR-Zeiten betrieben wurde und in das nach der Wiedervereinigung 1990 weitere Fässer mit radioaktiven Abfällen eingelagert wurden. Welche mineralogisch-geochemischen und gesteinsphysikalischen Eigenschaften Salze in Gorleben und Morsleben aufweisen, zeigen die Beiträge in Band 163 (1) der ZDGG (2014), insbesondere die von N. THIEMEYER et al. (2014) und T. KNEUKER et al. (2014).

Während die Einlagerung von gering radioaktiven Stoffen im Eisentrümmererzbergwerk von Salzgitter (Schacht Konrad) positiv zu bewerten ist, birgt die Verbringung von höher radioaktiven Stoffen in geologisch sichere Endlagerbergwerke noch große Risiken in mehrfacher Hinsicht. Hierbei wäre es irreführend von „Endlagern" zu sprechen, denn ein wirkliches Endlager schließt eine Rückholbarkeit aus. Auch zwischenzeitliche Ereignisse – wie Erdbeben oder Kriege – könnten eine geplante Rückholung endgültig verhindern. Im Falle einer Rückholbarkeit sind durchaus Varianten der zeitweiligen Einlagerung in der Tiefe denkbar.

6 Eingriffe im Meer – von der Küste bis in die Tiefsee

6.1 Überblick

Seit der Mensch zur Sicherung vor Überflutungen, zur Landgewinnung oder zur Errichtung von Bauwerken in das Küstengeschehen immer stärker eingreift, verändert er nicht nur die Lage der Küsten, sondern auch das natürliche Spiel der Kräfte. Damit stellt sich die Frage, in welchem Maß der Mensch hier zum beherrschenden geologischen Faktor geworden ist. Welche Gegebenheiten hat er grundlegend verändert und welche Prozesse langzeitig beeinflusst? Zweifellos werden die an den Küsten vorherrschenden labilen Gleichgewichte besonders rasch gestört. Die sich daraus ergebenden Folgewirkungen werden vom Menschen häufig nicht als von ihm selbst erzeugt erkannt. Aber selbst dort, wo er dies erkennt, ist die Herstellung eines neuen Gleichgewichts schwierig und erfordert meist erneute Eingriffe, die wiederum nicht ohne Rückwirkungen bleiben. Langzeitfolgen sind dementsprechend zu erwarten!

Anthropogene Eingriffe, die erhebliche und langfristige Küstenveränderungen zur Folge haben, sind vor allem mit der Besiedlung, der Landgewinnung, der Deichsicherung, dem Bau von Häfen und Kraftwerken, der Rohstoffgewinnung oder der Nutzung als Nahrungsquelle (Fischerei, Aquakulturen) verbunden. Dabei wird nicht nur die Küste betroffen, sondern auch Teile des geologischen Untergrundes. Die Folgen betreffen die Lebensgemeinschaften von Meerestieren und Pflanzen besonders hart, da diese im Küstenbereich spezielle Anpassungen aufweisen. So reagieren vor allem Wattenmeerbereiche, Mangrovenwälder, Küstenmoore und Korallenriffe sehr empfindlich auf Eingriffe des Menschen. Eine Übersicht über folgenreiche Eingriffe gibt die Tab. 6.1.

Ein in Zukunft sich weiter verschärfendes Problem ist die Veränderung und Zerstörung der natürlichen Gegebenheiten durch den Menschen in den Schelfmeeren. Obwohl die Schelfmeere mit Wassertiefen bis zur −200-m-Tiefenlinie nur etwa 7 %

Tab. 6.1 Eingriffe des Menschen und ihre Folgewirkungen

I. Eingriffe im ozeanischen Bereich (Schelfmeer, Tiefsee, Inseln)	
♦ Meeresverschmutzung	Direkter Eintrag oder vom Festland durch Flüsse sowie zum Teil durch die Luft: organische Abfälle, Plastikmüll, Atommüll, Schwermetalle, Eutrophierung durch Nährstoffe (Stickstoff-, Phosphorverbindungen), Technikmüll, Bauschutt etc.
♦ Meerwasserversauerung und Meerwassererwärmung	Absinken des pH-Wertes des Meerwassers infolge des gestiegenen CO_2-Gehalts der Atmosphäre, T-Erhöhung durch anthropogene Klimaerwärmung
♦ Veränderung der Küsten und Inseln	Veränderung der Küstenmorphologie (Deichbau, Landgewinnung, Änderung der Strömungsdynamik, Aquakulturen); Megastädte
♦ Rohstoffgewinnung am Meeresboden	Salztorfabbau, Sand-/Kies-Gewinnung im Flachmeer und Küstennähe Manganknollenabbau, Wertmetalle (zukünftig in der Tiefsee), Abbau massiver sulfidischer Erze Erzschlämme (zukünftig möglich) → Ökologische Folgewirkungen

der Ozeanfläche einnehmen, werden die Flachmeergebiete und ihre Ressourcen vom Menschen am stärksten genutzt. Dies gilt insbesondere für die küstennahen Gebiete. Während der Eiszeit lag der Meeresspiegel um 110–130 m niedriger als der heutige Meeresspiegel. Nach dem Weichsel-Hochglazial erfolgte im Postglazial durch das Abschmelzen der Eismassen auf den Kontinenten und an den Polen der Wiederanstieg des Meeres um diesen Betrag. Lange Zeit lagen also die Schelfgebiete weitgehend trocken. Über so entstandene „Landbrücken" und auf dem Seeweg konnten die ersten Menschen von Sibirien über die Beringstraße nach Amerika gelangen und vor rund 65.000 Jahren von Südostasien über den Arafuraschelf den australischen Kontinent besiedeln (vgl. F. SCHRENK 2019:128).

Die Schelfmeere bieten dem Menschen Bio- und Georessource in besonders großer Fülle, man denke nur an das Fischereiwesen. Besonders gefährdet sind heute die Korallenriffe durch die vom Menschen verursachte Verunreinigung des Meeres – direkt oder durch über Flüsse eingetragene Schadstoffe bis hin zur Vernichtung von riffnahen Mangrovenwäldern. Eine weitere Gefährdung stellen direkte Eingriffe dar. Hierzu zählen Zerstörungen und Raubbau jeder Art; Baumaßnahmen, Verschüttung oder Abtragung, aber auch Folgen des Tourismus, Schiffskollisionen oder militärische Nutzungen. Die meisten Riffbewohner und insbesondere die Korallen sind Organismen, die an konstante

Salzgehalte und Temperaturen sowie eine hohe Reinheit des Meerwassers angepasst sind. Seit wenigen Jahrzehnten beobachtet man eine zunehmende Korallenbleiche (*coral bleaching*) – also das Absterben und gleichzeitige Ausbleichen der Korallen; davon sind heute bereits ein Drittel der bestehenden Korallenriffe betroffen. Die Erhöhung der Meerwassertemperatur bereits um wenige Grad spielt dabei eine wichtige Rolle. Eine der größten Bedrohungen in Zukunft stellt aber die Meereswasserversauerung dar. Gleichlaufend mit dem Anstieg des Kohlendioxidgehaltes in der Atmosphäre erfolgt eine erhöhte Aufnahme von CO_2 aus der Luft durch das Meerwasser und somit eine Erniedrigung des pH-Wertes. Inzwischen ist der pH-Wert von durchschnittlich 7,4 auf 7,1 gesunken. Diese Versauerung führt dazu, dass die Korallen zum Bau ihrer Skelette wesentlich weniger Kalziumkarbonat ($CaCO_3$) abscheiden können und letztlich kein stabiles Kalkskelett mehr bilden können (H. SCHUHMACHER 2011). Damit würde ein Riff im Endeffekt nicht mehr weiter wachsen – insbesondere nicht bei weiter ansteigendem Meeresspiegel. Es würde dementsprechend durch die Erosion rascher abgetragen und damit gänzlich zerstört werden.

Sollte in Zukunft die Meerwasserversauerung fortschreiten, ist mit einem weltweiten Absterben der Korallenriffe zu rechnen. Dieses Riffsterben hätte einschneidende Folgen für alle biologischen und meeresgeologischen Prozesse. Besonders hart würden alle Organismenarten betroffen, die im Korallenriff vorkommen, das auch die „Kinderstube" von vielen Fischarten ist. Das Ökosystem Riff mit seiner hohen Artendiversität und seinen äußerst komplexen Wechselbeziehungen könnte für Jahrtausende zusammenbrechen. Insofern würde letztlich der Mensch sich selbst einer der ergiebigsten Ressourcenquellen berauben, die es auf der Erde gibt. Besonders gravierende Folgen hätte diese Entwicklung für alle Inseln im Meer, die von Korallenriffen gesäumt oder gebildet werden – wie zum Beispiel die Atolle. Ihr Untergang würde auch den Menschen, die heute auf diesen Inseln leben, ihre Daseins- und Lebensgrundlage entziehen. Darüber hinaus würde ein weltweites Riffsterben den Küstengebieten den denkbar wirksamsten Schutz vor Flutkatastrophen, Überschwemmungen und Wellenerosion nehmen. Siedlungsgebiete längs der Küsten für Millionen von Menschen wären unwiederbringlich verloren. Künstliche Schutzbarrieren oder Deiche würden Hunderte Milliarden Dollar kosten. Als starre Bauwerke würden sie auf die Dauer den Belastungen aber nicht standhalten können.

Wird man sich aller Gefährdungen bewusst, denen die Schelfmeere in weiter steigendem Maße ausgesetzt sind, so fragt man sich, warum bisher nicht viel mehr Meeresschutzgebiete existieren. Dies gilt auch für bewohnte Inselgruppen im Pazifik, in denen Tausende von schützenswerten Atollen und Riffen liegen. Nachdem im Jahr 2016 vor der Inselgruppe von Hawaii ein größeres bestehendes Schutzgebiet um rund das Vierfache erweitert wurde, stellt sich die Frage, ob nicht weltweit zahlreiche weitere Meeresareale als Schutzgebiete ausgewiesen werden müssten. Nur so ist es möglich, langfristig die Lebensräume von so unterschiedlichen Arten wie Walen, Fischen, Stein- und Weichkorallen, Kaltwasserkorallen, Muscheln, Schnecken und Krebstieren dauerhaft zu schützen. So forderte C. ROBERTS (2013: 189 ff.) regelrechte Netzwerke von

Schutzgebieten in internationalen Gewässern. Auch HELMUT SCHUHMACHER hat seit Jahrzehnten immer wieder einen umfassenden Schutz der Korallenriffe gefordert. Als Hydrobiologe und Korallenrifforscher hat er mit seinen Mitarbeitern Riffe weltweit bis ins Detail studiert. Auch wurden hier Methoden zur Rehabilitation geschädigter Riffe entwickelt. Eine Arbeitsgruppe von Biologen, Geologen und Architekten der Universität Essen entwickelte, ausgehend von Experimenten von W. H. HILBERTZ (1978), Baukonstruktionen, die sich als künstliche Riffe eignen (D. E. MEYER & H. SCHUHMACHER 1993: 408 ff.). Abb. 6.1 und 6.2 zeigen (M. EISINGER, P. VAN TREECK, M. PASTER und H. SCHUHMACHER 1998: 52 ff.), wie ein umweltverträgliches Substrat erzeugt werden kann, auf dem sich Korallen und andere Organismen ansiedeln und weiter wachsen können.

Auch arktische und antarktische Meeresgebiete müssen dauerhaft und streng geschützt werden, zumal sie durch ihren Reichtum an Kleinlebewesen Nahrungsgrundlage für alle höheren Lebensformen – wie Fische, Robben oder Wale – sind. Im Jahr 2016 wurde zum Beispiel ein rund 1 Mio. km^2 umfassendes Meeresgebiet im Rossmeer (Antarktis) unter Schutz gestellt. Die im Juni 2017 von der UN abgehaltene erste *Ocean Conference* hat deutlich gemacht, dass ohne weltweite Kooperation der Staaten ein wirksamer Schutz der Weltmeere nicht zu erreichen ist. Diese Konferenz befasste

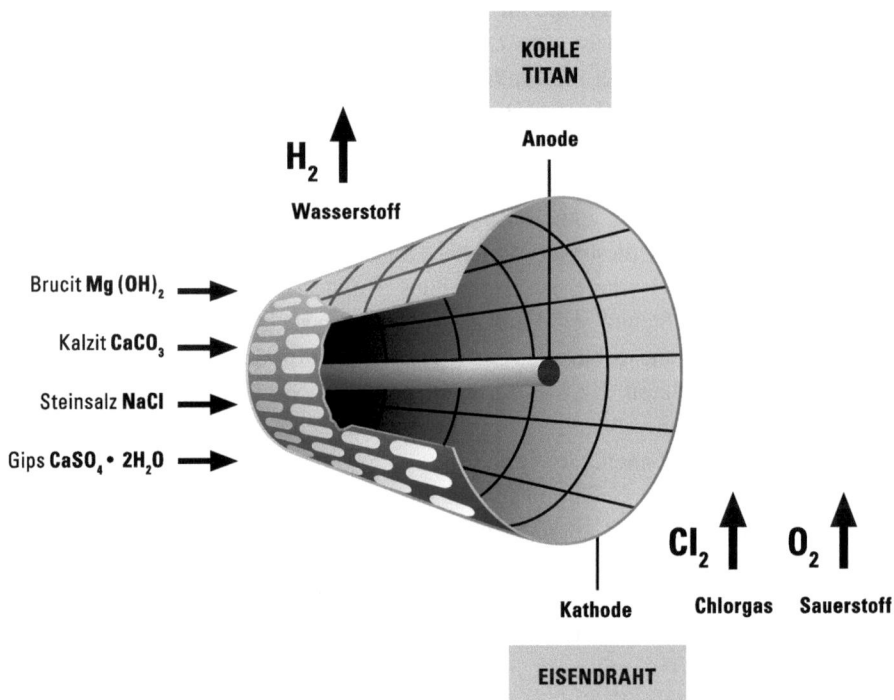

Abb. 6.1 Elektrochemische Abscheidung der Minerale Brucit, Kalzit, Steinsalz und Gips am kathodischen Drahtgitter bei gleichzeitiger Freisetzung von Chlor (Cl$_2$), Sauerstoff (O$_2$) und Wasserstoff (H$_2$) zum Bau künstlicher Riffe (nach H. Schuhmacher und P. van Treeck)

6.1 Überblick

Wachstumsmodelle künstlicher Riffe

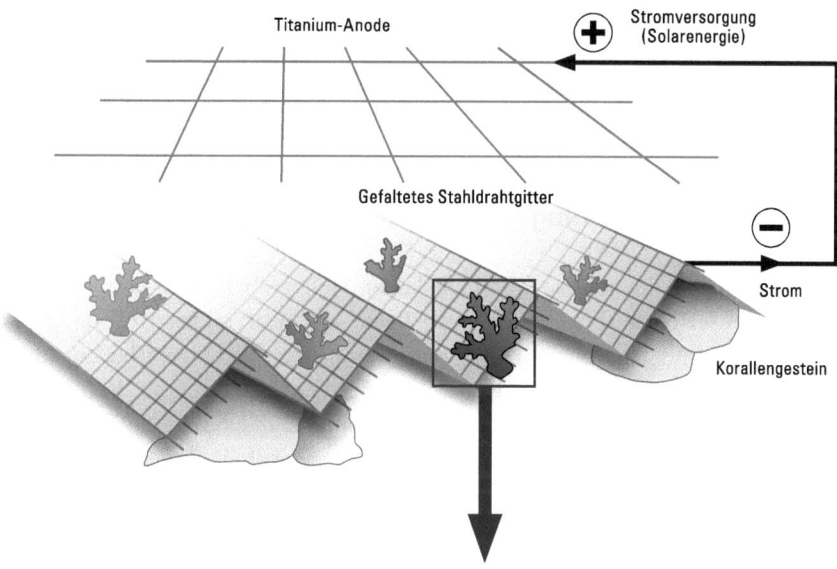

Querschnitt durch implantierten Korallenspross

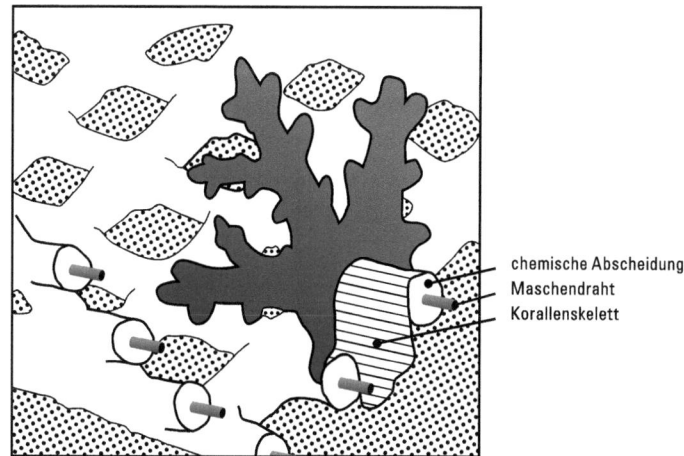

Abb. 6.2 Schema der Bildung künstlicher Riffe durch Mineralabscheidung an einem Maschendrahtgitter als Kathode. Implantierte Korallensprosse ermöglichen eine relativ rasche Besiedlung durch weitere Organismen und damit eine „Verzahnung" chemischer und biogener Anteile (nach H. Schuhmacher und P. van Treeck)

sich vor allem mit den Themen Überfischung, Vermüllung der Ozeane, der Versauerung des Meerwassers, dem weltweit zu beobachtenden Absterben der Riffkorallen und den daraus resultierenden Folgen für die Meeresökosysteme. Auch der Meeresspiegelanstieg infolge der Klimaerwärmung und der Untergang bewohnter Atolle und Inselgruppen – vor allem im Pazifik – gehörten zu den Hauptthemen.

6.1.1 Eingriffe in Küstenraum und Schelfmeer durch Rohstoffgewinnung

Rohstofflagerstätten im marinen Bereich lassen sich grob in vier Gruppen einteilen. Erstens sind es Rohstoffe, die sich noch heute im Meer bilden bzw. in geologisch jüngster Zeit gebildet haben und die somit unmittelbar am Meeresboden oder unter sehr geringer Sedimentbedeckung liegen. Zweitens handelt es sich um Rohstoffe, die in älteren Abschnitten der Erdgeschichte entstanden sind und daher im tiefen Meeresuntergrund anzutreffen sind. Drittens können Rohstoffe aber auch direkt aus dem Meerwasser gewonnen werden (zum Beispiel Meerwasserentsalzung). Bei der vierten Gruppe handelt es sich um Rohstoffe am Kontinentalhang sowie in der Tiefsee. Entsprechend dem geologischen Vorkommen, der regionalen Verteilung und der Dicke der sie überdeckenden Schichten werden unterschiedliche Fördertechniken eingesetzt; diese bedingen auch die Art der Umweltbelastungen im Meer (Abb. 6.3 nach J. SCHNEIDER und C. KAUBISCH 1996). Die Zone A ist bereits heute extremen Belastungen ausgesetzt, sodass bereits hier von einer „Plünderung der Meere" gesprochen werden kann.

Im Schelfbergbau werden neben Sprengstoffen vor allem Meeresbodenfahrzeuge, fahrbare Gewinnungsstationen, Schrapperanlagen, Schürfkübel- und Eimerkettenbagger eingesetzt. Mit der Gewinnung verbunden sind die Errichtung künstlicher Inseln, Bauten und Aufschüttungen. Mobile und feste Plattformen dienen der Erdöl- und Erdgasförderung. In der Nordsee werden solche bis zu fast 200 m Meerestiefe eingesetzt, wie vor der norwegischen Küste oder in der Deutschen Bucht (Erdölplattform Mittelplate). Auch bei küstenferner gelegenen Erdölgewinnungsplattformen kann es zu Umweltschäden im Küstenbereich kommen. Dies gilt auch für die Nordsee mit Hunderten von Plattformen und Bohrungen. Das dortige Thistle-Feld in 160 m Wassertiefe fördert unter extremen Umweltbedingungen. Hier herrschen Windgeschwindigkeiten bis über 150 km pro Stunde und Wellenhöhen von 25–30 m. Neben der Gefahr für die hier arbeitenden Menschen kann es bei Unfällen zu Gas- und Ölaustritten kommen, die eine erhebliche Gefährdung der marinen Umwelt bedeuten. So kam es beispielsweise zu Ölverschmutzungen bei Santa Barbara/Kalifornien (1969) und im Golf von Mexiko (1979). Im März 1980 kenterte eine norwegische Förderplattform im Feld Ekofisk, wobei 100 Menschenleben zu beklagen waren. Hier zeigen sich deutlich die Grenzen der technischen Möglichkeiten und die Gefahren für den Menschen selbst. Einer der katastrophalsten Unfälle ereignete sich im Golf von Mexiko, als die Erdölplattform Deep Water Horizon am 20. April 2010 explodierte und unterging. 11 Menschen fanden den Tod; die Schäden durch austretendes Erdöl waren enorm. Nach einer Rechnung des

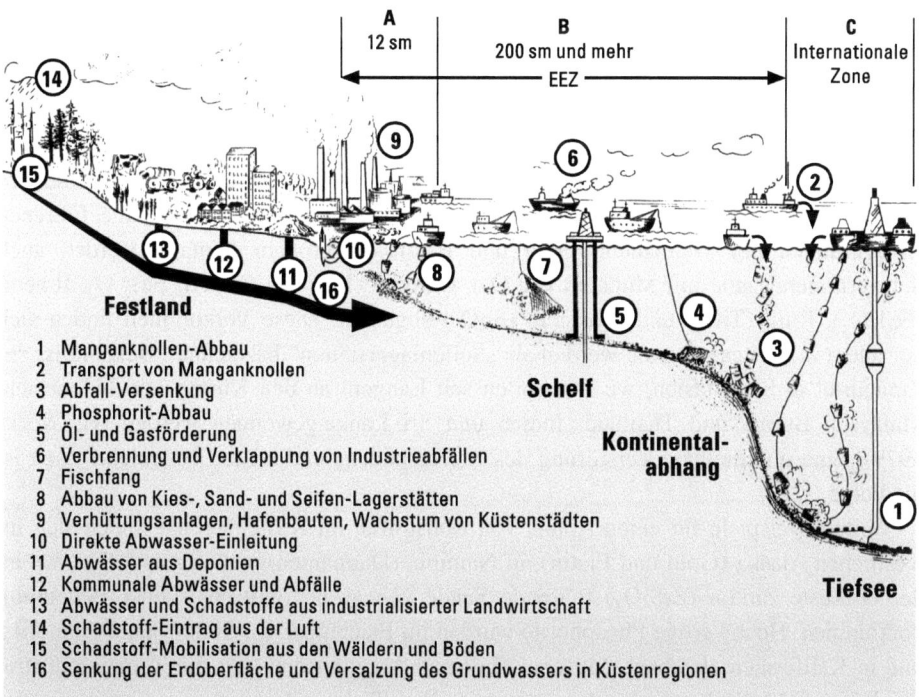

Abb. 6.3 Dieses Schema, verändert nach J. Schneider & C. Kaubisch (1996), zeigt vom Festland bis zur Tiefsee die wichtigsten Aktivitäten der Rohstoffgewinnung im Küstenbereich, auf dem Schelf, am Kontinentalabhang und in der Tiefsee. Auch die Herkunft der eingeleiteten Schadstoffe oder mit ihnen belasteten Abwässer ist angegeben (1–16). Ein flächenhafter Abbau von Erzen wie zum Beispiel den Manganknollen mit ihren Wertmetallen in der Tiefsee erfolgte bisher nicht, könnte aber in Zukunft wirtschaftlich sein. Die Erdölförderung (5) ist inzwischen bis in den Tiefseebereich vorgedrungen

BP-Konzerns summierten sich die Schäden und Strafzahlungen auf insgesamt fast 62 Mrd. Dollar. Darin eingeschlossen sind Strafzahlungen, auf die sich BP mit den Behörden geeinigt hat, in Höhe von etwa 20 Mrd. Dollar. Niemals zuvor wurde eine höhere Strafe verhängt. (Spiegel Online 15.7.2016).

Aus dem tieferen Meeresgrund werden außer Erdöl und Erdgas auch Kohle, Erze und weitere Mineralrohstoffe gewonnen. Die Förderung geschieht teilweise auch vom Festland aus im küstennahen Bereich. So wurde in Großbritannien Steinkohle längs der Nordseeküste abgebaut; ein submariner Abbau reichte im Firth of Forth 2 km weit ins Meer hinaus und ist seit 1617 belegt. Hauptabbaugebiete von tiefer gelegenen Rohstoffen liegen zum Beispiel im Golf von Mexiko (Erdöl, Erdgas, Schwefel), vor Südkalifornien (Erdöl), in der Prudhoe Bay vor Alaska (Erdöl), an der Ostküste Nordamerikas sowie an den Küsten Großbritanniens und Irlands, ferner in Südostasien, Japan und Australien. Grundsätzlich kann es auch hier zu regionalen Senkungen des Meeresbodens kommen, wie sie auch für die Ölfelder in der Nordsee nachgewiesen wurden.

Weitere Gefährdungen sind durch Verbringung bergbaulicher Abfälle ins Meer gegeben. In Japan wurde zum Beispiel beim Steinkohlenbergbau auf der Insel Takashima südlich von Nagasaki das anfallende Bergematerial zur Vergrößerung einer kleinen Insel im Meer verwendet.

Direkt betroffen wird die marine Umwelt durch den zunehmenden Abbau von meist lockeren oder wenig verfestigten Rohstoffen am Meeresboden. Dies sind vor allem Sande, Kiese, Muschelschill, Phosphorit, Edelsteine oder Edelmetalle führende Ablagerungen mit Diamanten, Gold und Platin. In großem Umfang werden auch Schwermineralsande mit Magnetit (Fe_3O_4), Chromit (Mg, Fe) (Cr, Al, Fe)$_2$ O$_4$, Ilmenit ($FeTiO_3$), Rutil (TiO_2) und Zinnstein (SnO_2) abgebaut. Diese Vorkommen finden sich vor allem in Küstennähe; sie werden als „Seifenlagerstätten" bezeichnet. Bekannt ist der Zinngürtel in Südostasien, wo Zinnseifen seit Langem an den Küsten von Indonesien, Malaysia, Burma und Thailand, Indien und Sri Lanka gewonnen werden (H. WOLFF 1979). Eine unmittelbare Zerstörung des Meeresbodens und seiner Bodenlebewesen ist die Folge.

Weitere Beispiele für einen Abbau von Rohstoffen im Küstenbereich finden sich im westlichen Alaska (Gold und Platin), in Namibia (Diamanten) und in Australien, wo an der Ostküste Zirkon ($ZrSiO_4$) führende Sande von großer wirtschaftlicher Bedeutung vorkommen. Hochwertige Phosphorite wurden im Flachmeer vor Südafrika, Südamerika und in Kalifornien abgebaut. Muschelschill und Aragonitsande für die Zementindustrie werden auf den Bahamas-Inseln gewonnen. Weitflächige Auswirkungen sind mit der Kies- und Sandgewinnung verbunden, wie sie heute weltweit an Flachküsten geschieht und auch für bestimmte Bereiche der Nordsee geplant ist. Sand wird im Wattenmeer vor den Ost- und Nordfriesischen Inseln gebaggert, um wie auf Juist, Norderney und Sylt bei Sturmfluten beschädigte Dünenketten zu reparieren oder Sandvorspülungen vorzunehmen (Abb. 6.4). Die Gewinnung von Sand als Baustoff und zum Bau von Inseln – wie in Dubai die Palmeninseln – wird immer wichtiger. Damit wird klar, dass die Gewinnung wertvoller und gesuchter Rohstoffe im Schelfmeer in Zukunft drastisch zunehmen wird. Es ist sogar damit zu rechnen, dass mineralische Rohstoffvorkommen auch in tieferen Teilen der Schelfmeere großflächig abgebaut werden.

Zu den irreversiblen Umweltschäden im Meer gehören die:

- Wasserverschmutzung durch Förder- und Transportaktivitäten bei der Rohstoffgewinnung,
- Veränderungen am Meeresboden (zum Beispiel Grundschleppnetze, Sprengungen),
- Verlegung von Pipelines, Kabeln oder der Bau von Windparks,
- Versenkung von Erdöl- und Erdgasförderplattformen nach Ende der Förderung,
- Abbau von Rohstoffen am Meeresboden,
- Störung der Zonierung sessiler und kriechender Bodenlebewesen und Zerstörung wichtiger spezieller Lebensräume,
- bleibenden Veränderungen der Meeresboden-Morphologie,
- Änderungen der Strömungsverhältnisse und ihres Einflusses auf die Erosion.

Abb. 6.4 Blick auf den westlichen Teil der Nordseeinsel Juist; Wiederherstellung der durch Sturmflut geschädigten Dünenkette mit Sand aus dem Watt am Westende der Insel

6.1.2 Gefährdung der marinen Umwelt

Die Ozeane nehmen heute rund 71 % der Erdoberfläche ein. Hier entwickelte sich seit mindestens 3,8 Mrd. Jahren das Leben auf der Erde. Erst vor rund 400 Mio. Jahren begannen die Pflanzen das Festland zu besiedeln und die Tiere folgten ihnen. Die Ozeane veränderten im Laufe der Erdgeschichte ständig ihre Form, ihr Volumen und ihre Flächengröße. Der heutige Atlantik entstand, wie erstmals die Tiefseebohrungen der *Glomar Challenger* in den 1970er-Jahren bewiesen, in den letzten 220 Mio. Jahren – also seit der Triaszeit durch plattentektonische Prozesse, die zum Zerfall des Superkontinents Pangaea führten. Obwohl die geowissenschaftlichen Kenntnisse über den marinen Bereich in den letzten Jahrzehnten enorm gewachsen sind, hat die Bedrohung der marinen Umwelt und des Meeresbodens durch den Menschen ständig zugenommen.

Welche Gefahren drohen in Zukunft den Ozeanen und den Nebenmeeren? Sind es allein die vom Aussterben bedrohten Großsäuger? Ist es die schleichende Meeresverschmutzung, die Überfischung, der Plastikmüll, die zunehmende Versauerung der Ozeane durch den CO_2-Anstieg in der Atmosphäre oder der Temperaturanstieg des Meerwassers? Wie steht es um die viel beschworene „Freiheit der Meere", wie um das

„gemeinsame Erbe der Menschheit"? Die Aktivitäten der großen Industrienationen in den letzten Jahrzehnten, aber auch die UNO-Seerechtskonferenzen, die sich mit völkerrechtlich verbindlichen Regelungen über die Nutzung der Bodenschätze im Meer befassten, machen deutlich, dass der „Run" auf dieses Geopotenzial voll im Gange ist. Ein erster Meilenstein war J. L. MERO'S 1965 erschienenes Werk *The Mineral Resources of the Sea*. In diesem Werk wurde auch bereits auf die Manganknollen in der Tiefsee hingewiesen, die neben riesigen Manganvorräten und Eisenmengen (20–30 % Mn und 5–15 % Fe) vor allem auch bis 2–3 % Nickel, Kupfer, Kobalt und Zink enthalten und deshalb in Zukunft von größtem Interesse sind. Auch der Gehalt an Seltenen Erden ist für die Wirtschaft interessant. Dies wird umso eher der Fall sein, als die Vorräte an Wertmetallen auf den Festländern schrumpfen oder deren Abbau sich verteuert – möglicherweise sogar infolge Umweltschutzmaßnahmen auf dem Festland.

Die metallreichsten Vorkommen im Pazifik liegen in Bereichen hoher biologischer Aktivität im Oberflächenwasser, wodurch die Entstehung der Manganknollen vermutlich sogar begünstigt wurde. Sollte dort in Zukunft ein weiträumiger Abbau stattfinden, dann ist – wie bereits 1977 der Göttinger Geologe JÜRGEN SCHNEIDER vorhersagte – mit schwerwiegenden Schädigungen des Ökosystems zu rechnen (vgl. Abb. 6.3). Die Bundesrepublik Deutschland war früh mit ihren Forschungsschiffen *Valdivia* und *Sonne* an der Manganknollen-Erkundung beteiligt. Die Ressourcen werden auf mindestens 400 Mrd. Tonnen Mangan und Eisen sowie über 30 Mrd. Tonnen Kupfer, Nickel und Kobalt veranschlagt. Es sind Vorräte, die um rund das 40- bis 200 fache höher als die auf dem Festland bekannten Vorräte liegen. Hinzu kommen Erze, die als Abscheidungen heißer Quellen vulkanischen Ursprungs große wirtschaftliche Bedeutung erlangen könnten, aber derzeit nicht abbauwürdig sind, obwohl ihre Vorkommen als massive Sulfide recht begrenzt sind und somit meist kleiner als vergleichbare Lagerstätten auf dem Festland (P. HALBACH & A. Zahn 2015). Diese werden von Schwarzen und Weißen Rauchern abgeschieden (P. HERZIG 2015). Die Abb. 6.5 und 6.6 zeigen solche Erzabscheidungen aus einem Schwarzen Raucher (*black smoker*); dabei handelt es sich um Metallsulfide.

6.2 Umweltgeologische Folgen der Meeresverschmutzung

Das Weltmeer ist das größte zusammenhängende Ökosystem. Hier wirken morphologische, geologische, hydrochemische, ozeanographische, klimatologische und biologisch-ökologische Prozesse in komplexer Weise zusammen. Die zunehmende Verunreinigung aller Ozeane durch Chemikalien, radioaktive Stoffe, industrielle und häusliche Abwässer und zahlreiche weitere Schadstoffe stellt eines der schwerwiegendsten Umweltprobleme dar. Die Verschmutzung betrifft im Flachwasser vor allem Bereiche, die für das Gleichgewicht von besonderer Bedeutung sind. Für die Betrachtung ist es daher wichtig, die Quellen der Verschmutzung, die einzelnen Stoffgruppen und deren längerfristige Auswirkungen auf die marinen Lebensräume genauer zu kennen.

6.2 Umweltgeologische Folgen der Meeresverschmutzung

Abb. 6.5 Typische Form eines Schwarzen Rauchers in 3300 m Wassertiefe im Logatchev-Hydrothermalfeld am Mittelatlantischen Rücken (Foto: MARUM Bremen)

Sieht man von den Gefährdungen durch Rohstoffgewinnung im Meer ab, so trägt eine Vielzahl von unterschiedlichsten Aktivitäten zur Verschmutzung der Meere bei. Hier sind vor allem die küstennahen Schelfmeere als Raum für die Zufuhr flüssiger und fester Abfallstoffe vom Festland zu nennen. Diese gelangen mit der festen und gelösten Fracht der Flüsse oder durch direkte Einleitung ins Meer. Ein erheblicher Eintrag erfolgt aber auch über die Atmosphäre – gasförmig, als Staubpartikel oder Aerosole. Eine weitere Quelle stellt die Schifffahrt dar, insbesondere der Transport von Erdöl durch Tanker. Bei vielen der eingebrachten Stoffe handelt es sich um solche, deren Beseitigung auf dem Festland höhere Kosten verursacht hätten und die deshalb ins Meer eingebracht werden. Der natürliche Salzgehalt der Weltmeere gilt seit rund 200 Mio. Jahren als konstant. Schwankungen ergeben sich durch Faktoren wie Klima, geographische Lage und den Einfluss von Meeresströmungen. Stärkeren Salzgehaltsschwankungen sind Neben- und Binnenmeere unterworfen (Tab. 6.2).

Die Definition der Meeresverschmutzung nach dem UN-Report *The Sea: Prevention and Control of Marine Pollution* von 1971 (IOC, Intergovernmental Oceanographic Commission) lautet: „The introduction by man, directly or indirectly, of substances or energy into the marine environment (including estuaries) resulting in such deleterious

Abb. 6.6 Bruchstück eines Schwarzen Rauchers; gleiches Vorkommen wie Abb. 6.5, bestehend aus Metallsulfiden (Foto: MARUM Bremen)

Tab. 6.2 Meerwasser-Hauptbestandteile und Salzgehalt der Meere

Kationen	[g/kg]	Anionen	[g/kg]
Na^+	10,750	Cl^-	19,350
K^+	0,390	Br^-	0,065
Mg^{++}	1,295	SO_4^{--}	2,700
Ca^{++}	0,415	HCO_3^-	0,120
Sr^{++}	0,013	BO_3^-	0,027

Meere und Binnenmeere	Salzgehalt in Promille [‰]
Mittlerer Salzgehalt	34,7
Mittelmeer	37–38
Rotes Meer	38–42
Schwarzes Meer	17–18
Nordpolarmeer	31–35
Nordsee	33–35
Westliche Ostsee	>15
Südliche Ostsee	10–15
Nordöstliche Ostsee	<0,1–8

effects as harm to living resources, hazards to human health, hindrance to marine activities, including fishing, impairment of quality for use of sea water and reduction of amenities". Natürlich bedingte Erdölaustritte am Meeresboden sind also definitionsgemäß nicht der Meeresverschmutzung zuzurechnen.

Die Anzahl der Arbeiten, die allein in den letzten drei Jahrzehnten zu dieser Gesamtproblematik erschienen ist, lässt sich kaum noch überblicken. Obwohl zahlreiche Probleme frühzeitig erkannt wurden, haben viele Belastungen in den letzten Jahren noch erheblich zugenommen. Für eine Reihe von Nebenmeeren ergaben sich bereits höchst kritische Verhältnisse. Daher müssen hier die gravierendsten Formen der Meeresverschmutzung und ihre Folgen für die meeresgeologische Umwelt unterbunden werden. In besonders starkem Maße sind der Nordatlantik, die Nord- und Ostsee, das Mittelmeer sowie das Schwarze Meer betroffen. Besonderen Belastungen sind Meeresbuchten und Ästuare ausgesetzt. Bei anhaltender Verschmutzung muss – zumindest in Teilbereichen – mit Langzeitfolgen bzw. irreversiblen Störungen gerechnet werden. Damit werden auch Teile unserer Lebensgrundlage zerstört.

„Altlast" gibt es auch in den Meeren weltweit – sowohl küstennah als auch in internationalen Gebieten, wo sie auf hoher See meist unbemerkt verklappt wurden. Vom Atommüll, Bauschutt oder Baggergut bis hin zu schwermetallhaltigen Dünnsäuren aus der Titanverarbeitung wurde bis zum Inkrafttreten einiger Verträge fast alles ins Meer eingebracht, was bei der Entsorgung auf dem Festland verboten war oder zu kostenaufwendig gewesen wäre. Dem Schutz von Nord- und Ostsee sowie dem Nordostatlantik galten folgende Verträge:

- Meeresschutz-Abkommen (Oslo-London) 1972: Verhinderung der Einbringung durch Schiffe und Luftfahrzeuge ins Meer
- Übereinkommen von Paris 1974: Verhinderung der Verschmutzung vom Land aus
- Oslo-Paris-Abkommen 1992: Nordostatlantik-Schutz (OSPAR)
- Ostsee-Anrainerstaaten: Helsinki-Übereinkommen von 1992: Schutz der Meeresumwelt im Ostseeraum

Die OSPAR-Kommission (OSPARCOM) ist auch für die Bohrinseln und Windparks im Nordatlantik zuständig.

Ein besonders hohes Gefährdungspotenzial besitzen:

- Schwermetalle und radioaktive Stoffe,
- Chlorierte und polychlorierte Kohlenwasserstoffe,
- Toxische Verbindungen wie Cyanide, Fluoride, Quecksilberverbindungen sowie Schwefelsäure und Dünnsäure,
- Klärschlämme sowie Schlämme aus der Aluminiumproduktion,
- Raffinerie-Rückstände,
- Chemieabfälle, Erdölderivate und Ölrückstände,
- Kraftwerksaschen, Baggermaterial aus Stromrinnen, Häfen etc. – beladen mit Nährstoffen wie Phosphor- und Stickstoffverbindungen.

Alle diese Stoffe wurden jahrzehntelang im Meer verklappt. Darüber hinaus spielte die Einleitung ungeklärter kommunaler Abwässer, von Abwässern bestimmter Industriezweige – wie der Papierindustrie – sowie der Nährstoffeintrag aus der Landwirtschaft über die Flüsse und die Atmosphäre eine erhebliche Rolle. Organische Abfälle können zu einer sehr hohen Sauerstoffzehrung führen und somit regional zu einem Absterben von Pflanzen und Tieren. Eine besondere Art der Verschmutzung ist die thermische Belastung, wie sie durch Kraftwerke in Küstennähe infolge Kühlwassereinleitung bedingt ist. Gerade die technisch am höchsten entwickelten Industriestaaten haben in den letzten Jahrzehnten bedenkenlos Abfälle im Meer versenkt, vielfach in Fässern, deren völlige Korrosion nur eine Frage der Zeit ist. Viel befahrene Schifffahrtsrouten sind stark mit Müll verunreinigt. Weite Meeresgebiete sind übersät mit Plastikmüll; dieser sammelt sich inzwischen in riesigen Feldern – vor allem im Pazifischen Ozean. Die Plastikmüllstrudel sind auf Satellitenbildern gut zu erkennen. Kaum sichtbar, aber in riesigen Mengen im Meer enthalten ist partikuläres Mikroplastik, welches sich wie Sand aus Gesteinen durch Zerkleinerung von Müll bei Wellenbewegung und Transport bildet. Mikroplastik wird von Fischen aufgenommen und gelangt letztlich in die Nahrungskette und zum Menschen.

Die Zufuhr erfolgt über Flüsse, durch Transportschiffe, Rohrleitungen oder indirekt über die Atmosphäre. Hauptverursacher sind neben den Haushalten, der Schifffahrt, dem Verkehr auf dem Festland und der Landwirtschaft vor allem die verarbeitende Industrie, die Rohstoff erzeugenden und veredelnden Industriezweige sowie Kraftwerke. Wie die Beispiele Nord- und Ostsee zeigen, kam es bereits lokal und regional zu hohen Gesamtbelastungen sowohl des Meerwassers als auch der Sedimente und marinen Organismen. Die Schadstoffe werden direkt aus dem Meerwasser oder aus den Meeressedimenten von den Organismen aufgenommen. Sie reichern sich in der Regel in der Nahrungskette erheblich an. Die Folge ist eine Störung von lebenswichtigen Stoffkreisläufen bis hin zum möglichen Zusammenbruch von Nahrungsketten und Ökosystemen. Die Anreicherung und Mobilität der Schadstoffe kann dabei sehr unterschiedlich sein; sie hängt von natürlichen Kreisläufen ab, die noch längst nicht alle aufgeklärt sind.

6.3   Die Nordsee – ein hochbelastetes Nebenmeer

Ein warnendes Beispiel ist die Nordsee. Hier sind schleichende Zerstörungen der ursprünglichen Lebensräume seit Jahrzehnten im Gange. Hierzu tragen fast alle Industrie- und Wirtschaftszweige bei. Die bisherigen Konferenzen der Nordsee-Anrainerstaaten haben diesem fatalen Trend bisher kein wirkliches Ende gesetzt. Keine Deklaration, auch nicht die Ausrufung des deutschen Wattenmeeres zum Nationalpark, hat bisher die Entwicklung zu einem erheblich gestörten, an Leben immer ärmer werdenden und teilweise eutrophierten Industriemeer stoppen können. In Küstennähe liegt im Wattenmeer die DEA-Erdölplattform „Mittelplate". Trotz hoher Sicherheitsstandards gibt es bei der Lage vor der schleswig-holsteinischen Küste Risiken vor allem durch die natürliche Verlagerung von Prielen in die Nähe der Plattform, durch die weitere Schutzmaßnahmen erforderlich wurden. Eine solche Prielverlagerung ist inzwischen eingetreten. Küstenfernere Ölbohrplattformen vor Schottland und Norwegen stehen in kritischen Bereichen und markieren die Grenze des derzeit technisch und wirtschaftlich Machbaren. In Küstennähe werden zudem vielerorts Kies und Sand gebaggert, deren Vorkommen auf dem Festland immer rarer werden. Neben der Schifffahrt und der inzwischen verbotenen Verklappung von Schadstoffen auf hoher See sowie in Küstennähe tragen – neben dem Schadstoffeintrag durch die großen Flüsse – die an der Küste liegenden Großstädte sowie die dort verkehrsgünstig gelegenen Industriestandorte zur weiteren Verarmung der Meeresfauna bei. Eine besondere Gefahr ist der Eintrag von umweltschädlichen Stoffen über die Luft (v. a. Phosphate und Nitrate aus der Landwirtschaft) sowie von radioaktiven Isotopen, die durch Leckagen von Anlagen der britischen Atomindustrie wie Sellafield in Nordengland – dem früheren „Windscale" – oder nordfranzösischen Aufbereitungsanlagen wie La Hague in die Nordsee gelangen. Bereits seit 40 Jahren haben Geowissenschaftler wie vor allem GERMAN MÜLLER, ULRICH FÖRSTNER, WIM SALOMONS und GEORG IRION den Eintrag durch die Flüsse ebenso untersucht wie die Schwermetallgehalte in den angrenzenden Watt- und Meeressedimenten (W. SALOMONS & U. FÖRSTNER 1984). Die Strömungen in der Nordsee begünstigen auch einen küstenparallelen Schadstofftransport, sodass auch radioaktive Substanzen aus Nordfrankreich an die deutsche Nordseeküste gelangen.

Besonders stark anthropogen belastet sind die Wattgebiete des deutschen Nordsee-Küstenbereichs. Die ersten von E. SCHWEDHELM & G. IRION (1985) vorgelegten Untersuchungsergebnisse bezogen sich auf die Schwermetalle Zink, Blei, Cadmium, Kupfer, Mangan, Nickel und Eisen sowie die Nährelemente Phosphor und Stickstoff in der tonigen Feinfraktion aus den deutschen Wattgebieten in Ost- und Nordfriesland. Dabei zeigte sich, dass in den meisten erbohrten Sedimentkernen eine relativ scharfe Grenze zwischen unbelasteten und anthropogen belasteten Sedimenten existierte; diese lag meist zwischen 0,5–4,0 m unter der Meeresbodenoberfläche. Am stärksten schwermetallbelastet waren die Wattgebiete zwischen dem Weser- und dem Elbe-Ästuar. Die nordfriesischen Teile zeigten meist geringere Schwermetallgehalte als die weiter westlich gelegenen Regionen, zu denen auch der Jadebusen und der Dollart zählen. Im Gebiet um die Insel Sylt waren die Schwermetallgehalte gegenüber anderen Bereichen des nordfriesischen Wattenmeers deutlich erhöht.

Neben den regionalen Unterschieden sind die Schwankungen in den Sedimentprofilen auf Umlagerungsprozesse wie Strömung und Bioturbation und – wie vor allem Bohrkerne aus strömungsarmem Milieu zeigten – auf eine Zunahme der Kontamination seit Ende des 19. Jahrhunderts zurückzuführen. Inzwischen haben die Schwermetallfrachten der Flüsse durch Reinhaltungsmaßnahmen stark abgenommen, sodass mit einem allmählichen Rückgang der Sedimentbelastung zu rechnen ist; dennoch besteht weiter eine relativ hohe Schadstoffbelastung (J. SÜNDERMANN et al. 2001). Bei einem Großteil der organischen und metallorganischen Verbindungen, die vom Menschen produziert werden, sind weder der Abbau noch deren oft schädlichere Abbaustufen bekannt.

Dabei reichen schon geringe Konzentrationen aus, um Schäden zu erzeugen. Besonders betroffen sind am oder im Meeresboden lebende Tiere, in deren Organen sich diese Schadstoffe stark anreichern können.

Ähnlich wie in den Wattgebieten ist die Schwermetallverteilung in den zugehörigen norddeutschen Marschgebieten. Im Caeciliengroden (südwestlich des Jadebusens) lagen die Gehalte von Zinn, Blei, Kupfer, Cadmium deutlich über dem *background*, also den vorzivilisatorischen Untergrundwerten. Der Anreicherungsfaktor der einzelnen Elemente schwankte hier zwischen 2,5 und 5. Am Beispiel der Zinkverteilung im oberflächennahen Sediment im gesamten küstennahen Bereich wurde jedoch deutlich, dass mit zunehmender Entfernung von der Küste die Belastung generell geringer wird. Langfristig ist damit zu rechnen, dass durch Transport und Umlagerung die Schwermetalle sich weiter ausbreiten. Dies gilt generell für alle feinkörnigen Küstensedimente, insbesondere unter Gezeiteneinfluss. Aber auch durch sich verändernde Strömungsverhältnisse kann eine Umverteilung der Schwermetalle erfolgen. Durch die Tätigkeit der wühlenden Organismen (Bioturbation) werden ebenfalls Schwermetalle vertikal und lateral umgelagert bzw. verteilt, sodass sich ursprüngliche Konzentrationen ändern.

6.4 Abfallgrube Meer

Die Versenkung von Abfallstoffen im Meer umfasst die Stoffe in fester oder flüssiger Form, zum Teil auch in verschlossenen Behältern. Dieses *dumping* gefährdet je nach ihrer Konzentration, Löslichkeit, Dichte, Reaktivität und Toxizität unmittelbar oder langfristig das marine Milieu – und damit Pflanzen und Tiere. Allein vom Schiff aus gelangten jährlich Dutzende Millionen Tonnen fester Abfallstoffe – oft sogar legal – ins Meer. Auch die Methode der speziellen Einbringung ist für die Beurteilung relevant. Andererseits müssen die geologischen Verhältnisse am Meeresboden, die Strömungen sowie die chemischen und biologischen Prozesse berücksichtigt werden. Auch Dichteunterschiede des Meerwassers durch Salzgehaltsänderungen wirken sich auf die Verbreitung der Schadstoffe aus. Viele Stoffe reagieren mit dem Meerwasser. Die Umsetzungsgeschwindigkeit ist für die Risikoabschätzung wichtig. Zu den gefährlichsten Substanzen, die anthropogen ins Meer gelangen, gehören nach A. V. HIRNER et al. (2000: 376) die folgenden radioaktiven Stoffe: ^{3}H, ^{14}C, ^{60}Co, ^{90}Sr, ^{131}I, ^{134}Cs, ^{137}Cs, ^{239}Pu, ^{240}Pu und ^{241}Pu, ferner zahlreiche Schwermetalle, chlorierte Kohlenwasserstoffe sowie stark giftig wirkende Verbindungen wie zum Beispiel Methylquecksilber oder andere metallorganische Verbindungen (A. V. HIRNER et al. 2000: 253 ff.). Die Zufuhr erfolgt auf unterschiedlichste Weise wie etwa durch Lecks von Kernkraftwerken und Wiederaufbereitungsanlagen oder durch die Versenkung radioaktiver Abfälle auf den Meeresboden, wobei die Einbringung radioaktiver Stoffe ins Meer heute untersagt ist. Hingegen ist die Einleitung von radioaktiven Abwässern – vom Festland aus – nicht verboten. Solche Abwässer werden zum Beispiel von der Wiederaufbereitungsanlage Sellafield in die Irische See eingeleitet. Betrachtet man die Meeresverschmutzung unter dem Aspekt der unterschiedlichen Zufuhrwege und unkontrollierten Aktivitäten des Menschen, so sind

- der Eintrag über die Luft, insbesondere bei Kernkraftwerkunfällen,
- Aktivitäten im Küstenbereich wie der Bau von Siedlungen, Häfen oder von Industriebetrieben, aber auch
- militärische Aktivitäten und
- der weltweite Tourismus

an vorderster Stelle zu nennen. Hinzu kommen der extrem starke Bevölkerungszuwachs in den Küstenregionen sowie die in den letzten Jahrzehnten gesteigerte Produktion synthetischer Chemikalien und Arzneimittel, über deren schädliche Langzeitwirkungen zu wenig bekannt ist. Die meisten Produktionsanlagen liegen an größeren Flüssen, sodass diese Stoffe rasch ins Meer gelangen.

Die Vorstellung, dass das Meer aufgrund seiner enormen Größe und Wassermenge unbegrenzt Schadstoffmengen aufnehmen könne, ging von zahlreichen irrigen Annahmen aus. Man setzte auch auf Prozesse der Neutralisation und Verdünnung. Die Nordsee hat beispielsweise ein Wasservolumen von 55.000 km^3 und eine mittlere Meerestiefe von 94 m. Dennoch sind Radionuklide sehr gut im gesamten Nordseebecken zu verfolgen. Schwermetalle sind in den Randbereichen im Sediment oft um ein Vielfaches der normalen Konzentration angereichert. Erhöhte Radioaktivität ist mit dem Geigerzähler leicht messbar.

6.5 Stoffaustausch zwischen Küste und offenem Ozean

Für vertikale Austauschvorgänge im offenen Ozean sind die Grenzbereiche Luft–Wasser und Bodenwasser–Sediment von großer Bedeutung. Zwischen den höheren und tieferen Wasserschichten wird der Austausch vor allem durch vertikal gerichtete Strömungen bewirkt. Die Primärproduktion ist dabei auf – im Vergleich zur Gesamttiefe – relativ geringe Abschnitte der Wassersäule beschränkt. In der Regel sind dies die obersten 100 m, wo sich durch Photosynthese das pflanzliche Plankton entsprechend Sonneneinstrahlung und Nährstoffangebot optimal entwickeln kann. Der Stoffaustausch erfolgt teilweise sehr langsam. Teilchen von Tongröße (1–2 μm) benötigen für das Absinken zum Tiefseeboden bis zu 100 Jahre. Lösliche Partikel, wie die Kalkschalen von Foraminiferen, Globigerinen, Coccolithophoriden und anderen Planktongruppen lösen sich langsam in großer Meerestiefe auf, und zwar unterhalb der sogenannten Kalkkompensationstiefe (CCD), die meistens zwischen 4000 und 5000 m Tiefe schwankt.

Wesentlich komplizierter laufen die Austauschvorgänge im Küstenbereich und den Ästuaren – den trichterförmigen Flussmündungen – ab, in denen der Salzgehalt sehr stark schwankt. An der Küste kommt es in der Regel zur Umlagerung bereits sedimentierten Materials. In den Mündungsgebieten sind vor allem Mischungsvorgänge beteiligt, die auch die Schwermetallverteilung steuern. Inwieweit Schadstoffe im Ästuar eingefangen und über längere Zeit festgelegt werden können oder ob sie wieder mobilisiert und somit ins Schelfmeer gelangen können, hängt vom Ästuarcharakter ab. Bestimmte Ästuare sind bisher genauer untersucht worden (zum Beispiel Gironde, Weser, Elbe). Demnach ist die Mobilisierung von Schwermetallen sehr unterschiedlich. In breiten Flussmündungen werden die stark verschmutzten Wassermassen infolge des Salzgehaltwechsels nur relativ langsam durchmischt. Der Abbau von organischem Material erfordert relativ große Sauerstoffmengen, sodass der O_2-Gehalt im Wasser stark absinken kann. Durch die Gezeitenwirkung können eingeleitete Abfälle zeitweise sogar stromauf verfrachtet werden. Bei stärkerer Strömung und erhöhtem Seegang wird das Material im Flachmeer weiterverfrachtet. Die anthropogene Zufuhr und die aus natürlichen Abtragungs- und Verwitterungsprozessen stammenden Produkte mengenmäßig genau zu bestimmen, ist nach wie vor ein Problem. Ein Hauptgrund sind fehlende Langzeitbeobachtungen wie vor allem der natürlichen Schwankungen von Wassertemperatur, Sauerstoffgehalt, Salzgehalt und Klima.

Durch natürliche Vorgänge reichern sich viele chemische Elemente in den Organismen erheblich gegenüber den Konzentrationen im Meerwasser an. So können sich zum Beispiel in den am Meeresboden lebenden Algen Metalle wie Kupfer, Zink, Blei, Cadmium und Vanadium bis zum 600 fachen anreichern; im Phytoplankton wurden sogar mittlere Anreicherungen um den Faktor 30.000 für Kupfer, 15.000 für Zink und 40.000 für Blei festgestellt (F. R. SIEGEL 1974: 302 f.). Auch in höheren Organismen liegen die Werte zum Teil sehr hoch. In Weichteilen von Mollusken, Krebstieren oder Fischen kann Kupfer auf mehr als das Tausendfache der Konzentration im Meerwasser angereichert sein. In manchen Tiergruppen können vor allem Quecksilber, Cadmium, Blei und Radionuklide lange Zeit gespeichert werden, wobei die Lebensdauer der verschiedenen Tierarten eine Rolle spielt.

6.6 Erzschlämme im Roten Meer – Gewinnung hochriskant

Großes wirtschaftliches Interesse besteht seit der Entdeckung im Jahr 1965 an der Gewinnung von Erzschlämmen am Boden des Roten Meeres, dessen Küsten von Korallenriffen gesäumt werden. So interessant dieses außergewöhnliche und vielleicht in absehbarer Zeit abbauwürdige Vorkommen von Metallen wie Fe, Mn, Al, Zn und Cu ist, so sehr wird die marine Umwelt durch die Gewinnung und Aufbereitung gefährdet. Zwar wurden Studien zur Umweltverschmutzung durch diese Schwermetalle durchgeführt, doch zeigt sich auch hier wieder, wie unsicher Modellstudien sein können. Vorherige Großtests würden ihrerseits eine Umweltgefährdung bedeuten. Die hochempfindlichen und bereits auf natürliche Weise durch hohe Temperatur und erhöhte Salzgehalte im Meerwasser gestressten Ökosysteme wie die Korallenriffe im Roten Meer wären in ihrer Existenz bedroht, wenn auch nur ein kleiner Teil der Aufbereitungswässer aus der Tiefe strömungsbedingt wieder aufsteigen würde. Diese Aufbereitungswässer sollen

6.6 Erzschlämme im Roten Meer – Gewinnung hochriskant

vom Schiff in tieferes Meerwasser eingeleitet werden, sollte es eines Tages zum Abbau kommen.

Die Förderung der Erzschlämme im Roten Meer aus über 2000 m Tiefe wurde als wirtschaftlich besonders attraktiv angesehen. Insbesondere die im Atlantis-II-Tief nachgewiesenen Mengen von über 90 Mio. Tonnen Erz könnten für eine Gewinnung ausreichen. Metallhaltige Sedimente kommen auch weiter nördlich und südlich im Zentralgraben des Roten Meeres vor. Das Hauptvorkommen dieser Erzschlämme wurde 1965 entdeckt; es liegt in einer besonders tiefen Stelle, die nach dem amerikanischen Forschungsschiff *Atlantis* als „Atlantis-II-Tief" bezeichnet wurde (E. T. Degens 1969 & D. A. Ross). Seit 1965 waren deutsche Forschergruppen an den Untersuchungen beteiligt, und zwar mit den Forschungsschiffen *Meteor*, *Valdivia* und *Sonne*. An den Forschungen beteiligten sich mehrere Institute unter Führung der Hamburger Gruppe unter Hjalmar Thiel. In diesem Rahmen fand auch das MeSedA-Projekt des Senckenberg-Institutes (M. Türkay 1996) statt; es galt der benthonischen Wirbellosenfauna. Obwohl ein erfolgreicher Fördertest bereits 1979 durchgeführt wurde, kam es bislang es zu keiner Gewinnung.

Die hydrothermal, also durch Austritt an heißen, metallführenden Quellen bedingte Ausfällung von Sulfiden, erfolgt aus einer rund 60 °C heißen Sole mit einer Salzkonzentration von etwa 25 %. Es werden vor allem Sulfide als Sphalerit (ZnS) und Chalkopyrit ($CuFeS_2$) ausgefällt. Allein das Vorkommen im Atlantis-II-Tief umfasst neben 2 Mio. Tonnen Zink auch eine halbe Million Tonnen Kupfer, 4000 t Silber und 50 t Gold (P. Herzig 2015: 263). Die hochprozentige Sole kann deshalb nicht entweichen, weil wegen der hohen Dichte der Sole die Diffusion oder thermokonvektive Vermischung mit höher gelegenen Wasserschichten sehr gering ist. Die Wassertemperatur im Roten Meer beträgt bis 2000 Tiefe gleichbleibend 21–22 °C.

Das Hauptumweltproblem ist der Verbleib der bei der Aufbereitung anfallenden Schlämme, die aus Silikatmineralen, Eisenoxiden und Schwermetallbeimengungen bestehen. Die Aufbereitung muss aus wirtschaftlichen Gründen auf dem Förderschiff erfolgen, wobei beim Flotationsprozess eine Verdünnung auf die vierfache Menge erfolgt. Von 100.000 t Erzschlamm müssten rund 98 % wieder in die Tiefe zurückgeführt werden. Eine Wiederablagerung würde sich wegen der extrem kleinen Partikelgröße nur sehr langsam abspielen. Zwar sinkt die Suspensionswolke aufgrund ihrer höheren Dichte generell ab; jedoch ist eine strömungsbedingte Ausbreitung durchaus zu erwarten. Es käme zu einer Verdriftung der löslichen Schwermetalle. Modellberechnungen weisen bei einer punktförmigen Emission auf eine Ausbreitung der Wolken bis zu 3000 km^2 (H. Bäcker 1982: 130). Wenn ökologische Schäden vermieden werden sollen, dann sind Einleitungstiefen von mindestens 1000 m erforderlich. Da ausgeprägte Sprungschichten im Roten Meer fehlen, würde sich eine absinkende Suspensionswolke im Tiefenbereich zwischen 400–800 m auf jeden Fall ausbreiten. Nach H. J. Thiel, H. Weikert & L. Karbe (1985: 39) würde es sogar bei einer Einleitung in über 1000 m Meerestiefe zu einer sich über Tausende von Quadratkilometern erstreckenden Ausbreitung von Schwermetallen kommen!

Es wurden von deutscher Seite weitere Umweltstudien zu den möglichen Auswirkungen eines Abbaus erstellt. Für eine Beurteilung sind vor allem physikochemische Daten (Salzgehalt, Temperatur) und ökologische Daten (Plankton, Fische, Tiefseebenthos, Rifforganismen) zu berücksichtigen. Ferner ist die exakte Kenntnis der ozeanographischen Kennwerte (Strömung, Austauschvorgänge) erforderlich, um die Folgen bei einem Abbau der Erzschlämme abzuschätzen. Seit 1976 wurden die umweltrelevanten Probleme untersucht (H. Thiel et al. 1991). Eine der wichtigsten Forderungen ist, dass jede ökologische Beeinträchtigung in den belebtesten Regionen – einschließlich der küstennahen Korallenriffe – absolut ausgeschlossen werden muss. Eine Ausbreitung von Schadstoffen würde in den nährstoffarmen Regionen die ohnehin geringe Bestandsdichte weiter verringern! Der hohe Salzgehalt von 40 ‰ und die hohen Wassertemperaturen sind ihrerseits natürliche Stressfaktoren, die den im Roten Meer lebenden Organismen bereits einen hohen Erhaltungsstoffwechsel aufzwingen. Die Folge des zusätzlichen Stresses durch die anthropogenen Belastungen würden die Produktivität, das Wachstum und die Fortpflanzung des im Wasser treibenden Planktons und des aktiv schwimmenden Nektons deutlich verringern. Berücksichtigt man die tagesrhythmischen Bewegungen des Planktons und Nektons – also ihren Auf- und Abstieg –, so ist eine Einleitungstiefe von mehreren Hundert Metern viel zu gering! Um Aussagen über Langzeiteffekte zu machen, wären Großversuche notwendig, die wiederum sehr riskant sind und daher unbedingt vermieden werden sollten. Allein die andauernden politischen Instabilitäten in diesem Raum dürften eine Gewinnung vorerst unwahrscheinlich machen. Hinsichtlich der immer stärkeren Bedrohung der Biodiversität – gerade in Meeren wie dem Roten Meer – wird letzten Endes dem Meeresschutz der Vorrang zu geben sein.

6.7 Ölverschmutzung des Meeres und ihre Folgen

Die Steigerung der Welterdölförderung und der weltweite Transport mit Tankern führten dazu, dass die Ölverschmutzung der Meere erheblich zugenommen hat. Durch Be- und Entladung, Tankerreinigung, Erdölförderung sowie Leckagen und Tankerkatastrophen gelangen große Mengen von Öl in die marine Umwelt. Hinzu kommen Verschmutzungen durch Öl vom Festland und den Betrieb von Raffinerien und petrochemischen Anlagen in Küstennähe.

Die Tankertonnage für den Öltransport umfasst heute rund ein Drittel der gesamten Tonnage der Welthandelsflotte. Weltweit sind viele Tausend Tanker im Einsatz, die eine Gesamttragfähigkeit von über 450 Mio. Tonnen haben. Als weitere Quellen sind die Offshore-Ölförderung sowie die Zufuhr durch Flüsse und aus der Luft zu nennen. Die Zufuhr durch Flüsse ist relativ hoch, während die durch Tankerunfälle freigesetzte Menge vergleichsweise klein ist. Dennoch müssen Tankerkatastrophen durch Kollisionen, Untergang oder Explosionen zu den gravierendsten Bedrohungen gerechnet werden, da sie sich meist in Küstennähe ereignen. Dies haben die Tankerunglücke der *Torrey Canyon* am 18. März 1987 – der Tanker lief bei den Scilly-Inseln vor der

Südwestküste Englands auf Grund, wobei über 95.000 t Öl ausliefen – und der *Amoco Cadiz* am 17. März 1978 gezeigt; hier wurden vor der bretonischen Küste 220.000 t Erdöl freigesetzt. Das Öl wurde an die felsige Küste getrieben, wobei die Bekämpfung durch Detergenzien noch größere Schäden verursachte als das Öl selbst. Eine aufblasbare Barriere von einer Gesamtlänge von 11 km hatte nur geringen Effekt. Beim Blowout der Bohrung Ixtoc I im Jahr 1979 – vor Campeche im südlichen Golf von Mexiko – traten bis 1980 in 9 Monaten mindestens 0,5 Mio. Tonnen Öl (möglicherweise bis 1,5 Mio. Tonnen) aus – anfangs sogar 4000 t pro Tag! Dieses Öl driftete bis nach Texas, obwohl großflächig Dispergierungsmittel zur Bekämpfung der Ölpest eingesetzt wurden. Man schätzt, dass der völlige Abbau ölverschmutzter Sedimente weit über 100 Jahre dauern kann. Verheerend waren die Folgen der explodierten und untergegangenen Erdölbohrplattform *Deep Water Horizon* im Golf von Mexiko (s. Abschn. 5.1.1). Es gelang dort nicht, zügig Preventer am Bohrloch anzubringen, sodass das Erdöl am Meeresboden unter dem hohen Lagerstättendruck austreten konnte. Jüngste Untersuchungen ergaben, dass die Ausbreitung des Erdöls in tieferen Bereichen des Meerwassers deutlich größer war, als damals nach Satellitenaufnahmen erkennbar war.

Weitere Quellen für die Ölverschmutzung sind auch das früher übliche Waschen von Tanks mit Meerwasser, das Ablassen von Ballastwasser, Arbeiten an Tankerterminals sowie der auf unvollkommener Verbrennung beruhende Eintrag durch die Luft vom Land her. Die Gefährdungen haben vor allem nach Ende des 2. Weltkrieges drastisch zugenommen. Bereits 1967 wurde eine Konvention getroffen, die das Ablassen von Öl und dessen Rückständen in einem küstennahen Streifen von 100 Seemeilen Breite untersagte; dennoch geschieht dies vermutlich auch noch heute in manchen Ländern. Für eine differenzierte Beurteilung der Ölverschmutzung und deren Gefahren für die marine Umwelt ist die Kenntnis der Eigenschaften des Öls und seiner Derivate erforderlich. Wichtig sind auch Kenntnisse über den Stoffkreislauf, die mikrobiologischen Abbauprozesse sowie die küstenmorphologischen Verhältnisse, welche die Strömung beeinflussen und damit die mögliche Ölverbreitung vorprogrammieren.

Im Erdöl treten drei Hauptgruppen von Kohlenwasserstoffen (KW) auf:

1. die gesättigten KW als normale Alkane (=Paraffine) und verzweigte Isoalkane und gesättigte Cykloalkane (= Naphtene),
2. aromatische KW, darunter auch zyklische Schwefelverbindungen, die im Wesentlichen für den Schwefelgehalt verantwortlich sind,
3. Harze und Asphaltene in Form hochmolekularer, polyzyklischer Verbindungen mit Stickstoff, Schwefel und Sauerstoff.

Alle Rohöle bestehen zu wechselnden Anteilen aus diesen Gruppen, wobei die gesättigten und aromatischen KW im Allgemeinen überwiegen. Die Dichte und die Viskosität hängen wesentlich vom Anteil der schweren Komponenten ab. Der Schwefelgehalt nimmt generell mit dem Anteil an aromatischen Kohlenwasserstoffen und Asphaltenen zu. Bei dem Nordseeöl handelt es sich um ein relativ leichtes Öl, das rasch verdunstet, wobei zu berücksichtigen ist, dass auch die verdunsteten Anteile durch den Regen wieder ins Meer zurückgelangen können und dann weiter verteilt werden. Die Verdunstungsrate beträgt je nach ruhiger oder rauerer See 25–45 %. Kohlenwasserstoffe sind giftig für alle Meeresorganismen. Ihr Abbau durch Bakterien erfolgt meist sehr langsam. Je kälter das Wasser ist, umso langsamer vollzieht sich der Abbau. Kohlenwasserstoffe können selbst für Bakterien giftig sein. Allgemein werden die Atmung und der Stoffwechsel bei höheren Organismen blockiert. Ein zügiger Abbau von Kohlenwasserstoffen wird durch den Einsatz chemischer Dispergierungsmittel oft verhindert.

Da das Rohöl aus Hunderten von unterschiedlichen organischen Verbindungen besteht, unter denen in der Regel bestimmte Kohlenwasserstoffe vorherrschen (v. a. Paraffine, Naphtene und Aromate), vollzieht sich deren Abbau in sehr unterschiedlicher Weise. Kettenförmige Paraffine sind mikrobiell leichter abbaubar. Cykloalkane werden als zyklische Verbindungen hingegen nur schwer angegriffen; sie können aber bis zu zwei Drittel des Erdöls ausmachen. Dies hängt auch entscheidend von der Herkunft, also dem Fördergebiet ab. Relativ gering ist der Anteil an aromatischen Verbindungen, die ebenfalls bakteriell schwer zersetzbar sind. Aufgrund ihrer unterschiedlichen Zusammensetzung sind die Rohöle aus unterschiedlichen Quellen auch hinsichtlich ihrer sonstigen Eigenschaften sehr verschieden. Nach dem biochemisch-mikrobiellen Abbau bleiben vor allem Vanadium und andere Schwermetalle übrig, welche die Meerestiere belasten. Bei der Verseuchung durch Öl und deren Beseitigung sind Kenntnisse über die Quelle der Verschmutzung, die Ausbreitungsmöglichkeiten sowie die chemische Zusammensetzung und mögliche Reaktionen mit dem Meerwasser erforderlich.

Die Auswirkungen der Ölverschmutzung sind vielfältig. Selbst ihre Bekämpfung kann zu hohen Belastungen führen. Abhängig von der Viskosität und dem Anteil leichter bzw. schwerer Öle breitet Erdöl sich im Meerwasser – beeinflusst durch Wind, Strömung und Wellenbewegung – aus. Auch die Temperatur spielt dabei eine entscheidende Rolle. Es bilden sich Ölteppiche oder Ölfilme, deren Bewegung mit etwa zwei Dritteln der Geschwindigkeit der Wasserströmung erfolgen soll. Durch die Verdunstung der flüchtigen bzw. Leichtölanteile kommt es schließlich zur Verklebung der höher viskosen Phasen und zur Klumpenbildung. Die Teerklumpen sinken schließlich ab oder werden ans Ufer getrieben und dort in Sedimenten abgelagert. Ein Teil des Öls geht im Wasser in Lösung oder es entstehen „Wasser-in-Öl-Emulsionen". Es erfolgt ein biologischer Abbau durch Bakterien, Pilze und Algen, deren Aktivität durch Nährstoffe sowie durch Sauerstoff begünstigt wird. Es gibt eine Reihe von bakteriellen Spezialisten wie Streptomyceten, *Penicillium-* oder *Pseudomonas*-Arten, die in Gebieten leben, wo natürliche Ölquellen am Meeresgrund vorhanden sind.

Die Schäden durch Ölverschmutzung treffen die marine Pflanzen- und Tierwelt. Besonders schwerwiegend wirkt sich eine solche im Schelfmeer und an den Küsten, im Wattenmeer und in Salzmarschen aus. Fische, Säugetiere und Seevögel gehen in großer Zahl zugrunde. Auch planktonische Organismen nehmen Kohlenwasserstoffe auf, sodass die Vergiftung über die Nahrungskette erfolgen kann. Für benthonische Organismen besteht die Gefahr, vom absinkenden Öl überdeckt zu werden. Salzwiesen und Salzmarschen mit ihren von Natur aus extremen Umweltbedingungen werden am stärksten geschädigt. Wo Ölrückstände fleckenhaft den Meeresboden bedecken, entstehen fast sauerstofffreie lebensfeindliche Bedingungen. Der Abbau des Erdöls durch Mikroorganismen erfolgt sehr langsam. Beim Einsatz von Detergenzien zur Bekämpfung der Ölpest sind die Schäden meist noch größer! Diese Chemikalien wirken selbst stark toxisch. Die Sterberate ist daher in küstennahen Gewässern besonders hoch.

Gravierend sind die Folgen der Ölverschmutzung in unmittelbarer Küstennähe, vor allem im geschützteren Gezeitenbereich, in Buchten und Ästuaren. Zur Abschätzung des Gefährdungsgrades gibt es eine zehnteilige Skala, den Oilspill Vulnerability Index (OVI). Dieser Index ist auch für zu ergreifende Säuberungsmaßnahmen hilfreich. Während felsige Steilkliffs mit starker Brandung einer raschen Selbstreinigung unterliegen (Stufe 1), muss bei den äußerst empfindlich reagierenden Salzmarschen und Mangroven mit lang andauernder Schädigung (Stufe 10) gerechnet werden. Ähnlich hoch sind die Schäden in Wattgebieten und Meeresbuchten, wo die Wellenenergie entweder für eine Säuberung nicht mehr ausreicht oder wo die Ölrückstände aufgrund des Vorhandenseins gröberklastischer Ablagerungen – wie Kies oder Grobsand – tiefer einsickern können. Infolge Ausbaggerung ölverschmutzter Sedimente kann es sekundär auch zu verstärkter Küstenerosion kommen. Somit können Reinigungsaktionen noch weitaus negativere Folgen haben. So empfiehlt es sich, diese zu begrenzen, wenn für eine Selbstreinigung günstige Bedingungen bestehen. Folgen für den Menschen selbst sind insbesondere die Beeinträchtigung der Fischerei (v. a. Grundfischerei), Schäden für den Tourismus sowie eine Bioakkumulation von Schadstoffen über die Nahrungskette, was den Verzehr von Fisch, Muscheln und anderen Meerestieren verbietet.

6.8 Belastungen durch sonstige organische Schadstoffe

Die Belastung der Meere durch organische und metallorganische Verbindungen hat in den letzten Jahrzehnten stark zugenommen. Betroffen sind vor allem die küstennahen Flachmeere, Meeresbuchten und Deltabereiche. Der Eintrag erfolgt durch Flüsse, zum Teil auch über die Luft. Es handelt sich um Abwässer und Schlämme aus der Industrie, dem kommunalen Bereich und der Landwirtschaft. Hinzu kommen Nährstoffe wie Phosphate und Stickstoffverbindungen. Beim Abbau der organischen Substanzen entstehen am Meeresboden durch O_2-Verbrauch sauerstoffarme Verhältnisse. Bei unvollständiger Zersetzung werden Faulschlamme gebildet und es kann so zur völligen biologischen Verödung oder zur deutlichen Minderung der Biodiversität kommen. Bei Einleitung ungeklärter Abwässer ins Meer gelangen auch gefährliche Krankheitserreger in die marine Umwelt, die vor allem auch Korallen und damit die Riffe massiv schädigen oder zum Absterben bringen können.

Während es auf der einen Seite zur teilweisen oder völligen Oxidation kommt, führt es andererseits durch Mineralisation zu einem Düngungseffekt. Durch den Düngungseffekt werden niedere Organismen zu erhöhter Produktion angeregt. So kommt es häufiger als früher zu explosiven Algenblüten oder zur massenhaften Vermehrung von Dinoflagellaten („rote Tiden"). Diese wirken zum Teil durch ihre Nervengifte toxisch auf höhere Lebewesen. Ferner wird infolge der Zersetzung Sauerstoff aufgezehrt, sodass höher organisierte Lebewesen zugrunde gehen (zum Beispiel Massensterben von Fischen). Insbesondere benthonische Lebensgemeinschaften können langfristig geschädigt werden. Die gesteigerte Massentierhaltung hat ferner zu extrem hoher Nitratbelastung geführt. Wie bedeutend dieser Düngungseffekt durch Stickstoff- und Phosphorverbindungen ist, haben die Verhältnisse in der Nordsee gezeigt, wo organische Stoffe durch die großen Ströme wie Rhein, Elbe, Weser, Themse und Schelde zugeführt werden. Insbesondere an der englischen Küste mehrten sich die „roten Tiden". Massenbilanzen machen deutlich, dass der Eintrag über die Atmosphäre beträchtlich ist. Stark angestiegen ist die Menge der Phosphate infolge der immer stärker industrialisierten Landwirtschaft.

Betroffen sind in erster Linie Gebiete, wo ungeklärte Abwässer direkt eingeleitet oder Klärschlämme verklappt wurden. Durch Einleitung kommt es zur Überdeckung der Bodensedimente samt ihrem Benthos, zur Verstopfung der Atmungsorgane bei Kiemenatmern sowie zum vermehrten Parasitenbefall, der zu Hautkrankheiten bei Fischen führt. Besonders kritisch sind auch hier die Ästuare zu beurteilen, da hier nur eine mangelhafte Durchlüftung des geschichteten Wasserkörpers erfolgt. Der Sauerstoffgehalt sinkt dort infolge des verstärkten Abbaus organischen Materials stark ab. Durch den Gezeitenhub kann es ferner zu stromauf gerichteter Verfrachtung der Sink- und Trübestoffe kommen. Die Selbstreinigungskapazität ist somit wesentlich geringer als im offenen Meer. Da organisches Material (zum Beispiel Fäkalienabwässer) häufig direkt in Meeresbuchten eingeleitet wird, kommt es dort zu verschlechterten Lebensbedingungen. Hiervon sind in erster Linie Gebiete mit vorherrschendem Tourismus betroffen – zum Beispiel in der Adria im Mittelmeer oder bei vielen Inselstaaten in der Karibik. Eine gezielte Nutzung von Abwassereinleitungen als zusätzliche Nahrungsquelle für Aquakulturen, wie sie vor allem in Südostasien praktiziert wird, ist höchst problematisch: zum einen wegen der vielen Krankheitserreger, zum anderen, weil damit oft höhere Schwermetallgehalte sowie größere Mengen von Kohlenwasserstoffen in die marine Umwelt gelangen. Diese werden dann über das Phytoplankton als Primärproduzenten und die sich anschließende Kette filtrierender und schlammfressender Organismen in den Nutztieren – wie Muscheln, Fischen und Krebstieren – weiter angereichert.

6.9 Chlorierte und polychlorierte Kohlenwasserstoffe im Meerwasser

Zu den gefährlichsten und im Meere am weitesten verbreiteten organischen Verbindungen gehören die meist schwer oxidierbaren chlorierten und polychlorierten Kohlenwasserstoffe. Dabei handelt es sich überwiegend um Pestizide (Fungizide, Herbizide,

Insektizide). Hierzu zählen vor allem DDT, Aldrin, Dieldrin, Trichlorethan, Hexachlorcyclohexan (= Lindan) und polychlorierte Biphenyle (PCB). Größenordnungsmäßig dürften über viele Jahrzehnte allein auf dem Weg über die Atmosphäre weit mehr als 100.000 t chlorierte Kohlenwasserstoffe (CKW) ins Meer gelangt sein. Da die meisten der genannten Verbindungen chemisch resistent und thermisch sehr stabil sind, reichern sie sich in der Nahrungskette an. Manche Verbindungen wie Aldrin und Dieldrin sind gut wasserlöslich. Die Vielfalt an synthetischen Kohlenwasserstoffen, deren schädliche Wirkung oft erst sehr viel später erkannt wurde, stellt eines der größten Probleme der Meeresverschmutzung dar. Die Produktion von PCBs wurde 1982 in Deutschland eingestellt und ihr Einsatz auch in geschlossenen Systemen 1986 verboten. Da PCBs in Hydraulikflüssigkeiten im Ruhrbergbau eingesetzt wurden, müssen sie mit Sümpfungswässern auch ins Meer gelangt sein. Von den Millionen Tonnen jährlich produzierter PCB-Verbindungen gelangten in den Jahrzehnten bis zum Jahr 2000 schätzungsweise bis zu 3 % ins Meer. Produktions- und Anwendungsverbote haben inzwischen zu einem deutlichen Rückgang geführt.

Ein warnendes Beispiel ist die Produktion des DDT, das 1874 zum ersten Mal hergestellt wurde, 1939 als hochaktives Insektizid erkannt und ab 1940 in steigendem Umfang produziert wurde. Heute ist der Einsatz von DDT in der Landwirtschaft in vielen Ländern – auch in den USA – verboten, obwohl in einer Reihe von Ländern der Dritten Welt DDT allerdings weiterhin verwendet wird. In Mitteleuropa wurde DDT in größerem Umfang erst nach 1945 als Insektizid eingesetzt. Der Einsatz wurde in zahlreichen europäischen Ländern erst Mitte der 70er-Jahre des letzten Jahrhunderts verboten. In Ländern der Dritten Welt wird DDT heute noch zur Bekämpfung von Malaria eingesetzt. Mindestens 1 Mio. t DDT dürften sich noch heute im biosphärischen Stoffkreislauf befinden. In den Organismen kommt es in der Nahrungskette zu starker Anreicherung, da DDT sich vor allem im Fettgewebe sammelt und sich als sehr resistent erweist. DDT ist chemische Verbindung Dichlordiphenyltrichlorethan.

Die chlorierten Kohlenwasserstoffe gelangen durch Abschwemmung vom Festland und über die Atmosphäre in die Ozeane. Ihre meist hohe Flüchtigkeit begünstigt eine weite Verbreitung. Bereits äußerst geringe Konzentrationen (im ppb-Bereich) können sich bereits schädlich auf pflanzliches und tierisches Leben auswirken. Auch durch Klärschlammverklappung gelangten chlorierte Kohlenwasserstoffe jahrzehntelang ins Meer. Metropolen wie London und New York leiteten jährlich viele Millionen Kubikmeter Klärschlamm in das Themseästuar bzw. in die New Yorker Meeresbucht. Von der Stadt Hamburg wurden nahe dem Leuchtschiff Elbe I rund 300.000 m^3 pro Jahr ausgefaulte Schlämme aus Kläranlagen und Hafenbecken eingebracht; auch westlich der Insel Helgoland wurde Klärschlamm lange Zeit verklappt. Geschädigt und dezimiert wurden vor allem die am Meeresboden lebenden Organismen. Berühmt waren die Helgoländer Hummer, die auf sauberem Meeresgrund siedelten und deren Bestände seit 80 Jahren drastisch zurückgingen.

6.10 Eingriffe in den Tiefseebereich

Die Tiefsee umfasst unterhalb der 4000-m-Tiefenlinie rund 208 Mio. km^2; diese Fläche entspricht mehr als 58 % des gesamten Ozeans. Die Tiefsee zwischen −4000 und −2000 m Tiefe umfasst den Bereich des Kontinentalfußes; mit einer Größe von 95 Mio. km^2 nimmt sie etwa ein Viertel der gesamten Ozeanfläche ein. Die Größe hat zu der irrigen Einschätzung geführt, dass eine anthropogene Beeinträchtigung oder irreversible Schädigung der Ozeane nicht möglich oder sehr unwahrscheinlich ist. Die bisherige Entwicklung zeigt jedoch, dass bereits heute Teilbereiche auch der Tiefsee gefährdet sind oder es in Zukunft noch stärker sein werden (World Ocean Review 2010). Es wird geschätzt, dass von den über 1,5 Mio. auf der Erde existierenden Organismenarten mindestens 300.000 Arten im Meer leben. Sie stellen nicht nur für die menschliche Nutzung ein großes Ressourcenpotenzial dar; sie sind auch für die weitere Evolution der Organismen von allergrößter Bedeutung. Insofern muss jeder Eingriff in den Ozean auch unter voller Berücksichtigung der biochemischen und ökologischen Prozesse betrachtet werden. Die wissenschaftliche Untersuchung der Ozeane erfolgte durch zahlreiche unterschiedliche Disziplinen der Bio- und Geowissenschaften seit der ersten großen Tiefsee-Expedition der H.M.S. Challenger in den Jahren 1872–1876, deren 50 Expeditionsbände bis 1907 publiziert wurden.

Der Meeresboden der Tiefsee wird vor allem vom Globigerinenschlamm, von Radiolarien- und Diatomeenschlamm sowie vom Roten Tiefseeton eingenommen. Der kalkige Globigerinenschlamm wird von den mikroskopisch kleinen Kalkgehäusen verschiedener *Globigerina*-Arten gebildet, die ständig zum Meeresboden absinken. Radiolarien und Diatomeen sind Kieselschaler (SiO$_2$/Opal), deren winzige Skelette ebenfalls weit verbreitete Schlamme am Meeresboden bilden. Allein der Rote Tiefseeton, der relativ kalkfrei ist, nimmt bei einer durchschnittlichen Mächtigkeit von 300 m mehr als 100 Mio. km^2 ein. Er ist relativ wenig verfestigt. Die besonderen Bildungsbedingungen der Sedimente in der Tiefsee ergeben sich einerseits aus den Lebensbedingungen der genannten planktonischen Gattungen und Arten, andererseits aus der Tiefenlage der sogenannten CCD (Kalzit-Kompensationstiefe), deren Lage zwischen 4000 und 5000 m Wassertiefe schwankt. Hier setzt die Auflösung der winzigen Kalkgehäuse der Globigerinen ein. Da unterhalb der CCD das Mineral Kalzit ($CaCO_3$) fast völlig aufgelöst wird, sind die Sedimente am Meeresboden in tieferer Lage fast kalkfrei und bestehen größtenteils aus Tonmineralen und Kieselschalen (vor allem Radiolarien).

Auf die Möglichkeit der Rohstoffgewinnung auch aus der Tiefsee hat vor allem J. L. MERO (1965) hingewiesen. Es ist kein Zufall, dass in den letzten sechs Jahrzehnten die Meeresforschung in diesem Sektor stark intensiviert wurde. Die jüngsten Entdeckungen haben gezeigt, wie begrenzt das bisherige Wissen um die Bildungsbedingungen im Ozean ist! Zwar gibt heute das plattentektonische Konzept die Möglichkeit, viele Sachverhalte in größerem Zusammenhang und entwicklungsgeschichtlich zu sehen; doch es bleiben weiterhin viele Fragen offen! So sind die Fragen nach den Strömungs- und

Austauschprozessen in den Tiefen des Ozeans noch nicht hinreichend beantwortet. Dies gilt auch für fast alle klimarelevanten Langzeitprozesse.

Um künftige Gefährdungen durch Rohstoffgewinnung auszuschließen, müssen daher sehr viele Faktoren berücksichtigt werden. Dies trifft insbesondere für die Gewinnung der Manganknollen zu, zumal es im Nordost-Pazifik schon in absehbarer Zeit zu einem Abbau kommen könnte. Der gesamte Problemkomplex umfasst Erkennung und Bewertung, Gewinnung und Förderung, Aufbereitung und Extraktion der Metalle, aber auch die Verbringung der dabei produzierten Abfälle. Die Frage nach der Wirtschaftlichkeit steht dabei noch im Hintergrund. Zunächst geht es darum, welche Vorräte überhaupt vorhanden sind und welche technischen Möglichkeiten es gibt, diese umweltschonend zu gewinnen (A. Koschinsky 2015: 266–277). Neben den Manganknollen sind es vor allem sulfidische Erze, auf die sich das Abbauinteresse richtet und deren Gewinnung sich anbahnt.

In den Blickpunkt industrieller Nutzung rückte jedoch zunächst in den 1970er-Jahren der Abbau der Manganknollen in der Tiefsee. Diese sind nickel-, kupfer- und kobaltreiche Eisenmanganerzkonkretionen. Die Manganknollen, welche bereits vor fast 150 Jahren von dem britischen, bereits oben genannten Forschungsschiff „Challenger" entdeckt wurden, sind im Pazifik, im Atlantik und im Indischen Ozean verbreitet. Ferner wurden Kobaltkrusten auf den Plateaus und Hängen von Tiefseerücken entdeckt; diese Krusten enthalten etwa 1–2 % Kobalt bei einem niedrigen Nickel-Gehalt. Starke Anreicherungen von Zink und Kupfer sowie von weiteren Bunt- und Edelmetallen finden sich auch in Massivsulfiden (P. Herzig 2015: 258–265), die insbesondere an den mittelozeanischen Rücken auftreten. Trotz der weitflächigen Verbreitung der Manganerze mit ihren wertvollen Buntmetallanreicherungen dürften die prospektiven Abbaugebiete aus wirtschaftlichen Gründen begrenzt sein. Kobalthaltige Eisenmangankrusten finden sich vor allem im Zentralpazifischen Becken zwischen 1000 und 4000 m Tiefe (*Midpacific Mountains*). Das Hauptverbreitungsgebiet der Manganknollen liegt im Bereich der Pazifischen Platte im sogenannten Clipperton-Clarion-Gürtel; dieses Gebiet umfasst bis zu 11 Mio. km^2.

6.11 Tiefseebergbau – Risiken und mögliche Folgen

In jüngster Zeit ist die Gewinnung von Metallrohstoffen aus der Tiefsee wieder zunehmend in das Blickfeld von Bergbauunternehmen gerückt. Ein erster Bergbautest zur Förderung von Manganknollen wurde bereits 1978 von der SEDCO 445 im Pazifik mit dem Airlift-Verfahren erfolgreich durchgeführt. Dabei wurden mehrere 100 t Manganknollen kontinuierlich aus 5000 m Tiefe gefördert. Dieser Erfolg machte die Kluft zwischen dem hohen technischen Können einerseits und der mangelnden Kenntnis der ökologischen Prozesse im Tiefseebereich besonders deutlich. Die komplexen Zusammenhänge zwischen den geologischen, meeresökologischen und physikalischen

Prozessen sind auch noch heute in vielen Punkten ungeklärt (C. ROBERTS 2013). Die Gewinnung und die Aufbereitung der Erze auf hoher See oder in Küstennähe bergen zahlreiche Umweltrisiken, auf die schon frühzeitig der Göttinger Geologe JÜRGEN SCHNEIDER (1977) hingewiesen und vor den möglichen Folgen eines Abbaus gewarnt hat.

Die größten und wirtschaftlich interessantesten Manganvorkommen befinden sich im sogenannten „Knollengürtel" im nordöstlichen Zentralpazifik. Dort liegen dicht belegte Knollenfelder in Tiefen zwischen 4000 und 6000 m. In diesem Areal (Clarion-Clipperton-Bruchzone) kommen aber „nur" rund 2 Mio. km^2 für einen wirtschaftlichen Abbau infrage. Die hier bis 20 cm großen Knollen enthalten 25–35 % Mangan und 5–15 % Eisen sowie 1,3 % Nickel (zum Teil bis 2 %), 1,1 % Kupfer sowie teilweise auch Kobalt. Dabei erreichen die höchsten Gehalte für Nickel, Kupfer und Kobalt 1,5–2,5 % (P. HALBACH et al. 1988). Die Buntmetalle machen eine Gewinnung besonders attraktiv, da sie in einer Größenordnung liegen, welche die Gehalte von den derzeit auf dem Festland abgebauten Nickel- und Kupfererzen überschreitet. Auch die für Hightech-Produkte verwendeten Seltenen Erden sind in den Manganknollen enthalten. In den Manganknollen des indopazifischen Raumes kommen auch erhöhte Gehalte an Barium, Titan, Blei, Zink, Molybdän, Vanadium und Chrom vor.

Da die Verteilung der Manganknollen am Meeresboden sehr unregelmäßig ist und Felder mit einer Belegungsdichte mit zum Teil über 25 kg/m^2 mit Feldern abwechseln, die fast frei von Knollen sind (E. SEIBOLD & W. H. BERGER 1982: 241–243), sind reicher belegte Flächen mit durchschnittlich 10 kg/km^2 (trocken) für einen wirtschaftlichen Abbau notwendig. Die Vorräte allein im Pazifik werden auf bis zu 200 Mrd. t veranschlagt, von denen allenfalls 5–20 Mrd. t als wirtschaftlich abbauwürdig anzusehen sind. Wirtschaftlich entscheidend sind die Menge der Wertmetalle und deren Weltmarktpreise.

Gefährdungsabschätzungen sind nur unter Berücksichtigung der Bildungsbedingungen möglich. Die Manganknollen wachsen außerordentlich langsam, d. h. nur wenige Millimeter pro Million Jahre. Sie bestehen aus hydratisierten Mangan- und Eisenverbindungen. Diese bilden sich bevorzugt in Gebieten mit äußerst geringer Sedimentationsrate von weniger als 1–5 mm pro 1000 Jahre. Verbreitungsgebiete sind daher die Tiefseeebenen mit Radiolarienschlamm oder Rotem Tiefseeton. Die Manganknollenfelder sind aus diesem Grund ausgesprochen zweidimensionale Lagerstätten, deren Abbau deshalb riesige Flächen erfordert. Abbauflächen von 10.000–30.000 km^2 werden als Mindestflächen angesehen. Jeder Eingriff in diesen Bereich stört somit ein teilweise über Millionen von Jahren herrschendes Gleichgewicht. Alle Austauschvorgänge – wie Lösung, Ausfällung, Porenwasserstrom im Grenzbereich Sediment/Wasser – laufen äußerst langsam ab. Zur Langzeitbeurteilung potenzieller ökologischer Auswirkungen müssen daher alle meeresgeologischen Befunde berücksichtigt werden.

Die Bildungsbedingungen kennzeichnen also ein Milieu, das durch besondere Strömungs- und Austauschvorgänge sowie durch spezielle Zufuhr- und Auflösungsprozesse gekennzeichnet ist, welche besonders langsam ablaufen. Jede Störung würde zu einer Aufwirbelung der tonigen Feinfraktion am Meeresboden führen, die in Form von Suspensionswolken weiträumig verdriftet würde. Ferner würden dabei Schwermetalle freigesetzt, die das sessile und vagile Benthos im Abbaufeld und dessen weitere Umgebung schädigen. Ferner würde die Planktonverbreitung großräumig gestört und somit das Nährstoffangebot grundlegend verändert. Dadurch würde sich auch die Artenvielfalt verringern. Eine Regeneration könnte nur langfristig erfolgen, zumal der Meeresboden durch den mechanischen Abbau stark verändert würde. Auch toxische Schwermetalle in der Nahrungskette wären zu befürchten. Selbst in höheren Abschnitten der Wassersäule könnte es zu lang anhaltenden Störungen im Sauerstoffangebot kommen, insbesondere im Grenzbereich zwischen der tropholytischen und trophogen Zone („Minimumzone"). Durch die Transport- und Aufbereitungsvorgänge können nicht nur am Abbauort selbst, sondern auch überregional Störungen unterschiedlichster Art auftreten. Tiefseeökologische Untersuchungen existieren meist nur lokal oder sind auch heute noch recht lückenhaft.

Obwohl die Schätze des Ozeans von den Vereinten Nationen 1969 zum gemeinsamen Erbe der Menschheit erklärt wurden, haben die größten Industrienationen ihren Anspruch auf die Nutzung der Bodenschätze im Meer deutlich hervorgehoben. Sie haben diese exploriert und Abbautechniken weiterentwickelt. Alle Manganknollenfelder von wirtschaftlichem Interesse liegen außerhalb der 200-Seemeilen-Zone. Die UN-Seerechtskonferenz ist um eine international verbindliche Regelung bemüht. Eine Internationale Meeresbodenbehörde, die ihren Sitz in Kingston auf Jamaika hat, ist zuständig für die Vergabe von Abbaurechten. Diese „International Seabed Authority" (ISA) hat bereits etlichen Ländern – darunter China, Russland und Frankreich – Genehmigungen für die Manganknollen-Exploration erteilt. Auch die Bundesrepublik hat seit 2006 Rechte zur Exploration von Manganknollen im Bereich der Clarion-Clipperton-Zone (Ostpazifik) erworben. Die rechtlichen Unsicherheiten, aber auch die technisch und wirtschaftlich mit einem Tiefseebergbau verbundenen Risiken haben frühere optimistische Erwartungen deutlich gedämpft. Es muss dennoch damit gerechnet werden, dass bei steigenden Rohstoffpreisen oder aus geopolitischen Erwägungen eine Gewinnung in Zukunft durchaus erfolgt. Die Klärung aller Umweltprobleme ist daher umso dringender. Diesbezügliche Untersuchungen werden vor allem von der Bundesanstalt für Geowissenschaften (BGR) in Zusammenarbeit mit Meeresforschungsinstituten und mithilfe des Forschungsschiffs SONNE durchgeführt. Im Rahmen eines Internationalen Forschungsprojekts JPI Oceans wurden 2016 vor Peru Folgewirkungen des Tiefseebergbaus in ökologischer Hinsicht untersucht.

Es wurden ferner Phosphorite entdeckt, die bevorzugt an aktiven Tiefseerücken (Mittelatlantischer Rücken, Ostpazifischer Rücken) sowie auf Tiefsee-Plateaus (zum Beispiel Blake Plateau vor Florida) und Tiefseekuppen vorkommen. Bereits von H. R. KUDRASS (1982) wurden Vorkommen von Phosphorit vom *Chatham Rise* östlich Neuseeland in 400 m Meerestiefe beschrieben. Diese Vorkommen sind ebenfalls für einen Abbau interessant. Die Erkundung der erst jüngst im Meer an den Kontinentalrändern bis 1000 m Tiefe entdeckten Methangashydrate ist in vollem Gang. Die Methanhydratvorkommen sind nur in einem bestimmten Druck-Temperatur-Bereich als eisähnliche Substanz stabil. Ein Stück brennendes Methanhydrat (CH_4) zeigt die Abb. 6.7.

Abb. 6.7 Brennendes Methanhydrat als eisförmiges Bruchstück (Foto: V. DIEKAMP, MARUM Bremen)

Sie kommen daher nur in bestimmten Gebieten des Kontinentalabhangs vor (E. SUESS & G. BOHRMANN 2015: 248 ff.). Einschließlich der festländischen Gashydratfunde bilden sie den größten Kohlenstoffspeicher auf der Erde (Abb. 6.8). Ihre Gewinnung wirft aber – insbesondere im Meer – viele Probleme auf. Als hochwirksames Treibhausgas muss auf jeden Fall ein unkontrolliertes Entweichen von Methan im Meeresboden vermieden werden. Es darf auch nicht zu Rutschungen kommen, die der Mensch auslöst.

Die weitere Exploration von Kohlenwasserstoffen (Erdöl, Erdgas) könnte an den Kontinentalhängen erfolgreich sein. Konkrete Hinweise lieferten die Fahrten des amerikanischen Forschungsschiffs *Glomar Challenger* (1968–1983) und der *Glomar Explorer* (1997–2014). Dieses internationale Tiefseebohrprogramm (DSDP/IPOD) war primär nicht auf Rohstoffsuche ausgerichtet. Auch Forschergruppen und Bergbauunternehmen aus der Bundesrepublik beteiligen sich seit den 60er-Jahren des letzten Jahrhunderts bis heute maßgeblich an der Erforschung der Rohstoffe in der Tiefsee (G. SUESS & G. BOHRMANN 2015: 248 ff.; P. HERZIG 2015: 258 ff.). Die Verbreitung, Zusammensetzung und Genese sowie die Reserven sollten ermittelt werden, um dann geeignete Gewinnungs- und Aufbereitungstechnologien zu entwickeln. Es müssen alle möglichen Auswirkungen auf die marine Umwelt unter meeresgeologischen und biologischen Aspekten untersucht werden, bevor es zu einem Abbau kommt. Bereits

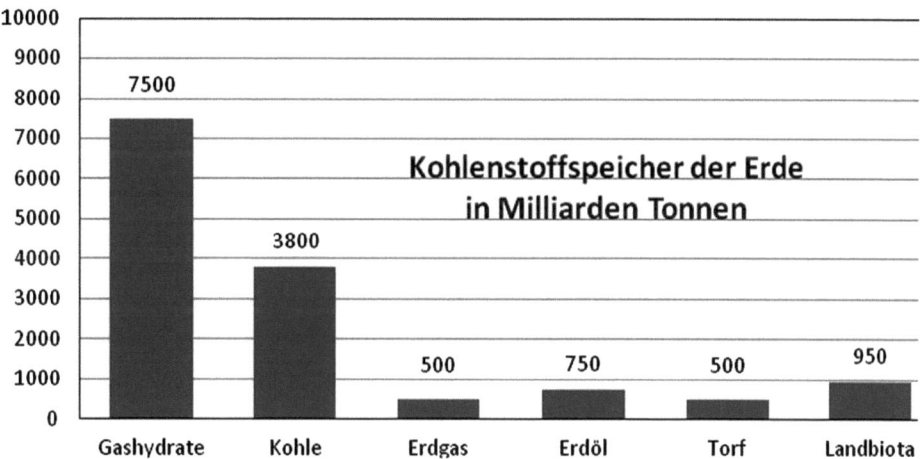

Abb. 6.8 Kohlenstoffspeicher der Erde (abgeschätzte C-Mengen, verändert nach E. Suess & G. Bohrmann 2015).

die Explorationstätigkeit oder eine versuchsmäßige Gewinnung im Großversuch können regional Schäden verursachen. Auf jeden Fall hat die weltweite Suche nach mineralischen Rohstoffen die Weltmeere und den Meeresboden der Tiefsee verstärkt in den Blickpunkt wirtschaftlichen Interesses der Industriestaaten gerückt. Die USA erklärten bereits vor Jahrzehnten, dass sie notfalls auch militärisch ihre Abbaugebiete im Ozean verteidigen würden.

Das Konzept der modernen Plattentektonik basiert im Wesentlichen auf Forschungsergebnissen, die in den Weltozeanen gewonnen wurden. Viele grundlegende Erkenntnisse wurden erst in jüngster Zeit gewonnen. Der Zusammenhang zwischen CO_2-Anstieg in der Atmosphäre und Klimaveränderung, zwischen Meerwasserphysik und der kurzzeitigen Verlagerung von Meeresströmungen sowie ihre Folgen für ökologische Veränderungen sind noch weitgehend ungeklärt. Insofern stellt sich die Frage, welche Langzeitwirkungen anthropogene Eingriffe sowohl in das Meer als auch am Meeresboden haben. Darüber hinaus nimmt auch die Tiefsee viele Stoffe auf, die vom Festland stammen. Sie gelangen über weite Distanzen dorthin: durch die Luft, durch Flüsse, Tiefseerinnen, Schiffe oder militärische Aktivitäten im Meer.

Alarmierend sind vor allem die Belastungen durch die Versenkung von gefährlichem Giftmüll, von radioaktiven Abfällen, Kampfstoffen und Kriegsaltlasten. Auch die Gefährdung durch feste und flüssige Stoffe, die bei Schiffskatastrophen freigesetzt werden, ist äußerst besorgniserregend. Wracks samt ihrer gesunkenen Fracht können – vor allem auch als Hinterlassenschaft kriegerischer Ereignisse wie zum Beispiel bei den Palau-Inseln im Pazifik – langzeitig wirksame Quellen mariner Umweltverschmutzung darstellen, auch wenn diese oft als „künstliche Riffe" deklariert werden. Weit verbreitet war das „*ocean dumping*" auf hoher See. Dabei wurden vor allem folgende Stoffe ins Meer verbracht: Abfälle der metallverarbeitenden Industrie, Restprodukte der Mineralölindustrie, Erzeugnisse der chemischen Industrie, krebserregende Stoffe, Nuklearabfälle sowie Produkte der Rüstungsindustrie. Aus Geheimhaltungsgründen schwer zu benennen ist der Umfang der in die Weltozeane eingebrachten militärischen Einrichtungen und Infrastrukturen, von denen Gefahren für die gesamte marine Umwelt und ihre Ökosysteme bis in die nächsten Jahrhunderte ausgehen.

Gebiete, in denen *ocean dumping* betrieben wurde, liegen zum Beispiel in der Bucht von Biscaya, im Mittelmeer und im Nordatlantik. Die Gesamtbelastung in einigen dieser Meeresgebiete ist bereits so hoch, dass in Zukunft gravierende Langzeitschäden zu befürchten sind. Ein sich in den nächsten Jahrzehnten verschärfendes Umweltproblem werden die vielen Tausend Erdöl- und Erdgasfördereinrichtungen im Offshore-Bereich sein. Die bisherige Praxis, diese zu versenken, wird wohl weiterverfolgt. Sie zu „künstlichen Riffen" zu erklären, ist nicht zu rechtfertigen.

6.12 Atommüll im Meer

Extrem problematisch ist die Einbringung radioaktiver Abfälle in die Tiefsee. Diese war lange Zeit für niedrig- und mittelradioaktive Stoffe erlaubt. In Seegebieten, in denen Behälter mit radioaktivem Material versenkt wurden, muss sogar damit gerechnet werden, dass in absehbarer Zeit diese Behälter durch fortschreitende Korrosion im Meerwasser undicht werden und es oft schon sind. So werden auch langlebige radioaktive Isotope im Meer verbreitet, welche die Meerestiere über viele Generationen belasten werden.

Die Lagerung von Atommüll in Fässern unter freiem Himmel ist fahrlässig, wie die jahrzehntelang gängige Praxis zum Beispiel in den Nuklearkomplexen von Savannah River (Savannah River Site) oder Hanford (Hanford Site) in den USA zeigte. Inzwischen bemüht man sich, Teile dieser riesigen Anlagen auf dem Land zu dekontaminieren. Aber auch in Deutschland werden, wie in Abschn. 5.2.4 dargelegt, Behälter mit radioaktiven Abfällen auf Industrieflächen gelagert. Nicht zu verantworten ist auf jeden Fall eine Verbringung von radioaktivem Abfall in Fässern in die Ozeane. Dies geschah seit Ende des 2. Weltkriegs bis 1992; danach wurde diese Praxis durch Abkommen auf internationaler Ebene untersagt. Es waren vor allem Gebiete im Nordostatlantik sowie nordwestlich von Spanien und im Golf von Biskaya, ferner vor der britischen Westküste sowie im Ärmelkanal. Hier versenkte Frankreich von 1962 bis 1969 Fässer mit Atommüll. Es wurden aber auch danach radioaktive Abwässer in den Ärmelkanal gepumpt. Zahlreiche Gebiete, in denen radioaktiver Abfall auf dem Meeresboden liegt, befinden sich an der Ost- und Westküste der USA sowie im Pazifik vor China, östlich von Japan und vor Neuseeland. Dieses *sea dumping* erfolgte meist in Tiefen zwischen 1000 und 4500 m. Aufgrund fehlender oder mangelnder Kenntnisse nahm man an, die Tiefsee sei praktisch unbelebt und es gebe keine starken Strömungen am Tiefseeboden. Im Fall des Durchrostens der Fässer im salzigen Meerwasser setzte man vor allem auf den Verdünnungseffekt, ohne sich um mögliche ökologische Schäden ernsthaft zu kümmern. Heute weiß man, dass die

Tiefsee von vielen Organismen besiedelt ist und diese sehr sensibel auf Veränderungen reagieren. Alle Prozesse laufen hier langsamer ab, sodass sich letztlich die Ökosysteme bei den dort herrschenden niedrigen Temperaturen nur sehr viel langsamer als im warmen Flachmeer regenerieren können. Durch die globalen Meeresströmungen können Radionuklide weitertransportiert werden, wenn diese durch Korrosion eines Tages freigesetzt werden.

Die Projekte, die zur Endlagerung von Atommüll in der Tiefsee vorgeschlagen wurden, basierten auf der Annahme, dass dort die weitverbreiteten Tiefseetone eine geologische Barriere bieten könnten. In konventionellen Bohrungen könnte man beispielsweise in Beton eingegossene Nuklide unterbringen. Auch torpedoartige Körper, die aufgrund der Schwerkraft in diese kaum verfestigten Tone katapultiert würden, wurden vorgeschlagen. Selbst die Versenkung in Tiefseerinnen, die den Subduktionszonen an den Plattengrenzen Ozean-Kontinent folgen, wurde ernsthaft diskutiert. In geologischen Zeiträumen sollte dann der Atommüll „tektonisch" in der Subduktionszone unter die Kontinentalplatte „transportiert" werden! Inwieweit solche abenteuerlichen und gefährlichen Experimente möglicherweise in Zukunft weiterverfolgt werden, hängt sicher davon ab, wie erfolgreich die Endlagerung auf dem Festland ist. Die Nuclear Energy Agency (NEA) ist eine Unterorganisation der OECD. Sie hat unter anderem die Aufgabe, für einen umweltschonenden Umgang mit radioaktiven Stoffen zu sorgen; sicherlich stehen aber bei der NEA wirtschaftliche Überlegungen im Vordergrund. Das Londoner Abkommen von 1992, das die Versenkung von Atommüll untersagt, wurde nachfolgend durch die London Convention (LC) und das London Protocoll (LP) ergänzt. Da das Meer bereits heute eine riesige Müllkippe ist, wird es höchste Zeit, ein unbefristetes Abkommen zu verabschieden, das weltweit gilt und keine Ausnahmen zulässt.

Auch die zahlreichen Unfälle von Atom-U-Booten, wie sie dokumentiert sind (https.//de.wikipedia.org/wiki/Liste_von_U-Boot-Unglücken_seit_1945, Zugriffsdatum 21.07.2016), stellen, soweit die U-Boote nicht geborgen und ordnungsgemäß entsorgt wurden, ein hohes Gefährdungspotenzial dar. Vor allem die Sowjetunion und später Russland haben viele Atom-U-Boote nicht geborgen. Zum Beispiel verunglückte die Kursk (K-141) im Jahr 2000 mit 118 Toten, sie wurde 2001 gehoben und verschrottet. Aus anderen U-Booten drang nach dem Unfall Strahlung aus, sodass weiterhin die Gefahr von Kettenreaktionen bis zur Explosion besteht. Ein Beispiel ist die Komsomolez (K-278), die nur mit Titanplatten abgedichtet wurde, sodass Plutonium nicht ins Meerwasser in 1700 m Tiefe austreten kann; dieses Atom-U-Boot verunglückte im April 1989. Darüber hinaus dürften bei geheim gehaltenen militärischen Operationen weitere Unglücke geschehen sein. Auch hier bedarf es dringend internationaler Verträge, um derartige militärische Gefahrenquellen zu beseitigen und auch nicht zuzulassen, dass Atom-U-Boote in nur wenige Zehnermeter Wassertiefe versenkt werden, wie dies bei der K-27 in der Karasee (Polarmeer, Sibirien) geschah.

Das ursprünglich vorgeschlagene Tiefsee-Konzept der Endlagerung radioaktiver Abfälle beruhte auf mehreren falschen Annahmen wie einer geringen Strömung am Meeresboden und des Tiefenwassers bei niedriger Temperatur, einer äußerst geringen

Besiedlung durch Tiere und einer sehr feinen Korngröße toniger Ablagerungen. Als besonders geeignet angesehen wurden daher Tiefseebecken mit hoher Mächtigkeit von Rotem Tiefseeton, ferner Tiefseegräben sowie bestimmte Bereiche der mittelozeanischen Rücken mit ihren Zentralgräben.

6.13 Wichtige Schlussfolgerungen

- Ölverschmutzungen im Ozean haben in den letzten Jahrzehnten in dem Maße zugenommen, wie die Offshore-Förderung und die Tankerflotten ausgebaut wurden. Die meisten Tankerkatastrophen ereigneten sich in Küstennähe. Ausgedehnte Ölteppiche trieben in der Regel auf die Küsten zu und führten dort zu großen Belastungen der Umwelt. Auch küstenfernere Erdölgewinnungsplattformen können Küstengebiete durch Anschwemmung von Erdöl oder Detergenzien unmittelbar belasten und auch dort zu Langzeitschäden führen, wie die Katastrophe der Plattform *Deep Water Horizon* im Jahr 2010 zeigte. Schon in den nächsten Jahrzehnten müssen Tausende von Erdöl- und Erdgasförderplattformen im Meer stillgelegt und „entsorgt" werden. Dies wird sehr wahrscheinlich durch Versenkung erfolgen, obwohl eine Demontage und Entsorgung an Land erforderlich wäre.
- In den offenen Ozeanen, aber auch in den Binnenmeeren kann es durch langfristig wirksame Eingriffe zu lange Zeit andauernden Störungen der Nahrungsketten kommen. Die Folgen können so gravierend sein, dass es letztlich zum kompletten Aussterben von Arten oder ganzer Gruppen kommen kann. Zum anderen sind auch Massenvermehrungen planktonischer Organismen möglich. Damit kann es nicht nur zu einem hohen Anfall an giftiger organischer Substanz kommen, die bodennahen Wasserschichten können auch einen Sauerstoffmangel erleiden und somit zu einem Absterben höherer Organismen führen. Bereits gefährdete Tierarten, wie zum Beispiel Großsäuger oder Fische, können weiter dezimiert werden. Ein endgültiges Aussterben kann bei weiter zunehmender Belastung der Meere die Folge sein. Der Mensch wird so auch zum dominierenden Evolutionsfaktor.
- Das Meer gilt als Wiege des Lebens – seit mindestens 3,8 Mrd. Jahren. Die Festländer wurden erst vor rund 400 Mio. Jahren vom Meer aus besiedelt, indem die ersten Landpflanzen entstanden und die Amphibien sowie die Insekten sich an das Leben auf dem Festland angepasst hatten. Unter dem Aspekt künftiger Evolution kommt dem Meer – im Hinblick auf die Entstehung neuer Arten und Gattungen – die größte Bedeutung zu. Große Tiergruppen wie die Korallen hatten im Laufe der Erdgeschichte mehrfach Tiefpunkte ihrer Entwicklung. Auch in den nächsten Millionen Jahren ist eine weitere evolutive Entwicklung bis hin zur Entstehung neuer Formen zu erwarten, wenn nicht heute der Mensch durch seine Eingriffe in Korallenriffe und die anthropogen bedingte Versauerung der Ozeane ihr baldiges Absterben bewirkt. Der Schutz der Riffe muss verstärkt und der CO_2-Anstieg in der Atmosphäre gestoppt werden, um eine weitere Versauerung der Meere zu verhindern.

6.13 Wichtige Schlussfolgerungen

- Die Rückwirkungen anthropogener Störungen in den Ozeanen beträfen aber nicht nur die Tier- und Pflanzenwelt, sondern letztlich auch den Menschen selbst. Die Bedeutung der Weltmeere als wichtige Nahrungsquelle, vor allem für die wachsende Weltbevölkerung und deren steigenden Eiweißbedarf, steht außer Zweifel. Eine langfristige Gefährdung dieser Nahrungsquellen im Meer würde die auf 9–10 Mrd. anwachsende Weltbevölkerung binnen weniger Jahrzehnte vor gewaltige Ernährungsprobleme stellen. Schon heute ist ein geradezu rasanter Rückgang der Bioressourcen festzustellen. Der erhebliche Rückgang beim Fischfang weltweit ist ein deutliches Warnsignal! Ein Drittel aller Fischarten im Meer gilt heute als überfischt. Die Gesundheitsgefährdung des Menschen ist insbesondere durch Aufnahme von Schadstoffen aus dem Verzehr von Fischen, Kleinkrebsen und weiterer Meerestiere gegeben.
- Oberflächen- und Tiefenwasser stehen im vertikalen Austausch. Durch die vom Wind verursachten Meeresströmungen kommt es ebenfalls zu auf- und absteigenden Bewegungen im Meer. Auch tagesrhythmische Bewegungen des Planktons spielen eine Rolle. Die Umweltverschmutzung der Meere stellt deshalb eine ernste Gefahr für die lebenswichtigen Flachmeerräume dar. Schadstoffe können direkt in Gebiete höherer Bioproduktion gelangen.
- Ein Ausweichen mit Produktionsanlagen auf das Meer – infolge zunehmend verschärfter Umweltgesetze auf dem Festland – wäre nicht zu verantworten, sodass auch hier baldmöglichst internationale Abkommen erforderlich sind. Immer wieder wird fälschlicherweise behauptet, die Belastungen seien nur lokal und würden bei entsprechender Schadstoffverdünnung keine Schadwirkung haben. Für die Tiefsee fehlen vielfach noch exakte Daten zum Vergleich sowie detaillierte Langzeitstudien für verlässliche Prognosen. Andererseits ist es wahrscheinlich, dass gerade dort mit Langzeitfolgen über geologische Zeiträume zu rechnen ist, weil viele Lebensprozesse sich in der Tiefsee wesentlich langsamer als im Flachmeer vollziehen.

Eingriffe in die Atmosphäre – Belastungen und Langzeitfolgen für Klima und Biosphäre

7.1 Klimawandel – der Mensch als Geofaktor

Alle Verbrennungsprozesse erzeugen unterschiedliche Gase und Stoffe, die in die Lufthülle immittiert werden und sich dort dauerhaft anreichern können. Landwirtschaft und Viehhaltung haben gleichfalls langfristige Auswirkungen auf die Atmosphäre. Durch die Eingriffe des Menschen in die Vegetation, die Böden und den Wasserhaushalt erfolgt auch ein indirekter Eingriff in die atmosphärischen Bedingungen. Die industrielle Herstellung synthetischer Verbindungen hat im Industriezeitalter immense Ausmaße angenommen; unzählige Verbindungen existierten bislang nicht in der Natur, und ihre Wirkungen und Reaktionen mit anderen Stoffen sind zum Teil noch unbekannt. Schon heute zeichnet sich ab, dass nicht nur quantitativ, sondern auch qualitativ die Atmosphäre durch den Menschen langfristig verändert wird; Teilkreisläufe werden massiv gestört. Dadurch werden auch alle lebenswichtigen Stoffkreisläufe verändert.

Die Klimaerwärmung, die durch einen zusätzlichen anthropogenen Treibhauseffekt bewirkt wird, wird in den nächsten Jahrzehnten gravierende Auswirkungen für den Menschen und seine gesamte Umwelt haben. Auch viele exogen-dynamische Prozesse werden durch die vom Menschen veränderten atmosphärischen Bedingungen beeinflusst. Um zukünftige Entwicklungen zu verstehen, ist die Kenntnis der paläoklimatischen Entwicklung im Lauf der Erdgeschichte von größter Bedeutung. Ihre Erforschung steht jedoch erst am Anfang – trotz bisher erzielter Erfolge. Auch wenn insbesondere der Klimawandel heute im Mittelpunkt der Diskussion steht, gibt es zahlreiche weitere anthropogene Belastungen der Erdatmosphäre, von denen Aus- oder Rückwirkungen auf alle übrigen Sphären ausgehen. Diese wiederum können ihrerseits regional oder global das Klima, die Ökosysteme und die wirtschaftlichen Existenzgrundlagen der Menschheit gefährden, wie vor allem in Abschn. 7.4 bis 7.6 erläutert wird. Andererseits ist ein Leben des Menschen ohne Verbrennungsprozesse und landwirtschaftliche Nutzung nicht möglich. Die Auswirkungen des Klimawandels – ob natürlich oder anthropogen bedingt – auf die sozialen Strukturen sowie die Kultur sind besonders schwerwiegend. Sie treffen vor allem weniger entwickelte, aber auch industriell fortgeschrittene Länder (Abschn. 7.7).

Die geologischen Auswirkungen bei einem durch die globale Erwärmung bedingten beschleunigten Meeresspiegelanstieg sind besorgniserregend. Bestehende Küstenschutzbauwerke – insbesondere Deiche, Dämme und Wellenbrecher – wären von ihren Bemessungsgrundlagen her unzureichend. Sie müssten verlegt oder erhöht werden. Dünenketten wären verstärkter Erosion ausgesetzt und böten bei Sturmfluten keinen ausreichenden Schutz für das Hinterland. Die Existenz vorgelagerter Inseln wäre somit akut gefährdet. Da die Küstenlinien industrialisierter Staaten überwiegend künstlich festgelegt sind, sind alle flachmarinen, litoralen und sublitoralen Lebensräume – wie Wattgebiete, Sumpfmoore, Salzmarschen, Marschen, Korallenriffe oder Mangrovenwälder – von weitgehender Vernichtung bedroht. Da der Mensch zunächst versuchen würde, die bestehende Küstenlinie zu halten, würde das Gefahrenpotenzial von Sturmfluten, Tsunamis und Überschwemmungen ständig anwachsen. Längerfristig gesehen wären jedoch Landverluste unvermeidlich; dies gilt auch für künstlich aufgehöhte oder aufgeschüttete Küstenabschnitte. Bei Inseln wäre die Lage noch dramatischer, da viele völlig vom Untergang bedroht sind. Tausende flacher Inseln und Atolle – insbesondere im indopazifischen Raum – würden unbewohnbar. Besonders stark sind auch die Wattenmeer-Inseln an der Nordseeküste bedroht. Bereits heute müssen diese Inseln vor Erosion mit hohem finanziellem Aufwand geschützt werden (Abb. 7.1).

Weltweit wären sämtliche Anlagen und Bauten an der Küste – über Zehntausende von Kilometern mit Hunderten Millionen Menschen – in ihrem Bestand bedroht. Küstenabschnitte, wo der Untergrund durch frühere Ölförderung abgesunken ist, wie in Kalifornien vor Long Beach oder am Golf von Mexiko wie bei Houston, wären besonders betroffen. Dies gilt auch für sehr flache, ins Meer wachsende Deltagebiete – wie in Bangladesch – oder durch Sedimentrückhaltung „unterernährte" Flussdeltas wie das Nildelta, das durch den Assuanstaudamm nicht mehr genügend Sedimentfracht erhält.

Betroffen wären vor allem auch Ästuare und flache Küstenebenen, da sich dort das Salzwasser weit landeinwärts ausbreiten würde. Je nach Lage und Beschaffenheit der Aquifere würde das durch Grundwassernutzung meist labile Gleichgewicht sich rasch zugunsten des Salzwassers verschieben, das landeinwärts – und zwar unter dem leichteren Süßwasser – vordringen würde. Bereits ein geringer Anstieg hätte Einschränkungen für die Grundwassergewinnung.

Eine weitere große Gefahr stellen gefährliche Abfälle dar, die oft vor Jahrzehnten im Küstenbereich vergraben wurden. Die Korrosion von Behältern mit giftigen Chemikalien und radioaktiven Stoffen durch vordringendes Salzwasser oder deren Freispülung bei Überflutung würde die Umwelt in höchstem Maße gefährden. Die Industrieansiedlung an der Küste wie petrochemischer und metallverarbeitender Industrieanlagen – ob in der Vergangenheit oder in Zukunft – wäre mit Risiken irreversibler Verseuchung verbunden,

7.1 Klimawandel – der Mensch als Geofaktor

Abb. 7.1 Schutz des NW-Kopfes der Nordseeinsel Norderney mit massivem Deckwerk aus Granitblöcken als Erosionsschutz; errichtet 2007

wenn nicht bereits beim Bau der Anlagen höchsten Sicherheitsanforderungen – auch im Hinblick auf den Anstieg des Meeresspiegels und das höhere Auflaufen von Sturmfluten – Rechnung getragen würde. Die Abfallbeseitigung in den Küstenebenen würde bei einem Meeresspiegelanstieg hohe Kosten verursachen. Dabei sind Schäden infolge fortschreitender Rückverlagerung der Küste durch Sturmfluten und durch Ansteigen des Grundwasserspiegels zu erwarten. In den USA wurden rund 1100 Lokalitäten mit gefährlichen Abfällen allein im Bereich der Jahrhundertüberschwemmungen nachgewiesen; es dürften aber viele Tausende sein, die nicht registriert oder bisher nicht entdeckt wurden.

Die Schadenshöhe wird vom Ausmaß des Meeresspiegelanstiegs abhängen. Die Szenarien für einen weltweiten Anstieg für den Zeitraum 2000–2100 variieren allerdings deutlich. Im letzten Jahrhundert stieg der Meeresspiegel um mindestens 17–18 cm an, im Zeitraum 1880–2020 beträgt der Anstieg insgesamt etwa 25 cm (S. Rahmstorf und H. J. Schellnhuber 2019, S. 63). Das weltweit beschleunigte Abschmelzen der Gletscher sowie von arktischem und grönländischem Eis sowie Teilen der Eismassen im Südpolarbereich könnte einen schnelleren Anstieg als bisher bedeuten. Hinzu kommt der Anstieg des Meeresspiegels durch die zunehmende Erwärmung der oberen Wasserschichten des Ozeans, die zur Volumenzunahme des Wassers und zu veränderten Meeresströmungen führen. Ein solcher weltweiter Anstieg um größenordnungsmäßig 1–2 m (oder mehr) würde jedoch ausreichen, um allein in Europa bis zum Jahr 2100 Anpassungen mit Dutzenden Milliarden Euro vornehmen zu müssen.

Wichtige Grundlagen sind Sturmflutanalysen, Kenntnisse über die räumliche Lage der Süßwasser/Salzwasser-Grenze und die Verlagerung der Küstenlinie in historischer Zeit sowie die Kartierung aller bisherigen Eingriffe durch den Menschen wie zum Beispiel Ausbaggerungen, Landaufschüttungen oder starre Baukonstruktionen, wie sie bei Küstensicherungs- oder Hafenbauten üblich sind. Ferner sind Hebungen und Senkungen, die verschiedene Ursachen haben können, zu berücksichtigen; diese können längs der Küste wechseln und in ihrem Betrag stark unterschiedlich sein.

Es kann in diesem Kapitel nur ein knapper Überblick über die wichtigsten Aspekte der anthropogenen Einflüsse auf die Erdatmosphäre gegeben werden. Die physikalischen und chemischen Grundlagen sowie die geologischen und geochemischen Gesetzmäßigkeiten können nur insoweit erläutert werden, als sie für ein Grundverständnis erforderlich sind. Auch auf die Messmethoden kann nur kurz eingegangen werden; die statistische Auswertung der Messergebnisse und deren Bewertung ist einschlägigen Werken zu entnehmen. Im 19. und 20. Jahrhundert sind sehr viele Daten mit zum Teil sehr unterschiedlichen Methoden und vielfach nicht flächendeckend erfolgt. Mittlerweile sind die Messnetze verdichtet. Durch Satellitenaufnahmen ist es möglich, große Regionen der Erde in zeitlich dichter Folge bei hoher Auflösung zu vermessen. Der erste Wettersatellit „Meteosat 1" wurde vor über 40 Jahren im November 1977 gestartet. Seither umkreisen Hunderte von Atmosphärenforschungs- und Erdbeobachtungssatelliten die Erde. Bereits 1965 wurde vom US-Geological Survey (USGS) vorgeschlagen, die Erdoberfläche durch Satelliten zu erkunden. Insbesondere waren es die LANDSAT-Satelliten 1 bis 7, die mit multispektralen Scannern in 700–900 km Höhe die Erde in gleichbleibenden Zeitabständen überflogen. Dem ersten LANDSAT-Satelliten, der 1972 noch unter der Bezeichnung „ERTS1" in den Weltraum flog, folgte zuletzt der auch mit thermalen Infrarotsensoren ausgerüstete LANDSAT-Satellit 8 im Jahr 2013 (https://de.wikipedia.org/wiki/Landsat). Der deutsche Geoforschungssatellit CHAMP vom Deutschen Geoforschungszentrum (GFZ) in Potsdam erforschte nicht nur das Schwere- und Magnetfeld der Erde, sondern wurde auch zur Wasserdampf- und Temperaturmessung an mehr als 200 Positionen bis in Höhen von 40 km eingesetzt; dies diente vor allem der Atmosphärenforschung. Umweltsatelliten der Europäischen Raumfahrtagentur ESA können mit ihren Messsystemen Dutzende von Treibhausgasen kontinuierlich registrieren. Im Rahmen der deutsch-amerikanischen GRACE-Mission (1997–2017) konnten auch Veränderungen des Wasserkreislaufes und der Eismassen im jahreszeitlichen Verlauf gemessen werden. Mithilfe von Satelliten wie zum Beispiel der LANDSAT-Serie der NASA lassen sich anthropogen bedingte Veränderungen kontinuierlich verfolgen; dabei wird das gleiche Gebiet immer zur gleichen Zeit überflogen. Bereits heute sind Supercomputer im Einsatz, um diese riesigen Datenmengen zu verarbeiten und Simulationsmodelle bzw. Szenarien zu erstellen (H. PAETH 2005, 2018).

Die Diskussion über den Klimawandel wurde in den letzten drei Jahrzehnten zum Teil kontrovers geführt und zum Teil stark politisiert. Übertreibungen, aber auch das Herunterspielen von eindeutig belegbaren Fakten vernebelten häufig eine klare Sicht des wirklichen Forschungsstandes. Für das IPCC (Intergovernmental Panel on Climate Change) sind heute weltweit Tausende von Wissenschaftlern tätig. Diese Ergebnisse zu bewerten und für klimapolitische Entscheidungen nutzbar zu machen, erfordert ein hohes Maß an Objektivität. Dies ist umso schwerer, als viele Stoffkreisläufe – selbst der wichtigsten, den Lebenskreislauf bestimmenden Elemente – noch unzureichend bekannt sind. Globale Modelle wurden zwar bisher in großer Zahl erstellt, um Zusammenhänge zu klären. Wenn es aber um Anpassungen an künftige Klimafolgen geht, werden nur regionalisierte Modelle, wie sie zum Beispiel von HARTMUT GRASSL (2007) gefordert werden, den Anforderungen gerecht. Diese erlauben es, rechtzeitig Anpassungen an die veränderten Klimaverhältnisse vorzunehmen und mögliche Schäden zu vermeiden oder zu minimieren. Die Nachhaltigkeit aller Maßnahmen ist jedoch oberstes Gebot!

7.1.1 Erdgeschichte und Klimageschichte im Überblick

Die Erforschung der heutigen Atmosphäre ist Gegenstand der Physik, der Chemie sowie der Geowissenschaften – insbesondere der Geophysik –, vor allem aber der Meteorologie und Klimatologie. Messdaten, Experimente und Modelle haben den grundlegenden Aufbau der Atmosphäre und ihrer Dynamik geklärt. Der Geowissenschaftler kann nachweisen, dass das Klima in der Vergangenheit nicht konstant war; es hat sogar sehr starke Schwankungen periodischer und zyklischer Art gegeben. Auch die Zusammensetzung der Atmosphäre hat sich im Verlauf der Erdgeschichte geändert; die heutige Lufthülle unterscheidet sich sogar sehr von der Uratmosphäre. Man geht heute davon aus, dass dem Klimageschehen eine Variabilität in allen zeitlichen Dimensionen (10^9–10^2 Jahre) immanent ist. Das heutige Klima kann nur aus der Klimageschichte heraus verstanden werden. Paläoklimatische Daten können aus sehr unterschiedlichen geologischen Befunden abgeleitet werden. Sowohl marine wie terrestrische Sedimente mit ihrem Fossilinhalt geben Auskunft über Klimaänderungen. Durch spezielle Untersuchungsmethoden wie die Pollenanalyse, die Dendrochronologie oder Karten der biogeographischen Verbreitung von Pflanzen und Tieren im Verlauf der Erdgeschichte sowie glaziologische Beobachtungen oder moderne Methoden der Isotopengeochemie werden zeitliche, räumliche und prozessdynamische Daten für die Klimaentwicklung auf der Erde gewonnen.

Seit den grundlegenden Werken zur Paläoklimatologie (T. ARLDT 1922; W. KÖPPEN und & A. WEGENER 1924; C. E. P. BROOKS 1926, 1949) erschienen eine Reihe von zusammenfassenden Darstellungen: Vor allem M. SCHWARZBACH (1961, 1974), L. A. FRAKES (1979), R. S. BRADLEY (1985) und M. I. BUDYKO, A. B. RONOV und A. L. YANSHIN (1987) , die das Klima seit dem Präkambrium behandeln, waren wegweisend. Alle heute vom Menschen bewirkten Klimaänderungen müssen letztlich auf dem Hintergrund dieser Erkenntnisse gesehen werden. In diesem Rahmen nimmt die Eiszeitforschung mit Blick auf die Klimaentwicklung im Quartär eine Sonderstellung ein (P. WOLDSTEDT 1958, 1965; K. RANKAMA 1965; R. F. FLINT 1971; W. H. BERGER et al. 1994; J. KLOSTERMANN 2009; J. EHLERS 2011). In jüngeren Darstellungen spielen neben den Klimazeugen vor allem auch die ökologischen Verhältnisse in den Klimazonen eine entscheidende Rolle.

Die Erkenntnis, dass die Entwicklung des *Homo sapiens* in einer klimatologisch gesehen anormalen erdgeschichtlichen Epoche erfolgte, macht deutlich, dass seine Aktivitäten in Bezug auf von ihm selbst verursachte Klimaänderungen besonders kritisch gesehen werden müssen, da die Sensitivität des heutigen Klimas offenbar größer ist als vor dem Quartär. Der Einfluss des Menschen auf das künftige Klima steht heute im Brennpunkt einer weltweiten Diskussion, da sowohl durch den Anstieg des CO_2-Gehaltes der Luft infolge des Einsatzes fossiler Brennstoffe, aber auch durch die Emission weiterer Spurengase natürliche Stoffkreisläufe gestört werden. Um die Rolle des Menschen bei der Klimaerwärmung zu klären, ist es notwendig, die natürlichen Ursachen zu kennen.

Wesentliche Fortschritte haben in den letzten Jahrzehnten genauere Datierungsmethoden und eine bessere Korrelation von unterschiedlichen Daten erbracht. In jüngster Zeit haben Tiefseebohrungen sowie umfangreiche Eisbohrkerne aus der Arktis und Antarktis neue Einblicke in das Klimageschehen der letzten Jahrtausende gebracht. Einen entscheidenden Schlüssel zum Verständnis bilden danach neben den Ozeanen vor allem die Polargebiete. Diese Schlüsselrolle der Meeres- und Polarforschung gilt auch bezüglich künftiger Klimaprognosen. Bedenkt man, dass der Begriff „Eiszeit" erst vor 180 Jahren von KARL FRIEDRICH SCHIMPER (1837) geprägt wurde und dass damals selbst die Herkunft erratischer Blöcke noch heftig umstritten war, dann erkennt man, welche Fortschritte auf diesem Gebiet gemacht wurden. Dennoch bleibt, wenn es darum geht, nur das Klima der nächsten 100 Jahre vorherzusagen, ein weiterer entscheidender Schritt zu tun, da die Datenbasis auch heute noch nicht ausreicht, um längerfristige Vorhersagen zu machen. Nur vor dem Hintergrund der wechselvollen Klimageschichte lässt sich die Sensitivität des heutigen Erdklimas beurteilen (C. -D. SCHÖNWIESE 1979, S. 138 ff., 2019).

Der Mensch lebt heute in einer Warmzeit innerhalb der seit 2,6 Mio. Jahren dauernden Eiszeit – des Pleistozäns. Insofern sind Änderungen des Klimas im jüngsten Pleistozän und im Holozän von besonderem Interesse. Man geht heute davon aus, dass die von MILUTIN MILANKOWITCH (1941) berechneten zyklischen Schwankungen der Erdbahnelemente das Klima wesentlich bestimmt haben. Die von MILUTIN MILANKOVITCH (1879–1958) berechneten Strahlungskurven bauten auf Berechnungen von JAMES CROLL (1821–1890) auf, die dieser bereits 1864 veröffentlicht und dabei versucht hatte, Klimaveränderungen und die Eiszeiten zu erklären. Die Klimakurven von CROLL und MILANKOWITCH wurden weiter verbessert und zeigen heute eine genauere Übereinstimmung mit Daten, die auf unabhängige Weise gewonnen wurden. Eine lückenlose Dokumentation der Klimaentwicklung in einem einzigen Profil gibt es jedoch nicht.

Daher ist es erforderlich, Daten sehr unterschiedlicher Wertigkeit und Datierungsgenauigkeit miteinander zu korrelieren, wie vor allem Proxydaten von Paläoböden, Moränen, Terrassenschottern, Moorablagerungen und Bändertonen. In den Südvogesen gelang es, die Klimaentwicklung in einem Moorprofil über die letzten 130.000 Jahre praktisch vollständig zu verfolgen. Eines der wesentlichen Ergebnisse war, dass Klimaänderungen auch in sehr kurzer Zeit erfolgt sind. Diese Erkenntnis muss gerade im Hinblick auf anthropogene Klimaänderungen berücksichtigt werden.

Ein weiterer Grund, warum die Umweltgeowissenschaften die Lufthülle und ihre Dynamik mit einbeziehen müssen, liegt in der Tatsache begründet, dass ein großer Teil der anthropogenen Schadstoffemissionen stofflich-geochemisch letztlich aus der Erdkruste und dem Boden stammt. Der Schadstofftransport durch die Atmosphäre hat Rückwirkungen auf den gesamten Wasserhaushalt, die Böden sowie die Gewässer.

7.2 Aufbau der Atmosphäre, Klima und Klimaänderungen

7.2.1 Beschaffenheit und Dynamik der Atmosphäre

Die Probleme im Zusammenhang mit anthropogenen Eingriffen in die Atmosphäre und das Klima werden heute von Meteorolog/innen, Klimatolog/innen, Ozeanograph/innen, Geochemiker/innen, Geolog/innen, Geograph/innen, Bodenkundler/innen, Geophysiker/innen, Glaziolog/innen und Polarforscher/innen, Geomorpholog/innen, Hydrolog/innen und Biowissenschaftler/innen zum Teil kontrovers diskutiert. Die Gefährdung durch anthropogene Eingriffe muss zumindest abgeschätzt werden, damit rechtzeitig Maßnahmen zur Verhinderung einer drohenden Klimakatastrophe und gegen die weltweit steigende Luftverschmutzung eingeleitet werden können. Allerdings bedarf es dazu der Mitarbeit von Vertretern des Ingenieurwesens, der Sozial- und Wirtschaftswissenschaften sowie aus den Bereichen Medizin, Planung und Politik.

Die Atmosphäre umfasst die Lufthülle bis in eine Höhe von 700–800 km. Die untersten Luftschichten bis rund 10 km Höhe werden als Troposphäre bezeichnet. Diese ist für das Wettergeschehen verantwortlich. Der Luftdruck nimmt von 1013 hPa (am Erdboden) mit der Höhe ab. In der Tropopause sinkt die Temperatur über dem Äquator auf −75 °C; der Luftdruck beträgt hier rund 250 hPa. Die Tropopause liegt im Äquatorbereich bei maximal 17 km, über den Polen bei nur 5–8 km Höhe. Darüber folgt die Stratosphäre bis zur Stratopause in 50 km Höhe, in welcher die Temperatur bis auf durchschnittlich +13 °C ansteigt. Diese Erwärmung ist durch die relativ hohe Konzentration von Ozon (O_3) bedingt, welches die UV-Strahlung (Wellenlänge 100–400 nm) weitgehend absorbiert. Die höchsten Ozonwerte liegen hier zwischen 15–25 km Höhe. In der nach oben anschließenden Mesosphäre (bis 85 km) fällt die Temperatur auf −90 °C ab. In der Thermosphäre kommt es wieder zu einem Anstieg der Lufttemperatur, und zwar bis zu +950 °C in 200 km Höhe. Meso- und Thermosphäre sind Teil der Ionosphäre, über welcher ab 800 km die Exosphäre folgt, welche ins All überleitet.

Die Luft enthält von Natur aus in trockenem Zustand 78,08 Vol.-% Stickstoff (N_2), 20,94 % Sauerstoff (O_2), 0,93 % Argon (Ar) und ca. 0,03 % Kohlendioxid (CO_2) als beständige Hauptgase. Je nach Temperatur nimmt die Luft Wasserdampf auf, welcher nach Überschreiten der Sättigungsgrenze kondensiert und Wolkenbildung erzeugt. Wasser (H_2O) ist – trotz seiner geringen Menge von 10^{-3} bis 1 % (im Mittel nur 3 ‰) in der Luft – das bei weitem wichtigste Treibhausgas. Alle übrigen strahlungsaktiven Spurengase haben nur einen Anteil von < 0,003 %. Anthropogen ist der CO_2-Gehalt heute auf über 0,04 % erhöht. Die grundlegende Erkenntnis, dass Kohlendioxid ein klimawirksames Gas ist, wurde bereits von dem schwedischen Physikochemiker und Nobelpreisträger SVANTE ARRHENIUS (1859–1927) im Jahr 1896 veröffentlicht. Er wies auch auf die Bedeutung des anthropogen erzeugten CO_2 hin und berechnete im Fall einer CO_2-Verdopplung einen Temperaturanstieg der Atmosphäre um 4–6 °C. Infolge der Erdrotation werden physikalische Kräfte – wie die Corioliskraft – wirksam; durch diese Passatwinde werden auf der Nordhalbkugel die bewegten Luftmassen nach rechts, auf der Südhalbkugel nach links abgelenkt. Die Corioliskraft hat Einfluss auch auf die Richtung der Meeresströmungen. Die Neigung der Rotationsachse der Erde zur Ebene der Erdumlaufbahn um die Sonne und alle von der Sonneneinstrahlung abhängigen Faktoren wirken sich auf die Luftmassen und ihre Erwärmung aus. Nord- und Südsommer – und damit unterschiedliche Einstrahlungsbedingungen auf beiden Hemisphären im Jahresverlauf – sind durch die deutliche Neigung der Erdachse zur Ebene der Umlaufbahn der Erde um die Sonne (Ekliptik) bedingt (Abschn. 7.3.3).

Die Temperatur- und Luftdruckunterschiede bestimmen die allgemeine atmosphärische Zirkulation sowie die Hauptwindrichtungen in den globalen Klimazonen. Dieses Zirkulationssystem beherrscht die gesamte Troposphäre. Die am Äquator aufsteigenden feuchten Luftmassen und die in den Subtropen unter Hochdruckeinfluss wieder absinkenden Luftmassen auf der Nord- und Südhalbkugel sind Teile des Hadley-Zirkulationssystems. Von den subtropischen Hochdruckzonen strömen in den Ferrel-Zellen – im Nord-Süd-Schnitt der Nordhalbkugel gesehen – die Luftmassen bodennah in höhere Breiten, wo diese dann wiederum aufsteigen, ehe sie in den sich nördlich anschließenden Polarzellen wieder absinken. In beiden Polarregionen (Hochdruckgebiete) herrschen Westwinde in der Troposphäre. Zwischen den Subtropen und Tropen dominieren die Passatwinde – auf der Nordhalbkugel der aus NO wehende Nordostpassat, auf der Südhalbkugel der aus SO strömende Südostpassat. Die drei großen Zirkulationssysteme umspannen wie Gürtel die ganze Erde. In ihnen fließen die Luftmassen jeweils vom Hochdruck zum Tiefdruck, Das Gesamtsystem ist bestrebt, die durch die Sonneneinstrahlung im Tages- und Jahresgang bewirkten Temperaturunterschiede – und damit auch die Luftdruckunterschiede – auszugleichen. Ein Teil der Windenergie wird auf den Ozean übertragen und als Strömung oder Wellen bis an die Küsten wirksam.

Die Durchmischung der Luft erfolgt durch horizontale und vertikale Konvektion sowie durch Diffusion, wobei der direkte Austausch zwischen Troposphäre und Stratosphäre beschränkt ist. Innerhalb der Troposphäre vollzieht sich die Durchmischung innerhalb eines Jahres. Dies gilt auch für die beständigen anthropogenen Spurengase. Die Niederschlagsverteilung sowie das Wandern der Hoch- und Tiefdruckgebiete, aber auch die in bestimmten Jahreszeiten vorherrschenden Windrichtungen, wie zum Beispiel des Monsuns, werden von der Verteilung sowie der Beschaffenheit der Kontinente und Ozeane stark beeinflusst. Grundsätzlich wehen Winde nicht direkt vom Hoch- zum Tiefdruckgebiet, sondern in einer Richtung senkrecht zum bestehenden Druckgefälle. Auch die Topographie und die Geologie, insbesondere der Verlauf und die Höhe der Gebirge sowie die Meeresströmungen bestimmen das Wetter- und Klimageschehen entscheidend mit, insbesondere auch die Temperatur- und Niederschlagsverteilung sowie die Verdunstungsrate: Diese können – je nach Jahreszeit – sehr stark schwanken. In ähnlicher Weise werden die Wetter- und Klimabedingungen der Wüstengebiete nicht nur von den globalen Klimazonen und der Verdunstungsrate, sondern auch von der Lage der Gebirge sowie der kalten oder warmen Ozeanströmungen bestimmt bzw. modifiziert. Große Gebirge wie die Rocky Mountains in Nordamerika oder die Anden verlaufen meridional und damit quer zu den Breitenkreisen und den globalen Klimazonen. So sind zum Beispiel die Wüstengebiete im Westen der USA durch die küstennahen Gebirgsketten der Kaskaden und der Sierra Nevada in Kalifornien bedingt. Der von der Antarktis entlang der Westküste Südamerikas bis zu den Galapagos-Inseln (Ecuador) fließende kalte Humboldtstrom ist der Grund für die extreme Niederschlagsarmut entlang der Pazifikküste zwischen dem südlichen Peru und dem nördlichen Chile (Atacama-Wüste) über eine Länge von mehr als 1000 km. Diese Region wurde daher nur dünn oder gar nicht besiedelt. Infolge der Abschwächung des Humboldtstroms durch El Niño kam es in jüngster Zeit vermehrt zu Starkregenniederschlägen mit katastrophalen Auswirkungen für die Bewohner der Küstenregion. Alle genannten Einflüsse erschweren es dem Laien, klar zwischen Wetter und Klima zu unterscheiden. Meteorologisch wird das Klima als 30-jähriges Mittel der wetterbestimmenden Einflüsse definiert. Nur auf diese Weise lassen sich Klimaveränderungen mithilfe statistisch abgesicherter Werte bestimmen.

Der „Blaue Planet" Erde zeichnet sich gegenüber anderen Planeten durch seine besondere Lufthülle aus, welche nicht nur den für alle höheren Lebewesen notwendigen Sauerstoff enthält, sondern vor allem durch einen gemäßigten Treibhauseffekt Temperaturen schafft, die eine allmähliche Entwicklung des Lebens auf der Erde erst ermöglichten. Entscheidende Voraussetzung dafür war der „richtige" Abstand der Erde von der Sonne. Der heutige Sauerstoffpegel ist von der frühen Evolution der Cyanobakterien erzeugt worden, die bei der oxygenen Photosynthese Kohlendioxid assimilieren und Sauerstoff freisetzen. Die Cyanobakterien haben als prokaryotische Bakterien keinen echten Zellkern; sie existieren seit mindestens 3,5 Mrd. Jahren bis heute. Über Proteinkomplexe und Photautotrophe Eigenschaften sind sie in der Lage, Sauerstoff an die Atmosphäre und so deren O_2-Gehalt zu erhöhen (M. SCHIDLOWSKI 1987).

Die Atmosphäre bildet mit ihrer Ozonschicht, deren Obergrenze bei 50 km Höhe liegt, einen wichtigen Schutzschild für das Leben auf der Erde, da sie die energiereiche UV-Strahlung weitgehend absorbiert. Der energiereichste UV-C-Anteil ist für alle Organismen besonders schädlich; dieser Anteil mit Wellenlängen unter 280 nm, der Zellen und die DNS schädigen würde, wird durch die Ozonschicht fast ganz ausgefiltert.

7.2.2 Klimazonen, Klimatypen und Klimaelemente

Das Klima auf der Erde muss insgesamt als hochkomplexes System aller beteiligten Komponenten mit ihren einzelnen Elementen und Faktoren verstanden werden. Dabei spielen die Hydrosphäre, die Kryosphäre (Poleis, Eisschilde, Gletscher, Meereis), die Litho- und Pedosphäre sowie die Biosphäre eine entscheidende Rolle. Die wichtigsten Klimaelemente sind der Luftdruck, die Lufttemperatur, ferner die Sonnenscheindauer, die Luftfeuchtigkeit, die Niederschlagshöhe und die Verdunstung. Als Faktoren werden vor allem die Entfernung vom Meer, die Windrichtungen, die Lage zum Äquator sowie der Einfluss der Meeresströmungen und ihres weltumspannenden Systems angesehen. Die Klimazonen weisen eine Differenzierung in 16 verschiedene Klimatypen auf; diese werden durch geographische Faktoren bestimmt. Eine der ältesten und gebräuchlichsten Klassifikationen geht auf WLADIMIR KÖPPEN (1846–1940) zurück, der sechs Klimazonen A–F unterschied. Die erweiterte Klimaklassifikation von WLADIMIR KÖPPEN und GLENN TREWARTHA basiert vor allem auf der Lufttemperatur (P. HUPFER und W. KUTTLER 2005, S. 268 ff.). Das Klima wird dabei in den einzelnen Regionen vor allem auch von den jahreszeitlichen Niederschlägen bestimmt; dies gilt insbesondere für Gebiete mit einem ausgeprägten Wechselklima. Die Dauer und die Jahreszeit sowie Temperatur und Niederschlag, welche entscheidend für die Vegetation sind, finden in dieser Klassifikation Berücksichtigung. Dies ist für die Klimafolgenforschung, die vor allem in Deutschland von HANS JOACHIM SCHELLNHUBER in Potsdam wissenschaftlich seit drei Jahrzehnten verfolgt wird, besonders wichtig.

Hauptantrieb für das Klimasystem ist die Sonnenenergie, die in Form elektromagnetischer Wellen oder als Partikelstrahlung die Lufthülle und Erdoberfläche erreicht und die bodennahe Luftschicht erwärmt. Die solare Strahlung schwankt, weil der Abstand zwischen Erde und Sonne im Jahresverlauf schwankt, da die Erdumlaufbahn elliptisch verläuft. Langperiodische Änderungen der Einstrahlung ergeben sich aus orbitalen Veränderungen der Umlaufbahn (s. Abschn. 7.3.3). Aber auch die Aktivität der Sonne ist Schwankungen unterworfen, wie sie beispielsweise im durchschnittlich 11-jährigen Sonnenfleckenzyklus zum Ausdruck kommt (Schwabe-Zyklus). Dieser spiegelt sich in unserem gemäßigten Klima in den Anwachsringen der Bäume wider. Diesem Zyklus sind jedoch weitere Zyklen überlagert, deren Ursachen zum größten Teil ungeklärt sind. Der sog. Gleissberg-Zyklus beträgt 88 Jahre. Eine geringe Sonnenfleckenaktivität ging teilweise mit einer relativen Abkühlung einher. Innerhalb der globalen Klimagürtel werden das Klima und das Wettergeschehen insbesondere von der Gestalt der Erdoberfläche, der Lage und Ausdehnung von Binnengewässern, der Nähe zum Ozean und der Vegetationsdecke bestimmt.

Auch vulkanische Prozesse, wie der Auswurf von Aschen und die Freisetzung von verschiedenen vulkanogenen Gasen, beeinflussen das Klima. Im Lauf der Erdgeschichte war dies häufig der Fall. Allein beim Ausbruch von Lava aus der Laki-Spalte auf Island im Jahr 1783, bei dem 15 km^3 vulkanisches Material gefördert wurden, wurden 125 Mt Aerosole vor allem als Sulfate freigesetzt. Bis zum Jahr 1786 wurde dadurch das Klima in nördlichen Breiten verschlechtert. Vergleichbar große Mengen an SO_2 gelangten bei dem explosiven Ausbruch des Tambora (Indonesien) im Jahr 1815 bis in die Stratosphäre. Die Trübung der Atmosphäre durch Aerosole war so stark, dass Missernten und Hungersnöte die Folge waren: Das Jahr 1816 war das „Jahr ohne Sommer". Die globale Lufttemperatur sank bis zu 0,7 °C! Nach dem gewaltigen Ausbruch des Vulkans Pinatubo auf der Insel Luzon (Philippinen) im Juni 1991 sank die mittlere Temperatur in der nördlichen Hemisphäre um mehr als 0,5 °C. Etwa 17 Mt Schwefeldioxid (SO_2) minderten die Sonnenstrahlung. Auch die Ozonschicht wurde durch diese Vulkaneruption der Stärke 6 (VEI) betroffen. Physikalische Verwitterungsprozesse, die zur verstärkten Staubbildung führen, können ebenfalls die Klimabedingungen großräumig beeinflussen (M. SCHWARZBACH 1974, S. 9–18; C.-D. SCHÖNWIESE 2019). Die atmosphärischen Bedingungen und speziell das jeweilige Klima haben Einfluss auf die Verwitterungsprozesse, die Bodenbildung, die Vegetation sowie den gesamten Wasserhaushalt. Dabei werden auch die geologischen und geomorphologischen Prozesse stark vom Klima gesteuert. Umgekehrt haben anthropogene Klimaveränderungen Einfluss auf die oben genannten Prozesse.

Die Klimazonierung wird durch die unterschiedliche Sonneneinstrahlung, die atmosphärische Zirkulation sowie durch die Wechselwirkungen zwischen Ozean, Eis und Biosphäre entscheidend beeinflusst. Natürliche Klimaänderungen bzw. -schwankungen können vor allem durch Schwankungen der Erdbahnelemente, terrestrische Veränderungen (Albedo, Vegetation etc.), endogene geologische Prozesse (wie Vulkanismus und plattentektonische Vorgänge) sowie kosmische Einwirkungen ausgelöst werden. Kosmische Einflüsse auf das Klima wurden von N. J. SHAVIV und J. VEIZER 2003 nachgewiesen. Dieser Einfluss wird wahrscheinlich durch Dichtestörungen bedingt. Man nimmt eine Schwächung der Strahlung aufgrund einer geringen Materie- bzw. Sternendichte an, die sich hier bei der Bewegung unseres Sonnensystems innerhalb der Galaxie der Milchstraße klimaverändernd niederschlägt. In diesem Zusammenhang ist es wichtig, die verschiedenen Zeitskalen bei der Diskussion von Klimaveränderungen zu beachten (Abschn. 7.3.5).

7.2.3 Klimaänderungen in Vergangenheit und naher Zukunft

Auf den Kontinenten werden Verwitterung, Erosion und Sedimentation in ihrem Ablauf und ihrer Intensität maßgeblich von den Klimabedingungen bestimmt. Auch der gesamte Wasserhaushalt und die bodenbildenden Prozesse werden stark vom Klima geprägt. So werden bei der Desertifikation die Böden sogar zerstört. Auch die Verfügbarkeit von Oberflächen- und Grundwasser wird durch das Schwinden der Vegetation stark gemindert – sei es durch natürliche oder anthropogene Prozesse bedingt.

Eine globale Erwärmung durch verstärkten CO_2-Anstieg in der Atmosphäre würde das Eis der Polkappen abschmelzen und den Meeresspiegel weltweit um Meterbeträge ansteigen lassen – bei völligem Abschmelzen bis zu 70 m! Weite Küstengebiete und die meisten Tiefländer sowie Inseln würden überflutet. Das Schelfeis der Westantarktis wird von einigen Forschern als besonders labil angesehen. Gerade in letzter Zeit werden große Schelfeisabbrüche aus der Westantarktis (Larsenschelfeis) gemeldet. Es könnte bereits bei einem globalen Temperaturanstieg von 2 °C zu schmelzen beginnen. HERMANN FLOHN nahm 1982 an, indem er sich auf paläoklimatische Analogbeispiele aus dem Miozän und Pliozän stützte, dass ein Abschmelzen der arktischen Meereisdecke bereits in wenigen Jahrzehnten einsetzen könnte. Eine Temperaturerhöhung von 4–5 °C in mittleren bis höheren Breiten würde bereits ausreichen, um diesen Prozess sehr plötzlich in Gang zu setzen. Die Klimagürtel könnten sich dadurch um 200–700 km nach Norden verschieben. Nach diesem unipolaren Modell würde das antarktische Eis zwar zunächst noch stabil bleiben, um dann in wenigen Jahrtausenden ebenfalls zu schmelzen. Diese Vorhersage FLOHNS ist inzwischen Wirklichkeit, wie vor allem die Arktis-Expedition der *Polarstern* (2019/2020) gezeigt hat. Auf die zunehmende Instabilität des antarktischen Schelfeises wird von Wissenschaftlern aufgrund der Klimaerwärmung verstärkt hingewiesen. Schelfeisabbrüche größeren Ausmaßes sind im Bereich der Westantarktischen Halbinsel (Larsen-Schelfeis) alarmierend, zumal Schelfeis die Küstengletscher vor einem schnelleren Abfließen ins Meer hindert. Auch eine Unterspülung des Schelfeises unter der Eiskante, wie es bereits in der Westantarktis der Fall ist, beschleunigt den Abschmelzprozess. Während es in der westlichen Antarktis rund 3,4 Mio. km^3 Eis auf einer Fläche von 2,3 Mio. km^2 sind, ist mit über 25,9 Mio. km^3 das Eisvolumen in der Ostantarktis – auf einer fast 10 Mio. km^2 großen Fläche – wesentlich höher. Diese Eismassen könnten sich bei Klimaerwärmung jedoch erst in einigen Tausend Jahren wesentlich verändern. Der westantarktische Eisschild könnte allerdings bereits deutlich früher bei Temperaturen, die um 3 °C (im globalen Mittel) erhöht sind, schmelzen und den Meeresspiegel um rund 7 m ansteigen lassen, wie dies in den vergangenen 5 Mio. Jahren periodisch geschehen ist (D. POLLARD & R. M. DECONTO 2009).

Die heute 300–4000 m mächtige Eisdecke der Antarktis begann sich bereits im Miozän vor rund 13 Mio. Jahren zu bilden. Seither nahm sie an Umfang und Dicke zu. Das Eis der Arktis bildete sich hingegen erst mit Beginn des Quartärs vor 2,6 Mio. Jahren. Ein „Kollaps" dieses Eises, welcher vor rund 125.000 Jahren zum letzten Mal auftrat, würde den Meeresspiegel wohl wieder um 5–7 m ansteigen lassen, wie dies zur Eem-Zeit – im Zeitraum zwischen 125.000 und 115.000 Jahren vor heute – geschah. Danach sank ein Viertel der Fläche von Florida unter den Meeresspiegel! Die Treibeisdecke der Arktis ist nur 2–5 m mächtig. Sie muss daher als besonders sensitiv angesehen werden. Ein völliges Schmelzen des grönländischen Eises hätte einen Anstieg des Meeresspiegels von etwa 7 m zur Folge. Allein durch die thermisch bedingte Ausdehnung des Meerwassers – also die Volumenzunahme – würde der Meeresspiegel um 0,8 m ansteigen. Zunächst würde aber das Auftauen des arktischen Meereises bedeuten, dass im Laufe des 21. Jahrhunderts sowohl die Nordwest- als auch die Nordostpassage für Schiffe über 3 Monate im Jahr befahrbar wäre – für Handelsschiffe, Tanker und Kreuzfahrtschiffe. Die Belastungen und Gefahrenpotenziale für die arktischen Gewässer und Küstenregionen würden dann allerdings drastisch zunehmen. Insbesondere würde der durch die Schwerölverbrennung der Schiffe produzierte Ruß das Eis noch rascher schmelzen lassen.

Die Verschärfung der heute bestehenden Klima-Asymmetrie in den beiden Hemisphären müsste infolge des Abschmelzens der arktischen Eismassen negative Auswirkungen auf die Winterregengebiete – zum Beispiel den Mittelmeerraum und Kalifornien – und deren Wasserversorgung haben. In humid-gemäßigten Breiten würden sich Dürreperioden im Sommer häufen. Allgemein wird heute von den Klimaforschern für wahrscheinlich gehalten, dass der vom Menschen bewirkte CO_2-Anstieg mit einer globalen Temperaturerhöhung verbunden ist und dass Werte um 600 ppmv CO_2 ausreichen würden, um Abschmelzprozesse auch in der Antarktis enorm zu beschleunigen. Bei den CO_2-Äquivalenzwerten werden, das sei hier betont, alle übrigen Treibhausgase wirkungsbezogen auf CO_2 umgerechnet. Bei einer Verdopplung des vorindustriellen CO_2-Gehaltes der Luft auf 560 ppmv würde die Strahlung um $3,7 \text{ W} \cdot \text{m}^{-2}$ erhöht; dies entspräche bei Einrechnung der Rückkopplungseffekte einer globalen Temperaturerhöhung von 3 °C ($\pm$ 1 °C) (S. Rahmstorf und K. Richardson 2007, S. 110). Diese Fehlergrenze von 1 °C ergibt sich aus der Unsicherheit bei der Berücksichtigung der Rückkopplungseffekte. Im Bericht des IPCC von 2007 wird die Klimasensitivität – und damit die mittlere globale Erwärmung – bei CO_2-Verdopplung mit 2–4,5 °C beziffert. Bei einer CO_2-Verdopplung kommt es also zu einer Veränderung des Strahlungsantriebs von etwa 0,8 °C pro Watt und Quadratmeter. Da man allgemein davon ausgeht, dass die Temperaturanstiege in hohen Breiten um das Vierfache gegenüber dem der globalen Durchschnittstemperatur höher liegen, hieße dies eine Erhöhung von mindestens 6 °C in den Polargebieten bei einer CO_2-Verdopplung.

In der letzten Eiszeit (Weichsel-Glazial) dürfte nach Daten aus Eisbohrkernen der CO_2-Pegel bei maximal 200 ppmv gelegen haben. Nach W. H. Berger und E. Vincent, (1986, S. 256–259) stieg im Zeitraum 15.000–9000 Jahre vor heute der Wert von etwa 200 ppmv auf knapp 300 ppmv an. Dies zeigen als Proxydaten $\delta^{18}O$-Werte aus Eisbohrkernen der Arktis und Antarktis. Im gleichen Sinne sprechen auch die $\delta^{18}O$-Werte aus Tiefseebohrkernen (W. H. Berger, T. Bickert et al. 1994, S. 258 ff.) Inzwischen hat der Kohlendioxidgehalt der Luft auf der Nordhalbkugel 400 ppmv überschritten und im Jahr 2019 sogar 410 ppmv erreicht. Pro Jahr werden heute der Atmosphäre insgesamt mehr als 4 Gt Kohlenstoff in Form von CO_2 anthropogen zugeführt, wovon der größte Teil aus fossilen Brennstoffen stammt.

Rückkopplungsprozesse sind bei einer Klimaerwärmung verstärkt zu berücksichtigen. Eis, Schnee und Vegetation bedecken größere Gebiete des Festlandes; auch die Polargebiete werden von Schnee und Eis bedeckt. Dadurch wird aufgrund der höheren Lichtreflexion die Albedo erhöht. Beim Abschmelzen nimmt hingegen die Albedo ab und es wird infolgedessen wärmer. In diesem Fall verstärkt sich die Erwärmung durch die spätere Wiederbewaldung der von Schnee oder Eis befreiten Flächen. Bei Gletschern führt das Abtauen zu einer Anreicherung von mitgeführten Gesteinstrümmern und zu einer dunkleren Färbung der Eisoberfläche und somit ebenfalls zu einer positiven Rückkopplung, indem die zusätzliche Wärmezufuhr das Tauen des Gletschereises beschleunigt. Um den Gletscherrückzug zu verlangsamen, deckt man in den Skigebieten der Alpen die Gletscher mit hellen Plastikbahnen ab; damit soll die Reflexion des Sonnenlichts erhöht und so der Schmelzprozess verlangsamt werden. Generell werden solche Maßnahmen den Gletscherrückgang in den Alpen nicht aufhalten. Nachdem die alpinen Gletscher Mitte des 19. Jahrhunderts ihre größte Ausdehnung erreichten, ist die Temperatur in diesen Höhenlagen um 1,5 °C angestiegen und die Gletscherflächen haben sich in den Ost- und Westalpen praktisch halbiert. Ein weiterer Temperaturanstieg von 1,5–2 °C bis 2100 bedeutet das fast völlige Verschwinden dieser Gletscher als für die Bergregionen wichtiger Wasserspeicher. Äußerst kritisch sind die Gebiete, in denen Gletscher oberhalb von Kraftwerksstauseen wie bei Kaprun im Bundesland Salzburg (Österreich) im Rückzug sind. Hier besteht generell die Gefahr, dass Lockergestein oder Moränenschutt in die Staubecken rutscht (Abb. 7.2). Mit zunehmender Erwärmung rückt vor allem die Permafrostgrenze in immer größere Höhen der Alpen, sodass Eis, das bisher Gesteine in Höhen oberhalb von 3000 m in festem Zustand hielt, schmilzt und sich so die Gefahr von Rutschungen, Steinschlag oder sogar Felsstürzen verstärkt. Für die Bevölkerung – vor allem Siedlungen und Verkehrswege – bedeutet das in Zukunft deutlich erhöhte Risiken, wenn die Klimaerwärmung nicht gestoppt wird.

7.2.4 Natürliche Klimaänderungen und anthropogene Einflüsse

Ein Blick in die Erdgeschichte zeigt, dass sich in der Frühzeit der Erde die Zusammensetzung der Atmosphäre stark veränderte, dass aber auch das Klima in Abhängigkeit natürlicher Ursachen sich ständig änderte. In die Atmosphäre und das Klimageschehen greift der Mensch heute in zunehmendem Maße und auf sehr unterschiedliche Weise ein. Im Prinzip geschieht dies seit etwa 12.000 Jahren, als er begann, Landwirtschaft zu betreiben. Großräumig und global wirksame Veränderungen erfolgten verstärkt mit Beginn der Industrialisierung und Urbanisierung seit dem Beginn des 19. Jahrhunderts. Insbesondere ist die Luftverschmutzung weltweit rapide gestiegen, wenngleich es im Mittelalter bereits lokal zu Belastungen kam, die jeweils zu Verboten solcher Aktivitäten führten. Im Hinblick auf Wirtschaft und Ernährung hat das Klima für den Menschen immer eine große Rolle gespielt. Dies gilt für die Siedlungsformen, die Anbaumethoden und letztlich auch die gesamte Kultur- und Sozialgeschichte (W. BEHRINGER 2007). Es ist daher nicht verwunderlich, dass die ältesten Klimaaufzeichnungen bereits vor rund 5000 Jahren im alten Ägypten gemacht wurden. Die Steininschriften zu Überschwemmungen im Niltal lassen Rückschlüsse auf die Niederschlagsverhältnisse im Einzugsbereich des oberen Nils zu. Auch aus China (vor 3750 Jahren) und Südeuropa (vor 2500 Jahren) sind derartige schriftliche Dokumente bekannt.

Kontinuierliche Klimabeobachtungen wurden seit 1659 in Mittelengland vorgenommen. Mit verfeinerten paläoklimatologischen Methoden kann das Klima in England dennoch in wesentlichen Phasen in den letzten 22.000 Jahren verfolgt werden. Innerhalb dieser Zeit ist hier eine dramatische Erwärmung vor rund 13.000 und 10.000 Jahren

Abb. 7.2 Stausee Mooserboden des Pumpspeicherkraftwerks Kaprun/Hohe Tauern (Land Salzburg). **a** Blick zum Hohen Tenn (3365 m über NN), Reste des Wielinger Kees (in Bildmitte); am rechten Hang Glimmerschiefer-Frostschutt oberhalb der Staumauer; **b** gesunkener Wasserstand des Stausees im Sommer; Blick zum Hohe Riffel (3338 m ü. NN), Karlinger Kees deutlich zurückgeschmolzen; **c** starker Gletscherschwund; Bärenkopfkees mit rutschgefährdeten End- und Seitenmoränen (untere Bildhälfte); Blick zum großen Bärenkopf (3396 m ü. NN)

sowie eine langsame Abkühlungsphase zwischen 12.500 und 10.500 Jahren vor heute nachgewiesen worden. In Mitteleuropa haben Beobachtungen an Alpengletschern wertvolle Klimahinweise geliefert. Die Zeit verstärkter Gletschervorstöße zwischen 1550 und 1850 n. Chr. wird als „Kleine Eiszeit" bezeichnet. Es war eine Zeit, in der die Gletscher in den Alpen wuchsen, während sie seither schrumpfen und inzwischen etwa die Hälfte ihrer Eismasse verloren haben. Die Zeit von 1630–1715, in der kaum eine Sonnenfleckenaktivität verzeichnet wurde („Maunder-Minimum" von 1645–1745), fällt in den

Zeitraum der Kleinen Eiszeit, die durch sehr kalte Winter gekennzeichnet war. Niederländische Maler haben diese äußerst kalten Winter eindrucksvoll dargestellt. Ein Vergleich der rekonstruierten Temperaturschwankungen im Zeitraum zwischen 700–2000 n. Chr. mit dem Referenzzeitraum 1961–1990 (in der Nordhemisphäre) zeigt eine erstaunliche Übereinstimmung (ICPP 2007; M. LATIF 2009: Abb. 34).

Heute müssen die anthropogenen Eingriffe, die zu längerfristigen Veränderungen der Luftqualität, des Klimas und der Austauschbedingungen zwischen den Sphären führen, bereits global betrachtet werden. Während viele Luftschadstoffe in ihrer Wirkung erkannt wurden, aber weiterhin in großen Mengen vom Menschen emittiert werden – wie Schwefeldioxid (SO_2), Stickstoffoxide (N_2O, NO_2, NO_x), Kohlendioxid (CO_2), Methan (CH_4) sowie chlorierte Kohlenwasserstoffe –, kommen ständig neue, anthropogen erzeugte Spurengase und Spurenstoffe hinzu. Über deren Eigenschaften und Reaktionen in der Atmosphäre ist zu wenig bekannt, um die Auswirkungen vorherzusagen. Grundsätzlich geht es beim Einfluss des Menschen auf das Klima auch um seine Abhängigkeit von den klimatischen Bedingungen. Einer der Ersten, die auf die Wechselwirkungen zwischen Zivilisation und Klima aufmerksam machte, war der nordamerikanische Geograph ELLSWORTH HUNTINGTON (1876–1947), insbesondere seine Werke *The Climatic Factor as illustrated in arid America* (1914) und *Civilization and Climate* (1915). Allerdings sind seine deterministischen Schlussfolgerungen im Hinblick auf sozioökonomische Folgen aufgrund von Klimaveränderungen heute umstritten.

Voraussetzung für eine Abschätzung der vom Menschen hervorgerufenen Veränderungen sind verlässliche Daten über die Umsetzungsprozesse der Stoffe, die Photochemie, Strahlungsbilanzen sowie die Thermodynamik. Ferner müssen die räumlichen Beziehungen sowie der Faktor Zeit berücksichtigt werden. Hierzu wurden von Klimatologen dreidimensionale Modelle entwickelt. Satellitenmessungen liefern zugleich zeitlich als auch räumlich exakte Daten für diese Modelle. Am kompliziertesten zu beurteilen ist das komplexe Zusammenwirken sehr unterschiedlicher Faktoren, insbesondere dann, wenn durch negative Rückkopplungen die Folgewirkungen erst mit größerer zeitlicher Verzögerung sichtbar werden. Es bleibt zu klären, warum bei bestimmten Prozessen nur „Schwellenwerte" überschritten werden müssen, um zu plötzlichen Veränderungen zu führen, die zum Teil nicht reversibel sind. Solche Schwellenwerte, die auch als Kipppunkte (engl. *tipping points*) bezeichnet werden, lassen sich nicht exakt bestimmen. Sie hängen offenbar auch von der Geschwindigkeit einer Zustandsänderung ab. Bei langsamer Änderung reagiert das System linear, bei rascher Veränderung aber nichtlinear. Viele Prozesse in der Natur verlaufen nichtlinear. Für die maximale Sättigung der Luft mit Wasser gilt so zum Beispiel die Clausius-Clapeyron-Gleichung, nach welcher die Wasserdampfmenge mit steigender Temperatur nichtlinear zunimmt. Dementsprechend hoch ist die fallende Regenmenge, wenn die Luft in Höhen mit niedrigerer Temperatur aufsteigt und gleichzeitig bei der Wassertropfenbildung Kondensationswärme freigesetzt wird, welche die Wolken noch höher aufsteigen lässt. Das Zustandsdiagramm von H_2O (p, T) ist für das Klimasystem von größter Bedeutung; es zeigt die Phasengrenzen zwischen eisförmiger, flüssiger und dampfförmiger Phase.

7.2 Aufbau der Atmosphäre, Klima und Klimaänderungen

Ein anthropogener Anstieg der Lufttemperatur hat also eine höhere Verdunstung und damit eine verstärkte Wolkenbildung zur Folge; hierdurch verändert sich die Niederschlagsverteilung. Die erhöhte Konzentration von Wasserdampf erhöht ihrerseits eine weitere Lufterwärmung im Sinne eines positiven Rückkopplungseffektes. Dies bei allen Klimamodellen zu berücksichtigen ist wegen der genannten Nichtlinearität dringend geboten.

Auch in Zukunft werden Klimaänderungen – ob natürlich oder vom Menschen mitverursacht – folgenschwer sein und das Schicksal ganzer Völker und Inselstaaten im Pazifik langfristig beeinflussen. Sie werden auch die geologischen Prozesse auf dem Festland maßgeblich mitbestimmen. Davon würden insbesondere der Grundwasserhaushalt und die Bodenbildung betroffen. Betrachtet man andererseits die Klimageschichte des Quartärs, so muss man sich fragen, ob nicht gerade diese die entscheidenden Impulse für die Entwicklung des Menschen und damit seinen Aufstieg zum geologischen Faktor gegeben hat. Die Herausforderung, mit extremen Veränderungen – im Laufe der Zeit und beim natürlichen Wandel des Klimas – zurechtzukommen, hat die geistige Entwicklung des Menschen sicherlich gefördert, die Fertigkeiten des Menschen erhöht und die sozialen Strukturen gestärkt.

Die Prozesse der Verwitterung, Abtragung und Transport hängen stark von den jeweils herrschenden Klimabedingungen ab. Geomorphologie, Bodenaufbau und Bodenwasserhaushalt werden maßgeblich von ihnen bestimmt. Diese gehören zu den abiotischen Voraussetzungen der Ökosysteme auf dem Festland. Die Pflanzenwelt ihrerseits beeinflusst das Klima auf dem Festland entscheidend. Die enge Kopplung bzw. Wechselwirkung von Vorgängen in der Atmosphäre mit denen im Ozean gilt nicht nur für die heutige Zeit, sondern galt auch für die geologische Vergangenheit. So spiegelt sich das Klima vor allem über die biologischen Prozesse in den Meeressedimenten wider. Erdgeschichte ist also zugleich auch Klimageschichte!

7.2.5 Vergleich rezenter und paläoklimatischer Ereignisse

Für die heutige Klimadiskussion von besonderem Interesse sind die großen Eiszeiten. Der Beginn der letzten großen Vereisung fällt mit einer Klimaverschlechterung vor 3,4 Mio. Jahren bereits ins jüngste Tertiär. Die Kalt- und Warmzeiten werden heute durch astronomisch-geophysikalisch bedingte Variationen im Sinne der Croll-Milankowitch-Theorie erklärt. Darüber hinaus können Änderungen der Albedo, vulkanische Ereignisse sowie globale Meerestrans- und -regressionen, durch die große Teile des Festlandes überschwemmt oder freigelegt werden, das Klima maßgeblich beeinflussen. Auch die Ozeanströmungen sind höchst klimawirksame Faktoren. Die schmale Meeresverbindung, die im Gebiet des heutigen Panama bis ins jüngste Pliozän zwischen dem Atlantik und Pazifik bestand, wurde vor etwa 4,5 bis etwa 3,5 Mio. Jahren durch plattentektonische Prozesse geschlossen. Diese Schließung hatte starke klimatische Folgen. So wurde der Golfstrom im Ostatlantik nach Norden abgelenkt; der äquatoriale Strom im Ostpazifik gabelte sich und bog vor Mittelamerika nach Süden und Norden ab. Durch den Golfstrom und den sich anschließenden Nordatlantikstrom wurden die polaren Breiten mit höheren Niederschlägen versorgt, sodass die polare Vereisung gefördert wurde.

Bei Fragen nach den Folgen des derzeitigen Klimawandels wird immer wieder das El-Niño-Phänomen hervorgehoben. Hierbei handelt es sich um das in den letzten Jahrzehnten verstärkte Auftreten warmen Oberflächenwassers im östlichen Pazifik, insbesondere vor der Küste Perus, in einem breiten Band südlich des Äquators. Dieses Phänomen wird vor allem um die Weihnachtszeit beobachtet. Das kalte Wasser des vor der südamerikanischen Küste aufsteigenden und nach Norden gerichteten Humboldtstroms verliert durch abgeschwächte Passatwinde an Auftriebskraft, sodass es zu einer Behinderung des Aufstiegs des nährstoffreichen Tiefenwassers kommt. Infolgedessen fangen vor allem die peruanischen Fischer weniger Fisch als sonst. Außerdem treten um die genannte Zeit deutlich häufiger Starkregenfälle an der Küste Südamerikas auf, die zum Teil katastrophale Ausmaße annehmen. Ob diese klimatische Anomalie durch El Niño – auch als *Southern Oscillation* (ENSO) bezeichnet – anthropogen mit bedingt ist, ist umstritten, zumal offensichtlich auch präkolumbianische Kulturen bereits von derartigen Ereignissen betroffen wurden. Als La-Niña-Phänomen wird ein verstärkter Auftrieb (*upwelling*) im äquatornahen westpazifischen Küstenbereich bezeichnet. Auch diese Anomalie tritt episodisch auf und bedingt hier durch verringerte Temperaturen verstärkt klimatische Störungen.

Das Zusammenwirken unterschiedlicher Faktoren sowie die positiven und negativen Rückkopplungseffekte erschweren das Erkennen kausaler Zusammenhänge. Es sind dennoch gewisse Periodizitäten feststellbar. So wurden mithilfe von Sauerstoffisotopenmessungen ($^{18}O/^{16}O$) an Eisbohrkernen aus Grönland Klimaschwankungen mit unterschiedlichen Periodizitäten zwischen 1300 und 120 Jahren festgestellt. Auch die Gletschervorstöße und -rückzüge zeigen deutliche Oszillationen im Klimaverlauf an, die in der Größenordnung von wenigen Jahrzehnten bis Jahrhunderten liegen. Klimaschwankungen in der Größenordnung von 10^4–10^5 Jahren lassen sich auch an geochemischen Veränderungen und wechselnden Verhältnissen der stabilen Isotope von Sauerstoff, Kohlenstoff, Schwefel und Strontium aufzeigen. Entsprechende Ergebnisse wurden weltweit seit der klassischen Untersuchung mit Sauerstoffisotopen erzielt (C. EMILIANI 1955). Insbesondere haben die Meeressedimente bedeutende Hinweise für den Klimaverlauf der letzten 65 Mio. Jahre – seit Beginn des Paläozäns – geliefert.

In der Gesteinszusammensetzung der Tiefseesedimente und ihrer Mikrofaunen (benthonische Foraminiferen, Nanoplankton) finden sich wichtige Belege für kurzzeitige Klimaänderungen. Kaltwasserfaunen können auch vom Treibeis beeinflusst werden, was sich im Sauerstoffisotopenverhältnis der mikroskopisch kleinen Kalkschaler (Zooplankton) widerspiegelt. Allerdings muss bei den $\delta^{18}O$-Temperaturbestimmungen berücksichtigt werden, dass bei der Bildung von Eismassen in den Kaltzeiten die leichten ^{16}O-Isotope im Eis langfristig angereichert werden und sich dadurch das Sauerstoffisotopenverhältnis im Meerwasser verschiebt. So ist das schwerere ^{18}O-Isotop im Ozeanwasser und damit in den Tiefseebohrkernen angereichert, was auch beim Vergleich mit den δ^{18}O-Messdaten aus den Eisbohrkernen zu beachten ist.

Auch paläontologisch konnte an der Wende Paläozän/Eozän – vor 54 Mio. Jahren – weltweit eine kurzzeitige Erwärmung nachgewiesen werden. Es erfolgte damals die Ausbreitung einer tropischen Tier- und Pflanzenwelt. Im ältesten Eozän herrschte das wärmste Klima des gesamten Tertiärs. Während dieses durch δ^{18}O-Werte gesicherten Klimaoptimums dürfte es auch noch keine Vereisung am Südpol gegeben haben, diese setzte erst gegen Ende des Eozäns vor 35 Mio. Jahren ein (vgl. G. WEFER / Geokommission der DFG 2010, S. 233). Auch Verschiebungen in der Artendiversität und Massenaussterben – wie zum Beispiel an der Perm/Trias-Grenze oder der Kreide/Tertiär-Grenze – weisen auf einschneidende Klimaveränderungen hin. Diskutiert werden derzeit die chemischen „Events" im Hinblick auf das Klima. Die Klimaentwicklung der Erde muss insbesondere vor dem Hintergrund des plattentektonischen Konzepts gesehen werden. Je nach der damaligen Lage der Kontinente und der Bathymetrie der Ozeane müssen daher unterschiedliche klimatische Auswirkungen bei zugleich starken Meeresspiegelschwankungen angenommen werden.

Ein Meeresspiegelanstieg von 2–3 mm pro Jahr, wie er im Zeitraum 1993–2003 (IPCC 2007) gemessen wurde, dürfte sich im 21. Jahrhundert weiter erhöhen. Die thermische Ausdehnung des immer wärmer werdenden Ozeans und die höheren Schmelzwassermengen der Gebirgsgletscher und aus den Polargebieten könnten einen Meeresspiegelanstieg bis 2100 zwischen 0,6 und 0,8 m bewirken. Im Vergleich zum 20. Jahrhundert, für das – nach Pegelmessungen längs der Küsten – nur ein Anstieg von 18 cm (= 1,8 mm/Jahr) ermittelt wurde, ergäbe sich eine deutliche Beschleunigung (K. REISE 2011, S. 134 f.). Sind Schmelzvorgänge in Gang gekommen, dürfte dieser Anstieg wesentlich rascher ablaufen als zu Beginn! Der beschleunigte Zerfall von Eisschilden oder das verstärkte Abbrechen von Gletschern sind dafür kennzeichnend. Eine wichtige Rolle für plötzliche Klimaveränderungen spielen die Eismassen sowohl im arktischen als auch antarktischen Bereich. Es gibt im Pleistozän deutliche Hinweise, dass eine Abkühlung in der Nordhemisphäre mit einer Erwärmung auf der Südhemisphäre einhergeht und umgekehrt. Im jüngsten Pliozän – vor 3–4 Mio. Jahren – lag der Meeresspiegel sogar um mindestens 25 m höher als heute, obgleich die globale Temperatur nur um 2–3 °C höher war als heute – damit also in der Größenordnung der künftig zu erwartenden globalen Erwärmung!

Betrachtet man den in Zukunft möglichen, mehrere Meter betragenden Meeresspiegelanstieg durch das verstärkte Schmelzen der Eismassen an den beiden Polen und denkt man an zukünftig heftigere Sturmfluten und mögliche Tsunamis mit Wellenhöhen von 10–15 m, so kommen einem selbst Deiche in den Niederlanden mit Höhen von teilweise über 15 m über NN, die für hundertjährige Ereignisse – also bis 2100 – bemessen sind, als zu niedrig vor; diese eingedeichten Gebiete liegen bis zu 8 m unter dem

Meeresspiegel. In Deutschland wurden inzwischen die Nordseedeiche auf 8 m erhöht, um Sturmfluten zukünftig zu trotzen. In vielen bevölkerungsreichen Ländern der Dritten Welt, insbesondere auf Inseln im Pazifik, fehlen vielfach Deiche überhaupt, sodass schon ein Meeresspiegelanstieg im Meterbereich zum Untergang zahlloser Inseln führen muss.

Den Beginn einer solchen Entwicklung zeigen Städte wie New Orleans an der amerikanischen Golfküste oder Venedig. Damit sind nicht nur das Leben der Menschen und ihr Lebensraum auf längere Sicht bedroht, sondern auch die Existenz des Weltkulturerbes.

7.3 Treibhauseffekt, Klimazyklen und Kohlenstoffkreislauf

7.3.1 Uratmosphäre, Klima und Lebensprozesse

Die Entstehung der heutigen Atmosphäre mit ihren beständigen Hauptgasen N_2, O_2, Ar und CO_2 sowie den übrigen Edelgasen und weiteren Spurengasen (v. a. H_2, CH_4, NO_x) ist das Ergebnis einer langen Evolution, die mit der Entgasung des Planeten begann. Über eine anoxische Uratmosphäre ohne freien Sauerstoff führte die Aktivität bakterieller und pflanzlicher Organismen schließlich zur heutigen Zusammensetzung der Atmosphäre. Die reduzierende Uratmosphäre bestand vor über 3 Mrd. Jahren neben Wasserdampf im Wesentlichen aus den Gasen CO_2, H_2, N_2, NH_3, CH_4, CO, H_2S, HF, Ar und sehr wenig freiem Sauerstoff. Für die Uratmosphäre in frühester geologischer Zeit werden Methan (CH_4), Ammoniak (NH_3) und Kohlendioxid (CO_2) als Hauptbestandteile angenommen. Erst durch die Photosynthese der Cyanobakterien – früher „Blaugrünalgen" genannt – entstanden größere Mengen freien Sauerstoffs. Der heutige Sauerstoffgehalt der Luft wurde vermutlich erst vor 600–550 Mio. Jahren erreicht, nachdem in der Zeit zwischen 2,3 und 2,1 Mrd. Jahren der Sauerstoffgehalt der Atmosphäre sich drastisch erhöht hatte (H. D. HOLLAND 2006). Eine ausreichende Ozonschicht in der Stratosphäre konnte sich wahrscheinlich erst in einer Zeit zwischen 500–400 Mio. Jahren bilden und so die frühesten Landpflanzen vor der UV-Strahlung schützen.

Ein Verständnis dieser Entwicklung ist jedoch nur möglich, wenn man die Erdentstehung, die geologische Entwicklung der festen Erdkruste und die Evolution des Lebens auf der Erde einbezieht. Als Paläoklima wird generell das Klima der geologischen Vergangenheit bezeichnet. Eine Rekonstruktion ist durch die Auswertung geologischer Klimazeugen möglich und angesichts der heutigen Klimaprobleme erforderlich. Solche Klimazeugen sind Salzablagerungen, die sich unter aridem Klima bildeten – im Meer oder auf dem Festland – oder Wüstensande, die typische mattierte Sandkornoberflächen und bogig-schräggeschichtete Sedimentstrukturen zeigen. Aber auch Seesedimente mit jahreszeitlicher Schichtung („Warven") oder Tropfsteine in Karsthöhlen sind Klimaarchive, ebenso wie Paläoböden. Als Klimaanzeiger sind neben Sedimentstrukturen vor allem in Sedimenten enthaltene Tier- und Pflanzenfossilien geeignet, wie etwa warmwasserliebende Korallen oder Blätter mit ihren jeweils für aride oder humide Verhältnisse charakteristischen Spaltöffnungen. Besonders aussagekräftig sind Daten und Indizes, die über die Kombination von klassischen Messwerten (zum Beispiel Jahresringdicke, Holzdichte) mit physikalisch-chemischen Parametern (etwa Wasserstoff- und Sauerstoffisotope) zu Klimakonstruktionen gelangen. So wurde an den Jahresringen einer Kiefernart in den Pyrenäen und der Sierra Nevada (Spanien) eine zeitlich hochauflösende Datenreihe über feuchte und trockene Phasen zwischen 1600 und 2000 n. Chr. gewonnen (G. Helle et al. 2009; O. Planells et al. 2009). Darüber hinaus werden die sogenannten „Klimaproxies" für Klimakonstruktionen genutzt. Hier sind vor allem die Sauerstoffwerte $\delta^{18}O$ [‰] wichtig, die sich aus dem Verhältnis des leichten ^{16}O und des schweren Isotops ^{18}O ergeben. Sie werden an Schalenkalk von aquatisch lebenden Tieren ermittelt und zeigen Temperaturen des Wassers an, in dem diese Organismen lebten.

Durch organische Stoffwechselprozesse werden ständig Gase aus der Luft verbraucht und später wieder an sie abgegeben. Einer der wichtigsten Prozesse ist die Photosynthese der Pflanzen als Grundlage der tierischen Ernährung (vgl. Abschn. 7.2.1):

$$6\,CO_2 + 6\,H_2O + hxf\,(\text{Sonnenlicht})\overrightarrow{\text{Chlorophyll}} \rightarrow C_6H_{12}O_6 + 6\,O_2\,(\text{Pflanzen})$$

$$C_6H_{12}O_6 + 6\,O_2 \rightarrow 6\,CO_2 + 6\,H_2O + \text{Energie}\,(\text{Tiere})$$

Durch vulkanische Exhalationen und Entgasung ausfließenden Magmas werden der Atmosphäre ständig auch juvenile Gase zugeführt, wie vor allem HCl, SO_2, SO_3, CO_2, H_2, N_2, H_2S, CO, HF, NH_3, CH_4 und BO_3. Zwischen Atmosphäre und Ozean besteht ein Gasaustausch, der über das Tiefenwasser bis zu den Meeressedimenten in der Tiefsee reicht. CO_2 wird dabei in den Kalkschalen der Organismen als $CaCO_3$ (Kalzit, Aragonit) eingebaut. Der Kohlenstoff wird aber auch in der abgestorbenen organischen Substanz festgelegt und auf diese Weise als C_{org} im Sediment angereichert. Die Sedimente bilden daher das größte langzeitige Kohlenstoffreservoir. Neben karbonatischen und organogenen Sedimenten, die aus überwiegend pflanzlichen Überresten – wie Braun- oder Steinkohle – bestehen, sind auch Tonablagerungen Kohlenstoffspeicher. Ihr Anteil an organischem Kohlenstoff – insbesondere als fossile Reste von Bakterien und Plankton – ist mengenmäßig eines der größten C-Reservoire. Sie sind zudem Muttergesteine von Erdöl- und Erdgaslagerstätten, die der Mensch nutzt. Aber auch die Verwitterung setzt ständig diesen Kohlenstoff frei – aus Torfmooren, organischen Resten in Böden oder Karbonatgestein. Sinkt der Grundwasserstand, sodass Feuchtgebiete und Moore trockenfallen oder Böden austrocknen, so wird nicht nur CO_2 freigesetzt, sondern es werden auch Kohlenstoffsenken „vernichtet".

Das physikalische Wettergeschehen in der Troposphäre beeinflusst auch bio- und photochemische Prozesse und somit den atmosphärischen Kreislauf. Heute jedoch greift der Mensch in diese Reaktionssysteme und Fließgleichgewichte massiv ein. Durch die Verbrennung fossiler Energierohstoffe hat er in den letzten Jahrzehnten den CO_2-Gehalt in der Atmosphäre von etwa 280 ppmv auf mittlerweile über 410 ppmv ansteigen lassen. Dies bedeutet zugleich einen erheblichen Eingriff in den globalen Kohlenstoffkreislauf.

Durch die Immission zahlreicher weiterer Spurengase – insbesondere SO_2, NO_x, N_2O, chlorierte Kohlenwasserstoffe und Fluorkohlenwasserstoffe – gefährdet er unter anderem den Bestand der Ozonschicht in der Stratosphäre und verstärkt den Treibhauseffekt. Des Weiteren verursacht er Schadwirkungen, wie zum Beispiel durch die sauren Niederschläge, die zur Versauerung von Seen und Böden führen. Die Schädigung von Waldökosystemen in Mitteleuropa wurde als „Waldsterben" bezeichnet.

7.3.2 Klima und Kohlenstoffkreislauf

Um die möglichen Auswirkungen anthropogener Eingriffe auf den Stoffkreislauf der Atmosphäre zu beurteilen und Veränderungen langfristig vorherzusagen, ist es notwendig, das gesamte Klimasystem, das aus Lithosphäre, Hydrosphäre, Kryosphäre, Pedosphäre und Biosphäre besteht, zu betrachten. Dabei handelt es sich um Stoffkreisläufe unterschiedlicher Hierarchien und sehr unterschiedlicher Zeitdauer. Klimamodelle, die mit dem Kohlenstoffkreislauf gekoppelt sind, werden auch als „Erdsystemmodelle" bezeichnet. Bei diesen nichtklassischen Modellen werden sowohl die Austauschprozesse zwischen Atmo-, Hydro- und Kryosphäre als auch die von Pedo- und Biosphäre in ihrer raumzeitlichen Dynamik einbezogen. Dabei kommt es vor allem darauf an, die Wechselwirkungen zwischen allen Komponenten des Systems zu erfassen.

Betrachtet man den heutigen kurzzeitigen Kohlenstoffkreislauf (Abb. 7.3) – ohne menschlichen Einfluss – dann wird auch die Bedeutung der Photosynthese für die Anreicherung von Kohlenstoff im Meer sowie in den Böden deutlich.

Der globale Kohlenstoffkreislauf ist, wie die Abb. 7.3 zeigt, eng mit der Hydro- und Biosphäre und damit auch mit den Böden und dem Ozeanwasser gekoppelt. Dabei spielt die Verwitterung der Gesteine, insbesondere der Karbonate und Silikate eine wichtige Rolle. Zu den Karbonaten gehören vor allem Kalksteine, Dolomite und Mergel sowie Marmore. Sie unterliegen der Kohlensäureverwitterung. Hierbei wird zur Lösung des Kalks Kohlendioxid (CO_2) verbraucht, das im Wasser gelöst wird. Bei der Lösung bzw. Verwitterung kalziumhaltiger Silikate durch kohlensäurehaltiges Wasser wird Kieselsäure (SiO_2) freigesetzt. Die pauschale Stöchiometrische Stöchiometrische Gleichung lautet:

$$CaSiO_3 + 2\,H_2CO_3 \rightarrow Ca^{2+} + 2\,HCO_3^- + SiO_2 \text{ (gelöst)} + H_2O.$$

Wird durch den anthropogenen CO_2-Anstieg in der Atmosphäre der Treibhauseffekt verstärkt, bewirkt die hierdurch entstandene Temperaturerhöhung auch eine verstärkte Karbonat-/Silikatverwitterung. Gleichzeitig werden aber auch die Niederschlagsraten erhöht, sodass dieser Verwitterungszyklus beschleunigt wird. Aus dem Ozeanwasser, das sich ebenfalls erwärmt, kann CO_2 wieder an die Atmosphäre abgegeben werden, sodass hier langfristig betrachtet kein CO_2-Defizit entstehen kann. Entscheidend ist auch in diesem Fall die Zeitdauer des Austauschprozesses.

Infolge der atmosphärischen Zirkulation sind viele Prozesse nicht lokal begrenzt, sondern sie müssen großregional und zum Teil global untersucht werden. Heute zapft

7.3 Treibhauseffekt, Klimazyklen und Kohlenstoffkreislauf

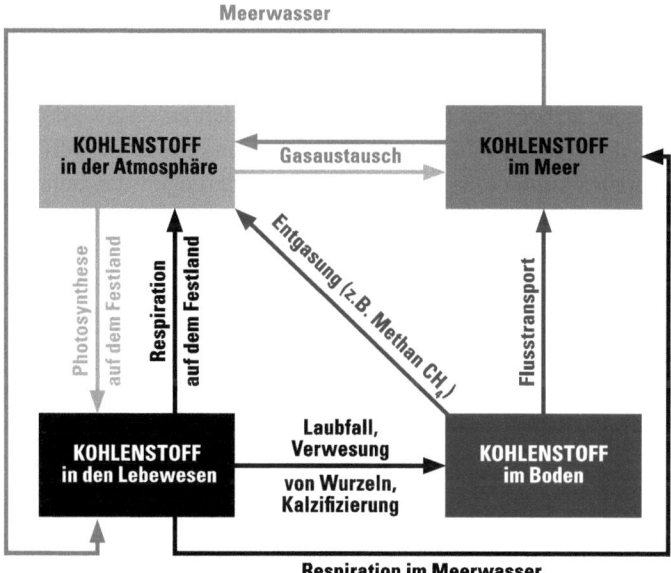

Abb. 7.3 Dieses Boxmodell zeigt den kurzzeitigen Kohlenstoffkreislauf zwischen Atmosphäre, Ozean und Boden sowie deren Austausch mit den Lebewesen. (nach BAHLBURG und BREITKREUZ (2008)

der Mensch durch Kohle-, Erdöl- und Erdgasförderung die Kohlenstoffreservoire in großer Tiefe an und beeinflusst dadurch langzeitige Gleichgewichte. Brächte der Mensch infolge der Meerwasserversauerung durch CO_2 die Korallenriffe auf der Erde zum Absterben, würde auch die Karbonatfällungsrate pro Jahr stark reduziert. Bislang hielten sich – global gesehen – Karbonatlösung und Karbonatfällung die Waage. Wie schnell sich neue Gleichgewichte einstellen, bleibt eine offene Frage. Der Kohlenstoffkreislauf zwischen der Lithosphäre auf der einen Seite sowie der Biosphäre, Atmosphäre und Hydrosphäre auf der anderen Seite lässt sich nur über lange geologische Zeiträume verfolgen. B. P. TISSOT und D. H. WELTE (1984) haben vor allem die Anreicherung von Kohlenstoff in den Lagerstätten fossiler Brennstoffe und von organischem Material in Sedimenten dargestellt. Danach findet ein ständiger Prozess der Entstehung und des Abbaus von Kohlenstoffverbindungen statt. Rein biologische Prozesse führen zu geologisch-biochemischen Vorgängen, wie es die Abb. 5.16 zeigt. Dass bereits vor 3,7 Mrd. Jahren Kohlenstoff durch biogene Vorgänge mobilisiert wurde, belegt die isotopische Kennlinie des Kohlenstoffs (M. SCHIDLOWSKI 1988). Allerdings haben die damals reduzierenden Bedingungen ein Leben im heutigen Sinne noch nicht erlaubt; höher organisierte tierische Lebensformen sind erst mit der Ediacara-Fauna aus der Zeit vor 580–540 Mio. Jahren bekannt.

7.3.3 Zyklische Klimaschwankungen und ihre Ursachen

Die Diskussion um Klimaänderungen wirft grundlegende Fragen nach den Hauptursachen der Klimaschwankungen auf, wobei insbesondere Klimaänderungen im Laufe der Erdgeschichte zu berücksichtigen sind. Diese Änderungen können von kurzer, mittlerer und langer Dauer – bis zu vielen Millionen Jahren – sein. Abgesehen von allmählichen Verschiebungen, die durch Rückkopplungsprozesse verursacht werden, können grundsätzlich orbitale Schwankungen, Veränderungen der Sonneneinstrahlung, aber auch geologische Ursachen wie die plattentektonischen Vorgänge, das Abschnüren von Meeresteilen, ein zeitweise verstärkter Vulkanismus oder Meeresspiegelschwankungen der Anlass sein. Bei der Klimavariabilität ist auch die Amplitude der Veränderung – etwa der maximale Temperaturunterschied zwischen Sommer und Winter – ein wichtiges Kriterium.

Die sogenannten orbitalen Veränderungen führen zu zyklischen Klimaschwankungen. So wird ein 100.000-Jahreszyklus durch die Exzentrizität der Erdbahn, die zwischen 0,5 % und 6 % schwankt, bedingt; dies ist die Abweichung von einer ideal kreisförmigen Umlaufbahn. Ein weiterer Zyklus von ungefähr 41.000 Jahren ist durch das Pendeln der Ekliptikschiefe zwischen 22° und etwa 24,5° verursacht; derzeit beträgt die Neigung der Erdachse zur Ebene der Umlaufbahn 23,5°. Orbitale Schwankungen, die das Klima zyklisch beeinflussen, ergeben sich auch aus der kegelförmigen Kreiselbewegung der Erdachse. Diese „Präzession" verursacht 2 Zyklen von 23.000 und 19.000 Jahren Dauer. Plötzliche Klimaveränderungen können auch dann eintreten, wenn bestimmte Schwellenwerte überschritten werden oder durch Rückkopplungsprozesse das System destabilisiert wird. W. H. BERGER und G. WEFER (2010, S. 316 ff.) unterscheiden zwei unterschiedliche Möglichkeiten:

- Veränderung durch Beschleunigung eines Trends, bei dem eine positive Rückkopplung zwischen Luft und Wasserhülle unter Beteiligung des Kohlenstoffkreislaufs stattfindet („internes Feedback"),
- Veränderungen, die von außen erzwungen werden („externes Feedback").

Zu den Letzteren zählen neben planetaren und orbitalen Einflüssen Strahlungsflussänderungen durch die Sonne, wobei der im Mittel elfjährige Sonnenfleckenzyklus zu nennen ist. Dieser Effekt wird – mit einem Temperatureffekt von 0,2–0,3 K – als „eher gering" eingeschätzt (P. HUPFER & W. KUTTLER 2005, S. 244).

In den Kaltzeiten des Pleistozäns seit 2,6 Mio. Jahren muss es eine starke positive Rückkopplung zwischen Meeresregression, dem Aufbau der Polkappen aus Eis und der Abkühlung der Atmosphäre gegeben haben. Durch das Absinken des Meeresspiegels erhöhte sich gleichzeitig die Albedo, da Schnee und Eis sich über die trocken gefallenen Flächen ausbreiten konnten. Am stärksten ist dieser Effekt in der Anfangsphase, wenn relativ weite Teile des flachen Schelfmeeres trockenfallen. Umgekehrt würde – hat eine Erwärmung erst einmal eingesetzt – ein Abschmelzen des Eises und der damit

7.3 Treibhauseffekt, Klimazyklen und Kohlenstoffkreislauf

verbundene Meeresspiegelanstieg humide Verhältnisse begünstigen. Dadurch würde wiederum die Waldausbreitung – bei gleichzeitigem Sinken der Albedo – zunehmen und zur Erwärmung beitragen. Eine Abschwächung der Winde würde zu einem verringertem *upwelling* führen, wodurch die Klimaerwärmung weiter zunehmen würde. Für die Klimaentwicklung im Pleistozän ist typisch, dass der stärksten Vereisung in der Regel eine relativ rasche Erwärmung mit einem beschleunigten Abschmelzen der Eismassen folgt, während die Abkühlungsphase deutlich langsamer abläuft. Dies belegen die $^{16}O/^{18}O$-Sauerstoffisotopenuntersuchungen an Kalkschalen von Coccolithophoriden (Kalkalgen), Globigerinen und Foraminiferen in Meeressedimenten als auch an den Eisbohrkernen der Antarktis. Kaum geklärt sind bisher abrupte Klimaänderungen innerhalb solcher Phasen einer allmählichen Entwicklung. Die Glaziale dauerten in den letzten 500.000 Jahren jeweils 80.000–100.000 Jahre. Dabei vollzog sich generell die Abkühlung allmählich, während die Erwärmung relativ rasch erfolgte. Die Interglazialzeiten (= Warmzeiten) waren deutlich kürzer; sie dauerten größenordnungsmäßig nur 10.000–15.000 Jahre. Dieser Verlauf ist in der Nordhemisphäre deutlicher ausgeprägt als in der Antarktis, wie sich aus dem Vergleich der $\delta^{18}O$-Kurven der Eisbohrkerne ergibt. Diese Tatsache spricht für Klimaunterschiede in den Hemisphären. Hauptgrund dafür ist die Position der Antarktischen Platte am Südpol und die Existenz des Antarktischen Zirkumpolarstroms. Dieser wurde durch die Öffnung der Meeresverbindungen zwischen Antarktika und Südamerika sowie Antarktika und Tasmanien vor mehr als 30 Mio. Jahren erst möglich. Der Zirkumpolarstrom ist westwindgetrieben und verbindet alle Ozeane; er führt kälteres und salzärmeres Wasser. So ist er insgesamt ein höchst klimawirksames Element.

Fluktuationen im Karbonatanteil der Tiefseesedimente und $\delta^{13}C$-Schwankungen in den Schalen am Meeresboden lebender Organismen zeigen eine enge Verknüpfung zwischen Klima und Kohlenstoffkreislauf (G. Wefer et al. 2015, S. 328 ff.). Positive und negative Rückkopplungsmechanismen werden nach M. Heimann und C.-D. Schönwiese (2011, S. 28) vor allem durch den CO_2-Gehalt in der Atmosphäre, die CO_2-Aufnahme durch den Ozean, den CO_2-Verbrauch der Pflanzen sowie die Karbonatfällungsrate gesteuert. Dabei spielen der sinkende bzw. steigende Meeresspiegel, der Erosionsumfang auf dem Festland, die Albedo und die Niederschlagshöhe eine wichtige Rolle. Sinkt der Meeresspiegel infolge verstärkter Eisbildung an den Polen, spricht man von einer glazial-eustatischen Regression des Meeres, steigt er infolge des Schmelzens der Eisschilde, bezeichnet man dies als Transgression des Meeres. Die gesamte Eiszeit ist also durch einen ständigen Wechsel von Regressionen in den Vereisungsphasen und Transgressionen in den Warmzeiten geprägt. Bei einer Regression verlagert sich die Küste seewärts, bei einer Transgression landwärts. Im Fall einer Regression fallen also küstennahe Meeresgebiete trocken; transgrediert das Meer, werden Tiefländer der Küstenregionen allmählich überflutet und vorgelagerte Inseln werden kleiner und werden schließlich ebenfalls überflutet. Dies hat Auswirkungen auf die Albedo. Die wechselnde Meeresbedeckung löst klimatische Rückkopplungseffekte aus, die sich auch auf die thermohaline Zirkulation im Ozean auswirken können.

7.3.4 Kohlendioxid und Methan als Treibhausgase

Der Glashauseffekt wird dadurch erzeugt, dass kurzwelliges Sonnenlicht im sichtbaren Bereich einstrahlt und in langwellige Wärmestrahlung umgewandelt wird. Die längerwellige Strahlung im Infrarotbereich (Wellenlänge 0,76–1000 µm) wird von den CO_2-Molekülen absorbiert und nicht wieder in den Weltraum zurückgestrahlt. Hierdurch kommt es zur Erwärmung der Luftmassen. Verschiedene Spurengase verursachen bereits in geringer Konzentration einen derartigen Effekt. Die Tatsache, dass es auf der Erde immer einen gemäßigten Treibhauseffekt gegeben hat, wird durch die Anreicherung von fossilem Kohlenstoff – vor allem in tonigen Sedimenten und durch die Existenz von Lagerstätten fossiler Brennstoffe in vielen Epochen der Erdgeschichte – bewiesen. Gäbe es den natürlichen Treibhauseffekt nicht, läge die Temperatur auf der Erde bei −18 °C und nicht bei etwa +15 °C. Ein Unterschied von immerhin 33 °C! Davon sind etwa 20 °C auf das Wasser und 7 °C auf CO_2 zurückzuführen. Alle übrigen Treibhausgase tragen nur mit etwa 6 °C zu dem natürlichen Treibhauseffekt bei. Wasserdampf ist damit bei Weitem das wichtigste Treibhausgas!

Die Bedeutung des gasförmigen Kohlendioxids in der Luft für das Klima erkannte als einer der Ersten der amerikanische Geologe THOMAS CH. CHAMBERLIN (1843–1928). Ein anthropogener, durch die CO_2-Freisetzung aus fossilen Brennstoffen bewirkter Effekt wurde durch GUY S. CALLENDAR (1938) angenommen, der damit die Klimaerwärmung im Zeitraum von 1880–1940 zu erklären versuchte. In diesem Zeitraum stieg die mittlere Temperatur global um 0,4 °C. Nach Auffassung der meisten heutigen Klimaforscher ist der weitere Anstieg der globalen Mitteltemperatur im 20. Jahrhundert anthropogen bedingt. Insgesamt beträgt dieser Temperaturanstieg im 20. Jahrhundert 0,75 °C; davon sind allein etwa 0,6 °C auf den zusätzlichen anthropogenen CO_2-Anstieg zurückzuführen. Die übrigen Treibhausgase nehmen aber überproportional zu, wie Methan (CH_4), das seit der Industrialisierung sich von etwa 700 auf 1810 ppbv im Jahr 2011 erhöhte und sich somit mehr als verdoppelte. Für CO_2-Bilanzen werden diese Gase in äquivalente Tonnen CO_2 (CO_2 äq.) umgerechnet; so rechnet man bei Methan heute mit dem Faktor 20–25 bei der Treibhauswirkung. Die Fluorchlorkohlenwasserstoffe und Fluorkohlenwasserstoffe (FCKW, FKW) haben zum Teil eine fast bis zum 15.000-fachen höhere Treibhauswirkung; ihre Konzentration ist allerdings mit unter 0,005 ppmv sehr viel geringer. Während der letzten Eiszeit – zwischen 80.000 und 12.000 Jahren vor heute – lagen die Methankonzentrationen der Luft zwischen 350 und 650 ppbv. Methan rangiert somit an zweiter Stelle hinter dem CO_2. Es stammt vor allem aus der Rinderhaltung, dem Reisanbau sowie der Energiewirtschaft und der Entsorgung von Abfällen (Deponien). Diesen anthropogenen Quellen stehen aber auch geogene Quellen gegenüber – zum Beispiel in Form der eisförmigen Methanhydrate in den Ozeanböden oder in großen Sedimentbecken mit ihren organogenen Einlagerungen. Die Tab. 7.1 gibt einen Überblick über die Art anthropogener Schadstoffbelastungen der Atmosphäre, die wichtigsten Schäden sowie das globale Erwärmungspotenzial GWP (IPCC 2007).

Ein „umgekehrter" Glashauseffekt führt zur Abkühlung – wie zum Beispiel durch Vulkanstaub und Aerosole, welche die Sonneneinstrahlung reduzieren. Dass dieser

7.3 Treibhauseffekt, Klimazyklen und Kohlenstoffkreislauf

Tab. 7.1 Anthropogene Belastungen der Atmosphäre mit Schadstoffen

	Stäube, Minerale	SO_2, N_2O, NO_x, andere Spurenstoffe/-gase	FCKW, FKW/ HFKW	Radioaktive Stoffe	CH_4, (NH_3)	CO_2, CO
Schadstoffart	Rauchgase Feinstäube Haldenstäube Verkehr Industrielle Staubentwicklung Deponien	Rauchgase Röstgase Aerosole Abgase (Kfz) Verbrennungsgase	Treibgase Kühlmittel	Rauchgase Kernkraftwerksemissionen KKW-Katastrophen	Sumpfgase (Reisanbau) Gase aus Vormägen von Wiederkäuern	Verbrennungsgase Rauchgase Faul- und Rottgase Abgase Atemluft
Schaden	Krankheiten der Atemwege (Silikate, Asbest, Ruß) vorzeitiger Tod Belästigung der Bevölkerung	Krankheiten der Atemwege Belästigung Gewässer- und Bodenübersäuerung Waldschäden Schäden an Bau- und Kunstwerken z. T. Treibhauseffekt	Zerstörung der Ozonhülle der Atmosphäre Treibhauseffekt	Cancerogenität Mutationsförderung Todesfolgen/ vorzeitiger Tod Nahrungsmittelverluste	Treibhauseffekt Einfluss auf Evolution von Mikrolebewesen	
GWP*		298 (N_2O)	Bis 14.800		25 (CH_4)	1 (CO_2)

*Globales Erwärmungspotenzial, nach IPCC 2007, bezogen auf CO_2 bis 2100; verändert nach G. BECKMANN und B. KLOPRIES (1989, S. 5)

Effekt nicht so einfach ist, ergibt sich daraus, dass eine globale atmosphärische Zirkulation existiert und der Ozean nicht nur Wärme, sondern auch CO_2 aus der Luft aufnimmt. Insgesamt ist die Sensitivität des Klimas bei einer Erhöhung jener Gase, die einen Glashauseffekt bedingen, besonders groß. Zu diesen Gasen gehört auch das Methan (CH_4), das als Gasmolekül klimawirksamer ist als CO_2. Nimmt man für die Oberflächentemperatur, die Höhenlage des Geländes, die Poleiskappen und Meereisbedeckung sowie die Begrenzung der Festlandfläche bestimmte Randbedingungen an, so lassen sich auch aus den Paläoklimadaten gewisse Rückschlüsse auf die Sensitivität des Klimas ziehen. Dabei müssten aber zahlreiche Rückkopplungseffekte berücksichtigt werden.

7.3.5 Kalt- und Warmzeiten im Pleistozän – ein Schlüssel zum Verständnis der heutigen Warmzeit?

Die Daten aus Tiefseebohrungen – wie der ODP-Bohrung 806B vom Ontong-Java-Plateau (W. H. BERGER & G. WEFER 1992) – sowie aus Eisbohrkernen der Antarktis, der Arktis und Nordgrönlands geben Aufschluss über Klimaänderungen und ihre möglichen Ursachen. Hier ist vor allem auch die antarktische Vostok-Eisbohrung, deren Eiskern bis in über 3600 m Tiefe reicht, zu nennen (W. H. BERGER et al. 1994; W. DANSGAARD et al. 1993; S. RAHMSTORF 2002; J. HAHN und W. SEILER 2015, S. 370 ff.). Dieser Eiskern reicht bis in 420.000 Jahre alte Eisschichten zurück. Der aus dem grönländischen Eisschild gebohrte (GRIP-)Summit-Eiskern, der bis 3029 m Tiefe reicht und damit bis in die Zeit vor 450.000 Jahren (BP), lieferte ebenfalls genaue Informationen über das Paläoklima des Pleistozäns, insbesondere der beiden letzten Eiszeiten.

Die Dansgaard-Oeschger-Ereignisse, die während der Weichsel-Kaltzeit-Temperaturwechsel bis zu 10 °C innerhalb von 1–2 Jahrzehnten dokumentieren, werden auf plötzliche Veränderungen der Tiefenwasserströmungen im Nordatlantik zurückgeführt. Diese in mehreren Eisbohrkernen nachgewiesenen 23 Ereignisse erfolgten zyklisch und teilweise in Verbindung mit „Heinrich-Ereignissen", bei denen die thermohaline Zirkulation plötzlich unterbrochen wird, was zu einer stärkeren Klimaabkühlung führt. Die beim Schmelzen von Eis und Meereis entstehenden Süßwassermassen sind spezifisch leichter und können daher nicht in die Tiefe absinken, sodass für die thermohaline Tiefenströmung der „Motor" fehlt. Hier zeigt sich die besonders enge Kopplung zwischen Ozean und Klima. Ein anthropogener Einfluss auf derartige Rückkopplungen – ausgelöst durch die weitere Klimaerwärmung – wäre in Zukunft wahrscheinlich! Im Laufe der Erdgeschichte ist es mehrfach sogar global zur Unterbrechung dieses „Förderbandes" gekommen, was auch zu Sauerstoffmangel im Ozeanwasser und damit zu H_2S-reichen Bedingungen am Meeresboden führte (sog. Schwarzschiefer-Events).

Eine Frage ist nach wie vor: Wohin tendiert in Zukunft die natürliche Klimaentwicklung – zu einer Kalt- oder Warmzeit? Sicher ist nur, dass wir heute in einer Warmzeit leben, die vor rund 15.000 Jahren – am Ende der Weichsel-Eiszeit – begann. Würde bei einer naturgesteuerten Tendenz zur weiteren Erwärmung zusätzlich ein anthropogener Effekt in gleicher Richtung wirken, so hätte dies für künftige Menschheitsgenerationen ohne Zweifel gravierende Folgen. Bei einer naturbedingten Tendenz zur Kaltzeit könnte die durch den anthropogenen CO_2-Anstieg erzeugte Klimaerwärmung kompensiert werden. Da aber eine neue Kaltzeit wahrscheinlich erst in einigen Tausend Jahren zu erwarten ist, erscheint der Fall einer zukünftigen Erwärmung realistischer.

Von besonderem Interesse sind in diesem Zusammenhang $\delta^{18}O$-Ergebnisse aus Tiefseebohrungen, die zeigen, dass – nach einem Klimaoptimum – die verstärkte Förderung von Vulkanaschen seit dem mittleren Miozän (vor 14 Mio. Jahren) zu einer deutlichen, langfristigen Abkühlung im oberen Miozän führte (G. WEFER et al. 2015, S. 335 ff.). Vulkanaschenförderungen im Pliozän vor etwa 5 Mio. Jahren und verstärkt mit Beginn des Quartärs vor 2,6 Mio. Jahren sind ebenfalls mit zunehmender Abkühlung zu korrelieren. Damit wird deutlich, dass auch Schwankungen der Vulkanaktivität durchaus langfristige Klimaänderungen bewirken können, sofern es nicht Vulkanausbrüche von nur kurzer Dauer sind, wie zum Beispiel bei den heftigen Explosionen der in Südostasien gelegenen Vulkane Tambora (1815), Krakatau (1883) und Pinatubo (1991). Derartige gewaltige Vulkeneruptionen führen dennoch zur Klimabeeinflussung bis zu wenigen Jahren Dauer – vor allem durch Staub und Aschen sowie Schwefelsäure-Aerosole (vgl. Abschn. 7.2.2); diese mindern die globale Temperatur.

Die engen Wechselwirkungen zwischen Lithosphäre, Hydrosphäre, Kryosphäre, Pedosphäre und Biosphäre führen zu einem ständigen Stoffaustausch mit der Atmosphäre. Beteiligt sind daran sowohl kurze wie mittlere und große Kreisläufe, deren Dauer bis zu 10^7 Jahren beträgt (D. E. Meyer 1995a, S. 404–412). Prozesse der Sedimentbildung beziehen einerseits ihre Stoffe aus der Atmosphäre, wie zum Beispiel CO_2 bei der Torf- oder Karbonatbildung; andererseits werden bei der Gesteinsverwitterung sowie bei vulkanischen Exhalationen und bei der Verbrennung fossiler Brennstoffe Gase und Stäube freigesetzt, die Böden und Gewässer beeinflussen. Biologische Auf- und Abbauprozesse steuern gleichfalls entscheidend den Kohlenstoffkreislauf zwischen dem Boden und der Luft. Gebiete mit hoher Bioproduktion sind an bestimmte geologische und bodenkundliche Bedingungen gebunden.

Heute beeinflusst der Mensch durch vielfältige Eingriffe in die Biosphäre den Wasserhaushalt – insbesondere durch seine landwirtschaftlichen Aktivitäten – und das Klima. Strittig ist jedoch das Ausmaß. Will man künftige Klimaveränderungen infolge der menschlichen Aktivitäten verstehen, so ist es sinnvoll, dies auf dem Hintergrund der paläoklimatischen Entwicklung zu tun. Insbesondere sind die Klimaänderungen in den letzten 500.000 Jahren – vor allem während der quartären Eiszeit – genau zu untersuchen. Das Pleistozän nimmt in klimatischer Hinsicht eine Sonderstellung ein. Vereisungen dieser Größenordnung sind relativ selten im Verlauf der Erdgeschichte. Die Klimadokumente des Pleistozäns belegen einen starken und raschen Wechsel innerhalb der Kalt- und Warmphasen seit der allmählichen Klimaverschlechterung im Jungtertiär (Pliozän). In Nordeuropa werden die letzten drei Hauptkaltzeiten als Elster-, Saale- und Weichsel-Eiszeit bezeichnet. In den Alpen ist im Zeitraum vorher eine weitere Kaltzeit nachgewiesen. Diese und die Warmzeiten dazwischen sind – abgesehen von den entsprechenden Sedimenten – in der $\delta^{18}O$-Sauerstoffisotopenkurve des grönländischen Eisbohrkerns der (GRIP-)Summit-Bohrung gut dokumentiert. Dies gilt auch für die kurzzeitigen Warmphasen (Interstadiale) innerhalb der Kaltzeiten (Glaziale) des Pleistozäns.

Die eiszeitlichen Temperaturverläufe zeigen bei Abkühlung und Erwärmung des Klimas zum Teil lebhafte Oszillationen in relativ kurzer Zeit. Dieses könnte man als „normal" bezeichnen, wenn man die Vielzahl der Einflussfaktoren und alle Rückkopplungsmöglichkeiten bedenkt. Nicht normal ist jedoch die Geschwindigkeit, mit der die derzeitige Erwärmung abläuft. Vergleicht man die Geschwindigkeit des Temperaturanstiegs an der Erdoberfläche im 20.–21. Jahrhundert mit der in den letzten 12.000 Jahren, in denen im Mittel die Temperatur um 4–5 hundertstel °C zunahm

(H. GRASSL 2007, S. 63), so wäre diese heute um den Faktor 100 höher, wenn bis zum Jahr 2100 die Temperatur global um bis zu 5 °C steigen würde! Die meisten moderaten Klimamodelle gehen für die Zeit von 1990–2090 von einem Anstieg um immerhin 2,5–3 °C aus. Sollte die Temperatur aber wirklich um 5 °C ansteigen, entspräche dies dem gesamten Anstieg von der letzten Eiszeit bis heute. Im jüngsten Sachstandsbericht (AR6, Band 1) des IPCC – nach Auswertung von rund 14.000 Publikationen zum Klima – rechnet man bis zum Jahr 2100 mit einem Anstieg von mindestens 3 °C.

Die geowissenschaftlichen Möglichkeiten, die Klimaentwicklung zumindest der letzten 800.000 Jahre noch genauer zu rekonstruieren, sind sicherlich noch längst nicht ausgeschöpft. Dies gilt für die polaren Eiskappen, die dortigen Meereis- und Treibeisgebiete, aber auch die Meeressedimente in hohen Breiten. Hier gilt es, noch mehr Proxydaten zu gewinnen. Auch verbesserte Messmethoden könnten genauere Bilanzierungen erlauben, aus denen sich die Luft- und Meerwassertemperaturen und ihre zeitlichen Veränderungen berechnen lassen. Diese Daten wären wiederum zur Verbesserung der heutigen Klimamodelle nützlich. Um die zu erfassen, bedarf es einer lückenlosen zeitlichen Datenauswertung, wie sie mithilfe spezieller Satelliten, die bereits im Einsatz sind, heute möglich ist. Ebenso wichtig sind verbesserte Methoden zur Erfassung und Auswertung klimawirksamer Spurengase bis in große Höhen der Atmosphäre.

7.4 Belastung der Luft durch feste Stoffe und Spurengase

7.4.1 Hauptverursacher der Luftbelastung

Direkt und indirekt belastet der Mensch die Luft mit einer immensen Vielzahl an festen Stoffen, Aerosolen und gasförmigen Verbindungen. An vorderster Stelle sind hier der Kraftfahrzeug- und Flugverkehr, die Hüttenindustrie, Kalkbrennereien, Zementwerke, Fabriken und Kohleverbrennungskraftwerke als Verursacher zu nennen. Die Menge weltweit anthropogen produzierter Feststoffpartikel wird heute auf bis zu mehreren 100 Mio. t pro Jahr geschätzt. Durch wirksame Staubfilter wurden in den westlichen Industriestaaten erst in den letzten Jahrzehnten diese Emissionen stark reduziert. Nach dem 2. Weltkrieg hat der Ferntransport durch den Bau immer höherer Schornsteine erheblich zugenommen. Im Prinzip erfolgt die Ausbreitung in Windrichtung nach dem Gauß'schen Rauchfahnenmodell. Dieses Modell erlaubt allerdings Berechnungen nur bis zu 100 km Entfernung von der Emissionsquelle. Es gibt jedoch weitere Ausbreitungssysteme (vgl. P. HUPFER und W. KUTTLER 2005). Dabei spielt eine Rolle, ob die Temperatur mit der Höhe stark oder nur gering abnimmt oder ob sich Rauch und Abgase unter Inversionen stauen bzw. einen vertikalen Austausch verhindern. Aufgrund der heute in Deutschland gültigen Gesetze haben sich die direkten Emissionen in den letzten drei Jahrzehnten stark vermindert. So ist insbesondere der Ausstoß von Flugaschen und Ruß aus Kohlekraftwerken in Europa durch Filtereinbau stark rückläufig oder gestoppt, während in anderen Ländern – wie in Indien oder China – noch gewaltige Mengen davon

7.4 Belastung der Luft durch feste Stoffe und Spurengase

ausgestoßen werden. Der in den westlichen Industrienationen bis vor wenigen Jahrzehnten praktizierte Ausstoß von Röstabgasen aus Hüttenanlagen hat vor allem durch Schwefelaerosole und Schwermetalle riesige Areale belastet. Ein drastisches Beispiel ist die Erzlagerstätte von Sudbury/Kanada. Die Bergwerke, die am Rand des Sudbury-Plutons vor allem Nickelerze abbauen und verhütten, haben jahrzehntelang gewaltige Emissionen verursacht (Tab. 5.7); diese haben Böden und Gewässer vergiftet. Durch Rohstoffgewinnung im Tagebau werden in der Regel Lockergesteine freigelegt, sodass es hier zur Auswehung von Mineralstaub kommt. Das gleiche gilt für Deponien und Halden aus Rückstandsmaterial des Bergbaus, wenn diese über längere Zeit vegetationslos liegen bleiben. Bei den Halden des Goldbergbaus in Südafrika und Australien kommt es durch Winderosion zu starker Staubbelastung der weiteren Umgebung. Eine weitere Quelle sind Steinbrüche im Abbaubetrieb. Auch hier gelten heute in Deutschland schärfere Gesetze bei modernster Abbautechnik, sodass die Emissionen vor allem der Kalk- und Zementindustrie stark zurückgegangen sind.

Eine bedeutende Quelle für die Luftbelastung sind ferner landwirtschaftliche Nutzflächen – insbesondere bei Monokulturen –, da hier Feinbestandteile des Bodens, Pflanzennährstoffe, künstliche Düngemittel und Humusstoffe ausgeweht werden. Diese Nährstoffe tragen weiträumig zur Eutrophierung der Binnengewässer – insbesondere oligotropher Seen –, der Hochmoore sowie festlandnaher Nebenmeere (Nordsee, Ostsee) bei. Die großräumige Verbreitung reicht somit bis in Gebiete, die vom Eintrag von Sedimentmaterial durch Flüsse unberührt sind. Größenordnungsmäßig werden nach der Tab. 7.2 global 330–560 Mio. t Feinstaub (kleiner und größer als 1 µm) pro Jahr durch industrielle Aktivitäten in die Atmosphäre abgegeben (R. Zellner 2011). Diese Menge entspricht dem 20- bis 50fachen des Vulkanstaubs, der jährlich in die Atmosphäre gelangt. Es wird angenommen, dass besonders in weiten Teilen der USA, Russlands und Europas die Strahlungsbilanz der Atmosphäre durch Feinstäube und Aerosole stark beeinträchtigt wird. Diese Gebiete entsprechen mindestens 10–15 % der eisfreien Landoberfläche. Durch Bodendegradation werden weltweit pro Jahr Zehnermillionen Hektar irreversibel betroffen, wobei diese Fläche weiter drastisch zunimmt. Insbesondere von physikalischer und chemischer Degradation betroffen sind landwirtschaftliche Nutzflächen. Diese Bodendegradation ist irreversibel, vor allem, wenn Bodenerosion verstärkt einsetzt – wie etwa in den Mittelmeerländern. Diese Gebiete fallen als Treibhausgasspeicher aus, wenn eine Wiederbewaldung unterbleibt oder misslingt. Eine weitere Klimaerwärmung würde sogar solche Projekte zum Scheitern verurteilen.

Die weltweit durch die industrielle landwirtschaftliche Bodenbearbeitung und Übernutzung drastisch zunehmende Bodenerosion erhöht zwangsläufig die Staubbelastung der Atmosphäre. Überall dort, wo durch Abholzung von Wäldern, Brandrodung oder Anlage von Monokulturen die Vegetationsdecke schwindet, ist mit fortschreitender Bodenzerstörung zu rechnen. Diese Problematik wird sich verschärfen, wenn die Landnutzung infolge des Wachsens der Weltbevölkerung Böden weiter zerstört oder degradiert; eine Bodenneubildung benötigt Jahrhunderte! Allein in Deutschland sind schätzungsweise bis zu 30.000 km^2 Bodenfläche von Degradierung bedroht. Inwieweit

Tab. 7.2 Emissionen aus anthropogenen Quellen (nach P. BRUCKMANN et al. 2011, Tab. 3)

Partikel aus anthropogenen Quellen			
	Partikelfraktion (überwiegend)	Hauptinhaltsstoffe	10^6 t/Jahr
Primär			
Industrieprozesse	>1 µm	mineralische Komponenten und Schwermetalle	130
Kraft- und Fernheizwerke	<1 µm	elementarer Kohlenstoff (Ruß), organisches Material, Nitrate	
Straßenverkehr, Abgas	<1 µm	elementarer Kohlenstoff (Ruß), organisches Material, Nitrate	
Straßenverkehr, Abriebe	>1 µm	mineralische Komponenten und Schwermetalle	
Haushalte	<1 µm	elementarer Kohlenstoff (Ruß), organisches Material, Nitrate	
Schüttgutumschlag	>1 µm	mineralische Komponenten und Schwermetalle	
Biomasseverbrennung	<1 µm	elementarer Kohlenstoff (Ruß), organisches Material, Nitrate	60–80
Summe			190–210
Sekundär			
SO_2/H_2S/DMS-Oxidation	<1 µm	Sulfate	110–220
Nitrat/Ammoniak-Oxidation	<1 µm	Nitrate	20–40
VOC-Oxidation	<1 µm	organisches Material (OM)	10–90
Summe			140–350
Summe der globalen Emissionen aus anthropogenen Quellen			330–560
Summe der globalen Emissionen aus natürlichen Quellen			615–2830
Summe global emittierter und produzierter Aerosole aus anthropogenen und natürlichen Quellen			950–3390

sich die Versiegelung der Böden, die vor allem in Mitteleuropa fortschreitet, auf die Staubbelastung auswirkt, bedarf weiterer Untersuchungen. Der heutige Flächenverbrauch in Deutschland liegt bei rund 70 Hektar/Tag; die Art der Versiegelung (Gebäude, Straßen, Parkplätze, Sportanlagen) ist sehr unterschiedlich und damit auch die Art der Stäube, die hier freigesetzt werden.

7.4.2 Emissionen aus anthropogenen und natürlichen Quellen

Extrem hoch sind die Staubwerte in der Luft über den Ballungsgebieten wie New York, San Francisco, London sowie den Megastädten Indiens, Südostasiens und Chinas. Die Sonneneinstrahlung kann dadurch um bis zu 50 % vermindert werden! Dadurch ergeben sich starke Veränderungen des Stadt- und Regionalklimas im Vergleich zum Umland. Staubpartikel können auch als Kondensationskerne wirken und somit durch verstärkte Wolkenbildung die Niederschlagsrate regional erhöhen. Die Verweilzeit gröberer Partikel (>1 µm) beträgt jedoch meist nur wenige Tage. Ein klassisches Beispiel für extreme Luftbelastungen durch Ruß, Aschen und Schwefelaerosole war bis vor 40 Jahren das Ruhrgebiet, wo durch Staubfilter und Entschwefelungsanlagen diese Belastungen reduziert werden konnten. Die Belastung der Luft wirkte sich weit über das Ruhrgebiet (4400 km^2) aus – insbesondere in östlicher und südlicher Richtung. Die Auswirkungen dieser Luftbelastungen werden noch über Jahrzehnte bis Jahrhunderte in Böden und jungen Sedimenten von Auen und Seen nachweisbar sein. Insbesondere werden Schwermetallgehalte deutlich erhöht sein, aber auch Aschen und nicht abbaubare organische Substanzen anthropogenen Ursprungs werden identifizierbar bleiben.

Die Rodung oder das Niederbrennen der tropischen Regenwälder, vom Menschen verursachte Waldbrände und der Kraftfahrzeugverkehr stellen weitere große Quellen der Staubbelastung dar. In vielen Ländern führt auch die Müllverbrennung zu erhöhter Staubproduktion. Eine weitere Quelle von Staubbelastungen sind die nicht abgedeckten riesigen Müllkippen und Schuttberge vor allem in den ärmeren Ländern. Berechnungen der Gesamtmenge von Partikeln und Aerosolen, die durch anthropogene Aktivitäten jährlich in die Atmosphäre gelangen, liegen in der Größenordnung von 330–560 Mt pro Jahr – und damit in geologischer Größenordnung. Als Quellen von anthropogenen Stäuben, Partikeln und Aerosolen werden von P. Bruckmann et al. (2011, S. 115) nur die wichtigsten genannt:

- Spurengase beeinflussen oder stören in vielfältiger Weise die natürlichen Stoffkreisläufe. Dabei handelt es sich nicht nur um Gase aus industriellen Aktivitäten, sondern auch um Auswirkungen landwirtschaftlicher Bodennutzung. Die wichtigsten Kreisläufe, bei denen ein Austausch zwischen Boden, Biosphäre und Hydrosphäre mit dem atmosphärischen Kreislauf stattfindet, sind der Schwefelkreislauf, der Stickstoffkreislauf und der Kohlenstoffkreislauf (s. W. Kuttler 1993b: 164 ff., 396 ff.). Auch der Kreislauf der halogenhaltigen Kohlenwasserstoffe spielt hier eine Rolle. Dabei kann zwischen den Kreisläufen der einzelnen Spurengase und kombinierten Kreisläufen, bei denen unterschiedliche Verbindungen als Gas, feste Partikel oder Aerosole eine Rolle spielen, unterschieden werden (P. Bruckmann et al. 2011, S. 105–119).
- Für den pH-Wert des Regenwassers sind vor allem die gasförmigen Verbindungen des Schwefels und Stickstoffs von Bedeutung, während für den Strahlungshaushalt und das Klima neben dem Ozon das CO_2 und die Aerosole die wichtigste Rolle spielen.

Die anthropogenen Schwefelemissionen liegen global betrachtet etwa so hoch wie die natürlichen biogenen Quellen und ungefähr doppelt so hoch wie aus Vulkanen und aus dem Ozean in Form von Seesalzaerosol.
- Die Hauptemissionen sind Stäube und Aerosole in Form von Metallionen, Salzen und organischen Verbindungen. In Gasform kommen vor allem Verbindungen von Stickstoff, Kohlenstoff, Wasserstoff, Schwefel mit Sauerstoff sowie halogenierte und chlorierte Kohlenwasserstoffe vor. Zu den luftbelastenden Verbindungen der VOC (*volatile organic compounds*, flüchtige organische Verbindungen) gehören auch Alkohole, Ester und Ketone, die den Sommersmog kennzeichnen. Die Hauptquellen dieser Emissionen liegen in den Industrieländern sowie in den Ballungsregionen einiger Schwellenländer. Über den atmosphärischen Kreislauf gelangen diese Stoffe in die Gewässer und in die Böden. Es kommen aber auch natürliche VOC vor.

7.4.3 Gefährdungspotenziale für Mensch und Umwelt

Die extrem gestiegene Zahl synthetisch hergestellter organischer Verbindungen und deren meist hohe Lebensdauer ermöglichen einen Ferntransport durch die Luft. Es sind meistens Gemische in Form von Gasen und Feststoffen. Ihre Schädlichkeit macht sie für den Menschen und andere Organismen zu tickenden Zeitbomben (I. BARNES et al. 2011, G. LAMMEL et al. 2011, S. 211 ff.). Es sind langlebige, gegenüber chemischen oder mikrobiellen Prozessen sehr widerständige Verbindungen; sie sind semivolatil und wenig wasserlöslich. So kann ihr Transport über weite Entfernungen erfolgen. Diese Verbindungen sind vielfach Gemische verschiedener Stoffe, vor allem chlorierte, polychlorierte oder andere halogenierte Verbindungen, die als POPs (für *persistant organic pollutants*) bezeichnet werden. Wegen ihrer toxischen aber auch bioakkumulativen Eigenschaften wurden sie in dem erst 2004 ratifizierten Stockholmer Abkommen als umweltgefährdende Schadstoffe eingestuft (s. a. Abschn. 7.6.2). Der Ferntransport dieser Stoffe, zu denen auch DDT, Lindan, Dieldrin, PCBs oder Hexachlorbenzol zählen, hängt von stoffspezifischen Faktoren, aber auch der Quelle und dem Transportmechanismus – wie dem sogenannten Grashüpfer-Effekt – ab. Als wichtigste Quellen zu nennen sind:

- Müllverbrennungsanlagen
- Haushalte (Hausbrand)
- Kraftfahrzeuge (Straßenverkehr)
- Kraftwerke (Heizkraftwerke)
- Industrie (Fabriken, Metallhütten und Kokereien)
- Baugewerbe
- Landwirtschaft (Düngemittel)
- Deponien, Altlasten

Neben dem Wasserdampf entweichen zahlreiche organische, metallorganische und anorganische Gase aus anthropogenen Quellen. Insbesondere durch Verbrennung und chemische Reaktionsprozesse werden CO_2, CO, SO_2, NO_x, NO_2, Cl_2 und Fluorkohlenwasserstoffe freigesetzt. Es kommt in der Luft zu chemischen bzw. photochemischen Reaktionen, die oft zur Säurebildung führen. Ferner werden zum Teil hochtoxische chlorierte Kohlenwasserstoffe (Chlordioxine, Furane) freigesetzt. Abbauprozesse im Boden durch künstliche Dünger führen ebenfalls zur Emission von Gasen. Schwefeldioxidemissionen stammen aus dem Abrösten von sulfidischen Erzen sowie der Verbrennung fossiler Energierohstoffe, soweit diese nicht von speziellen Filtern abgeschieden werden. Im Zeitraum von knapp 100 Jahren (1880–1976) hat sich die jährliche Menge von SO_2, die bei der Verbrennung von Kohle und Erdöl sowie durch die Verhüttung sulfidischer Nichteisenerze emittiert wurde, auf über 200 Mio. t fast verzwanzigfacht. In den folgenden Jahrzehnten hat sich die freigesetzte SO_2-Menge weiter vergrößert. Die Folgen waren Bodenversauerung und „Waldsterben" in weiten Teilen Mitteleuropas. Durch Entschwefelungsanlagen ist in Europa inzwischen ein deutlicher Rückgang zu verzeichnen. Aber auch heute ist der Anteil geschädigter Waldflächen relativ hoch, wie die jährlichen Waldschadensberichte in Deutschland zeigen.

In Industrie- und Ballungsgebieten entsteht im Winter und im Sommer ein photochemischer Smog, der vor allem die untere Atmosphäre stark belastet. Die Emissionen stammen hier aus Haushalten, Fabrik- und Industrieanlagen, Kraftwerken und Kraftfahrzeugen. Die durch Oxidation entstehenden Gase reagieren mit Wasser und bilden Säuren. So entsteht aus SO_2 zunächst schweflige Säure (H_2SO_3) und schließlich Schwefelsäure (H_2SO_4). Bei unvollständiger Verbrennung entstehen Verbindungen, die erst später völlig oxidiert werden. Der berüchtigte „Londoner Smog" war vor allem die Folge der durch Kälte bedingten verstärkten Verbrennung von Kohle, die einen hohen Schwefelgehalt hatte. Nachdem es bereits mehrfach zu winterlichen Smogereignissen gekommen war – vor allem in der 2. Hälfte des 19. Jahrhunderts und 1948, forderte „The Great Smog" in London, der vom 5. bis 9. Dezember 1952 herrschte, mindestens 4000 Tote (nach manchen Schätzungen bis über 10.000 Tote) – insbesondere ältere Menschen waren betroffen. Im Jahr 1952 wurden in London SO_2-Gehalte von bis zu 3,82 mg pro Kubikmeter Luft gemessen. Auch der stark angewachsene Kraftverkehr sowie die Abgase von Industrieanlagen und Kohlekraftwerken waren die Ursachen. Lufthochdruck und Inversionswetterlage sowie einströmende feucht-kalte Bodenluft lösten schließlich diese Umweltkatastrophe aus. Ähnliche Verhältnisse herrschen heute in vielen Megastädten in China und weiten Teilen Südostasiens, wo die Menschen immer häufiger Atemmasken benutzen müssen, um nicht zu ersticken.

Leichtflüchtige Elemente wie Quecksilber, Abbauprodukte von Herbiziden und Pestiziden, aber auch Stickstoffoxidfreisetzungen aus Düngern gehören zu den gefährlichen Schadstoffen in der Luft. Die Elemente As, Pb, Hg, Cu, Cr, Fe, V und weitere gesundheitsschädliche Schwermetalle gelangen als Stäube, Ionen und gasförmige Verbindungen in die Luft. Diese Immissionen erfolgen vor allem durch Verbrennungsprozesse. Kohlekraftwerke, Hütten- und Stahlwerke sowie Anlagen der chemischen

Industrie und Kraftfahrzeuge sind Hauptverursacher. Die Oxide des Stickstoffs, die aus den Kraftfahrzeugen emittiert werden, bilden den photochemischen Smog des „Los-Angeles-Typs". Dieser entsteht bei starker Sonneneinstrahlung; neben NO_x, Kohlenmonoxid (CO), Ozon (O_3) und zahlreichen flüchtigen organischen Verbindungen sind weitere Photooxidantien enthalten, die zur Schädigung von Menschen, Tieren und Pflanzen führen. Der Ferntransport durch die atmosphärische Zirkulation wurde von manchen Verursachern bewusst angestrebt, um eine weiträumige Verteilung der Schadstoffe bei gleichzeitigem Verdünnungseffekt zu erzielen oder bestimmte gesetzliche Grenzwerte einzuhalten. Als Beispiel sei nur das Blei genannt, das im Eis beider Polkappen gefunden wird. Bedrohlich angestiegen ist der Ausstoß von Stickstoffoxiden (NO_x) durch Flugzeuge in der Stratosphäre. So werden die Luftschichten der höheren Troposphäre und der Stratosphäre vom Menschen direkt beeinflusst. Die Emission von Rußpartikeln hat Einfluss auf die Sonneneinstrahlung. Ruß auf Schneegebieten reduziert zum Beispiel die Albedo deutlich. Problematisch sind die weiterhin stark ansteigenden Stickstoffeinträge durch die Luft vor allem in die Böden und von dort als Nitrat ins Grundwasser.

7.5 Anthropogene Klimabeeinflussung und Langzeitfolgen

7.5.1 Umweltverändernde Prozesse durch Klimawandel

Aus umweltgeologischer Sicht sind folgende Prozesse von Bedeutung, da sie die atmosphärische Zusammensetzung und somit das Klima verändern. Ferner haben sie langfristige Auswirkungen für Gewässer, Grundwasser und Böden sowie für die Pflanzen- und Tierwelt. Die daraus resultierenden Wirkungen bedingen darüber hinaus eine Störung exogen-dynamischer Gleichgewichte und biogeochemischer Stoffkreisläufe durch:

- Entstehung von stärker sauren Niederschlägen:
  Auswirkungen auf Böden, Vegetation, Lebewesen in Seen und Bauwerke
- Anstieg des Kohlendioxidgehaltes der Atmosphäre:
  globale Erwärmung des Klimas, Meeresspiegelanstieg, Meerwasserversauerung und Riffsterben („coral bleaching")
- Zerstörung der Ozonschicht durch Gase (Stickstoffoxide, Treibgase wie FCKW):
  verstärkte UV-Strahlung, genetische Folgen für Menschen und Tiere
- Eutrophierung infolge weiträumigen Nährstofftransports: langdauernde Folgewirkungen für Moore, Seen und Nebenmeere
- Globale Verbreitung von Stäuben und Gasen mit erhöhtem Gehalt an toxischen Elementen: Verminderung der Sonneneinstrahlung, Albedoänderung, Krankheiten, erhöhte Sterblichkeitsraten bei Menschen

- Störung ökologischer Gleichgewichte: gravierende Störung der lebenswichtigen Stoffkreisläufe und Ökosysteme
- Albedo-Änderung durch Veränderung der Landnutzung: Bodendegradation, Desertifikation durch Entwaldung und landwirtschaftliche Übernutzung
- Urbanisierung: Versiegelung der Landschaft, Umweltbelastungen aller Kompartimente

Ein zentrales Problem ist die mit der Nutzung fossiler Energieträger verbundene Klimaänderung. Da die fossilen Brennstoffe auch in den nächsten Jahrzehnten eingesetzt werden und die Weltkohlevorräte (Reserven einschließlich wahrscheinlicher Ressourcen) mindestens weitere 300–400 Jahre ausreichen, ist die Verantwortung für die zukünftige Klimaentwicklung besonders hoch. Eines der Hauptprobleme im Hinblick auf die zukünftige Klimaentwicklung und die daraus resultierenden Folgen ist der anthropogen verursachte CO_2-Anstieg der Atmosphäre. Lag in vorindustrieller Zeit der CO_2-Gehalt der Luft bei 280 ppmv, ist dieser Wert inzwischen auf über 400 ppmv angestiegen – also um über 35 %! Der niedrigste CO_2-Wert in der Atmosphäre während des Pleistozäns vor rund 700.000 Jahren lag sogar bei nur etwa 190 ppmv und damit halb so hoch wie heute.

Auf dem Mauna Loa/Hawaii wurde seit 1958 der CO_2-Gehalt der Luft in 3400 m Höhe gemessen (KEELING und SHERTZ 1992, KEELING et al. 1996). Der vorindustrielle CO_2-Gehalt von ca. 280 ppmv stieg auf 300 ppmv im Jahr 1950. Seither erfolgte ein noch stärkerer Anstieg. Die Kohlendioxid-Kurve zeigt einen periodisch um den Betrag von 6–8 ppmv schwankenden Jahresverlauf, der mit der Vegetationsperiode zusammenhängt. Dies bedeutet auch, dass während der Vegetationszeit auf der Nordhalbkugel der Atmosphäre CO_2 für das Pflanzenwachstum „entnommen" und im Herbst und Winter infolge der Zersetzung und Mineralisierung pflanzlicher Substanz der Atmosphäre wieder zugeführt wird. Im Zeitraum 1750–2010 wurden vom Menschen insgesamt mindestens 395 Gt Kohlenstoff in Form von CO_2 freigesetzt, wovon 155 Gt – also fast 40 % – vom Ozean aufgenommen worden sind, während rund 240 Gt Kohlenstoff in der Atmosphäre verblieben (V. ITTEKKOT et al. 2015). Der Gehalt an Kohlenstoff in der Atmosphäre ist von etwa 595 Gt C (vorindustriell) bis 2010 auf rund 835 Gt C angestiegen; inzwischen dürfte der Wert bei 870 Gt Kohlenstoff liegen.

7.5.2 Anthropogenes Kohlendioxid – von der Atmosphäre bis in die Tiefsee?

Bis zum Jahr 2050 muss mit einem Anstieg des Kohlendioxids in der Atmosphäre auf mindestens 450 ppmv gerechnet werden, wenn es nicht gelingt, den CO_2-Ausstoß weltweit drastisch zu verringern! Die entsprechenden Vereinbarungen der 21. Klimakonferenz von Paris (2015) sehen eine weltweite CO_2-Verminderung auch seitens der großen Industriestaaten vor – insbesondere seitens der USA und Chinas. Als Hauptursachen für den CO_2-Anstieg in der Luft auf über 400 ppmv gelten neben der Verbrennung fossiler Energierohstoffe das Brennen von Kalk für die Zementherstellung, die Abholzung und das vielfach beabsichtigte Abbrennen von Wäldern. Auch die unzähligen unkontrollierten Flözbrände in alten Bergwerken Ost- und Südostasiens tragen stark zum CO_2-Anstieg in der Luft bei, ganz abgesehen von der Luftverschmutzung durch Schwefelgase, Säuren oder Stickstoffoxide (Abschn. 7.6.1); allerdings wirken diese Gase – wie Sulfataerosole – dämpfend bzw. verzögernd auf den globalen Temperaturanstieg.

Unklar ist vor allem, in welchem Umfang der Ozean dauerhaft CO_2 aufnehmen kann. Es gibt schon jetzt Hinweise auf eine verlangsamte CO_2-Aufnahme infolge verstärkter Erwärmung des Meerwassers. Der Anstieg auf mehr als das Doppelte des vorindustriellen CO_2-Gehaltes gegen Ende des 21. Jahrhunderts müsste nach bisherigen Modellberechnungen zu einer globalen Temperaturerhöhung von bis zu 4 °C führen. Die Erwärmung an den Polen wäre jedoch mit über 7 °C noch wesentlich stärker als in niedrigen Breiten. Die Verringerung der Albedo infolge des beschleunigten Abschmelzungsprozesses der Eiskappen und des Meereises würde zu einem Selbstverstärkungseffekt führen. Auch Rußpartikel verstärken in der Antarktis und im nordöstlichen Grönland, wie jüngste Untersuchungen zeigen, den Abschmelzprozess des Eises. Eine Beurteilung des steigenden CO_2-Gehaltes der Luft erfordert deshalb eine noch genauere Bilanzierung der aus den verschiedenen Quellen stammenden CO_2-Mengen; dies gilt auch für die Kapazitäten der CO_2-Senken. Wie die folgenden Ausführungen zeigen, ist eine drastische Reduktion des anthropogenen CO_2-Ausstoßes erforderlich, wenn man eine weitere Versauerung des Weltozeans verhindern will.

Der Ozean ist der größte aktive Kohlenstoffspeicher; mit rund 38.000 Gt Kohlenstoff ist dieser um mehr als das 15fache größer als die in der Landvegetation der Festländer gespeicherte Menge von 2350 Gt C (IPCC 2007). Daher müssen selbst geringe Veränderungen dieser gespeicherten Mengen durch anthropogene Einflüsse bilanziert werden. Bei weiter ansteigendem CO_2-Gehalt der Luft stellt sich die Frage, ob die Meeresbiosphäre in gleichem Maße wie bisher Kohlendioxid aufnehmen kann oder ob es eine Art „Sättigungsgrenze" gibt. Eine zunehmende Erwärmung der Ozeane – vor allem in den nördlichen Breiten – würde sehr wahrscheinlich die CO_2-Aufnahme verringern. Auch eine erhöhte Planktonproduktivität könnte dadurch begrenzt sein, dass es beim Absterben des Planktons (Phyto- und Zooplankton) zu einem höheren Sauerstoffverbrauch im tieferen Wasser kommt und dadurch CO_2 und andere Spurengase nicht in tiefere Ozeanteile gelangen können. Dies würde auch Versuche, die Meere mit Eisen zu „düngen", um sie zu stärkerer Planktonproduktion anzuregen, äußerst fragwürdig erscheinen lassen.

Die langfristige CO_2-Aufnahmekapazität des Ozeans wird durch die Austauschbedingungen zwischen warmem Oberflächen- und kaltem Tiefenwasser durch die globale thermohaline Zirkulation mitbestimmt. Über die Langzeitfolgewirkungen – wie die Bioproduktion im Meer und die Löslichkeit organischer Substanzen im Ozean – bestehen ebenfalls erhebliche Wissenslücken. Hier spielen jedoch die Lage der Kalkkompensationstiefe (CCD) in über 4000 m Meerestiefe und die sogenannten

7.5 Anthropogene Klimabeeinflussung und Langzeitfolgen

biologischen Kohlenstoffpumpen (V. Ittekkot et al. 2015, S. 408 ff.) eine wichtige Rolle, wenn man die Kapazität des Ozeans, CO_2 zu speichern, abschätzen will. Allerdings weiß man über die Strömungen in Tiefen von über 4000 m noch relativ wenig. Seit dem Jahr 2000 wird im Rahmen des weltweiten Argo-Beobachtungsprogramms das Weltmeer bis in immerhin 2000 m Tiefe untersucht. Dieses Programm ist vor allem für die ständige Klimaüberwachung von großer Bedeutung. Mittlerweile sind über 3900 Argo-Sonden als Treibbojen im Einsatz, die in der Lage sind, Temperatur, Salzgehalt, Dichte, Druck und Leitfähigkeit in bis zu 2000 m tiefen Profilen zu messen und diese Daten an ein Satellitensystem zu übermitteln. So lassen sich Veränderungen dieser Parameter in Echtzeit und mit exakter Position messen; auch Meeresströmungen sind dadurch genauer bestimmbar.

Wie bereits erwähnt, bestehen bezüglich der Aufnahmekapazitäten von CO_2 durch die Landbiosphäre ebenfalls Unklarheiten. Für den „Düngeeffekt" durch den steigenden CO_2-Gehalt der Luft dürfte es Grenzen geben. Die sogenannten C3- und C4-Pflanzen sowie die sukkulenten CAM-Pflanzen haben einen unterschiedlichen Wasserbedarf. Dies gilt auch für die wichtigsten Nutzpflanzen. Wenn nach Modellrechnungen die heute regenreicheren Gebiete der Erde infolge der Klimaerwärmung generell noch mehr Regen erhalten und die relativ trockenen Regionen noch weniger Niederschläge, würde sich ein solcher Düngeeffekt in einer Gesamtbilanz kaum positiv auswirken; allenfalls könnten sich die borealen Wälder Sibiriens weiter nach Norden ausbreiten (H. Grassl 2007, S. 45) und so mehr CO_2 binden. Die Ausbreitung der Wälder würde auf jeden Fall langsamer als die Erwärmung erfolgen. Ein schnelleres oder üppigeres Wachstum könnte bei Bäumen auch zu verringerter Holzdichte führen – und damit relativ zu einem geringeren C-Einbau. Das Kohlenstoffspeichervermögen würde im Endeffekt also nicht größer!

Ein zusätzlicher „Düngeeffekt" könnte sich sogar negativ auswirken. Ein verstärktes Wachstum von Nutzpflanzen-Monokulturen und dadurch erzielte höhere Erträge können zu einer rascheren Verarmung der Böden an mineralischen Nährstoffen führen. Aber auch durch höhere Niederschläge, die zur Verschlämmung der Böden beitragen, könnte ein verstärktes Wachstum behindert werden. Dies wiederum hätte negative Folgen für die Bodenlebewesen. Auch in Regionen, in denen Böden durch ein wärmeres Klima weniger Niederschläge erhielten, müsste die Austrocknungsgefahr zunehmen. Die Folge sind Bodenversalzung und physikalische Bodendegradation, was sich wiederum negativ auf die Produktivität auswirken würde. Betroffen wären vor allem semiaride Gebiete und Regionen, die schon jetzt unter saisonalem Wassermangel leiden.

Die infolge der CO_2-Anreicherung im kalten Ozean-Tiefenwasser verstärkte Lösung von Karbonat – wie dem Globigerinenschlamm am Meeresboden – könnte sich auch auf die künftige Entwicklung des CO_2-Gehaltes der Atmosphäre auswirken. Für den Extremfall, dass alle Reserven von Kohle und Erdöl verbrannt würden, würde die dem Ozean zugeführte CO_2-Menge nach E. Seibold & W. H. Berger (1982, S. 195) am Meeresboden eine ungefähr 1 m mächtige Schicht aus Karbonaten auflösen. Auch so lässt sich die potenzielle geologische Leistung des Menschen als Geofaktor veranschaulichen.

Aus der Zersetzung der im Boden gespeicherten organischen Substanz gelangt ebenfalls viel CO_2 in die Atmosphäre, wobei man von einem jährlichen Nettoeintrag von mehreren Gigatonnen pro Jahr ausgehen kann. Weitere wichtige CO_2-Quellen sind die Moore in Nordasien und Nordamerika sowie die Waldsumpfmoore in Südostasien, die zu einem großen Teil abgetorft, trockengelegt oder auf andere Weise vernichtet werden. Auch aus den durch die Erwärmung der bodennahen Luftschichten tauenden Permafrostgebieten Nordasiens wird CO_2 und auch CH_4 in gigantischen Mengen freigesetzt. Beim Auftauen der Permafrostböden bis in größere Tiefe werden die darin eingeschlossenen Pflanzenreste zersetzt, sodass CO_2 entsteht; ferner werden die aus mikrobieller Tätigkeit stammenden und dort gespeicherten Methangase (CH_4) in die Luft entweichen.

Die weltweite Vernichtung der tropischen Regenwälder würde die in die Atmosphäre emittierte CO_2-Menge stark erhöhen. Dies könnte in der weiteren Folge zu einem Abkühlungseffekt führen, da die Albedo großflächig erhöht würde. Die Niederschlagsrate im Bereich zwischen 45–85° N und 40–60° S könnte sich dadurch verringern, wie G. L. POTTER et al. (1975) annahmen. Diese Reaktionskette würde vor allem durch eine erhöhte Albedo und reduzierte Absorption bewirkt. Da die Zerstörung der tropischen Regenwälder in hohem Maße fortschreitet – nach Angaben der FAO wurden 1990–2010 etwa 130.000 km² Regenwald vernichtet – würden die Regenwälder aber als CO_2-Speicher entfallen, sodass der CO_2-Gehalt der Atmosphäre weiter ansteigen würde und eine Erwärmung die Folge wäre. Die tropischen Regenwälder bilden das größte terrestrische Kohlenstoffreservoir und stehen an der Spitze der Primärproduzenten. Auch wenn Regenwald – wie auf Sumatra oder Java – durch Plantagen zur Palmölgewinnung „ersetzt" wird, bedeutet dies einen Verlust (Abb. 7.4 und 7.5) im Hinblick auf die Biodiversität und die Produktivität. Eine weitere Gefährdung und Minderung der Biodiversität stellt das Abbrennen von Palmölplantagen am Ende ihrer Nutzung dar, was auch noch den Torf der Böden vernichtet und zur Luftverschmutzung führt.

7.5.3 Rückwirkungen auf den Menschen und die Tierwelt

Vom Menschen erzeugte Klimaänderungen könnten bereits innerhalb der kommenden Jahrzehnte zu schwerwiegenden Folgen in bestimmten Regionen der Erde führen. Albedoänderungen durch globales Abschmelzen von Eis und Schnee sowie Schadstoffemissionen und deren langfristige Folgewirkungen beeinträchtigen die Nahrungsmittelproduktion in aquatischen Ökosystemen auf dem Festland und im Meer. Ein erhöhter Nährstofftransport durch die Luft dürfte langfristig ebenfalls zu Störungen terrestrischer und aquatischer Ökosysteme beitragen. Auch der steigende Einsatz von Kunstdünger trägt letztlich zu einer Klimaerwärmung bei.

Dass es global zu gekoppelten Effekten und zu einer „irreversiblen Verschiebung ganzer Klimaprovinzen" kommen kann, wurde bereits von H. FLOHN (1989) angenommen. Aufgrund der engen Kopplung zwischen Atmosphäre, Hydrosphäre, Pedosphäre und Biosphäre könnten diese Effekte gleichzeitig an verschiedenen Stellen der

7.5 Anthropogene Klimabeeinflussung und Langzeitfolgen

Abb. 7.4 Rodung des Regenwaldes im östlichen Java/Indonesien im Gebiet des Maares Ranu Lading (Foto: G. BÜCHEL)

Erde auftreten. Dass externe Einflüsse oder interne Faktoren das Klimasystem auch sprunghaft reagieren lassen können, wenn bestimmte „Schwellenwerte" überschritten werden, ist nachgewiesen. Eine anthropogen bedingte Erwärmung würde in jedem Fall zur Verschiebung biogeographischer Zonen führen, wie das in den Zwischeneiszeiten der Fall war. Auf diese Weise kommt es, wenn sich dieser Wandel sehr rasch vollzieht, zum Aussterben bestimmter Tierarten, wie dies zum Beispiel bei der sehr raschen Erwärmung gegen Ende der letzten Eiszeit (Weichsel-Glazial) der Fall war. Beim Aussterben einiger Arten hat allerdings auch der Mensch durch sein Jagdverhalten vermutlich eine entscheidende Rolle gespielt, da dieser bereits durch den Klimawandel eingeengte Lebensräume bejagte.

Über die Atmosphäre und Biosphäre erfolgt ein Austausch von CO_2 und Nährstoffen mit den oberen Wasserschichten der Ozeane. Durch strömungsbedingte Verlagerung der Wassermassen und Austauschvorgänge mit dem Tiefenwasser wird auch die biologische Produktivität der Ozeane stark beeinflusst. Derartige Entwicklungen wurden auch im Tertiär und Quartär mithilfe stabiler Kohlenstoff- und Sauerstoffisotope in Tiefseesedimenten belegt.

Abb. 7.5 Palmölplantagen und Wiederbewuchs auf ehemaligen Regenwaldflächen im östlichen Java/Indonesien; Umgebung des Maares Ranu Lading (Foto: G. BÜCHEL)

Die ständige Erweiterung landwirtschaftlicher Nutzflächen bei gleichzeitiger Ertragssteigerung – bedingt durch neue Agrartechnologien und die „Grüne Revolution" – wird ebenfalls klimatische Folgen haben, zumal sie mit weiträumigen Albedoänderungen einhergeht. Abgesehen von den direkten negativen Auswirkungen für den Menschen wirken sich alle Formen der Luftverschmutzung auf das Klima aus (s. Abschn. 7.6). Während sich die Folgen der Luftverschmutzung direkt auf die menschliche Gesundheit auswirken – etwa durch Einatmen schädlicher Gase – oder durch die Aufnahme von Schwermetallen mit der Luft, ergeben sich auch für seine gebaute Umwelt komplexere Folgewirkungen (Abschn. 7.6.3). Zum Beispiel kommt es durch Geoakkumulation zur Zerstörung von Bauwerken in Megastädten und Ballungsräumen. Es entstehen Schäden, die allein in den Ländern Europas in die Milliarden Euro pro Jahr gehen.

Durch Anstieg des Meeresspiegels infolge der Klimaerwärmung wären generell alle Küstengebiete betroffen. Bei einem völligen Abschmelzen des westantarktischen Eisschildes wäre ein Anstieg des Meeresspiegels bis 5 m zu erwarten (vgl. Abschn. 7.2.3). Im Fall eines Schmelzens des arktischen Meereises hätte dies sogar Auswirkungen auf die Wasserzirkulation des Weltmeeres. Die salinitätsbedingte Schichtung würde dadurch beseitigt, die Albedo verringert und der Golfstrom würde aufgrund des verstärkten Süßwasserzuflusses im Norden abgeschwächt oder zeitweise gestoppt. Die wirtschaftlichen, sozialen und politischen Folgen wären für die Menschheit schwerwiegend, da ein großer Teil der Weltbevölkerung bereits heute in küstennahen Gebieten wohnt und für das Jahr 2050 angenommen werden muss, dass bis zu drei Viertel der Weltbevölkerung in Küstenregionen wohnen. Eine Änderung der atmosphärischen Zirkulation würde ferner zur Verschiebung von Klima- und Vegetationszonen von bis zu mehreren Hundert Kilometern führen. Welche Probleme dies aufwerfen würde, zeigen die heutigen Probleme in der Sahelzone in Afrika, wo Hunger und Bevölkerungswanderungen inzwischen zum Dauerzustand wurden. Die Klimaabhängigkeit des an bestimmte Räume angepassten Menschen und seiner wirtschaftlichen Möglichkeiten dürfte auch in Zukunft gegeben sein.

Welche Folgen Klimaänderungen haben können, zeigt das historische Beispiel der Wikinger (Normannen), die von Island nach Grönland zogen, wo damals kein Treibeis existierte. Im Jahre 982 n. Chr. begann die Besiedlung unter Erik dem Roten; um 1300 erfolgte jedoch ein Eisvorstoß nach Süden, welcher den Seeweg blockierte und die Dörfer in Ostgrönland abschnitt. Diese Klimaverschlechterung vollzog sich in der Zeit zwischen etwa 1200 und 1400 n. Chr. Dann erfolgte ein starker Temperaturabfall mit nachfolgender Erwärmung. Letztlich endete – durch eine weitere Klimaverschlechterung bedingt – die Kultur der Grönländer um 1520. Im Rahmen des internationalen „Greenland Ice Sheet Project (GISP)" wurde diese Klimaentwicklung auch an Eisbohrkernen belegt (W. DANSGAARD et al. 1993).

7.5.4 Zukünftige Entwicklungen und die Problematik von Klimaprognosen

Die von MARTIN SCHWARZBACH (1974, S. 313 f.) geäußerte Ansicht, dass es unmöglich sei, „…eine auch nur annähernd sichere Prognose für die künftige Klimaentwicklung zu geben", basierte auf der Einsicht, dass eine Ausdeutung der damals noch recht lückenhaften paläoklimatischen Befunde sehr schwierig ist. Aufgrund der Bedrohung durch die globale Zunahme der Schadstoffemissionen, die fortschreitende Entwaldung und Desertifikation sowie durch Bewässerungsprojekte, deren klimatische Auswirkungen auch das geologische Geschehen beeinflussen, wird es dringend notwendig, Prognosen zu erstellen. Klimavorhersagen für die nächsten 100–150 Jahre können für die Menschheit von entscheidender Wichtigkeit sein. Wenn der aus Verbrennungsprozessen herrührende CO_2-Anstieg vermieden werden soll, müssen Entscheidungen über die Energiepolitik heute getroffen werden. Instrumentelle Langzeitmessungen müssen noch Jahrzehnte durchgeführt werden, um entsprechende Modelle abzusichern. Wenn HERMANN FLOHN bereits 1985 feststellte: „Um Zukunftsprojektionen aufstellen zu können, müssen wir die geophysikalischen Ursachen der Klimaänderungen der Erdgeschichte verstehen lernen, die bis heute nur ungenügend bekannt sind", so verwies er damit auf die Notwendigkeit, paläoklimatische Analogmodelle zu erstellen. Die Klimageschichte zeigt, dass sich frühere Klimaereignisse in Zukunft wiederholen können. Die zeitliche Abfolge dürfte jedoch stärker durch anthropogene Eingriffe als durch natürliche bestimmt werden.

Es wäre ein großer Fortschritt, wenn es gelingt, auf der Basis bisher erkannter Gesetzmäßigkeiten eindeutige Trends vorherzusagen. Fortschritte in dieser Beziehung sind bereits durch Einsatz modernster technischer und wissenschaftlicher Methoden erzielt worden. Auch wäre die eiszeitliche Klimaentwicklung genauer als bisher zu klären. Darüber hinaus müssen alle anthropogenen Einflussgrößen berücksichtigt werden. Die weltweite Luftverschmutzung, der weitere CO_2-Anstieg in der Atmosphäre, eine zunehmende Versauerung der Ozeane und die fortschreitende Vernichtung der tropischen Regenwälder machen die globale Dimension sichtbar. Auch wenn gewisse Randbedingungen – wie die Aufnahmekapazität von Kohlendioxid durch den Ozean – noch unklar sind, sind Modelle erforderlich und nützlich. Eine vollständige Erfassung aller Wechselwirkungen erfordert jedoch sehr aufwendige Modellsimulationen (H. PAETH 2005, 2018).

Prognosen über die künftige Klimaentwicklung hängen letztlich von Entwicklungen ab, die schwer vorherbestimmbar sind (Bevölkerungswachstum, Produktionsmethoden, Fortdauer des Einsatzes fossiler Brennstoffe). Auch die Neuentwicklung von Technologien zur Schadstoffbegrenzung muss berücksichtigt werden. Negative Folgen können nur dann vermieden werden, wenn das Vorsorgeprinzip strikt befolgt wird. In Gang befindliche Entwicklungen sind durch Gegenmaßnahmen nicht sofort zu stoppen. So würde der CO_2-Anstieg in der Atmosphäre nach Erreichen eines Maximalwertes erst im Laufe mehrerer Jahrhunderte auf den Ausgangswert absinken. Dies könnte durch die weitere Nutzung fossiler Energiestoffe noch weiter verzögert werden (IPCC 2014).

Wie weitreichend bei einem beschleunigten Meeresspiegelanstieg die Aus- und Wechselwirkungen sind und welche Vorsorgemaßnahmen getroffen werden müssten, zeigen bereits frühere Studien (M. C. BARTH & J. G. TITUS 1984); so wurden Auswirkungen an konkreten Beispielen – etwa der Bucht von Galveston (Texas) und bei Charleston (South Carolina) – aufgezeigt. Hier wurden bereits die ökonomischen Folgen diskutiert und es wurde auf die Notwendigkeit von Vorsorgemaßnahmen hingewiesen. Inzwischen ist klar, dass neben Abwehrstrategien auch Maßnahmen zur Anpassung an bereits absehbare Folgen des Klimawandels dringend erforderlich sind.

Eine Gesamtbetrachtung der klimarelevanten Faktoren muss vor allem folgende Daten und Prozesse umfassen:

- astrophysikalische Parameter des Sonnensystems
- geophysikalische Daten und erdbahngesteuerte Zyklen
- Strahlungsbilanzen und Strömungsdynamik der Atmosphäre
- geologische Vorgänge in Vergangenheit und Gegenwart
  (Vulkanausbrüche, Gebirgsbildungen, Trans- und Regressionen der Weltmeere, Paläoklima-Entwicklung)
- biologische und ökologische Prozesse (Festland, Ozean)
- hydrosphärische und ozeanografische Prozesse
- wirtschaftliche Entwicklung sowie Produktionsmethoden in der Tier- und Landwirtschaft
- globale Bevölkerungsentwicklung in der Zukunft

Wenn die Annahme von J. E. LOVELOCK und L. MARGULIS (1974) zutrifft, dass die biosphärische Evolution die geochemischen Bedingungen im Ozean, auf dem Festland und in der Luft maßgeblich steuert – wobei Hydrosphäre, Pedosphäre und Atmosphäre in ständigem Stoffaustausch stehen – und diese Selbststeuerung so abläuft, dass die Lebensprozesse auf der Erde optimal begünstigt werden (Selbstregulation), dann müssten alle Eingriffe des Menschen in ein Teilsystem letztlich nachteilige Folgen für das gesamte Leben auf der Erde nach sich ziehen. Nach dieser „Gaia-Hypothese" wird vorausgesetzt, dass das Gesamtsystem optimal eingestellt ist. Ob dieses Homöostase-Modell in physikalischer und chemischer Hinsicht tatsächlich jemals funktionierte, ist jedoch zweifelhaft. Geologische und geophysikalische Ungleichgewichte haben im Laufe der Erdgeschichte langfristige Veränderungen bewirkt.

In der Erdgeschichte hat es aber auch relativ rasche Klimawechsel vor allem während der Eiszeiten gegeben. Diese sind auch künftig zu erwarten. Das Bevölkerungs- und Wirtschaftswachstum, der steigende Bedarf an mineralischen Rohstoffen und Nahrungsmitteln sowie ein wachsender Einsatz fossiler Energieträger, von Kunstdüngern und Wasser stellen die wichtigsten Ursachen für die heutige Veränderung der atmosphärischen Bedingungen dar. Beim Festhalten an der „Wachstumsphilosophie" sind immer stärkere Umweltbelastungen zu erwarten! Da die Atmosphäre eng mit der Hydrosphäre rückgekoppelt ist, die ihrerseits eine der wichtigsten Lebensvoraussetzungen darstellt, schließt sich der Teufelskreis. Eine atomare Katastrophe würde allerdings innerhalb kürzester Zeit durch einen globalen Temperatursturz, der durch drastische Reduzierung des Sonnenlichts verursacht würde, ökologische Konsequenzen von schwer vorstellbarem Ausmaß haben (M. A. HARWELL 1984, S. 160).

7.5.5 Mögliche „Kipppunkte"

Trotz aller Modellsimulationen sind bestimmte Entwicklungen des Klimas nicht absehbar, ob und wann die in Tab. 7.3 aufgeführten Vorgänge im Bereich der Festländer oder der Ozeane aufgrund des Anstiegs der globalen Mitteltemperatur eintreten. Fest steht nur, dass mit Eintreten der hier genannten Instabilitäten bei Überschreiten bestimmter Temperaturwerte die derzeit noch herrschenden Bedingungen plötzlich kippen können. Diese Punkte werden auch als „Kipppunkte" (engl. *tipping points*) bezeichnet.

7.6 Stadtklima und Luftverschmutzung in Ballungsräumen

7.6.1 Luftbelastungen durch Schwefeldioxid, Stickstoffoxide und Ozon

Im Bereich von Großstädten und Ballungsgebieten entsteht ein Sonderklima, das heute als „Stadtklima" bezeichnet wird und das bis in 1500 m Höhe reicht (P. HUPFER und

Tab. 7.3 ## Mögliche Instabilitäten infolge Treibhausgaserhöhung und Anstieg der globalen Mitteltemperatur („Kipp-Punkte")

Meereisschmelze durch Abnahme der Albedo in der Arktis → verstärkter T-Anstieg → Lebensraumverlust
Schmelze des Grönländischen Eisschildes → globaler Meeresspiegelanstieg
Instabilität des westantarktischen Eisschildes → globaler Meeresspiegelanstieg
Störung der ozeanischen Zirkulation im Nordatlantik
Verstärkung des El-Niño-Phänomens im Pazifik → zunehmende Wetterextreme
Starke Störung des indischen Monsunregimes
Änderung des westafrikanischen Monsuns
Rückgang borealer Nadelwaldbiome → Albedo-Änderung
Rückzug der Himalaya-Gletscher → Abnahme der Albedo
Instabilität der Sahel-Zone → Desertifikation und Dürrekatastrophen
Kollaps des Amazonas-Regenwald-Bioms → CO_2-Freisetzung → Klimaänderung → Artensterben und Genpool-Verluste größten Ausmaßes → Bodenerosion
Auftauen der Permafrostböden → Freisetzung von Methan (CH_4) und Kohlendioxyd (CO_2) → Treibhausgasanstieg → Verlust einer Kohlenstoffsenke
Zunahme der CO_2-Konzentration in der Atmosphäre → Versauerung der Meere → Korallenriffsterben → Untergang von Atollen
Verringerung der Aufnahmekapazität der Meere für CO_2 → verstärkter Anstieg von CO_2 in Atmosphäre
Freisetzung von Methan (CH_4) aus Gashydraten in Meeresablagerungen am Kontinentalhang und in der Tiefsee → Temperatur-Anstieg in Atmosphäre
Globale Meereserwärmung → Verminderung der Sauerstoff-Konzentration im Meer → Ökosystemschädigung vor allem in Flachmeergebieten

Übersicht verändert und ergänzt nach GERMAN WATCH (2008), UMWELTBUNDESAMT (2008, 2011), M. LATIF (2009)

W. KUTTLER, 2005, S. 371 ff.). Durch Abwärme sowie die Emission von unterschiedlichsten Gasen, Dämpfen, Feinstäuben und Aerosolen werden der Strahlungshaushalt, der absolute Wasserdampfgehalt, das Niederschlagsverhalten sowie die aerodynamischen Bedingungen wesentlich beeinflusst. Dieser Trend wird bei fortschreitender Urbanisierung verstärkt. Die Globalstrahlung vermindert sich einerseits durch den reduzierten Lichteinfall bis zu 50 %, andererseits ergeben sich Temperaturerhöhungen der Luft um bis zu +10 °C gegenüber dem nicht bebauten Umland. Diese Temperaturerhöhung wird vor allem durch die Abwärme verursacht. Ferner wird die relative Luftfeuchtigkeit deutlich verringert, die Taubildung reduziert und die Niederschlagsrate bis zu 10 % oder mehr erhöht. Megastädte und industrielle Ballungsräume sind am stärksten betroffen.

In der Luft verbleibt Schwefeldioxid-(SO_2)-Gas nur wenige Tage, um dann auszuregnen. Durch Reaktion von Schwefeloxiden (SO_x) mit dem Wasser in der Luft bildet sich letztlich Schwefelsäure (H_2SO_4). Der Sulfattransport aus anthropogenen Quellen kann über Hunderte Kilometer weit reichen. Sulfatpartikel entstehen in mehreren Reaktionsschritten bei der Oxidation in Tröpfchen. Durch die weitere Oxidation von schwefliger Säure (H_2SO_3) entsteht schließlich die aggressive Schwefelsäure. Für die Bildung von Salpetersäure HNO_3 sind vor allem auch Stickstoffoxidemissionen verantwortlich. Erhöhte Konzentrationen von Stickstoffoxiden – vor allem Stickstoffmonoxid (NO), Stickstoffdioxid (NO_2) und das als Lachgas bezeichnete Distickstoffoxid (N_2O) – bedingen eine verstärkte Absorption des Sonnenlichts. Es kommt ferner durch photochemische Reaktionen in Verbindung mit Kohlenmonoxid und leichtflüchtigen organischen Stoffen zur Sommersmogbildung. Der drastische anthropogen bedingte Anstieg von Stickstoffverbindungen erfolgt vor allem durch den weltweit gestiegenen Kraftfahrzeugverkehr, den verstärkten Einsatz von Düngemitteln und die auch in Zukunft noch starke Verbrennung fossiler Energieträger. Dabei entstehen neben Stickstoffoxiden auch Ammoniak (NH_4) und Salpetersäure (HNO_3). Durch HAROLD S. JOHNSTON (1971) wurden zunächst die durch Überschallflugzeuge in der Stratosphäre freigesetzten Stickstoffoxide für die Reduktion des Ozongehalts (O_3) in der Stratosphäre verantwortlich gemacht. Heute weiß man, dass insbesondere Chlorverbindungen wie die Fluorchlorkohlenwasserstoffe – in Form von Treibgasen – für den Abbau der Ozonschicht verantwortlich sind (R. ZELLNER 2011), wie am Ende dieses Abschnitts erläutert wird.

Die Schwefeldioxidemissionen in Europa betrugen 1982 insgesamt 61,4 Mt. In Ballungsräumen von Nordamerika und Mitteleuropa stellten die natürlichen Schwefelemissionen über Jahrzehnte nur 10 % der Gesamtemissionen dar. Die Gesamtmenge von Sulfaten und H_2S als Partikel (<1 µm), die im Jahr weltweit vom Menschen in die Luft emittiert werden, liegt bei rund 110–220 Mt (P. BRUCKMANN et al. 2011, S. 115). Global liegen die SO_2-Mengen aus anthropogenen Quellen in der Troposphäre um das Mehrfache höher als aus natürlichen Quellen wie Vulkanen oder Solfataren; in der Stratosphäre betragen die SO_2-Gehalte vulkanischen Ursprungs hingegen bis zu 50 % (H.-U. SCHMINCKE 2002, S. 224). Die Folgen der sauren Niederschläge betreffen die Böden, Seen und Flüsse und damit alle festländischen Ökosysteme. Eine der größten anthropogenen SO_2-Quellen lag im Gebiet um Sudbury in Kanada. Die Abgase aus der Nickelerzverhüttung wurden von einem 381 m hohen Schlot (Inco Superstack) ausgestoßen und weit verbreitet. So wurde in den Seen von SW-Ontario die Fischfauna ganz vernichtet, da die Seen extrem versauerten. Selbst abgestorbene Baumstämme waren mit Schwermetallen so stark imprägniert, dass sie nicht mehr verwitterten (mündl. Mitt. ROBERT GUDERIAN). Auch in den skandinavischen Ländern hatte bereits Mitte des 20. Jahrhunderts eine extrem starke Versauerung der Seen und Böden eingesetzt. Kleinlebewesen, Pilzhyphen und sogar die Bakterien im Boden sterben ab, sodass beim Abbau organischer Substanz eine deutliche Verzögerung und darüber hinaus eine empfindliche Störung des Nährstoffkreislaufs eintritt. Bei den höheren Pflanzen kommt es zur Schädigung der Blätter (Blattnekrosen) und zu einer gestörten Nährstoffaufnahme. Die neuartigen Waldschäden sind zu einem erheblichen Teil hierdurch bedingt. Die Zerstörung des an die Baumwurzeln geknüpften Netzwerks von Pilzhyphen ist für die Wälder bestandsbedrohend. Die Schwermetalle werden bei sehr niedrigen pH-Werten ($\ll$4) im Boden mobilisiert. Das amphotere Leichtmetall Aluminium, das als Kation (Al^{3+}) toxisch wirkt, geht in saure Lösung; die Erdalkalien Kalzium (Ca^{2+}) und Magnesium (Mg^{2+}) werden in gelöster Form fortgeführt, sodass im Boden eine Verarmung an diesen Pflanzennährstoffen eintritt.

Bei der Betrachtung des Klimasystems müssen Atmosphäre, Ozeane, Eisbedeckung und die feste Erde mitsamt ihren Böden und der Biosphäre gemeinsam betrachtet werden. Irdischer Wasserkreislauf und atmosphärischer Kreislauf sind besonders eng miteinander gekoppelt. Die zur Erde gelangende Sonnenenergie beträgt zwar nur 1 Milliardstel der gesamten von der Sonne ausgestrahlten Energie, doch steuert diese das Wettergeschehen in der Troposphäre. Bislang betreffen die anthropogenen Eingriffe vor allem den unteren bis mittleren Teil der Troposphäre, obwohl durch den Luftverkehr, durch Raketen und Kernwaffenversuche auch die Stratosphäre betroffen ist.

Die Spurengase – wie chlorierte, fluorierte und weitere halogenierte Kohlenwasserstoffe sowie gasförmige Stickstoffverbindungen – wirken sich bis in die höheren Bereiche der Stratosphäre aus. Hier sind es vor allem die Fluorchlorkohlenwasserstoffe (FCKW), die in die Ozonschicht gelangen und dort das schützende Ozon (O_3) zerstören. Infolgedessen bildete sich über der Antarktis ein zyklisch immer größer werdendes sogenanntes „Ozonloch". Eine ähnliche Ausdünnung der Ozonschicht – wenn auch nicht so stark – wurde über der Arktis beobachtet („Miniozonlöcher"). Das vom FCKW-Molekül durch die UV-Strahlung abgespaltene Chlor verbindet sich mit Ozon (O_3) und führt so zum Abbau der Ozonschicht, was bereits seit 1976 registriert wurde. Ein Verbot zur Herstellung und Anwendung von chlorhaltigen Chemikalien trat erst 1989 in Kraft (M. DAMERIS et al. 2011, S. 195 ff.). Seither erholt sich die Ozonschicht; das „Ozonloch" über der Antarktis wird kleiner, das geringer ausgeprägte über der Arktis ebenfalls. Nach REINHARD ZELLNER (2011, S. 18 ff.) ist jedoch dieser Erholungsprozess der Ozonschicht noch längst nicht abgeschlossen.

7.6.2 Stadtklima und Schadstofftransport

Der direkte anthropogene Beitrag zum gesamten Wärmehaushalt ist global gesehen mit 0,01 % gering. Regional tragen jedoch Verbrennungsprozesse zur Temperaturerhöhung der Luft erheblich bei. Großstädte und Metropolen sind, wie Infrarotaufnahmen deutlich zeigen, Wärmeinseln. Dies gilt vor allem für die unteren Luftschichten über Gewässern, die durch Abwärme aufgeheizt werden. Das Stadtklima zeichnet sich durch deutlich höhere Temperaturen als das Umland aus. Bodennahe Luftmassen werden auch durch eine Veränderung der Albedo (zum Beispiel Entwaldung, Schaffung neuer Agrarflächen, Anlage von Großstauseen) thermisch beeinflusst. Städte absorbieren einen höheren Anteil der Sonnenenergie. Die Summe aus diesem Effekt und aus der durch Heizung, Kraftfahrzeuge oder industrielle Aktivitäten erzeugten Abwärme aus Prozess-

und Kühlwasser führt zu Temperaturerhöhungen von 5–10 °C in den großen Ballungs- und Industriegebieten („Wärmeinseln"). Darüber hinaus kennzeichnen viele weitere anthropogene physikochemische Prozesse ein Klima, das als Stadtklima bezeichnet wird (P. Hupfer und W. Kuttler 2005, S. 371 ff.). Am Beispiel der Ruhrgebietsmetropole Essen wurde dies exemplarisch dargestellt (W. Kuttler et al. 2015).

Insbesondere die Großräume Mexiko City, Peking, Tokio, London, New York, Chicago, Los Angeles, Berlin oder das Ruhrrevier besitzen ein stark verändertes Klima. In diesen Regionen weichen die Raten von Niederschlag und Verdunstung, Dunst- und Nebelbildung sowie Luftzirkulation von den ursprünglichen Verhältnissen meist stark ab. Es besteht ferner eine erhöhte Neigung zu Inversionswetterlagen, die je nach den geomorphologischen Gegebenheiten eine erhöhte Smog- und Nebelbildung sowohl im Winter als auch im Sommer bedeuten, vor allem, wenn die Luftverschmutzung sehr hoch ist. Die Abwärmeproduktion kann in den Großstädten um ein Mehrfaches über der Sonnenenergieeinstrahlung liegen; beispielsweise im etwa 60 km^2 großen Manhattan (New York) ist sie viermal so hoch.

Die extrem gestiegene Zahl synthetisch hergestellter organischer Verbindungen und deren hohe Lebensdauer ermöglichen einen Ferntransport durch die Luft. Es sind meistens Gemische in Form von Gasen und Feststoffen. Ihre Schädlichkeit macht sie für den Menschen und andere Organismen zu tickenden Zeitbomben (I. Barnes et al. 2011, G. Lammel et al. 2011, S. 211 ff.). Es sind langlebige, gegenüber chemischen oder mikrobiellen Prozessen sehr widerständige Verbindungen; sie sind semivolatil und wenig wasserlöslich. Diese hochmolekularen Verbindungen sind vielfach komplex gebaut und Gemische verschiedener Stoffe, vor allem chlorierte, polychlorierte oder andere halogenierte Verbindungen, die als POPs (für *persistant organic pollutants*) bezeichnet werden. Wegen ihrer toxischen, aber auch bioakkumulativen Eigenschaften wurden sie in dem erst 2004 ratifizierten Stockholmer Abkommen als umweltgefährdende Schadstoffe eingestuft. Der Ferntransport dieser Stoffe hängt von stoffspezifischen Faktoren, aber auch dem Transportmechanismus wie dem sogenannten Grashüpfer-Effekt ab.

Durch die globale atmosphärische Zirkulation kommt es zu weitreichendem horizontalen und vertikalen Transport von Schadstoffen. Entsprechend ihrer physikalischen Eigenschaften und ihres chemischen Reaktionsverhaltens verbleiben Festpartikel, Aerosole und Gase bis zu Wochen oder vielen Jahren in der Atmosphäre. Besonders langlebig sind unter troposphärischen Bedingungen die FCKW (FCKW-12 bis 120 Jahre). Verteilung und Deposition hängen im Wesentlichen von der Windrichtung, der Niederschlagsverteilung und von den photochemischen Reaktionen ab. Es entstehen sehr reaktive Verbindungen, wobei OH-Radikale zur Oxidation von Spurenstoffen und deren Abbau führen. Dies kann zu Selbstreinigung der Luft führen. Das Verhalten von Aerosolpartikeln hängt vom Partikeldurchmesser ab. Reaktionen mit Gasen, die Aggregatbildung durch Koagulation verschiedener Partikel sowie das Wachstum von Kernen durch Kondensation oder Tropfenbildung spielen die wichtigste Rolle bei der Auswaschung bzw. Ausregnung von Teilchen. Partikel mit einem Durchmesser >2 µm wie zum Beispiel äolischer Mineralstaub, Vulkanstaub, Stäube aus anthropogenen

Quellen sedimentieren nach relativ kurzer Zeit. Bei starken Vulkanexplosionen, die bis in stratosphärische Höhen reichen, können auch gröbere Teilchen verfrachtet werden (Höhenwindfelder, Jetstreams). Bei allen diesen Prozessen und Bewegungen findet auch ein Energietransport statt; durch Absorption von Strahlung (insbesondere durch Feinpartikel) und bei exothermen chemischen Reaktionen wird Wärme freigesetzt. Auch Nanopartikel dürften in Zukunft eine größere Rolle spielen, weil sie längere Verweilzeiten in der Atmosphäre haben und weiter transportiert werden können.

Bei der Ausbreitung von Luftschadstoffen – insbesondere von Abgasen aus Industrie, Verkehr und Energiewirtschaft – sind außerdem physikalische Parameter, vor allem auch die Umwandlungsraten bei chemischen Reaktionen abzuschätzen. Bei der Beurteilung umweltmeteorologischer Prozesse und deren Modellierung spielt dies eine wichtige Rolle (P. HUPFER und W. KUTTLER 2005, S. 449 ff.). Ein Ferntransport von Stoffen aus Industrie- und Ballungsgebieten bis in die Polargebiete wurde nachgewiesen. So wurden im Eis der Antarktis Anreicherungen von Blei (Pb), Quecksilber (Hg) und anderen Schwermetallen gefunden. Fluorchlorkohlenwasserstoffe (FCKW) gelangen in Höhen bis 20–30 km. Sie können sich dort über Jahrzehnte anreichern, ehe sie schließlich photochemisch zersetzt werden. Feinpartikel und Aerosole können in Tropfen inkorporiert werden und mit dem Niederschlag zum Boden gelangen. Bei Teilchen > 2 µm Durchmesser spielen Impaktion und Diffusion eine wichtige Rolle. Diese Teilchen werden meist trocken deponiert. Eine natürliche Schranke für den Vertikaltransport bildet die mittlere Tropopause in einer Höhe von 10–12 km. Die stärker industrialisierte Nordhemisphäre wird – global gesehen – von der Schadstoffausbreitung wesentlich stärker belastet als die Südhemisphäre; zudem ist der Austausch zwischen den beiden Hemisphären wegen der in den Hadley-Zellen beiderseits des Äquators aufsteigenden Luftmassen eingeschränkt.

Die anthropogenen Eingriffe in den atmosphärischen Kreislauf und das Klimageschehen müssen letztlich vor dem Hintergrund der wechselvollen Klimageschichte der Erde gesehen werden. Besonders wichtig ist die Klimageschichte im Pleistozän während der letzten 2,6 Mio. Jahre. Von besonderer Bedeutung ist dabei, dass sich gegen Ende der letzten Eiszeit das Klima im Zeitraum von 15.000–12.000 Jahren vor heute sehr rasch erwärmte. Diese Erwärmung führte zum Abschmelzen des Inlandeises in Nordeuropa und Nordamerika, wo die Eispanzer vor 9000 bzw. 5000 Jahren fast völlig verschwunden waren. Die Folge war ein Meeresspiegelanstieg von mindestens 120 m seit dem Hochglazial vor 18.000 Jahren bis heute.

7.6.3 Luftverschmutzung früher und heute

Unterschiedliche Auswirkungen der Luftverschmutzung sind in Europa bereits aus früheren Jahrhunderten bekannt. Bereits der Arzt HIPPOKRATES (um460–um377 v. Chr.) beklagte die durch Silberschmelzen in Griechenland, vor allem bei Laurion, verursachte Luftverpestung. Auch PLINIUS d. Ä. (23–79 n. Chr.) wies in seiner *Naturalis historia* auf die schädlichen Auswirkungen der Rauchgase aus der Silberverhüttung hin. Im Venedig des 14. Jahrhunderts wurden sogar Betriebe, die giftige Gase emittierten, aus dem Stadtgebiet verbannt; sie ließen sich auf Inseln in der Lagune nieder. Aus Köln ist bekannt, dass ein gewisser THOMAS VON BENRATH 1464 seine Bleihütte wegen Luftverpestung schließen musste. Aus den zum Teil bis zu 1000 Jahre alten deutschen Bergbaurevieren des Oberharzes, des Siegerlandes und des Erzgebirges wird von Waldschäden berichtet, die im Mittelalter durch Verhüttung der sulfidischen Erze entstanden sind. Halden aus dieser Zeit sind wegen der hohen Schwermetallgehalte auch heute kaum von Bäumen bewachsen.

Die Stadt London, in der sich 1952 eine der größten Smog-Katastrophen ereignete, war bereits zu Beginn des 14. Jahrhunderts so stark von Abgasen und Rauch verschmutzt, dass drastische Strafen gegen die Verursacher verhängt wurden. Gesetzgeberische Maßnahmen wurden in England bereits im Jahr 1536 erlassen.

In den USA, wo im Jahr 1940 etwa 28 Mio. t Schwefel und Stickstoffoxide freigesetzt wurden, wurde ein Gesetz zur Luftreinhaltung erst 1967 („Air Quality Act") erlassen. Diesem Gesetz folgte 1970 die „Clean Air Act". Dieses erste bedeutende Umweltgesetz in den USA führte in der Folge zu strengeren Gesetzen in den einzelnen Bundesstaaten sowie zu Luftqualitätsstandards. Ergänzungen zur Clean Air Act – auch im Hinblick auf den sauren Regen und den Schutz der Ozonschicht – kamen erst 1977 und 1990. In der Bundesrepublik Deutschland wurde erstmals 1974 ein „Gesetz zum Schutz vor schädlichen Umwelteinwirkungen durch Luftverunreinigungen" erlassen. Die „Technische Anleitung zur Reinhaltung der Luft" (TA Luft) von 1974 regelte erstmals Grenzwerte. Der „blaue Himmel über der Ruhr" war ein Wahlversprechen der damaligen Großen Koalition. Zwanzig Jahre vorher war man im Ruhrgebiet noch stolz darauf, dass die Schlote rauchschwarze Wolken ausstießen.

Die Emissionen von Schadgasen, Stäuben und Schwefelaerosolen führen zu sehr unterschiedlichen Umweltbelastungen im Bereich der Natur und der bebauten Umwelt. Dies führt zu umweltgeochemischen Belastungen mit Langzeitfolgen (A. V. HIRNER et al. 2000) und Schäden, die alle Umweltkompartimente betreffen (D. E. MEYER 1993b, S. 475–483). Das Ruhrgebiet lag jahrzehntelang unter einer Dunstglocke von Staub, Ruß und gasförmigen Schadstoffen aus dem Kohlebergbau, aus Kokereien sowie Eisenfabriken, Stahlhütten und Chemiewerken. Erst durch den Einbau von Staubfiltern bei Kohlekraftwerken und durch Maßnahmen zur Abgasentschwefelung konnten diese Schadstoffemissionen inzwischen weitgehend reduziert werden. Die Schadstoffausbreitung ist jedoch nicht auf die Emissionsgebiete beschränkt, sondern die Stäube und Gase werden durch Ferntransport bis in weit abgelegene Regionen getragen. Durch immer höhere Schornsteine gelangten die Schadstoffe vom Ruhrgebiet bis zum Teutoburger Wald und zur Egge, deren Kamm Nord-Süd verläuft; starke Waldschäden waren auch dort die Folge. Selbst wieder aufgeforstete Wälder wurden betroffen.

Eine weitere Folge ist die durch austauscharme Inversionswetterlagen bedingte Smogbildung. Hier seien die Ballungsräume Ruhrgebiet, Bonn, Frankfurt, London, Los Angeles, Denver und Peking genannt. Durch kleinste Feststoffpartikel wie Asche

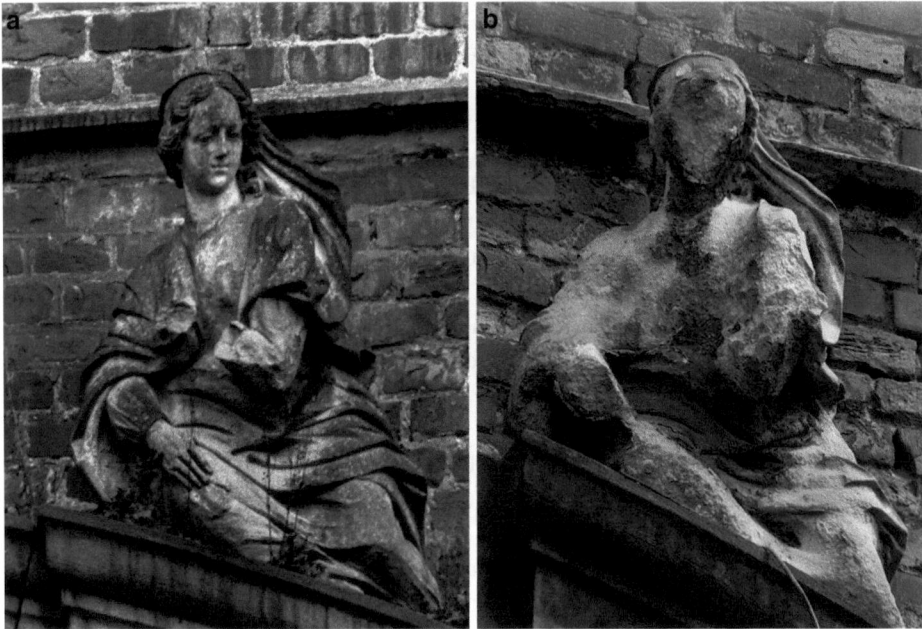

Abb. 7.6 Barockskulptur am Eingang des Schloss Herten/Recklinghausen (Ruhrgebiet) aus Baumberger Sandstein mit karbonathaltigem Bindemittel: **a** in wenig verwittertem Zustand im Jahr 1908 und **b** die gleiche Skulptur im Jahr 1969, durch Säureverwitterung fast völlig zerstört (Bildarchiv: LWL-Denkmalpflege, Landschafts- und Baukultur in Westfalen, a: Foto: A.Ludroff; b: Foto: A.Bruckner)

und Ruß wird vor allem die Nebelbildung gefördert. Der photochemische Smog kommt durch den hohen Anteil von Autoabgasen zustande. Im Fall des berüchtigten Smogs im Großraum von Los Angeles kommt es durch die Inversion zu starker Schadstoffkonzentration im tieferen Teil der Atmosphäre. Bei Inversionswetterlagen entstehen außerdem durch photochemische Reaktionen sehr reaktive Verbindungen. Die hohe Konzentration von Aerosolen, wie sie für urbane und industrielle Ballungsräume bezeichnend ist, bewirkt eine entsprechend hohe Absorption des Sonnenlichts. Auf diese Weise verringert sich auch die Strahlungsmenge, die auf die Erdoberfläche trifft („Aerosoleffekt"). Durch Stäube und Aerosole stark beeinträchtigt werden – betrachtet man nur die am stärksten bevölkerten und industrialisierten Regionen Nordamerikas und Eurasiens – bereits Zehntausende Quadratkilometer. Eine weitere vor allem urbane Regionen betreffende und weiterhin weltweit zunehmende Belastung durch Feinstäube und Stickstoffverbindungen stellt der Kraftfahrzeugverkehr dar.

In Europa und Nordamerika sind Schäden an Bau- und Kunstwerken in Zehntausenden von Fällen direkte Folge der Luft- und Umweltverschmutzung. Insbesondere Industriegebiete und Großstädte sind davon stark betroffen. Natursteine, Beton und Glasfenster werden durch Staub, Säuren und andere aggressive Agenzien angegriffen (Abb. 7.6).

7.6 Stadtklima und Luftverschmutzung in Ballungsräumen

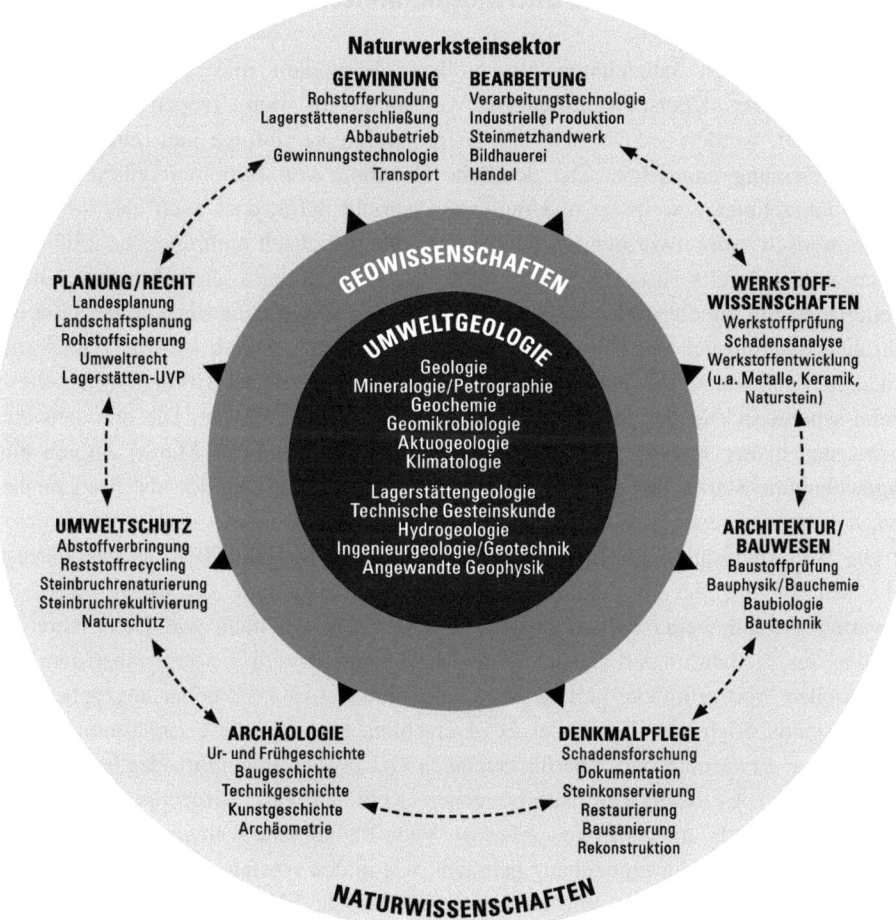

Abb. 7.7 Umweltgerichtete Disziplinen und anwendungsbezogene Fachgebiete im Naturwerksteinsektor – Aufgaben und Interaktion

Die Schäden wurden bereits in der alten Bundesrepublik auf bis zu 5 Mrd. Euro pro Jahr beziffert. In den USA wurden allein in den Neuengland-Staaten die Schäden auf 13 Mrd. Dollar pro Jahr geschätzt. Schwerwiegende Schäden zeigen einzigartige Kunstdenkmäler aus Naturstein in Rom – wie die „Trajanssäule" aus Carrara-Marmor – oder in New York – zum Beispiel im Central Park die Cleopatra's Needle, ein Obelisk, der aus Alexandria in Ägypten stammt und starke Verwitterungsschäden durch das feuchtwarme und winterkalte Großstadtklima zeigt. Aus Natursteinen und Naturwerksteinen wurden in der Vergangenheit in allen Kulturen bedeutende Bauwerke und Denkmäler errichtet. Viele zählen heute zum Weltkulturerbe der Menschheit. Ihr schleichender Zerfall wäre nicht zu verantworten. Ihre dauerhafte Erhaltung erfordert, wie die Abb. 7.7 zeigt, die Kooperation zahlreicher Disziplinen in Wissenschaft und Praxis.

7.7 Klimapolitik – Ziele und Möglichkeiten globalen Handelns

Die in den letzten Jahrzehnten mit größerer Häufigkeit und Stärke als Stürme, Hurricanes oder Überschwemmungen vor allem in den Tropen aufgetretenen Katastrophen werden inzwischen als Extremereignisse infolge der anthropogenen Klimaerwärmung angesehen. Die deutliche Zunahme von Extremereignissen in den letzten Jahrzehnten – weltweit und regional – spricht dafür, dass auch hier der „Geofaktor Mensch" verantwortlich ist, auch wenn eine spezifisch anthropogene „Signatur" bislang fehlt. Bereits HERMANN FLOHN (1989, S. 37) postulierte eine Zunahme solcher Wetterlagen mit zunehmender Klimaerwärmung. Die Erwärmung der Ozeane lässt den Sättigungsdampfdruck des Wassers exponentiell ansteigen. Durch steilere Temperaturgradienten nehmen so die Windintensität und die atmosphärische Zirkulation zu. Dieser Trend scheint sich in den letzten beiden Jahrzehnten zu verstärken. Die drei schweren Hurricanes in der Karibik im Sommer 2017 (Harvey, Irma und Maria) zeigten eine ungewöhnliche Stärke, die sich aus der zunehmenden Erwärmung des oberflächennahen Ozeanwassers erklären lässt.

Die Weltorganisation für Meteorologie (WMO) hat das Jahr 2018 als das wärmste Jahr seit Beginn der Wetteraufzeichnungen bezeichnet und sie betont, dass der Erwärmungstrend weiter anhält. Insgesamt fallen acht der neun wärmsten Jahre seit 1881 in das 21. Jahrhundert (DWD 28.12.2018). Derzeit wird die gegenüber dem vorindustriellen Wert ermittelte globale Mitteltemperatur etwa 1 °C höher angegeben. Der 5. Sachstandsbericht des IPCC, der 2014 erschien, bestätigt diese Erwärmung. Diese hat auch zur Erwärmung des oberflächennahen Ozeanwassers geführt, das bereits einen hohen Anteil des bisherigen anthropogenen Kohlendioxids aufgenommen hat und dadurch saurer (pH unter 8,2) geworden ist. Viele Phänomene weltweit werden mit der Klimaerwärmung in Zusammenhang gebracht, wie in den vorstehenden Abschnitten dargestellt wurde. Die Frage ist: Wie geht es weiter? Welche Maßnahmen sind erforderlich, um Anpassungen vorzunehmen und Katastrophen zu vermeiden, wenn eine Anpassung an die veränderten Verhältnisse nicht möglich ist oder nicht angestrebt wird?

Das Intergovernmental Panel on Climate Change (IPCC), dessen Sekretariat in Genf seinen Sitz hat, wurde 1988 gegründet. Die Aufgabe dieses zwischenstaatlichen Ausschusses ist es, auf Basis der von Wissenschaftlern vieler Disziplinen erarbeiteten Grundlagen die Ursachen, Folgewirkungen und Risiken der vom Menschen bewirkten Klimaänderungen in Sachstands- und Sonderberichten darzustellen und zu bewerten. Seit 1990 erschienen 5 Sachstandsberichte des IPCC, die vor allem die naturwissenschaftlichen Grundlagen, aber auch die Anpassung an die Klimaerwärmung sowie den Klimaschutz zum Thema hatten. Darüber hinaus wurden „Special Reports" und Berichte über die methodischen Vorgehensweisen publiziert. Die globale Erwärmung, von der das IPCC auch für die weitere Zukunft als sicher ausgeht, hat gesellschaftliche und wirtschaftliche Folgen. Diese stellen die größte Herausforderung an die politischen Entscheidungsträger dar. Derzeit sind 195 Regierungen im IPCC vertreten.

Das Kyoto-Protokoll als Übereinkommen der UN, das völkerrechtlich verbindlich Zielvorgaben zum Klimaschutz durch Begrenzung der Treibgasemissionen in den Industrieländern festlegt, wurde 1997 in Kyoto/Japan beschlossen und trat 2005 in Kraft. Es sah vor, bis 2012 den Ausstoß um durchschnittlich 5,2 % gegenüber den Werten von 1990 zu verringern. Den Entwicklungs- und Schwellenländern wurden keine Auflagen gemacht. Dass dem Schwellenland China keine Auflagen gemacht wurden und sich die USA aus dem Kyoto-Protokoll zurückzogen, zeigt die Problematik. Erklärtes Ziel ist es, eine Erwärmung um mehr als 2 °C im globalen Mittel zu vermeiden.

Geht man für die Zeit bis 2050 von einem Wachstum des Weltenergiebedarfs von nur 2,5 % aus, dann würde eine CO_2-Verdoppelung, die als ausreichend für einen zum Schmelzen des Eises an den Polkappen hinreichenden Temperaturanstieg angesehen wird, noch im Laufe des 21. Jahrhunderts erreicht. Die Prognosen für den weltweiten Energieverbrauch bewegen sich zwischen 2 und 4 %, wobei das Bevölkerungswachstum, der Ausbau der alternativen Energien sowie Energiespartechniken die Entwicklung maßgeblich beeinflussen. Ein verstärktes Wachstum der Bevölkerung in Indien, China und Afrika, wie es zu erwarten ist, könnte die Gewinne einer höheren Effizienz bei der Energienutzung zum Teil wieder aufzehren. Das Wirtschaftswachstum, das auf der Welt 2015 etwa 3,4 % betrug, gibt keinen konkreten Anhalt für den künftigen Energiebedarf mehr, da hier inzwischen eine weitgehende Entkopplung stattfand. Ein steigender Energiebedarf ist dennoch in den nächsten 3 Jahrzehnten zu erwarten, weil vor allem der Pro-Kopf-Verbrauch in den Schwellen- und Entwicklungsländern sich mit wachsendem Lebensstandard weiter erhöhen wird.

Die Pro-Kopf-Erzeugung von CO_2 in den Ländern der Erde ist sehr unterschiedlich. Die Spitzenerzeuger sind bezüglich der Gesamtmenge des Kohlendioxids die Volksrepublik China und die USA. Die VR China steht 2015 mit 28,0 % des weltweiten CO_2-Ausstoßes an der Spitze, gefolgt von den USA mit 15,9 % und von Indien mit einem Anteil von 5,8 %. Deutschlands CO_2-Emission beträgt 2,36 %. In den USA mit ihren knapp 327 Mio. (2018) Einwohnern werden rund 16,5 t CO_2 pro Einwohner emittiert und bei der VR China schlägt die hohe Bevölkerungszahl mit 1,4 Mrd. Menschen zu Buch. Die Pro-Kopf-Emission in China liegt derzeit bereits bei 7,6 t. In Indien emittiert jeder Einwohner nur 1,8 t Kohlendioxid. In diesen Staaten werden weiterhin die fossilen Brennstoffe an vorderster Stelle stehen, unter ihnen vor allem die Kohle. In Deutschland wird ab 2018 keine Steinkohle mehr gefördert, während die Braunkohlekraftwerke weiterhin mit heimischer Kohle beschickt werden. Bei der Stromerzeugung in Deutschland haben 2018 erstmals die alternativen Energieträger die fossilen Brennstoffe überflügelt. Dennoch ist eine Einstellung der Braunkohleförderung wohl kaum vor 2035 zu erwarten (Rheinisches Braunkohlenrevier; Abschn. 5.1.3).

In allen Ballungszentren der Erde steht der Ausstoß klimaschädlicher Gase an vorderster Stelle. Überall hat der Kraftfahrzeugverkehr enorm zugenommen, wobei die meisten Fahrzeuge noch immer mit fossilen Brennstoffen betrieben werden. Auch bei elektrischem Betrieb wird der Strom vielfach aus Kohle erzeugt. Die großen Schiffsflotten werden mit Dieselmotoren betrieben und die weiterhin wachsenden Flugzeugflotten ebenfalls mit

Treibstoffen aus fossilen Energieträgern. Das Sondergutachten des Sachverständigenrates für Umweltfragen (SRU) von 2017 kommt zu der klaren Feststellung, dass ohne die Dekarbonisierung des Verkehrs die Klimaziele in Deutschland nicht erreicht werden können. Es geht dabei nicht nur um die Elektromobilität im Straßenverkehr, sondern auch um Umweltverträglichkeit, Klimaneutralität und Effizienz im Verkehrswesen. Da insgesamt weltweit Personen- und Gütertransporte stark zunehmen, sich die Transportwege vergrößern und vor allem auch der Tourismussektor wächst, gibt es wenig Hoffnung für eine rasche Dekarbonisierung in den Industrieländern. Die meisten Entwicklungsländer werden ohnehin noch viele Jahrzehnte auf fossile Brennstoffe angewiesen sein.

Insgesamt ist ein weiterer globaler Anstieg der meisten klimawirksamen Gase zu verzeichnen. Das gilt vor allem für CO_2 und N_2O in der Nordhemisphäre. Die reduzierten CO_2-Emissionen der Bundesrepublik nach der Wiedervereinigung 1990 sind (in der Zeit bis 2005) der Stilllegung mitteldeutscher Braunkohlekraftwerke sowie anderer Industrien in der ehemaligen DDR zu verdanken. Deutschland hat trotz aller Fortschritte bei der Stromerzeugung seine Klimaziele bis 2020 nur knapp erreicht; dies ist vor allem auf den Kraftfahrzeugverkehr zurückzuführen.

In Deutschland, aber auch in vielen Ländern in und außerhalb Europas wird verstärkt auf die Windkraft zur Stromerzeugung gesetzt, wie sie auch im Meer vorangetrieben wird (Abb. 7.8). Das Windkraftpotenzial ist in küstennahen Gebieten deutlich höher, da die Energieflussdichte des Windes mit der 3. Potenz der Windgeschwindigkeit zunimmt.

Abb. 7.8 Offshore-Windkraftanlage in der Ostsee am Öresund/Dänemark (Foto: M. REICHARDT)

Ferner erhöhen ruhigere Meeresoberfläche und weniger Hindernisse, die den Wind hemmen, die Effizienz. Weite Teile Europas liegen in der Westwindzone, sodass hier mit kräftigen Winden gerechnet werden kann. Weltweit werden Offshore-Windkraftanlagen mit zum Teil hohen Leistungsgraden errichtet. Eine aktuelle Übersicht über die Standorte im Offshorebereich und die Leistung der Anlagen vermittelt https://de.wikipedia.org/wiki/Liste_der_offshore-Windparks.

Die Verpflichtungen des „Weltklimagipfels" in Doha, bei der das Kyoto-Protokoll bis 2020 verlängert wurde, lassen trotz der Austritte von Kanada, Russland und Japan hoffen, dass die Emissionen weiter gebremst werden. Das Pariser Protokoll (Pariser Klimavertrag, am 4. November 2016 in Kraft getreten) soll ab 2021 an die Stelle des Kyoto-Protokolls treten. Die Geschichte der bisherigen Klimadiplomatie hat in aller Deutlichkeit gezeigt, dass die Staaten der Erde von sehr unterschiedlichen Voraussetzungen und Ansätzen, aber auch Zielen ausgehen (N. REIMER 2015). Die wegen der Coronapandemie auf Ende des Jahres 2021 verschobene 26. UN-Weltklimakonferenz wird zeigen, ob es möglich ist, die globale Erwärmung auf 1,5 °C zu begrenzen, wie in Paris beschlossen wurde. Diese Konferenz (COP 26) wird im November 2021 in Glasgow stattfinden. Basis wird vor allem auch der 6. Sachstandsbericht (AS 6, Band 1) des IPCC vom August 2021 sein, der keinen Zweifel an der Hauptverantwortlichkeit des Menschen am Klimawandel lässt. Ein Urteil des Bundesverfassungsgerichtes (BVerfG) vom März 2021 verpflichtet den Gesetzgeber zu verstärkten Anstrengungen beim Klimaschutz.

Zukunft des Planeten Erde

8.1 Geologischer Zeitbegriff und Aktualismus-Prinzip

Die uns seit den klassischen Arbeiten von Karl Ernst Adolf von Hoff (1771–1837), die von 1822–1834 publiziert wurden, und dem Werk *Principles of Geology* (1830–1833) von Charles Lyell vertraute aktualistische Betrachtungsweise bedeutet, dass zur Erklärung aller geologischen Erscheinungen und Ereignisse in der Vergangenheit die gegenwärtig auf der Erde wirksamen Kräfte herangezogen werden müssen. Die Frage, ob dieser Grundsatz auch für die geologische Zukunft gültig sein wird, ist aber nicht einfach zu beantworten.

Die Wechselwirkungen zwischen den natürlich ablaufenden Vorgängen und dem menschlichen Wirken müssen zwangsläufig dazu führen, dass naturgegebene Vorgänge nicht mehr als solche zu erkennen sind. Vielfach werden heute viele durch menschliches Fehlverhalten verursachte Entwicklungen als „Naturkatastrophe" deklariert, wie zum Beispiel die Dürrekatastrophen in der Sahelzone oder große Überschwemmungen in Nordamerika oder Asien infolge von Starkregenfällen. Das tatsächliche Zusammenspiel von natürlichen und anthropogenen Faktoren verführt sogar dazu, die Grenze zu den „*man-made*"-Katastrophen zu ignorieren oder bewusst zu verwischen.

Andererseits muss deutlich gemacht werden, dass die Entwicklung der Erde ein einmaliger geschichtlicher Prozess war. Dies bedeutet, dass die geologische Gegenwart nur einen extrem kleinen Ausschnitt in der Erdgeschichte darstellt. Heute wird immer klarer, dass wegen der seit 2,6 Mio. Jahren dominierenden eiszeitlichen Klimabedingungen eigentlich „an-aktualistische" Züge den Planeten beherrschen. Diese Besonderheit muss auch bei allen zukünftigen Abläufen auf der Erde berücksichtigt werden. Stuft man den Menschen als global wirksamen geologischen Faktor ein, dann muss die weitere technische Entwicklung dazu führen, dass eine generelle Anwendung aktualistischer Prinzipien in Zukunft nicht mehr möglich ist.

Geowissenschaftlerinnen und Geowissenschaftler, die in erdgeschichtlichen Zeitkategorien denken, haben schon seit jeher Prognosen angestellt und aus der Vergangenheit und Gegenwart unter Anwendung des aktualistischen Prinzips auf die Zukunft geschlossen. Sie sind dazu durch abduktive und deduktive Schlüsse aufgrund physikalischer, chemischer, geologischer und biologischer Gesetzmäßigkeiten in der Lage. Insofern bedeutet der Blick in die Zukunft eine völlige Umkehr der Blickrichtung. Die gegenwärtig auf der Erde wirkenden Prozesse stellten jedenfalls bisher einen Schlüssel zum Verständnis der Vergangenheit dar.

Wenn sich heute im Hinblick auf längerfristige Projekte und deren Langzeitfolgen die Forderung nach begründeten Prognosen ergibt, dann können sich diese nur auf die bekannten physikalischen und chemischen Gesetze sowie die aus der historischen Geologie durch Ab- und Deduktion oder durch generalisierende Induktion gewonnenen Erkenntnisse, Daten und Fakten stützen. Ferner sind die Anwendung der in den Geowissenschaften bis heute gültigen „regulativen Prinzipien" (IMMANUEL KANT 1781) sowie der Uniformitarismus (seit JAMES HUTTON 1795) und der Aktualismus (seit K. E. A. v. HOFF 1822–1834) Basis für die Ausdeutung geologischer Dokumente.

Die Geowissenschaften werden in Zukunft noch stärker gefordert sein, zuverlässige Vorhersagen im Hinblick auf die Schadensminimierung bei Naturkatastrophen (Erdbeben, Vulkanausbrüche, Rutschungen, Bergstürze) zu machen. Es wird insbesondere notwendig sein, durch menschliches Fehlverhalten induzierte Katastrophen, die bisher allgemein noch als „Naturkatastrophe" deklariert werden, klar zu unterscheiden. Erst dann lassen sich falsche Planungen vermeiden. Dabei ist zu bedenken, dass die Gegenwart recht kurz ist im Vergleich zu den langen Zeiträumen der Erdgeschichte. Man denke nur an die wechselvolle Klimaentwicklung seit Beginn der Weichsel-Eiszeit vor ca. 115.000 Jahren im Vergleich zu Klimabeobachtungen in heutiger Zeit. Hiermit verbindet sich die Frage, wann die nächste Eiszeit kommt, denn die Geologen gehen davon aus, dass das heutige Holozän eine Warmzeit darstellt, der eine weitere Kaltzeit folgen wird. Zugleich ist es von großem Interesse, wie stark und wie schnell sich das Klima durch den anthropogenen CO_2-Anstieg global erwärmen wird.

Höchste Anforderungen an Prognosen ergeben sich im Zusammenhang mit der Endlagerung radioaktiver Stoffe, die für hochradioaktiven Abfall, wie Plutonium (Pu-239) mit einer Halbwertszeit von knapp 25.000 Jahren, eine Isolierung von der Biosphäre über mindestens 500.000 Jahre bzw. bis zu 1 Mio. Jahre bedeutet. Geowissenschaftler/innen können nach detaillierter Untersuchung die künftige Sicherheit eines solchen „Endlagers" nur dann beurteilen, wenn alle gesteinskundlichen, mineralogischen, geochemischen, physikalischen sowie strukturellen Daten positiv beurteilt werden. Gleiches gilt für den absolut auszuschließenden Grundwasserkontakt. Mittlerweile weiß man, dass Salzstöcke auch im Pleistozän aufgestiegen sind und dass durch fluvioglaziale Vorgänge tiefe Rinnen in die Salzdiapire eingeschnitten wurden. Eine Standortentscheidung, die von irgendeiner Seite getroffen wird, ohne dass eine standortbezogene geologische Untersuchung vorausgegangen ist oder alternative Standorte geprüft wurden, ist nicht vertretbar.

8.1.1 Prognosemöglichkeiten

Geowissenschaftler/innen haben die Verpflichtung gegenüber allen folgenden Menschheitsgenerationen, wissenschaftlich begründete Vorhersagen zu machen und alle Anstrengungen zu unternehmen, die Gesellschaft über bereits bestehende Gefahren aufzuklären. Dass im ehemaligen Salzbergwerk Asse rund 125.000 Fässer mit schwach- bis mittelradioaktiven Stoffen – mit teilweise schlecht dokumentierter Zusammensetzung – eingelagert wurden, war nach heutiger Sicht unverantwortlich. Ungeklärt ist weiterhin die künftige Bergung der Fässer, die defekt oder korrodiert sind, sowie deren endgültige sichere Verbringung.

Die wachsende Rolle des Menschen als geologischer Faktor bedeutet, dass künftig auch Vorgänge, die rein von natürlichen exogenen und endogenen Kräften bestimmt wurden, vom Menschen beeinflusst werden können, wie die künstliche Auslösung von Erdbeben oder der beschleunigte Anstieg des Meeresspiegels durch Klimaerwärmung. Insofern wird die Erde in Zukunft zunehmend vom Menschen geprägt werden. Auch das Schicksal des Menschen selbst und seiner Umwelt wird davon abhängig sein, wie stark diese Vorgänge vom Menschen gesteuert werden. Dies zeigt die große Bedeutung insbesondere von Langzeitprognosen. Aber auch kurz- bis mittelfristige Prognosen werden für Planungsvorhaben oder die Schadensminimierung bei plötzlichen Naturkatastrophen immer wichtiger. Hier ergeben sich vor allem durch die Entwicklung geophysikalischer Vorhersagemethoden bei Erdbeben und Vulkanausbrüchen sowie bei Rutschungen und Bergstürzen Möglichkeiten, Ort und Zeitpunkt des Ereignisses wesentlich genauer zu bestimmen. Dies ist auch notwendig, um nicht durch falsche Prognosen die Glaubwürdigkeit zu riskieren.

Die Rückschlüsse, die Geowissenschaftler/innen aus bestimmten Beobachtungen in der Natur ziehen und die Art, wie sie diese mit bekannten physikalischen, chemischen oder biologischen Gesetzmäßigkeiten in Einklang zu bringen versuchen, bestimmen die Qualität ihrer Schlussfolgerungen. Im Falle der Deduktion hängt diese entscheidend von der Richtigkeit der gewählten Prämissen ab, wenn einfache Naturgesetze zugrunde liegen. So unterliegt die Ablagerung von unterschiedlich großen Sedimentpartikeln in stehenden Gewässern dem Stokesschen Gesetz, d. h. die Fallgeschwindigkeit hängt wesentlich vom Korndurchmesser, vom spezifischen Gewicht des Minerals sowie bei stärkerer Abweichung von der Kugelform von der speziellen Kornform ab.

Eine weitere Möglichkeit wird als generalisierende Induktion bezeichnet. Aus Beobachtungen, die überall auf der Erde gemacht werden, können durch Vergleich und Verallgemeinerung Rückschlüsse auf die Bildungsbedingungen von Gesteinen oder auf das Vorkommen einer Lagerstätte gezogen werden. Eine positive magnetische Anomalie zeigt beispielsweise das Vorkommen von Eisenerz an, sodass auf eine möglicherweise abbauwürdige Eisenerzlagerstätte geschlossen werden kann. Viele Erdgas- und Erdöllagerstätten wurden an Flanken von Salzstöcken aufgrund der dort gemessenen negativen Schwereanomalien des Salzes entdeckt. Auch in den nächsten Jahrzehnten werden

Erdöl- und Erdgaslagerstätten noch einen hohen Anteil an der Primärenergieversorgung haben (Abb. 8.1), auch wenn ihr Anteil relativ zurückgeht. Dabei werden auch politische Vorgaben in die Projektion einbezogen.

Als Beispiel für die Möglichkeit, aufgrund bisheriger Entwicklung Vorhersagen für die nahe Zukunft zu machen, dient die Extrapolation des Weltenergieverbrauchs in den nächsten beiden Jahrzehnten bis 2040 (Abb. 8.1). Nachdem sich der Primärenergieverbrauch im Zeitraum 1980–2020 mehr als verdoppelt hat, steigt der künftige Verbrauch nicht mehr ganz so stark an. Der Anteil alternativer bzw. regenerativer Energieträger nimmt relativ zu. Dennoch bleibt – trotz weltweiter Anstrengungen und politischer Vorgaben – der Anteil fossiler Energierohstoffe hoch.

Bei in die Zukunft, also zeitlich nach vorn gerichteten Prädiktionen lassen sich nach W. VON ENGELHARDT & J. ZIMMERMANN (1982:252) „faktisch begründete" und „hypothetisch begründete" Prognosen unterscheiden. Im ersten Fall ist die Prüfbarkeit in der Regel gegeben. Dies ist der Fall, wenn ein überschaubarer geologischer Rahmen vorliegt. Als Beispiel sei der Eintrag von Düngemitteln (v. a. Stickstoffdünger, Phosphate) in die Nordsee aufgeführt: Dieser Eintrag führt zur Eutrophierung und damit zu folgender Reaktionskette: Planktonblüte → Absterben und Absinken zum Meeresboden → Sauerstoffzehrung durch Verwesungsprozess des organischen Materials → Sauerstoffarmut

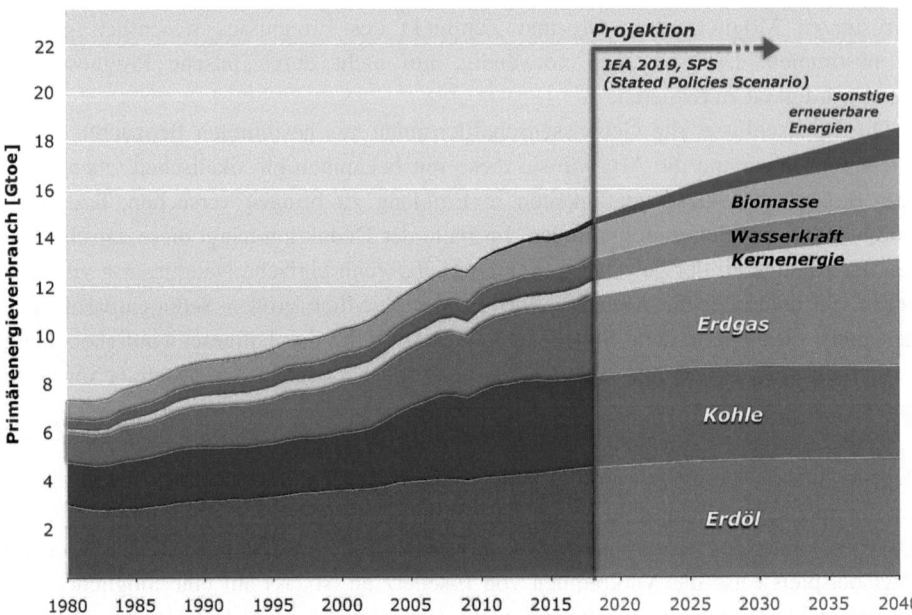

Abb. 8.1 Primärenergieverbrauch seit 1980 weltweit sowie der Bedarf bis zum Jahr 2040 für die verschiedenen Energieträger nach einer Projektion der IEA (Stand 2019) und der BGR, in Gigatonnen Öleinheiten [Gtoe] (Quelle: BGR Energiestudie 2019; mit freundl. Genehmigung des BGR)

im bodennahen Wasser → Absterben der Bodenfauna → spätere Durchmischung des Wassers im Herbst (→ mögliche Wiederbesiedlung). Im zweiten Fall hypothetisch begründeter Prognosen ist die Aussagekraft geringer. Prozesse, auf die der Mensch heute Einfluss hat, sind heute in der Umweltdiskussion von großem Interesse: CO_2-Anstieg in der Atmosphäre infolge Verbrennung fossiler Energieträger → Erhöhung der globalen Temperatur → Abschmelzen von Eiskappen der Pole → Meeresspiegelanstieg → Überflutung der Küstenregionen (Transgression).

Auf die erkannten physikalischen und chemischen Gesetze können sich Geowissenschaftler/innen bei der erdgeschichtlichen Betrachtung sowie bei der Beobachtung heutiger aktuogeologischer Vorgänge stützen. Gibt es allgemein anerkannte Entwicklungsgesetze, die das Erdgeschehen seit Bildung einer festen Erdkruste und Entstehung der Ozeane seit Milliarden Jahren bestimmen? Hierzu lassen sich folgende Aussagen machen:

- Geologische Prozesse folgten zu allen Zeiten den heute als gültig angesehenen chemischen und physikalischen Gesetzmäßigkeiten. Darauf gründet sich auch das aktualistische Prinzip. Die erkannten biologischen Gesetzmäßigkeiten werden als übertragbar angesehen, wenngleich die stammesgeschichtliche Entwicklung eine geohistorische Betrachtungsweise erfordert.
- Säkular andauernde Prozesse verlaufen in der Regel irreversibel. Sie zeugen meistens von einer einmaligen erdgeschichtlichen Entwicklung, vollziehen sich aber im Rahmen allgemeingültiger Naturgesetze.
- Komplexe räumliche, stoffliche und strukturelle Hierarchien und deren wechselseitige Beeinflussung erschweren dem/der Geowissenschaftler/in, Ursache-Wirkungs-Zusammenhänge zu bestimmen. Aufgrund der Langzeitigkeit vieler Prozesse in der geologischen Vergangenheit ist auch die Aussage des Experiments im Labor begrenzt.
- Exogene und endogene dynamische Prozesse zu verstehen, ist die Grundvoraussetzung zur Ausdeutung erdgeschichtlicher Befunde. Hierbei lassen sich folgende Prozesse unterscheiden: Erosions- und Sedimentationsvorgänge, Gebirgsbildungsvorgänge, Magmenaufstieg und -platznahme in der Erdkruste, isostatische Bewegungen sowie gravitativ ablaufende Vorgänge.
- Bei den Stoffkreisläufen handelt es sich um kleinere, mittlere und große Kreisläufe. Hier spielen die Elemente C, O, H, N und S im Hinblick auf alle Lebensprozesse die wichtigste Rolle. Die Biosphäre wird durch biologische und biochemische Gesetze gesteuert. Dabei sind die Wechselwirkungen mit den abiotischen Faktoren in der Geosphäre (Pedo-, Litho-, Hydro-, Atmosphäre) von entscheidender Bedeutung für die Evolution der Organismen im Meer und auf dem Festland. Die Entstehung des Lebens vollzog sich wahrscheinlich schon bei der Bildung der festen Erdkruste vor mehr als 4 Mrd. Jahren. Seit dieser Zeit sind abiogene und biogene Prozesse zunehmend miteinander gekoppelt.

8.1.2 Die Bedeutung des Zeitfaktors für die Umwelt

Ein von manchen naturwissenschaftlichen Disziplinen kaum berücksichtigter Faktor ist die Zeit. Der Zeitfaktor spielt jedoch bei den meisten geologischen Prozessen eine Schlüsselrolle. Die begrenzte Lebensdauer lässt dem Menschen diesen Zeitfaktor nicht bewusst werden. Bei Veränderung der Umweltbedingungen durch den Menschen muss aber der Faktor Zeit unbedingt berücksichtigt werden. Nur so lassen sich Folgewirkungen richtig einschätzen. Solange die Betrachtung dem statischen Bild einer festen, sich nicht verändernden Erde verhaftet bleibt, besteht die Gefahr einer völligen Fehleinschätzung zukünftiger Entwicklungen. Dies gilt umso mehr, als heute viele Vorgänge, durch den Menschen bedingt, um das Vielfache beschleunigte ablaufen. Wenn geodynamische Gleichgewichte sich nicht einstellen können, kann es zu katastrophenartigen Entwicklungen kommen. Waren früher oft geologische Zeiträume zur Einleitung von Katastrophen notwendig, so genügen aufgrund menschlicher Eingriffe in Zukunft nur wenige Jahre oder Jahrzehnte. Schwerpunkte dieser Entwicklung erfasst die nach dem 2. Weltkrieg in der US-amerikanischen Geographie einsetzende Hazardforschung.

Am Beispiel der Alpen kann auf die Gefahren katastrophaler Erosionsvorgänge hingewiesen werden, die durch riskante bauliche Maßnahmen, falsche Bewirtschaftung, durch forcierten Wintertourismus sowie durch halbherzigen Naturschutz verursacht werden. Hinzu kommt die Klimaerwärmung, die sich im verstärkten Rückschmelzen der Gletscher äußert, aber auch im fortschreitenden Auftauen von Permafrostböden bis in den hochalpinen Bereich. Rutschungen, Bergstürze, Lawinen, Fortschwemmung fruchtbarer Böden in Hanglagen sowie Überschwemmungen in Tälern werden die Folgen sein. Verursacher oder Auslöser ist der Mensch. Es ist äußerst schwierig, Schwellenwerte für Vorgänge festzulegen, bei denen bereits minimale Verschiebungen der Gleichgewichte schwer beherrschbare Kettenreaktionen in Gang setzen (vgl. Abschn. 7.5.5).

Auf diesem Hintergrund müssen in Zukunft auch Naturkatastrophen und solche, an denen der Mensch maßgeblich – ob als Beschleuniger, Auslöser oder Verursacher – beteiligt ist, betrachtet werden. Es mutet paradox an, dass der Mensch einerseits den unabwendbaren Naturkatastrophen mit hohem Einsatz an wissenschaftlich-technischem Know-how entgegenzutreten versucht, auf der anderen Seite aber eindeutig anthropogen induzierten Katastrophen immer stärker Vorschub leistet, ohne sich der ebenso gravierenden Folgewirkungen bewusst zu sein.

8.1.3 Umweltveränderung und Evolution

Die Entwicklung der Lebewesen und deren Anpassung an ihre Umwelt liegt als Prinzip der gesamten Bioevolution zugrunde. Diese Evolution muss insgesamt als Ausdruck einer ständigen Veränderung der herrschenden Umweltbedingungen auf der Erde begriffen werden. Ohne eine ihnen „gemäße" Umwelt hätten weder Bakterien noch höhere Pflanzen, weder die Tiere noch der Mensch selbst eine Chance gehabt, zu entstehen oder zu überleben. Eine rein genetische Betrachtungsweise – ohne direkten Bezug zu den jeweils herrschenden Umweltbedingungen – würde weder das Entstehen neuer Arten noch die engen ökologischen Beziehungen der Organismen untereinander erklären. Umgekehrt sind auch die abiotischen Bedingungen durch die Organismen selbst entscheidend verändert worden – wie zum Beispiel die Art der Verwitterungsprozesse auf dem Festland oder die Kohlenstoffverteilung auf der Erde. Nicht die einzelne Art oder Gattung, sondern deren Kooperation mit anderen Organismengruppen und deren Anpassung an sich ändernde Umweltbedingungen ist ein wichtiger Motor der Evolution. Diese enge Wechselbeziehung ist das „Sicherheitsnetz" für den Fortbestand von Arten. Immerhin dauert die Herausbildung einer neuen Tier- oder Pflanzenart größenordnungsmäßig bis zu 100.000 Jahre. Die Bioevolution war direkt oder indirekt mit der Evolution der sialischen Kruste, der Ozeane und der Atmosphäre verbunden.

Wenn der Mensch selbst heute in der Lage ist, die grundlegenden Lebensbedingungen auf dem Festland und im Meer sowohl quantitativ als auch qualitativ wesentlich zu verändern, dann wird er damit zum Evolutionsfaktor. Sollte die Vorherrschaft dieser einzigen Art *Homo sapiens* länger andauern, könnte dies letztlich zur Zerstörung großer Teile der Biosphäre führen. Dabei würde die Evolution der letzten 600 Mio. Jahre im Ernstfall rückgängig gemacht, wie durch einen Atomkrieg mit nuklearem Winter (W. KASIG & D. E. MEYER 1984). Die große Frage bleibt: Wie viel wissen wir heute wirklich über die Belastbarkeit der Ökosysteme und Biome, wie viel über unsere eigenen Lebensvoraussetzungen, um uns das Risiko, das unweigerlich mit der rein anthropozentrisch orientierten „Nutzung" kontinentaler und mariner Lebensräume verbunden ist, leisten zu können?

8.2 Zukunftsperspektiven für die Erde

Heute klar erkennbare Tendenzen sind eine weiter exponentiell zunehmende Weltbevölkerung, ein weltweit wachsender Rohstoffkonsum, die Ausdehnung landwirtschaftlich genutzter Gebiete mit künstlicher Bewässerung, eine noch dichtere Besiedlung – insbesondere in den Ballungsräumen und in den Küstenregionen – sowie die Zerstörung von Regenwäldern. Die Ausdehnung der Rohstoffgewinnung auf sensible Schelfgebiete, auf die Tiefsee oder in arktische Gebiete schreitet fort. Parallel dazu käme es zu einer global schleichend zunehmenden Verschmutzung der Umwelt. Insgesamt ergibt sich ein düsteres Bild der zukünftigen Entwicklung der Lebensbedingungen. Wie sähen solche Veränderungen aus? Sie lassen sich in folgenden Punkten zusammenfassen:

- Die Zerstörung ursprünglich vielfältig strukturierter Lebensräume wird rapide fortschreiten und auch solche Regionen erfassen, die noch als natürlich oder zumindest naturnah bezeichnet werden. Hierzu gehören vor allem die Verbauung der Landschaft, die Korrektur fast aller größeren Gewässer sowie die Schaffung neuer künstlicher Landschaftsformen.

- Zunehmende Desertifikation, insbesondere die Wüstenausbreitung in heute noch wechselfeuchten semiariden Regionen. Die Verschiebung von Klima- und Vegetationsgürteln zöge gravierende soziale und wirtschaftliche Folgen nach sich.
- Extreme Verarmung der Landschaft durch Monokulturen und Verdrängung von Arten sowie ganzen Pflanzen- und Tiergruppen. Die Folge ist ein Aussterben von Arten bis hin zur Vernichtung wertvollen Evolutionspotenzials.
- Allmähliche Verknappung von mineralischen Rohstoffen und damit verbundene Verteuerung; ein exponentiell ansteigender Energieaufwand bei Gewinnung der noch vorhandenen Reserven würde erforderlich.
- Weitgehende Verlangsamung der „biologischen" Humanevolution bei gleichzeitiger Behinderung der natürlichen Evolution von höheren Tier- und Pflanzenarten, soweit sie nicht bereits durch frühere menschliche Mitwirkung ausgestorben sind.
- Eutrophierung und Belastung von Seen und Nebenmeeren durch vermehrten Nährstoffeintrag und durch saure Niederschläge sowie den Eintrag ökotoxischer Elemente und organisch-chemischer Verbindungen (zum Beispiel karzinogene, teratogene und mutagene Stoffe). Die Folgen wären ein drastischer Artenrückgang bis hin zum Absterben des Bodenlebens im aquatischen Bereich.
- Irreversible Störung lebenswichtiger geologischer Stoffkreisläufe in relativ kurzen Zeiträumen; damit verbundene Folgewirkungen wirken sich auf dem Festland, im Meer, in der Luft und in Vereisungsgebieten aus, wobei weltweit die Gletscher- und Permafrostgebiete besonders betroffen wären.
- Die Erosions- und Sedimentationsraten nehmen weltweit zu. Sie würden großräumig zu einem flächenhaften Bodenabtrag (Denudation) im Hoch- und Mittelgebirge führen sowie zur Verschlammung von Seen, Flüssen sowie zur Verlandung von Deltas, Lagunen und Talsperren.
- Klimaveränderungen regional und global (durch den weiteren CO_2-Anstieg in der Atmosphäre). Die Folge wäre das Schmelzen der Polkappen bzw. der Meereisdecken, verbunden mit einem Anstieg des Meeresspiegels und der Überflutung weiter Küstenregionen oder unzähliger Inseln im Pazifik.
- Bedrohung durch radioaktive Verseuchung (Unfälle, nicht beherrschter Transport oder unsachgemäße Lagerung von Abfällen, Atomkrieg) mit allen Folgen für die Tier- und Pflanzenwelt und den Menschen selbst. Eine exponentielle Erhöhung der Mutagenitätsrate, der Missbildungsrate und der Sterberate sind unausweichliche Langzeitfolgen, wenn es zu derartigen Ereignissen kommt. Betroffen wären zahllose nachfolgende Generationen.

Es wird Zeit, dass weltweit ein radikales Umdenken einsetzt. Ein wirklich schonender Umgang mit allen nicht regenerierbaren Ressourcen ist zwingend. Geschieht dieses nicht oder nur halbherzig, dann würden zweifellos die negativen Zukunftsperspektiven überwiegen. Die Umweltprobleme sind in Industrie- und Agrarstaaten gleichermaßen sichtbar und scheinen generell weiter an Gewicht zuzunehmen, auch wenn im Hinblick auf die Verschmutzung der Luft, der Seen und Fließgewässer in Europa in jüngster Zeit durchaus Erfolge erzielt wurden und selbst in China der Umwelt- und Naturschutz verstärkt betrieben wird.

8.3 Ein Horrorszenario für Ende des 21. bis Mitte des 23. Jahrhundert n. Chr.

Projiziert man die bereits heute eingeleitete Entwicklung in die nahe geologische Zukunft, dann wird es auf der Erde bereits in wenigen Jahrhunderten keine Naturlandschaften mehr geben. Verbliebene Reste im Hochgebirge, in den Wüsten Afrikas oder in der Antarktis nehmen nur noch winzige Flächen ein. Bereits vor 50 Jahren gab es nur in entlegenen Gebieten – wie in Afghanistan – Seen, die keine anthropogenen Einflüsse aufwiesen. Aber auch dort werden die geodynamischen und geoökologischen Gleichgewichte derart stark gestört sein, dass die natürliche Entwicklung von Pflanzen und Tieren abbrechen muss. In den am dichtesten besiedelten Regionen entlang der Küsten und großen Flüsse wird eine künstlich von Menschen geschaffene Zivilisationslandschaft vorherrschen. Diese wird sich auf einem aus anthropogenen Sedimenten, Abfällen und durch gestörte Bodenstrukturen ohne geregelten Grundwasserhaushalt geprägten Untergrund erstrecken. Salzwasser wird in den kaum abgesicherten Küstenregionen weiter landeinwärts vorgedrungen sein. Durch rapiden Meeresspiegelanstieg werden bestimmte Räume aufgegeben werden müssen, vor allem auch Inseln, Deltagebiete und Ästuare, die weder durch Deiche noch durch andere Küstenschutzmaßnahmen gesichert werden können.

Weite Festlandsgebiete müssen vor Erosionswirkungen geschützt werden, weil die natürliche Vegetation zerstört und der Boden großflächig abgeschwemmt wurde. Ehemalige Stauseen sind unbrauchbar geworden, weil sie sukzessive mit Sedimenten oder Rutschmassen zugefüllt wurden. An anderer Stelle werden infolge verschärfter Klimaänderung Ersatzstauseen geschaffen. Durch Vernichtung der zusammenhängenden Regenwaldgebiete hat sich das Klima dort und in den angrenzenden Zonen stark verändert. Die bereits fortgeschrittene physikalische und bodenchemische Degradierung der Böden (Unfruchtbarkeit, Versalzung, Bodenerosion) erreicht ein Stadium, das eine „Entwicklung zurück" nicht mehr zulässt. Die Umgestaltung von Flusssystemen ist weit fortgeschritten, auch die Fließrichtung wurde umgekehrt, um trockene Gebiete zu bewässern. Regelungssysteme, die mit hohem Kostenaufwand errichtet wurden, sind nur durch ständige Kontrolle in der Lage, die Lebensbedingungen für den Menschen selbst aufrechtzuerhalten.

In den Hochgebirgsregionen ist nach dem Verschwinden aller Gletscher die erosive Abtragung mit allen Formen der Massenbewegung und des Massentransports fortgeschritten. Die Frequenz von Rutschungen, Abgängen von Muren und Schlammströmen sowie von Bergstürzen hat drastisch zugenommen, vor allem auch durch tiefgründiges

Auftauen von Permafrostböden. Während der Vegetationsperiode sind die meisten Gewässer nur noch Rinnsale, nach Starkregenfällen aber reißende Wildwasser. Wasserversorgungssysteme sind zusammengebrochen, nachdem die Gletscher weitgehend verschwunden und Leitungen blockiert sind.

Weite Gebiete wurden von Menschen verlassen. Lebenswichtige Infrastrukturen des Menschen sind bereits zerstört oder von Dutzende von Metern mächtigen Schuttmassen überdeckt. Viele Täler sind kaum noch passierbar. Die Beherrschung von Überschwemmungen im Flachland steht im Vordergrund, um den Lebensraum des Menschen zu schützen. Eine Errichtung von neuen Städten auf künstlich errichteten, gigantischen Aufschüttungen ist denkbar.

Die Folgen der im 20. und 21. Jahrhundert bereits in Gang gesetzten künstlichen Massenverlagerungen durch Rohstoffgewinnung mit allen daraus resultierenden Wirkungen – wie Bergsenkung, Abfallverbringung, Instabilisierung von Böschungen, Erdfälle, Grundwasserverschmutzung – führten zur Versumpfung weiter Gebiete sowie zu Gefährdungen der Gesundheit von Mensch und Tier. Giftstoffe aus leck gewordenen Deponien oder „Endlagern" gefährden die Umwelt. Im Erosionsbereich angelegte Abfalldeponien werden ausgeräumt. Ähnlich wie früher die unberührte Natur dem Menschen bedrohlich war, ist es jetzt die fast völlig vom Menschen geprägte und belastete „Landschaft". Inzwischen haben sich bestimmte Katastrophen ereignet, die zu weitreichender Vernichtung ursprünglich fruchtbarer landwirtschaftlicher Gebiete geführt haben. Als besonders gefährlich erweisen sich Radioisotope, toxische und mutagene Substanzen, die schwer abbaubar sind oder lange „Halbwertszeiten" haben.

Die abiotischen Lebensvoraussetzungen in den Meeren, insbesondere den Nebenmeeren und Küstengebieten, haben inzwischen zur drastischen Reduktion der ursprünglichen benthonischen Lebensgemeinschaften in den Schelfmeeren geführt. Die meisten Korallenriffe sind weitgehend abgestorben. So könnte sich durchaus eine ähnliche Katastrophe wie vor etwa 380 Mio. Jahren ereignen, als weltweit die Riffe im Oberdevon-Meer völlig abstarben. Der Meeresspiegelanstieg infolge der Klimaerwärmung beschleunigt das Riffsterben, wenn das Wachstum der kalkabscheidenden Riffbildner nicht mehr Schritt halten kann. Die Versauerung des Ozeanwassers ist so stark, dass Korallen keinen Kalk mehr abscheiden können. Die Zerstörung der Ökosysteme der Meere ist in vollem Gang und wird durch den Zusammenbruch wichtiger Nahrungsketten beschleunigt. Dazu tragen anthropogene Aktivitäten wie Überfischung und subaquatische Rohstoffgewinnung maßgeblich bei.

Da sich die Bedingungen in der Atmosphäre durch fast völlige Verbrennung der wirtschaftlich gewinnbaren fossilen Energierohstoffe weiter verschlechterten und der CO_2-Pegel der Luft weit mehr als verdoppelte, hat die dadurch bewirkte globale Erwärmung den Abschmelzvorgang in den Polregionen unumkehrbar gemacht. Der Meeresspiegel steigt noch rascher an, als vorherige Modellrechnungen vermuten ließen. Eine Phase von verstärktem Vulkanismus wirkt in gleicher Richtung, sodass sich anthropogene und natürliche Vorgänge überlagern und durch Rückkopplung verstärken.

Auf dem Festland haben die Folgen der industriellen Landwirtschaft die Böden weitgehend degradieren lassen und die Biodiversität so stark vermindert, dass die natürlichen Ökosysteme extremen Wetterereignissen (Folge von Trockenjahren, Starkniederschlägen, hohen Temperaturen, Stürmen) nicht mehr gewachsen sind. In den überbevölkerten Gebieten sind natürliche oder naturnahe Ökosysteme längst gewichen.

Die Wahrscheinlichkeit, dass dieses geschilderte Szenario Wirklichkeit werden könnte, ist kaum geringer als die damals abenteuerliche Vorstellung Jules Vernes, dass der Mensch zum Mond fliegt. Man muss sogar annehmen, dass die Zukunftswirklichkeit noch wesentlich düsterer aussehen kann, insbesondere wenn es zu nicht auszuschließenden kriegerischen Ereignissen mit dem globalen Einsatz von Atomwaffen und Chemiewaffen kommt. Der Sinn und Zweck eines derartigen Szenarios ist keineswegs, Angst und Schrecken zu erzeugen. Im Gegenteil! Szenarios dieser Art sind notwendig, um die Dimensionen möglicher Veränderungen deutlich zu machen. Wenn der menschliche Verstand und die Vernunft nicht ausreichen, um derartige Entwicklungen abzuwenden, sind die umrissenen Vorgänge durchaus möglich. Da der Mensch das Potenzial hat, Folgewirkungen zu bedenken und dementsprechend sein Handeln zu ändern, sind Warnungen solcher Art sinnvoll.

8.4 Zukunftsperspektiven und Beitrag der Umweltgeowissenschaften

Die positiven Zukunftsperspektiven für die Menschheit hängen wesentlich davon ab, ob Geowissenschaftler/innen gemeinsam mit Biolog/innen und Ökolog/innen sowie den für Wirtschaft und Staat Verantwortlichen nur solche Konzepte realisieren, die den Zerstörungs- und Degradationsprozess vermeiden. Darüber hinaus hängen sie entscheidend davon ab, inwieweit sich geoökologische und auf Nachhaltigkeit gerichtete Denkweisen bei der Besiedlung, in der Land- und Waldwirtschaft sowie bei der Erschließung von Rohstoffen, bei der Abfallbeseitigung und bei der Energieversorgung durchsetzen.

Die Umweltgeowissenschaften können in Zukunft wichtige Beiträge liefern, um Entwicklungen, wie sie im „Horrorszenario" beschrieben werden, zu verhindern, und zwar auf den folgenden Gebieten:

- Bodenschutz und Bodenerhaltung: Bekämpfung von Bodenerosion, Rutschungen; Entwicklung geeigneter Meliorationsmaßnahmen weltweit; Sicherung der Bodenqualität
- Nachhaltige Bewässerungsprojekte durch Verhinderung von Bodenversalzung, Nährstoffauslaugung und physikalischer Degradierung von Böden
- Umweltverträgliche Nutzung der Grundwasserressourcen: Grundwassererschließung und -bewirtschaftung bei Vermeidung von *„groundwater mining"*

- Wissenschaftlich fundierter Naturschutz: Schutz der Natur, Biotopschutz, Schutz von Geotopen und Naturdenkmälern
- Gewässerschutz und Schutz der Meere: Reinhaltung der Gewässer, umweltverträgliche Rohstoffgewinnung, Minimierung der Emissionen und damit der Immissionen in aquatische Ökosysteme
- Schonender Umgang mit dem Geopotenzial, vor allem mit den nicht regenerierbaren mineralischen Rohstoffen; Verhinderung von Raubbau sowie Minimierung von Schäden bei Gewinnungs- und Veredelungsprozessen
- Schadlose Entsorgung von Abfällen und Reststoffen durch Einlagerung in sicherem geologischem Milieu, sofern Rezyklierung nicht möglich
- Vorsorge gegenüber Naturkatastrophen durch geowissenschaftliche Erkundung, darauf basierender Planung und Siedlungspolitik sowie durch entsprechende Maßnahmen zur Schadensminimierung bei Bergstürzen, Rutschungen, Erdbeben, Vulkanausbrüchen, Überschwemmungen, Lawinen und Muren
- Verhinderung anthropogen ausgelöster Katastrophen
- Gezielte Beiträge zur Lösung von Nutzungskonflikten im Spannungsfeld Ökologie – Ökonomie unter dem Aspekt nachhaltiger und effizienter Nutzung von Georessourcen

Verantwortung der Geowissenschaften 9

9.1 Herausforderungen und Möglichkeiten in Forschung und Praxis

Praktische Beiträge von geowissenschaftlicher Seite zur Lösung von Umweltproblemen sind vor allem auf folgenden Sektoren erforderlich:

- umweltverträgliche Gewinnung und Produktion von Rohstoffen,
- Verhinderung von Raubbau an wertvollen Ressourcen;
- nachhaltige Grundwassererschließung und -bewirtschaftung;
- naturnahe Raumordnung und Landschaftsplanung;
- Errichtung von Nationalparks und Geoparks; Geotopschutz;
- Beiträge zur Ökosystemforschung;
- Bodenschutz und Erhaltung der Bodenfruchtbarkeit;
- nachhaltige Landwirtschaft;
- verstärkter Gewässerschutz in Industrie- und Ballungsgebieten;
- sichere Entsorgung von Abfällen und gefährlichen Stoffen;
- nachhaltige Bewässerungsprojekte in ariden Regionen;
- weltweite Vorsorge bei Naturkatastrophen
- Vermeidung anthropogener Katastrophen;
- Entwicklung geoökologisch verträglicher und nachhaltiger Nutzungen von Meeresressourcen.

Die Forderung nach verstärkter Zusammenarbeit mit Fachleuten sozialer und naturwissenschaftlicher Disziplinen bei der Lösung von Umweltproblemen richtet sich an jeden verantwortungsvollen Geowissenschaftler. Dabei sind die folgenden Maxime zu beachten:

- Die Lösung der Umweltprobleme ist nur durch eine optimale Zusammenarbeit von Geo- und Biowissenschaftler/innen, Ökolog/innen, Planer/innen sowie den politisch Verantwortlichen zu erreichen.
- Die neuartige Qualität der anthropogenen Eingriffe im Vergleich mit natürlichen Prozessen erfordert es, die möglichen Folgewirkungen der Rohstoffgewinnung langfristig zu kalkulieren.
- Um die Folgewirkungen der Eingriffe zu minimieren, müssen die Konsequenzen, die sich aus dem 2. thermodynamischen Hauptsatz ergeben, strikt beachtet werden.
- Bei allen Abbaumaßnahmen von Rohstoffen ist dem Vorsorgeprinzip unbedingt Rechnung zu tragen; dies bedeutet, dass die geologischen Stoffkreisläufe beachtet werden müssen.
- Ausgleichs- und Ersatzmaßnahmen für Landschafts- und Ökosystemschäden sind notwendig, reichen aber nicht aus, um Störungen von langfristig eingependelten Gleichgewichten zu verhindern.
- Rohstoffabbau und Rohstoffsicherung müssen, um Ziel- und Nutzungskonflikte mit anderen lebensnotwendigen Naturraumpotenzialen zu vermeiden, von vornherein wirksamer aufeinander abgestimmt werden. Das heißt, dass das gesamte Wirkungsgefüge von abiotischen und biotischen Faktoren in seiner zeitlichen Dynamik genau erfasst werden muss, ehe Großprojekte in Angriff genommen werden.
- Der Systemansatz zur Einordnung, Beurteilung und Vermeidung von Folgewirkungen bei rohstoffgewinnenden Maßnahmen muss ganzheitlich, kreislaufbezogen und ökogeodynamisch definiert sein; dabei sind die ökonomischen, technischen und humanökologischen Randbedingungen zu berücksichtigen.
- Rohstoffgewinnung und Rohstoffwirtschaft sind weltweit so stark miteinander verflochten, dass bereits heute die ökologischen Folgewirkungen eine bio-/geosphärische Dimension erreicht haben. Daraus erwächst die Forderung, die ökologischen Gleichgewichte bei der Gewinnung und Aufbereitung nicht dauerhaft zu stören, die Biodiversität nicht zu gefährden und die lebenswichtigen Stoffkreisläufe funktionsfähig zu halten.
- Völlig neue Konzeptionen zum Boden- und Ressourcenschutz sowie zur Verhinderung von ökologischen Katastrophen, wie sie im Bereich rohstoffreicher Küstenregionen und in Nebenmeeren zu befürchten sind, müssen erarbeitet werden.

Ballungsräume und ihre Randregionen sind in der Regel Spitzenverbraucher und auch Hauptlieferanten volkswirtschaftlich unverzichtbarer mineralischer Rohstoffe. Viele der bedeutendsten montanindustriellen Ballungsgebiete haben sich nur auf der Basis standortgebundener Bodenschätze entwickeln können, wie etwa das Ruhrgebiet.

Bereits durch die Rohstoffgewinnung kommt es lokal, regional oder großräumig zu gravierenden Belastungen von Biotopen bzw. Ökosystemen. Dies geschieht durch die direkte Einwirkung auf die Pflanzen- und Tierwelt, aber auch auf indirekte Weise durch exogen-geodynamische Prozesse, die durch anthropogenen Einfluss um ein Vielfaches der natürlichen Rate beschleunigt wurden. Insgesamt resultiert daraus meistens eine langfristige Störung von Stoffkreisläufen.

Durch Tagebau und Untertagebergbau und die dadurch verursachten Bergsenkungen, aber auch durch bergbauliche Abfallprodukte und Großhalden werden natürliche und naturnahe Biotope in der Regel besonders stark belastet. Ökosysteme können völlig zerstört oder in ihrer Funktion empfindlich über lange Zeiträume gestört werden. Insbesondere führen Grundwasserabsenkungen zu Langzeitfolgen für die Pedosphäre und Hydrosphäre in diesen Gebieten. Rohstoffspezifische Emissionen bei der Gewinnung und Aufbereitung, zum Teil auch beim Transport mineralischer Rohstoffe verändern geochemische Gradienten, bewirken technogeochemische Belastungen von Luft, Boden, Oberflächen- und Grundwasser. Sie führen zum Durchbrechen geochemischer Barrieren. Wo seit Beginn der 70er-Jahre des 20. Jahrhunderts Maßnahmen getroffen wurden, konnten derartige Belastungen inzwischen stark eingedämmt werden. In vielen Regionen der Erde (zum Beispiel China) existieren solche Maßnahmen nicht oder nur im Ausnahmefall.

Die Aus- und Folgewirkungen, vor allem die durch Großprojekte bedingten Langzeitrisiken betreffen das Naturraumpotenzial sowie die ausschlaggebenden ökologischen Bedingungen wie das Georelief, die Böden, die Wasserverfügbarkeit oder das Klima. Bei der Rekultivierung, Renaturierung oder anderen Folgenutzungen müssen daher neben den bodenkundlichen, biologischen und landschaftsökologischen Daten vor allem die exogen-dynamischen Prozesse sowie die geochemischen und hydrologischen Stoffkreisläufe berücksichtigt werden. Nur wenn dies geschieht, lässt sich ein Teil der nachteiligen Folgen abfangen oder „ausgleichen".

9.2 Ethische Grundlagen zur Erhaltung der Umwelt

„Das Urbild aller Verantwortung ist die von Menschen für Menschen" stellte HANS JONAS in seinem Werk *Das Prinzip Verantwortung* (1984) fest. Die ethische Herausforderung des Geowissenschaftlers besteht darin, dass der Mensch seiner Verantwortung im Hinblick auf künftige Menschheitsgenerationen gerecht werden muss. Er weiß, dass die Georessourcen weder vermehrbar noch mit wirtschaftlichen Mitteln regenerierbar sind. Infolgedessen muss der Mensch sich der Tatsache bewusst sein, dass einzig und allein ein möglichst sparsamer Umgang mit den Schätzen der Natur erlaubt sein sollte. Eine Verschwendung von mit hohem Energieeinsatz nutzbar gemachten Rohstoffen ist daher nicht zu verantworten! Aus diesem Grund ist nur ein nachhaltiges Wirtschaften vertretbar. Dringend geboten ist auch, das enorme wirtschaftliche, soziale und ökologische Gefälle zwischen den „entwickelten" Nationen und den Ländern der sogenannten Dritten Welt abzubauen.

Ferner muss dem Menschen klar sein, dass die rücksichtslose Inanspruchnahme der Lebensräume mit ihrem in langen Zeiträumen „gewachsenen" Grundwasserhaushalt, den vom herrschenden Klima geprägten Böden sowie der an diese abiotischen Bedingungen adaptierten Tier- und Pflanzenwelt diese Lebensbedingungen gefährdet. Die Evolution der Organismen ist ein irreversibler Vorgang. Hieraus ergibt sich im Sinne der ethischen Forderung von Albert Schweitzers „Ehrfurcht vor dem Leben" auch für den Geowissenschaftler die Verpflichtung, die Lebensräume von Tieren und Pflanzen wirksam zu schützen. Hier geht es um die großen Biome und Ökosysteme wie um die Erhaltung der vielfältigen Strukturen innerhalb derselben. Diese wiederum werden von den abiotischen Gegebenheiten maßgeblich bestimmt.

Mit wachsender Bedrohung der Natur durch den Menschen ist die anthropozentrische Grundhaltung, die der Mensch im Umgang mit der Natur und seiner Umwelt zeigt, nicht länger zu verantworten. Ohne eine an der Wurzel dieser Fehleinschätzung einsetzende Umorientierung wird das Ungleichgewicht Erde – Mensch verschärft. Die durch falsche Wirtschaftsweisen hervorgerufenen Belastungen der Umwelt werden weltweit exponentiell zunehmen und letztlich die Existenz der Menschheit selbst in Frage stellen, wenn es nicht in den nächsten Jahrzehnten gelingt, grundlegend neue Steuerungsinstrumente durch wirtschaftliche oder gesetzgeberische Initiativen zu schaffen, die von ethischen Grundsätzen ausgehen.

Die Verantwortung, welche die Geowissenschaftler tragen, muss sowohl im Sinne der Menschenrechte wahrgenommen werden, als auch gemäß der Charta der Vereinten Nationen zur Wahrung des Weltfriedens. Das Recht auf eine menschenwürdige Umwelt impliziert, dass Schäden für künftige Generationen zu vermeiden sind. Das heißt zugleich, dass Raubbau an nicht erneuerbaren Ressourcen strikt vermieden wird. Auch das Grundgesetz der Bundesrepublik Deutschland garantiert in Artikel 3 (2) körperliche Unversehrtheit. Ein gewissenloser Umgang mit Schadstoffen würde die menschliche Gesundheit gefährden. Der Europarat hat bereits 1972 eine „Europäische Bodencharta" in 12 Punkten verabschiedet, die den Boden als eines der kostbarsten Güter der Menschheit und damit als fundamentalen Bestandteil der Biosphäre dekretiert. Dennoch werden die Böden physikalisch und chemisch degradiert und weiter zerstört, sodass Bodenerosion und Desertifikation die zwangsläufige Folge sind.

Das Geopotenzial muss der breiten Öffentlichkeit bewusst gemacht werden. Dies sollte auf mehreren Ebenen geschehen, wie dieses bereits von W. KASIG & D. E. MEYER (1984) gefordert wurde:

- politische Ebene: Berater- und Expertengremien, Sachverständigenräte, Anhörungen in Landtagen bzw. im Bundestag bei Gesetzesvorhaben
- schulische Ebene: Integration geowissenschaftlicher Kenntnisse in den Unterricht
- Einrichtung geowissenschaftlicher Lehrpfade und Anschauungsobjekte
- Schaffung von Geoparks und verstärkter Geotopschutz
- Vorträge von Geowissenschaftlern vor der Öffentlichkeit
- klare Stellungnahmen von Geowissenschaftlerinnen und Geowissenschaftlern in der Öffentlichkeit zu aktuellen Problemen der Lebensvorsorge und des Umweltschutzes
- Entwicklung von Zukunftsperspektiven zur Erhaltung einer lebenswerten Umwelt

9.3 Geowissenschaften und Politikberatung

In der Planung haben Geowissenschaftler bisher zu oft nur als Zulieferer von Daten, Fakten und Karten eine Rolle gespielt. Aus volkswirtschaftlichen Gründen und wegen der Lösung von Ziel- und Nutzungskonflikten müssen geowissenschaftliche Sachverhalte in Zukunft noch stärker berücksichtigt werden, insbesondere beim Boden- und Wasserschutz, bei der Rohstoffsicherung, bei der Naturkatastrophenvorsorge und bei Georisiken.

Auf dem Papier klingen viele Grundsatzerklärungen durchaus positiv. Dennoch zeigen die Erfahrungen die große Diskrepanz zwischen den politischen Absichtserklärungen und deren Umsetzung. Dies heißt letztlich, dass die Politiker beim Wort genommen werden müssen. Entsprechender Sachverstand der Geowissenschaftler/innen sollte auf allen Entscheidungsebenen zum Tragen kommen. Solange es an der notwendigen Einsicht mangelt, querschnittsorientierte Konzepte von den kompetenten Disziplinen erarbeiten zu lassen, werden die Mandatsträger letztlich nur eine Scheinverantwortung übernehmen.

Angesichts der akuten Bedrohung der Ökosysteme, der Landschaft und der Rohstoffressourcen ist die Zurückhaltung vieler Wissenschaftler nicht zu verstehen! Hier ist ein grundlegendes Umdenken auch in der Förderung der umweltrelevanten angewandten Geowissenschaften erforderlich (G. Wefer und Geokommission der DFG 2010, S. 69 ff.).

Jeder Geowissenschaftler ist moralisch verpflichtet, auf gefährliche Entwicklungen rechtzeitig hinzuweisen. Bei konkret erkennbaren Gefahren, wie drohenden Naturkatastrophen, hat er zu warnen und dafür zu sorgen, dass Vorsorgemaßnahmen – vorrangig zum Schutz des Lebens – getroffen werden. Aus ethischer Sicht ist insbesondere der Geowissenschaftler aus Kenntnis der einmaligen und irreversiblen Evolution von Pflanzen, Tieren und des Menschen verantwortlich dafür, dass das Leben auf der Erde fortbesteht und dass die dafür notwendigen Lebensgrundlagen langfristig gesichert werden. Dies betrifft auch die Vielfalt der Lebensformen und Lebensräume.

Zum Wohl künftiger Generationen sind die Geowissenschaftler und die Geowissenschaften insgesamt verpflichtet, auf einen schonenden Umgang mit den nicht erneuerbaren irdischen Ressourcen zu drängen und mitzuhelfen, jedweden Raubbau zu unterbinden. Dieser Grundsatz sollte weltweit Gültigkeit haben. Dies gilt für die Schwellenländer ebenso wie für die Länder der Dritten Welt. Die ökonomisch vertretbaren Lösungen sind zu überprüfen, weil bei den Kosten-Nutzen-Analysen eine Ausklammerung späterer Folgekosten unterbleibt. Auf Grundlage der Menschenrechte sind die Geowissenschaftler verpflichtet, auf die möglichen Folgen für die einheimische Bevölkerung aufmerksam zu machen. Hier wird vor allem die Verantwortung internationaler Großkonzerne angemahnt.

Da sich die Geowissenschaftler des natürlichen metastabilen Gleichgewichts am besten bewusst sind, tragen sie auch Verantwortung dafür, dass bei allen Eingriffen in den Stoffhaushalt, in die an der Erdoberfläche und im Untergrund wirksamen exogenen Prozesse die negativen Auswirkungen möglichst gering gehalten werden. Dabei ist zu beachten, dass Komplexität in natürlichen Systemen die Regel ist und dass alle menschlichen Eingriffe Störungen zur Folge haben können, die erst nach Jahrzehnten sichtbar werden.

Aus den oben genannten Verpflichtungen leitet sich ab, dass Geowissenschaftler in Zukunft verstärkt zur Lösung von Ziel- und Nutzungskonflikten im Sinne des Vorsorgeprinzips beitragen müssen. Vermeiden ist besser als sanieren!

Bei der Abfassung oder Novellierung von Gesetzen in Deutschland sind Erkenntnisse aus den Geowissenschaften zu berücksichtigen. Dies gilt insbesondere im Hinblick auf:

- Naturschutzgesetze der Länder, Bundesnaturschutzgesetz
- Geologische Naturdenkmale, Geotope und Nationalparks
- Abgrabungsgesetze der Bundesländer
- Wasser- und abfallrechtliche Gesetze
- Bergbaugesetze, Bergrecht, Bundesberggesetz
- Kreislaufwirtschaft
- Meeresbergbau und internationales Seerecht

9.4 Verantwortung für den Frieden

Da der Mensch nicht nur regional, sondern auch global in der Lage ist, mithilfe von A-, B- und C-Waffen das Leben zu zerstören bzw. höheres Leben völlig auszulöschen – allein das heutige Nuklearwaffenpotenzial in der Größenordnung von über 15.000 Megatonnen TNT würde hierzu mehrfach ausreichen – muss die Frage gestellt werden, ob der Mensch und die Erde selbst überhaupt noch eine Zukunft haben, wenn derartige Waffen weltweit eingesetzt werden. Sicher wäre, würde sich jemals ein derartiger Einsatz wirklich ereignen, dass dies die gewaltigsten Katastrophen, die wir aus der Erdgeschichte kennen, noch übertreffen würde – wie etwa die Auswirkungen des Einschlags eines Asteroiden von 10 km Durchmesser an der Kreide/Tertiär-Grenze vor rund 65 Mio. Jahren, welche zum Aussterben auch der Saurier führten.

Geologen gehören zu denen, die immer neue Uranvorkommen entdeckt haben und damit zu denen, die letztlich auch dafür sorgen sollten, dass spaltbares Material wieder sicher entsorgt wird. Ihre Verantwortung resultiert schon daraus, dass man sich darüber im Klaren ist, welche Auswirkungen der Einsatz von Massenvernichtungsmitteln für alles Leben und die künftige Evolution hat:

- massenhafter Tod von Menschen, Tieren und Pflanzen (Arten, Gattungen, Stämme);
- spontane Änderung aller Einstrahlungsbedingungen durch Ruß-, Staub- und Aschebildung;
- lang anhaltende Dunkelheit, starke Abkühlung und Bildung von Eis;

9.4 Verantwortung für den Frieden

- globale Klimaänderungen;
- Feuerstürme, die zur Vernichtung der Vegetation und Oxidation aller brennbaren Substanzen führen (Bildung von ätzenden Säuren);
- Zusammenbruch ganzer Nahrungsketten;
- radioaktive Verseuchung mit extremer Mutations- und Todesrate;
- weitgehende Reduktion der Sauerstoffproduktion durch Assimilation der Pflanzen;
- Zerstörung der Ozonschicht und dadurch fehlende Abschirmung von UV-Strahlung;
- extreme Zunahme von Erosion, Stofftransport und dadurch Absterben der Organismen bis in größere Meerestiefe.

Das Leben würde durch derartige Waffen auf eine primitive Stufe von vor über 600 Mio. Jahren „zurückgebombt" (WERNER KASIG im persönl. Gespräch). Bereits der Geologe HANS CLOOS erkannte im Abwurf der ersten Atombombe, wie er in seinem Werk *Gespräch mit der Erde* 1947 schrieb, „ … eine Neuerung größer als die drei tektonischen Revolutionen der Erdgeschichte … größer vielleicht als der Beginn des Lebens auf der Erde selbst". Er sah hier das Ende der „autokratischen Herrschaft der Geodynamik" und zugleich eine Aufhebung der „juristischen Ordnung der Erde". Diese Einschätzung ist angesichts der Tatsache, dass die bisherigen rund 2100 Kernwaffentests (mit insgesamt 500 Megatonnen Sprengkraft TNT) für Zehntausende, wenn nicht gar Hunderttausend Menschen durch Krebserkrankungen vorzeitig den Tod bedeutet hat, durchaus berechtigt. Die Erdgeschichte kennt keine Kernwaffenexplosionen oder -arsenale.

Geophysiker/innen sind seit über drei Jahrzehnten in der Lage, Kernwaffenexplosionen und ihre seismischen Wellen von denen natürlicher Erdbeben zu unterscheiden. Diese Möglichkeit bot die grundlegende Voraussetzung für Abrüstungsverträge und ihre Einhaltung. Ereignisse mit mehr als 1 kT TNT (die Hiroshima-Bombe hatte 12,5 kT TNT) können anhand der Abstrahlungscharakteristik und des Magnitudenkriteriums aus Seismogrammen erkannt werden.

Auf dem Hintergrund der Erdgeschichte ergeben sich die folgenden Zukunftsszenarien:

- Der *Homo sapiens* ist zum wirksamsten geologischen Faktor aufgestiegen. Durch Techrosion und künstliche Massenverlagerungen werden die natürlichen Abtragungs-, Transport- und Sedimentationsbedingungen nach Art und Umfang überall auf der Erde stark verändert und meist beschleunigt.
- Ein anthropogen verursachter Floren- und Faunenschnitt, welcher in der Größenordnung stärker sein könnte als alle vorhergehenden, etwa an der Wende Perm/Trias (vor 225 Mio. Jahren) oder Kreide/Tertiär (vor 65 Mio. Jahren). Dieses könnte entweder die Folge langfristiger negativer Einwirkungen des Menschen oder durch katastrophale Ereignisse wie einen Nuklearkrieg bedingt sein.
Im ersten Fall kämen vor allem die Überbevölkerung und die weitere Ausbreitung des Menschen mitsamt der dadurch bewirkten Zerstörung natürlicher Lebensräume infrage. Im zweiten Fall würden die Nahrungsketten weitgehend zerstört und in der Folge der Tod von mindestens größenordnungsmäßig 100.000 Arten verursacht.

- Grundlegende Störung geologischer und biochemischer Stoffkreisläufe, die einen immer stärkeren Einsatz an kostenaufwendigen Techniken zur Beherrschung der für den Menschen lebenswichtigen Funktionen erfordern, letztlich aber zu ihrem gänzlichen Zusammenbruch führen.

Ein verantwortliches Denken und Handeln zeigen die Geowissenschaftler/innen:

- indem sie ihre Kenntnisse einer breiten Öffentlichkeit bekannt machen und erläutern,
- indem Sie auf mögliche Gefahren rechtzeitig hinweisen und entsprechende Schutzmaßnahmen vorschlagen, zum Beispiel Bodenerosion durch Entwaldung, Schwermetallbelastungen von Böden, Gefahren durch Altlasten oder im Fall drohender Naturkatastrophen,
- indem sie ihr Fachwissen in Gremien von Sachverständigen, Beiräten oder auf politischer Ebene vermitteln,
- indem sie sich auch außerhalb ihres engeren Fachgebietes mit ökonomischen, technischen und gesellschaftlichen Fragen befassen,
- indem sie einseitige Konzepte kritisch prüfen und Alternativen erarbeiten,
- indem sie riskante Entwicklungen – etwa auf Gebieten der Rohstoffgewinnung und des Raubbaus an Geopotenzial – der Umweltverschmutzung, der Vernichtung oder Gefährdung von besonderen Lebensräumen (Hochgebirge, Wattgebiete, tropische Regenwälder, Korallenriffe) verhindern, aber auch indem sie die Öffentlichkeit alarmieren, an Politiker appellieren oder Wissenschaftler/innen der Nachbardisziplinen auf die Gefahren aufmerksam machen,
- indem sie stärker als bisher interdisziplinär zusammenarbeiten,
- indem sie ökologisch verträglichen Entwicklungen – im Sinne des Vorsorgeprinzips und des Gebots der Nachhaltigkeit (Haber 2011) – den Vorzug geben,
- indem sie ein zukunftsweisendes Orientierungswissen schaffen, das ganzheitlich orientiert ist,
- indem sie die Entscheidungsträger in Politik, Wirtschaft und Gesellschaft sachgerecht und nach dem neuesten Stand des Wissens informieren.

Aufgrund der meist langfristigen Folgewirkungen menschlicher Eingriffe werden kommende Generationen in einem bisher kaum vorstellbarem Maße belastet. Bezieht man die möglichen Folgen aus Fehlentscheidungen der Atomwirtschaft mit ein, so können diese sogar die nächsten 10.000 Generationen (500.000 Jahre bei Plutoniumunfällen) bedrohen. Endlager für hochradioaktive Stoffe im geologischen Milieu (Salz, Granit, Ton oder metamorphen Gesteinen) müssen über diese langen Zeiträume hermetisch von der die Biosphäre abgeschottet werden.

Was bedeutet dieser Zeitraum in geologischer Hinsicht? Nimmt man nur die letzte halbe Million Jahre, so haben sich während dieses Zeitraums drei Eiszeiten abgespielt (Elster-, Saale- und Weichsel-Eiszeit), welche durch Warmzeiten getrennt waren. Erst vor ca. 15.000–12.000 Jahren vollzog sich der letzte Eisrückzug und damit der Beginn

9.4 Verantwortung für den Frieden

der heutigen Warmzeit. Auch in Zukunft ist mit weiteren Eisvorstößen zu rechnen. Trotz großer Fortschritte in der Klimaforschung reicht die bisher verfügbare Datenbasis nicht aus, um einen genaueren Zeitpunkt für den nächsten Eisvorstoß vorherzusagen. Für die nahe Zukunft ist jedenfalls global mit einer Klimaerwärmung zu rechnen, wobei der Mensch nach heutigem Wissensstand mit großer Wahrscheinlichkeit der Hauptverantwortliche ist. Bereits aus Gründen der Vorsorge ist der Klimaschutz durch Bekämpfung der Ursachen – also vor allem des CO_2-Anstiegs – dringend erforderlich.

Unser Wissen über die komplexen Langzeitfolgen anthropogener Eingriffe in den Naturhaushalt ist noch sehr lückenhaft. Dennoch gibt es deutliche Anzeichen, dass allein durch den weiteren Anstieg der Weltbevölkerung mit irreversiblen Auswirkungen in naher Zukunft zu rechnen ist. Inwieweit die zukünftige Evolution zahlreicher Tier- und Pflanzenarten auf der Erde bedroht ist, hängt entscheidend vom Fortbestand und damit dem strengen Schutz ihrer bedrohten Lebensräume ab. Das Register der bisher durch menschliches Mitwirken zum Aussterben gebrachten Tier- und Pflanzenarten wird sich bereits in den nächsten Jahrzehnten drastisch vergrößern, wenn die heute weltweit praktizierten raubbauartigen Methoden bei der Landnutzung sowie bei der Gewinnung nicht regenerierbarer Ressourcen weiter angewandt werden. Andererseits gehört für den Menschen selbst die Erschließung ökonomisch verfügbarer und umweltschonender gewinnbarer Ressourcen angesichts der steigenden Weltbevölkerung zu den wichtigsten existenziellen Fragen. Die Verfügbarkeit mineralischer Rohstoffe für das industrielle Wachstum und die Versorgung mit Grundgütern des täglichen Lebens ist überlebenswichtig auch für eine postindustrielle Gesellschaft. Nutzungskonflikte müssen weitgehend vermieden werden.

Ausblick 10

Der Fortschritt der Wissenschaften hängt immer auch entscheidend vom Stand der sozialen und gesellschaftlichen Entwicklung ab, so wie umgekehrt deren Weiterentwicklung vom Erkenntnisfortschritt der Wissenschaften richtungsweisend beeinflusst wird. In dem Maße, wie es den Geowissenschaften künftig gelingt, den Zusammenhang zwischen der geologischen und der menschlichen Entwicklung – zwischen Mensch und Umwelt – und damit der wechselseitigen kausalen Abhängigkeiten sichtbar zu machen, wird sie zu einer Disziplin, deren Relevanz für die Gesellschaft allgemein anerkannt wird. In gleichem Maße wird sie für die Fortentwicklung ihrer wissenschaftlichen Grundlagen neue Impulse erfahren, und die Gesellschaft wird bereit sein, neue Mittel zur Verfügung zu stellen. Die Überlebenschance der Gesellschaft hängt von jenen Kräften ab, die sie zu fördern bereit ist. Die aus der langen geologischen Vergangenheit und aus dem Gang der Evolution gewonnenen Erkenntnisse werden damit zu einem Schlüssel zur Bewältigung der auf die Menschheit zukommenden Probleme. Dennoch gibt es nicht wenige Menschen, die auf Selbstheilungsprozesse hoffen und dabei die Augen vor der Wirklichkeit verschließen.

Die Naturwissenschaften haben die Allmacht der Naturgesetze aufgezeigt. Überall dort, wo der Mensch Erfolge hatte, hat er sich dieser Gesetze geschickt bedient. Er hat sie dabei weder umgehen noch verändern können. Der Mensch kann die gewachsene Natur ausbeuten. Aber er wird dies letztlich zu seinem eigenen Schaden tun, wenn sein Verstand nicht ausreicht, diese fundamentalen Wahrheiten zu erkennen. Dann wird seine eigene Evolution in einer Sackgasse enden. Bereits FRANCIS BACON (1561–1626) erkannte, dass der Mensch, der die Natur befehligen will, sie dabei sehr gut im Auge behalten muss. Wir wissen heute, dass dies in Zukunft nicht ausreichen wird. Er muss mit ihr in Frieden leben. Wenn der Mensch als geologischer Faktor mit bisher in der Natur einzigartigen Fähigkeiten sich bewusst geworden ist, dass die ausgebeutete und zerstörte Natur letztlich die Vernichtung der eigenen Lebensgrundlagen bedeutet, dann wird er seine Eingriffe in den Naturhaushalt und die bestehenden Ökosysteme auf das existenznotwendige Minimum beschränken und die von ihm global ausgelösten Prozesse maßvoll steuern. Hier liegen die Wurzeln für eine neue Ethik. Diese Ethik umfasst die gesamte Schöpfung mit ihrem ungeheuren Reichtum an Formen und Strukturen, mit ihrer Vielfalt in der belebten Natur sowie im abiotischen Bereich von der Ozonschicht bis in die Tiefen der Ozeane.

Eine zukünftige noch stärkere Inanspruchnahme oder Belastung von Umwelt und Natur – sowohl auf dem Festland wie im Weltmeer – ist zu erwarten. Nationale Gesetzgebungen werden nicht mehr ausreichen. Auch im Hinblick auf Boden, Wasser und weitere Georessourcen (z. B. mineralische Rohstoffe) wird es ähnlich wie beim Klimawandel internationale Vereinbarungen geben müssen, um Engpässe oder gar Katastrophen zu verhindern und darüber hinaus für eine sozial gerechte Verteilung zu sorgen. Die Natur in allen Bereichen ist ein Erbe der gesamten Menschheit und nicht privilegierter Gruppen!

A Grafische Darstellungen und Quellennachweise

A.1 Abkürzungen bei Grafiken und Fotos

BGR	Bundesanstalt für Geowissenschaften und Rohstoffe, Hannover
DLR	Deutsches Zentrum für Luft- und Raumfahrt, Oberpfaffenhofen
DSK	Deutsche Steinkohle AG, Essen
GD NRW	Geologischer Dienst des Landes Nordrhein-Westfalen, Krefeld
LHA	Landeshauptstadtarchiv Koblenz von Rheinland-Pfalz, Koblenz
MARUM	Zentrum für Marine Umweltwissenschaften, Universität Bremen
RWE Power AG	Rheinisch-Westfälisches Elektrizitätswerk, Essen (mit Rheinbraun)
RUB	Ruhr-Universität Bochum
USGS	United States Geological Survey, USA

Die **Grafiken** wurden von der **Diplom-Designerin Katrin Schmuck** (Düsseldorf/Stuttgart) neu gestaltet. Bereits veröffentlichte Abbildungen wurden fast immer verändert im Hinblick auf eine Allgemeinverständlichkeit oder sie wurden z. T. ergänzt (auch mit Zustimmung oder Zusatzinformationen der Autoren). Die übrigen Grafiken wurden vom Autor für dieses Buch entworfen oder zum Teil neu gestaltet, sofern bereits publiziert.

Die Grafik Abb. 8.1 wurde kurzfristig von der BGR 2021 zur Verfügung gestellt; sie blieb unverändert (siehe Literatur).

Die **Fotos** ohne Quellenangaben im Erläuterungstext stammen vom Autor. Weitere Fotos stellten sowohl Fachkollegen und Privatpersonen als auch Forschungsinstitute, Ämter, Verbände, Konzerne oder Firmen bereit. Sie werden im Erläuterungstext genannt. Eine Nutzungserlaubnis wurde jeweils erteilt.

A.2 Quellennachweise der Grafiken

Abb. 2.2	D. E. Meyer (Entwurf)
Abb. 3.1	Verändert nach farbigen Grafiken/Daten der BGR 2013; mit frdl. Genehmigung der BGR, Hannover
Abb. 4.3	Verändert nach F. Schrenk, 2008, S. 120, Abb. 19, sowie ergänzenden Angaben von F. Schrenk, Univ. Frankfurt
Abb. 4.8	Nach farbigen Grafiken/Daten der BGR 2013; mit frdl. Genehmigung der BGR, Hannover
Abb. 4.9	Verändert und ergänzt nach H. Chamley, 2003, Fig. 1
Abb. 5.3	D. E. Meyer (Entwurf)
Abb. 5.10	Erstellt nach Plänen u. Daten des Archivs der Stadt Lüneburg; mit frdl. Genehmigung Stadtarchiv Lüneburg
Abb. 5.11	Verändert nach Unterlagen der Stadt Lüneburg; mit frdl. Genehmigung Stadtarchiv Lüneburg
Abb. 5.12	Verändert nach Lageplan der Stadt Lüneburg; mit frdl. Genehmigung Stadtarchiv Lüneburg
Abb. 5.16	D. E. Meyer (Entwurf)
Abb. 5.17	D. E. Meyer (Entwurf)
Abb. 5.20	Verändert nach farbigem Lageplan von RWE Power AG (RWE Rheinbraun); mit frdl. Genehmigung der RWE Power AG (RWE-Konzern), Essen
Abb. 5.21	Verändert nach farbiger Darstellung von RWE Power AG (Rheinbraun); mit frdl. Genehmigung der RWE Power AG (RWE-Konzern), Essen
Abb. 5.25	Verändert nach J. Rosenbaum-Mertens 2003, S. 132, Abb. 68 (ob. Teil); mit Genehmigung des Autors
Abb. 5.26	Verändert nach J. Rosenbaum-Mertens 2003, Abb. 69; mit Genehmigung des Autors
Abb. 5.28	Verändert und ergänzt nach D. E. Meyer 2002a (nach H. Wiggering 1993 und RAG/DSK)
Abb. 5.29	Verändert nach J. Matschullat (1989) und J. Matschullat et al. (1994); mit frdl. Genehmigung von J. Matschullat, Univ. Bergakademie Freiberg/Sa
Abb. 5.31	Verändert nach D. A. Hiller & H. Meuser 1998, S. 18, Abb. 4.14; mit frdl. Genehmigung des Erstautors
Abb. 5.34	Nach M. Kerth, 1988; mit freundl. Genehmigung von M. Kerth (Detmold/Horn-Bad Meinberg)
Abb. 5.35	Verändert nach M. Schöpel & J. Thein 1991, S. 122, Abb. 5.6.5; mit frdl. Genehmigung von J. Thein, Universität Bonn
Abb. 5.36	Verändert nach M. Schöpel & J. Thein 1991, S. 126, Abb. 5.6.9; mit frdl. Genehmigung von J. Thein, Universität Bonn
Abb. 5.48	Verändert nach Plänen/Daten des GD NRW mit freundl. Genehmigung GD NRW (B. Jäger), Krefeld

A Grafische Darstellungen und Quellennachweise

Abb. 5.52		Nach Messdaten/Karte und Erdbebendaten Geophysik/Seismol. Observatorium der RUB und Geobasisdaten Open Street Map (Lizenz: Creative Commons BY SA 2.0; dank frdl. Bereitstellung durch Kaspar Fischer, RUB, Bochum
Abb. 5.53		Nach Kartenunterlage von Emschergenossenschaft/Lippeverband; mit frdl. Genehmigung der Verbände, Essen
Abb. 5.55		Verändert nach J. Thein, 1993, S. 61, Abb. 7.1; mit frdl. Genehmigung des Autors, Univ. Bonn
Abb. 5.57		Verändert nach A. G. Milnes et al. 1980, S. 373
Abb. 6.1		Nach H. Schuhmacher & P. van Treeck; mit frdl. Genehmigung von H. Schuhmacher, Univ. Duisburg-Essen
Abb. 6.2		Nach H. Schuhmacher & P. van Treeck; mit frdl. Genehmigung von H. Schuhmacher, Univ. Duisburg-Essen
Abb. 6.3		Verändert nach J. Schneider & C. Kaubisch (1996) auf Grundlage von ergänzenden Daten (J. Schneider); mit frdl. Genehmigung des Erstautors, Univ. Göttingen
Abb. 7.3		Nach H. Bahlburg & C. Breitkreuz 2008, S. 369, Abb. 15. 15b
Abb. 7.8		Verändert nach D. E. Meyer, 1992, S. 249
Abb. 8.1		Nach BGR 2021 (Diagramm, unverändert); mit frdl. Genehmigung der BGR, Hannover

Literatur

Aust, H. & Becker-Platen, J. D. (1985): Angewandte Geowissenschaften in Raumplanung und Umweltschutz. Kap. 4. In: Bender, F. (Hrsg.): Angewandte Geowissenschaften, Bd. III (Sonderausgabe). – F. Enke, Stuttgart, S. 1–136.

Agricola, G. (1977): Zwölf Bücher vom Berg- und Hüttenwesen, Buch von den Lebewesen unter Tage. – Vollständige Ausgabe nach den latein. Original von 1556. – dtv-bibliothek, Dt. Taschenb. Verl. (DTV), München.

Alfred-Wegener-Stiftung (Hrsg., 1994): Die benutzte Erde. Ökosysteme, Rohstoffgewinnung, Herausforderungen. – Ernst & Sohn, Berlin.

Alpenkonvention. (1992). Übereinkommen zum Schutz der Alpen (Alpenkonvention). *Beilagen zu den Stenographischen Protokollen des Nationalrates XVIII GP (Wien), 628*, 1–70.

Altuna, J. (1996): Ekain und Altxerri bei San Sebastian. – J. Thorbecke, Sigmaringen.

Appel, D., Duphorn, K., Gies, H., Grimmel, E., Herrmann, A. G., Jaritz, W., Kreusch, J. & Venzlaff, H. (1984): Endlagerung radioaktiver Abfälle im Salzstock Gorleben? – Werkstattreihe des Öko-Instituts 16, S. 94–159.

Arbogast, B. F., Knepper, D. H., & Langer, W. H. (2000). The human factor in mining reclamation. – U.S. *Geol. Surv. Circ., 1191*, 1–28.

Arldt, T. (1922): Handbuch der Palaeogeographie Bd. II. – Gebr. Borntraeger, Leipzig.

Arrhenius, S. (1896): On the influence of carbonic acid in the air upon the temperature of the ground. – Philosoph. Mag. J. Sci., Series 5, 41(251), S. 237–276.

Autorenkollektiv (1981): Die Entwicklungsgeschichte der Erde. Nachschlagewerk Geologie. Mit einem ABC der Geologie, 5. Aufl. – W. Dausien, Hanau.

Bach, W. (2015): Submarine Hydrothermalquellen – Treffpunkt von Geologie und Biologie. In: Wefer, G. & Schmieder, F. (Hrsg.): Expedition Erde, 4. Aufl. – marum, Bremen, S. 122–129.

Bäcker, H. (1982): Metalliferous sediments of hydrothermal origin from the Red Sea. In: Halbach, P & Winter, P. (Hrsg.): Marine mineral deposits. New research results and economic prospect. Proceedings of the Clausthaler workshop held in september 1982. Marine Rohstoffe und Meerestechnik, 6. – Glückauf, Essen, S. 102–136.

Bäcker, H. (1985): Marine mineralische Rohstoffe und ihre Umwelt. In: Deutsche Forschungsgemeinschaft DFG, Kommission für Geowiss. Gemeinschaftsforsch., XIV. – VCH, Weinheim, S. 43–45.

Bahlburg, H. & Breitkreuz, C. (2008): Grundlagen der Geologie, 3. Aufl. – Spektrum Akad. Verl., Heidelberg.

Barnes, I., Becker, K., Bruckmann, P., Gilge, S., Samiatek, G., Steinbrecher, R. & Wiesen, P. (2011): Reinheit und Qualität der Luft haben Grenzen. In: Zellner, R. u. Ges. Dt. Chemiker (Hrsg.): Chemie über den Wolken … und darunter. – Wiley-VCH, Weinheim, S. 85–96.

BARTH, M. C. & TITUS, J. G. (1984): Greenhouse effect and sea level rise. A challenge for this generation. – Van Nostr. Reinh. Comp., New York.

BEHRINGER, W. (2007): Kulturgeschichte des Klimas. – C. H. Beck, München.

BECKMANN, G. & KLOPRIES, B. (1989): CO_2-Anstieg in der Troposphäre – ein Kardinalproblem der Menschheit. In: Der Lichtbogen, 38. – Hüls AG, Marl, S. 4–13.

BERGER, W. H., & VINCENT, E. (1986). Deep-sea carbonates: Reading the carbon isotope signal. – Geol. Rdsch., 75, 249–269.

BERGER, W. H., BICKERT, T., JANSEN, E., YASUDA, M. & WEFER, G. (1994): Das Klima im Quartär. – Rekonstruktion aus Tiefseesedimenten mit Hilfe der Milankovitch-Theorie. – Die Geowissenschaften 12, S. 258–266.

BERGER, W. H. & WEFER, G. (1992): Klimageschichte aus Tiefseesedimenten – Neues vom Ontong-Java-Plateau (Westpazifik). – Naturwissenschaften, 79, S. 541–550.

BERGER, W. H. & WEFER, G. (2010): Erforschung der Eiszeit. Warnsignale aus der Klimageschichte. In: WEFER, G. & SCHMIEDER, F. (Hrsg.): Expedition Erde, 3. Aufl. – MARUM, Bremen, S. 316–325.

BGR (2020): BGR Energiestudie 2019 – Daten und Entwicklungen der deutschen und globalen Energieversorgung (23.), 200 Seiten, Hannover.

BICK, H. (1989): Ökologie. Grundlagen. Terrestrische und aquatische Ökosysteme, angewandte Aspekte. – G. Fischer, Stuttgart u.a.

BIERHALS, E., KIEMSTEDT, H. & SCHARPF, H. (1974): Aufgaben und Instrumentarium ökologischer Landschaftsplanung. – Raumf. u. Raumordn., 2, S. 78ff.

BLACK, M. & KING, J. (2009): Der Wasseratlas. Ein Weltatlas zur wichtigsten Ressource des Lebens. – Europ. Verlagsanst., Hamburg.

BLUME, H.-P. (Hrsg., 1990): Handbuch des Bodenschutzes. – Ecomed Verlagsges., Landsberg.

BLUME, H.-P., BRÜMMER, G. W., HORN, R., KANDEKER, E., KÖGEL-KNABNER, I., KRETZSCHMAR, R., STAHR, K. & WILKE, B.-M. (Hrsg., 2010): Scheffer/Schachtschabel: Lehrbuch der Bodenkunde, 16. Aufl. – Spektrum Akad. Verl., Heidelberg.

BOENIGK, J. & WODNIOK, S. (2014): Biodiversität und Erdgeschichte. – Springer Spektrum, Berlin, Heidelberg.

BOHN, D., & JÄGER, B. (1983). 10 Jahre Felssicherung Drachenfels. – Nachr. dt. geol. Ges., 28, 139–146.

BOLIN, B., DEGENS, E. T., KEMPE, S, & KETTNER, P. (Hrsg., 1979): The global carbon cycle. Scope Report 13. – J. Wiley & Sons, New York u.a.

BORG, G. (2015): Reichtum der Erde. Mineralische Bodenschätze sind Grundlage wirtschaftlichen Wohlstandes. In: WEFER, G. & SCHMIEDER, F. (Hrsg.): Expedition Erde. 4. Aufl. – MARUM, Bremen, S. 216–225.

BRADLEY, R. S. (1985): Quaternary Paleoclimatology. – Allen & Unwin, Boston.

BRAIN, Ch. K. (Hrsg., 2005): Swartkrans: A cave's chronicle of Early Man. – In: Transvaal Museum Monograph, 8, S. 1–295.

BRINKMANN, R. (Hrsg., 1964): Lehrbuch der Allgemeinen Geologie, Erster Band. – F. Enke, Stuttgart.

BRINKMANN, R. (1974): Geologie als Wissenschaft. In: BRINKMANN, R. (Hrsg.): Lehrbuch der Allgemeinen Geologie, Erster Band, 2. A. – F. Enke, Stuttgart, S. 32–49.

BROOKS, C. E. P. (1949): Climate through the ages. 2. Aufl. – London.

BRUCKMANN, P., KUHLBUSCH, T. A. J., JOHN, A., QUASS, U. & KASPER, M. (2011): Staub ist überall – Auch in der Luft. In: ZELLNER, R. u. Ges. Dt. Chemiker (Hrsg.) – Wiley-VCH, Weinheim, S. 105–119.

BUBNER, E., MEYER, D. E., SCHILLAK, L. & SCHUHMACHER, H. (1988): Bauprozesse im Meerwasser auf elektrochemisch-biogener Grundlage. – Mitt. des SFB 230, H. 2 (Natürliche Konstruktionen), Stuttgart, S. 95–105.

BUCHWALD, K. & ENGELHARDT, W. (Hrsg., 1978): Handbuch der Planung, Gestaltung und Schutz der Umwelt. Bd. 1: Die Umwelt des Menschen. – BLV Verlagsges., München.

BUDYKO, M. I., RONOV, A. B. & YANSHIN, A. L. (1987): History of the earth's atmosphere. – Springer, Berlin, New York.

BÜCHEL, G., BERGMANN, H., EBEND, G., & KOTHE, E. (2005). Geomicrobiology in remediation of mine waste. – Chemie Erde – Geochemistry, 65. *Suppl., 1*, 1–5.

VON BÜLOW, K. (1954). An-aktualistische Wesenszüge der Gegenwart. – Z. dt. geol. *Ges., 105*, 183–196.

BUNDES-BODENSCHUTZGESETZ – BBodSchG (1998): Gesetz zum Schutz vor schädlichen Bodenveränderungen und zur Sanierung von Altlasten vom 17. März 1998.

BUNDESREGIERUNG, (Hrsg.). (2002). *Perspektiven für Deutschland*. Unsere Strategie für eine nachhaltige Entwicklung.

BUNDESUMWELTAMT (Hrsg., 2009): Klimaänderung. Wichtige Erkenntnisse aus dem 4. Sachstandsbericht des Zwischenstaatlichen Ausschusses für Klimaänderungen der Vereinten Nationen. – IPCC, Dessau.

BURGHARDT, O. (1981): Die wichtigsten Geopotentiale in Nordrhein-Westfalen. – Geol. L.-Amt NRW, Krefeld.

BURGHARDT, W. (1994): Böden auf Altstandorten. In: Alfred-Wegener-Stiftung (Hrsg.): Die benutzte Erde. – Ernst & Sohn, Berlin, S. 217–229.

BURGHARDT, W. (2002): Zwischen Puszta und Tropen. Böden an der Ruhr. – Essener Unikate, 19, S. 44–57.

BURGHARDT, W. (2017): Main characteristics of urban soils. In: LEVIN, M. J., KIM, K.-H. J., MOREL, J. L., BURGHARDT, W., CHARZYNSKI, P. & SHAW, R. K. (Hrsg.): Soils within cities. – Catena soil sciences, E. Schweizerbart, Stuttgart, S. 19–26.

CALLENDAR, G. S. (1938). The artificial production of carbon dioxide and its influence on temperature. – Q. *Journal of the Royal Meteorological Society, 64*, 223–240.

CARLSSON, E., & BÜCHEL, G. (2005). Screening of residual contamination at a former uranium heap leaching site, Thuringia, Germany. – Chemie Erde – Geochemistry, 65. *Suppl., 1*, 75–95.

CARSON, R. (1962): Silent spring. – Houghton Mifflin Harcourt Co., Boston.

CHAMLEY, H. (2003): Geosciences, environment and man. – Developments in Earth & Environm. Sciences 1. – Elsevier, Amsterdam, Boston u.a.

CLARK, W. C. (Hrsg., 1982): Carbon dioxide review 1982. – Oxford University Press, Oxford, New York.

CLARKE, F. & WASHINGTON, H. (1927): The composition of the earth's crust. – U. S. Geol. Surv., Prof. Papers 127, Washington.

CLOOS, H. (1936): Einführung in die Geologie. – Gebr. Borntraeger, Berlin.

CLOOS, H. (1947): Gespräch mit der Erde. – R. Piper & Co., München.

COATES, D. R. (1981a): Subsurface influences. In: GREGORY, K. J. & WALLING, D. E. (Hrsg.): Man and Environmental Processes. – Butterworths, London u.a.

COATES, D. R. (1981b): Environmental geology. – J. Wiley & Sons, New York.

COTTA, B. (1854): Deutschlands Boden, sein geologischer Bau und dessen Einwirkungen auf das Leben der Menschen. In zwei Abteilungen, 1. Aufl. – F. A. Brockhaus, Leipzig.

COTTA, B. VON (1866): Die Geologie der Gegenwart, 1. Aufl. – J. J. Weber, Leipzig.

CRUTZEN, P. J. & STOERMER, E. F. (2000): The "Anthropocene". – IGBP Global Change Newsletter of the Royal Swedish Academy of Sciences, 41, S. 17–18.

CRUTZEN, P. J. & STEFFEN, W. (2003): How long have we been in the Anthropocene era? – Climate Change, 61, S. 251–257.

DAMERIS, M., REX, M. & VOIGT, Ch. (2011): Was passiert mit dem Ozon über den Wolken? In: ZELLNER, R. u. Ges. Dt. Chemiker (Hrsg.): Chemie über den Wolken … und darunter. – Wiley-VCH, Weinheim, S. 195–204.

DANSGAARD, W., JOHNSEN, S. J., CLAUSEN, H. B., DAHL-JENSEN, D., GUNDES-TRUP, N. S., HAMMER, C. U., HVIDBERG, C. S., STEFFENSEN, J. P., SVEINBJÖRNSDOTTIR, A. E., JOUZEL, J. & BOND, G. (1993): Evidence for general instability of past-climate from a 250-kyr ice-core record. – Nature, 364, S. 218–220.

DARWIN, Ch. (1859): On the origin of species by means of natural selection, or the preservation of favoured races in the struggle for life. – J. Murray, London.

DARWIN, Ch. (1949): Die Abstammung des Menschen und die geschlechtliche Zuchtwahl. –Ph. Reclam Jun., Leipzig. (The descent of man, and selection in relation to sex, 1. Aufl., 1871).

DEGENS, E. T. (1989): Perspectives on biochemistry. – Springer, Berlin u.a.

DEGENS, E. T. & ROSS, D. A. (Hrsg., 1969): Hot brines and recent heavy metal deposits in the Red Sea. – Springer, New York.

DEUTSCH, A. (2010): Kollisionen im Sonnensytsem. In: WEFER, G. & SCHMIEDER, F. (Hrsg.): Expedition Erde, 3. Aufl. – MARUM, Bremen, S. 20–29.

DEUTSCHE GEOLOGISCHE GESELLSCHAFT (Hrsg., 1974): Geologische Monumente im Naturpark Siebengebirge. – Exk.-führer 126. Jahrestagung, Bonn. (unveröff.)

DEUTSCHE GEOLOGISCHE GESELLSCHAFT (Hrsg.,1986): Endlagerung. Anthropogeologie. Der Mensch als geologischer Faktor. – F. Enke, Stuttgart.

DEUTSCHER RAT FÜR LANDESPFLEGE (Hrsg.,1988): Eingriffe in Natur und Landschaft – Vorsorge und Ausgleich. – Schriftenr. dt. Rat f. Landespfl., 55.

DEUTSCHER RAT FÜR LANDESPFLEGE (Hrsg., 1999): Landschaft des Mitteldeutschen und Lausitzer Braunkohlentagebaues. – Schriftenr. dt. Rat f. Landespfl., 70.

DFG, Deutsche Forschungsgemeinschaft (Hrsg., 1987): Atmosphärische Spurenstoffe. – VCH, Weinheim.

DITTMER, E. (1954): Der Mensch als geologischer Faktor an der Nordseeküste. – Eiszeitalter und Gegenwart, 4/5, S. 210–215.

DLR, Deutsches Zentrum für Luft- und Raumfahrt (Hrsg., 2008): Globaler Wandel. Die Erde aus dem All. – Frederking & Thaler/GEO, München.

DÖRHÖFER, G., THEIN, J. & WIGGERING, H. (Hrsg., 1991): Untertägige Entsorgung bergbaufremder Rückstände in Deutschland. – Ernst & Sohn, Berlin.

DÜNGELHOFF, J.-M., LENGEMANN, A. PLANKERT, M., SCHLIMM, W., SCHMIDT, W. & WILDER, H., (1983): Bergehalden und Grundwasser. – Geol. L.-Amt NRW, Krefeld.

EHLERS, J. (1994): Allgemeine und historische Quartärgeologie, 1. Aufl. – F. Enke, Stuttgart.

EHLERS, J. (2011): Das Eiszeitalter. – Springer, Berlin u.a.

EINSELE, G. (1986): Das landschaftsökologische Forschungsprojekt Naturpark Schönbuch. Forschungsbericht. – VCH, Weinheim.

EISINGER, M., TREECK, P. VAN, PASTER, M. & SCHUHMACHER, H. (1998): Neue Wege im Riffschutz: Pläne, Pflaster und Prothesen. In: Meer und Museum, Bd. 14. – Deutsches Mus. Meeresk. u. Fischerei, S. 52–62.

EISSMANN, L. & JUNGE, F. W. (2013): Das Mitteldeutsche Seenland. Vom Wandel einer Landschaft. Der Süden. – Sax-Verl., Beucha.

ELEWA, H. H. (2012). Hydrogeochemical attributes and GIS spatial modeling in determining areas for horizontal expansion of development projects in east Uweinat, Egypt. –. *Journal of Applied Sciences, 12*, 702–715.

EMLIANI, C. (1955). Pleistocene temperatures. –. *The Journal of Geology, 63*, 538–578.

EMSCHERGENOSSENSCHAFT (Hrsg., 2014): Geschäftsbericht 2013/2014. – Essen.

ENGELHARDT, W. VON & ZIMMERMANN, J. (1982): Theorie der Geowissenschaft. – F. Schöningh, Paderborn u.a.

EUROPARAT (1983): Europäische Bodencharta. (dt. Fassung verabsch. v. Europarat 1972). In: KUNTZE, H., NIEMANN, J., ROESCHMANN, G. & SCHWERDTFEGER, G. (Hrsg.): Bodenkunde, 3. Aufl. – E. Ulmer, Stuttgart.

EWERS, U. & SCHLIPKÖTER, H.-W. (1991): Intake, distribution, and excretion of metals and metal compounds in humans and animals. In: MERIAN, E. (Hrsg.): Metals and their compounds in the environment. – VCH, Weinheim, S. 971–1014.

FELS, E. (1935): Der Mensch als Gestalter der Erde, 1. Aufl. – Bibliogr. Inst., Leipzig.

FELS, E. (1954): Der wirtschaftende Mensch als Gestalter der Erde. – Franckh'sche Verlagsbuchh., Stuttgart.

FELS, E. (1967): Der wirtschaftende Mensch als Gestalter der Erde, 2. Aufl. In: LÜTGENS, R. (Hrsg.): Erde und Weltwirtschaft. Ein Handbuch der Allgemeinen Wirtschaftsgeographie, Fünfter Band. – Franckh'sche Verlagsbuchh., Stuttgart.

FIEDLER, H. J. & RÖSLER, H. J. (Hrsg., 1988): Spurenelemente in der Umwelt. – F. Enke, Stuttgart.

FINKE, L. (1986): Landschaftsökologie. – Westermann/Höller und Zwick, Braunschweig.

FISCHER, E. (1915). Der Mensch als geologischer Faktor. – Z. dt. geol. *Ges., 67,* 106–148.

FLAWN, P. T. (1970): Environmental geology. Conservation, land-use planning, and resource management. – Harper & Row, New York u.a.

FLINT, R. F. (1971): Glacial and quaternary geology. – J. Wiley & Sons, New York.

FLINT, R. F. & SKINNER, B. J. (1977): Physical geology. 2. Aufl. – J. Wiley & Sons, New York u.a.

FLOHN, H. (1941). Die Tätigkeit des Menschen als Klimafaktor. – Z. f. *Erdkunde, 9,* 13–22.

FLOHN, H. (1982): Climate change and ice-free Arctic Ocean. In: CLARK, W. C. (Hrsg.): Carbon Dioxide Review 1982. – Oxford University Press/ Clarendon Press, Oxford, New York, S. 143–169.

FLOHN, H. (1985): Das Problem der Klimaänderungen in Vergangenheit und Zukunft. – Wiss. Buchges., Darmstadt.

FLOHN, H. (1989): Wo bleibt das Erwärmungssignal? Das CO_2-Klimaproblem in globaler Sicht. – Die Geowissenschaften, 7, S. 31–37.

FÖRSTNER, U. (1988): Geochemische Vorgänge in Abfalldeponien. – Die Geowissenschaften 6, S. 302–306.

FÖRSTNER, U. (1991): Umweltgeochemische Konzepte in der Abfallwirtschaft. – Die Geowissenschaften, 9, S. 276–278.

FÖRSTNER U. (1994): Langzeitperspektiven bei der Abfallbeseitigung. In: Alfred-Wegener-Stiftung (Hrsg.): Die benutzte Erde. – Ernst & Sohn, Berlin, S. 181–195.

FÖRSTNER. U. & MÜLLER, G. (1974): Schwermetalle in Flüssen und Seen als Ausdruck der Umweltverschmutzung. – Springer, Berlin u.a.

FÖRSTNER, U. & WITTMANN, G. T., (1983): Metal pollution in the aquatic environment, 2. Aufl. – Springer, Berlin u.a.

FÖRSTNER, U. & SALOMONS, W. (1984): Metals in the hydrological cycle. – Springer, Berlin u.a.

FORTESCUE, J. A. C. (1980): Environmental geochemistry – A holistic approach. Ecological studies, Vol. 35. – Springer, New York u.a.

FRAKES, L. A. (1979): Climates throughout geologic time. – Elsevier, Amsterdam.

GEISLER, E. (1984): Grundlagen einer systemorientierten Lagerstättenabbauplanung. – Landschaft + Stadt, 16, S. 111–117.

GEISLER, E. (1987): Zur Planung des Lagerstättenabbaus aus der Sicht von Landschaftspflege und Naturschutz. – Diss. Univ. Hannover.

GENSKE, D. D. & HAUSER, S. (2003): Die Brache als Chance. Ein transdisziplinärer Dialog über verbrauchte Flächen. – Springer, Berlin u.a.

GEOLOGISCHES LANDESAMT NORDRHEIN-WESTFALEN (1977): Tagebau Hambach und Umwelt. Auswirkungen eines geplanten Tagebaus im Rheinischen Braunkohlenrevier. – Geol. L.-Amt NRW, Krefeld.

GERLACH, S. A. (1981): Marine pollution. diagnosis and therapy. – Springer, Berlin u.a.

German Watch (2008): Globaler Klimawandel. Ursachen, Folgen, Handlungsmöglichkeiten. – German Watch, Bonn.
Gesamtverband Steinkohle e.V. (Hrsg., 2014): Steinkohle 2013. Partner der Energiewende. – Herne.
Glässer, W., Meyer, D. E. & Wohnlich, S. (Hrsg., 1995): Handbuch für die Umweltsanierung. – Ernst & Sohn, Berlin.
Glaubrecht, M. (2019): Das Ende der Evolution. Der Mensch und die Vernichtung der Arten, 2. Aufl. – C. Bertelsmann, München.
Gocht, W. (1983): Wirtschaftsgeologie und Rohstoffpolitik, 2. Aufl. – Springer, Berlin u.a.
Goldberg, E. D., Hodge, V., Koide, M., Griffin, J., & Gamble, E. (1978). A pollution history of Chesapeake Bay. – Geochim. et Cosmochim. *Acta, 42*, 1413–1425.
Goldschmidt, V. M. (1923–1927): Geochemische Verteilungsgesetze der Elemente. I–VIII. Akad. Wiss. Oslo, math.-naturw. Kl. 1923–1927, Oslo.
Goodell, J. (2010): How to cool the planet. Geoengineering and the audacious quest to fix earth's climate. – Houghton Mifflin Harcourt Co., Boston, New York.
Goudie, A. (1977): Environmental change. – Clarendon Press, Oxford.
Goudie, A. (1981): The human impact. Man's role in environmental change. – Basil Blackwell, Oxford.
Goudie, A. (1994): Mensch und Umwelt. – Spektrum Akad. Verl., Heidelberg u.a.
Grabert, H. & Hilden, H. D. (1972): Erl. Geol. Kte. 1:25000 von Nordrh.-Westf., Bl. 5012 Eckenhagen. – Geol. L.-Amt NRW, Krefeld.
Grassl, H. (1991): Anthropogene Einflüsse in der Geo- und Biosphäre. – Die Geowissenschaften, 9, S. 272–275.
Grassl, H. (2007): Was stimmt? Klimawandel. Die wichtigsten Antworten. – Herder, Freiburg i. Br. u.a.
GSF Gesellschaft für Strahlen- und Umweltforschung (Hrsg., 1989): Salzbergwerk Asse. Forschung für die Endlagerung, 4. Aufl. – GSF, München.
GSF Forschungszentrum f. Umwelt u. Gesundheit (Hrsg., 1991): Strahlung im Alltag. – mensch + umwelt spezial, 7, Neuherberg.
Guderian, R. (2000): Arten und Ursachen von Umweltbelastungen. In: Guderian, R. (Hrsg.): Handbuch der Umweltveränderungen und Ökotoxikologie, Bd. 1A. – Springer, Berlin u.a., S. 1–21.
Haber, W. (1995): Ökologische Stabilität. In: Kuttler, W. (Hrsg.): Handbuch zur Ökologie, 2. Aufl. – Analytica, Berlin, S. 270–274.
Haber, W. (2011): Die unbequemen Wahrheiten der Ökologie, 2. Aufl. – Oekom, München.
Haeckel, E. (1866): Generelle Morphologie der Organismen. Allgemeine Grundzüge der organischen Formen-Wissenschaft, mechanisch begründet durch die von Charles Darwin reformierte Descendenz-Theorie, 2. Bd. – G. Reimer, Berlin.
Häusler, H. (1959): Das Wirken des Menschen im geologischen Geschehen. Eine Vorstudie zur Anthropogeologie. – Naturk. Jb. Stadt Linz 1959, Linz, S. 165–319.
Häusler, H. (2016): Die Menschheit als geologischer Faktor: Von der Anthropogeologie zur Umweltgeoforschung.– Berichte Geol. Bundesanst., 118, Wien, S. 20–65.
Hahn, J. & Seiler, W. (2015): Die Luft, die uns erwärmt. Biochemische Kreisläufe klimarelevanter atmosphärischer Spurengase. In: Wefer, G. & Schmieder, F. (Hrsg.): Expedition Erde, 4. Aufl. – MARUM, Bremen, S. 370–379.
Halbach, P. & Winter, P. (Hrsg., 1982): Marine mineral deposits. New research results and economic prospects. Proceedings of the Clausthaler workshop held in september 1982. Marine Rohstoffe und Meerestechnik, 6. – Glückauf, Essen.

HALBACH, P., FRIEDRICH G. & STACKELBERG, U. VON (Hrsg., 1988): The manganese module belt of the Pacific Ocean. – F. Enke, Stuttgart.
HALBACH, P. & ZAHN, A. (2015): Metalle aus der Tiefsee – aussichtsreiche Quelle oder Illusion? In: Schiff & Hafen. – DVV Media Group, H. 2, Hamburg, S. 36–41.
HARNISCHMACHER, S. (2012): Bergsenkungen im Ruhrgebiet. – Forsch. z. dt. Landeskunde, 261, (Selbstverl.), Leipzig.
HARWELL, M. A. (1984): Nuclear winter. – Springer, New York.
HAY, W. W. (2016): The cause oft the late cenozoic northern hemisphere glaciations: a climate change enigma. – Terra Nova, 4, S. 305–311.
HEBBELN, D. & WEFER, G. (2015): Mensch und Küste – eine jahrtausendealte Schicksalsgemeinschaft. In: WEFER, G. & SCHMIEDER, F. (2015): Expedition Erde, 4. Aufl. – MARUM, Bremen, S. 432–439.
HEIM, A. (1932): Bergsturz und Menschenleben. – Beibl. Vjschr. Natf. Ges. Zürich, 77., No. 20.
HEIMANN, M. & SCHÖNWIESE, C.-D. (2011): CO_2 und der Klimawandel. In: ZELLNER, R. u. Ges. Dt. Chemiker (Hrsg.) – Wiley-VCH, Weinheim, S. 27–37.
HEINRICH, H. (1988). Origin and consequences of cycle ice rafting in the northeast Atlantic Ocean during the past 130,000 years. – Quat. Res., 29, 143–152.
HELLE, G., HEINRICH, I. & PLANELLS, O. (2009): Baumjahrringe als Archiv von Kohlenstoff- und Wasserkreislauf. In: HÜTTL, R., LOCHTE, K., & MOSBRUGGER, V. (Hrsg.): Klima um System Erde. – Terra Nostra, Vol. 2009/5, Berlin.
HELMING, K. & WIGGERING, H. (Hrsg., 2003): Sustainable development of multifunctional landscapes. – Springer, Berlin u.a.
HERMANN, W. & HERRMANN, G. (2008): Die alten Zechen an der Ruhr, 6. Aufl. – K. R. Langewiesche Nachf. H. Köster, Königstein i. T.
HERRMANN, A. G. (1983): Radioaktive Abfälle – Probleme und Verantwortung. – Springer, Berlin u.a.
HERZIG, P. M. (2010): Erzfabriken in der Tiefsee. Heiße Quellen am Meeresboden. In: WEFER, G. & SCHMIEDER, F. (Hrsg.): Expedition Erde, 3. Aufl. – MARUM, Bremen, S. 244–251.
HERZIG, P. M. (2015): Erzfabriken in der Tiefsee. Heiße Quellen am Meeresboden. In: WEFER, G. & SCHMIEDER, F. (Hrsg.): Expedition Erde, 4. Aufl. – MARUM, Bremen, S. 258–265.
HILBERG, S. (2015): Umweltgeologie: Eine Einführung in die Grundlagen und Praxis. – Springer, Berlin u.a.
HILBERTZ, W. H. (1978): Electrodeposition in minerals in seawater. In: Oceans '78 "The Ocean Challenge". – The Marine Technol. Soc., Washington (Hrsg.), S. 699–706.
HILLER, D. A. & MEUSER, H. (1998): Urbane Böden. – Springer, Berlin u.a.
HIRNER, A. V., REHAGE, H. & SULKOWSKI, M. (2000): Umweltgeochemie. – Steinkopff, Darmstadt.
HOFF, K. E. A. VON (1822–1834): Geschichte der durch Überlieferung nachgewiesenen natürlichen Veränderungen der Erdoberfläche. 3 Bände. – Perthes, Gotha.
HOFFMANN, K. (1993a): Gefährdungsabschätzung und Sanierungskonzeptionen für PAK-kontaminierte Böden. – altlasten spektrum, 2/93, S. 93–95.
HOFFMANN, K. (1993b): Altlastenproblematik auf ehemaligen Zechen- und Kokereistandorten. In: WIGGERING, H. (Hrsg.): Steinkohlenbergbau. – Ernst & Sohn, Berlin, S. 186–203.
HOFFMANN, K. (1996): Geologie und Hydrogeologie. In: NEUMAIER, H. & WEBER, H. H. (Hrsg.): Altlasten. Erkennen, Bewerten, Sanieren. 3. Aufl. – Springer, Berlin u.a., S. 88–122.
HOFFMANN, K. (2007). Unser Klima – gestern, heute, morgen? –. J. Namibia Sci. Soc., 55, 39–82.
HOFMANN, Th. & SCHÖNLAUB, H. P. (Hrsg., 2007): Geo-Atlas Österreich. Die Vielfalt des geologischen Untergrundes. – Böhlau, Wien u.a.
HOHL, R. (1974). Anthropogene Endo- und Exodynamik im Territorium, ein neues Grenzgebiet zwischen Geologie, Geographie, Technik und Ökonomie. – Z. geol. Wiss., 2, 947–961.

HOHL, R. (1981): Der Mensch als geologischer Faktor – Anthropogeologie-Territorialgeologie. In: Entwicklungsgeschichte der Erde, 5. Aufl. – W. Dausien, Hanau, S 560–568.
HÖKE, S. (2003): Identifizierung, Herkunft, Mengen und Zusammensetzung von Exstäuben in Böden und Substraten des Ruhrgebiets. – Essener Ökol. Schriften, 20.
HOLLAND, H. D. (1978): The chemistry of the atmosphere and oceans. – J. Wiley, New York.
HOLLAND, H. D. & SCHIDLOWSKI, M. (Hrsg.,1982): Mineral deposits and the evolution of the biosphere. – Springer, Berlin u.a.
HOLLAND, H. D. (1984): The chemical evolution of the atmosphere and oceans. – Princeton Univ. Press, Princeton, N. J.
HOLLAND, H. D. (1999): When did the earth's atmosphere become toxic? A reply. – Geoch. News, 100.
HOLLAND, H. D. (2006): The oxygenation of the atmosphere and oceans. – Philos. Transact. Roy. Soc., B 361 (Nr. 1470), S. 903–915.
HORN, H. G. (Hrsg., 2006) Neandertaler & Co. – Ph. von Zabern, Mainz.
HORNBERG, C. & PAULI, A. (Hrsg., 2009): Umweltgerechtigkeit – die soziale Verteilung von gesundheitsrelevanten Umweltbelastungen. – Dokumentation Bundesminist. f. Natursch. u. Reaktorsich. / Umweltbundesamt, Univ. Bielefeld. (o. Verl.)
HORNBERG, C., BUNGE, C. & PAULI, A. (2011): Strategien für mehr Umweltgerechtigkeit. Handlungsfelder für Forschung, Politik und Praxis. – Univ. Bielefeld. (o. Verl.)
HUBBERT, M. K. (1940). The theory of groundwater motion. –. *The Journal of Geology, 48*, 785–944.
HUBBERT, M. K. (1977). Role of geology in transition to a mature industrial society. – Geol. *Rdsch., 66*, 654–678.
HUCH, M., WARNECKE, G. & GERMANN, K. (Hrsg., 2001): Klimazeugnisse der Erdgeschichte. – Springer, Berlin, Heidelberg.
HÜTTL, R. F. J. (Hrsg., 2011): Ein Planet voller Überraschungen. Neue Einblicke in das System Erde. – Spektrum Akad. Verl., Heidelberg.
HUMBOLDT, A. VON & BONPLAND, A. (1805): Essai sur la géographie des plantes: accompagné d'un tableau physique des régions équinoxiales. – Levraut, Schoell et Cie., Paris.
HUPFER, P. (2010): Die Ostsee – kleines Meer mit großen Problemen, 5. Aufl. – Gebr. Borntraeger/E. Schweizerbart, Stuttgart.
HUPFER, P. & KUTTLER, W. (Hrsg., 2005): Witterung und Klima. Eine Einführung in die Meteorologie und Klimatologie. 11. Aufl. – B. G. Teubner, Stuttgart u.a.
HUSKE, J. (2006): Die Steinkohlenzechen im Ruhrrevier. 3. Aufl., Dt. Bergbau-Museum, Bochum.
IPCC (2007): Klimaänderung 2007. Zusammenfassung für politische Entscheidungsträger, 4. Sachstandsbericht des IPCC (AR4). – Bern u.a.
IPCC (2014): Climate change 2014 – Impacts, adaptation and vulnerability. Working group II. Contribution to the 5th assessment report of the Intergovernmental Panel on Climate Change. – Cambridge Univ. Press, Cambridge u.a.
IRION, G. (1978): Schwermetallgehalte der Wattsedimente als Maßstab der Umweltverschmutzung. In: REINECK, H.-E. (Hrsg.): Das Watt. Ablagerungs- und Lebensraum. 2. Aufl. – Frankfurt a. M., S. 63–68.
ITTEKKOT, V., RIXEN, T. & SUTHHOF, A. (2015): Der globale Kohlenstoffkreislauf. In: WEFER, G. & SCHMIEDER, F. (Hrsg.): Expedition Erde, 4. Aufl. – MARUM, Bremen, S. 408–419.
JÄCKLI, H. (1964). Der Mensch als geologischer Faktor. 250 Jahre Kanderdurchstich. – Geogr. *Helv., 19*, 87–93.
JÄCKLI, H. (1972). Elemente einer Anthropogeologie. – *Eclogae geol. Helv., 65*, 1–19.
JÄCKLI, H. (1985): Zeitmaßstäbe der Erdgeschichte. Geologisches Geschehen in unserer Zeit. – Birkhäuser, Basel u.a.

JÄGER, B. & REINHARDT, M. (1976): Ingenieurgeologische Beurteilung der Drachenfelskuppe und daraus resultierende Sicherungsmaßnahmen, 2. Nat. Tagung über Felsmechanik Aachen, Berichte, Dt. Ges. Erd- u. Grundbau, Essen (Hrsg.), S. 157–177.

JOHANSON, D. C., EDGAR, B. & DRILL, D. (2006): Lucy und ihre Kinder. – Spektrum Akad. Verl., Heidelberg.

JOHNSON, D. W. (1921): Battlefields of the World War – Western and southern fronts. A study in Military Geography. – Amer. Geogr. Soc., Res. Ser. 3, Oxford University Press.

JOHNSTON, H. S. (1971): Reduction of stratospheric ozone by nitrogen oxide catalysts from supersonic transport exhaust. – Science, 173, S. 517–522.

JONAS, H. (1984): Das Prinzip Verantwortung. – Suhrkamp Taschenb. 1085, Frankfurt a. M.

JORDAN, C. F. (Hrsg., 1987): Amazonian rain forests. – Ecosystems disturbance and recovery. Ecological Studies, Vol. 60. – Springer, New York.

KAISER, R. (Hrsg., 1980/81): Global 2000. Der Bericht an den Präsidenten (übersetzt von R. KAISER), 14. A. – Zweitausendeins, Frankfurt a. M.

KASIG, W. (1983/84): 4,5 Mio. Jahre Entwicklung der Erde und des Lebens – gibt es angesichts der Massenvernichtungsmittel eine geologische Zukunft? In: Forum Wissenschaftler für Frieden und Abrüstung (Hrsg.): Verantwortung für den Frieden, Aachen, S. 75–100.

KASIG, W. (2011): Die erdgeschichtliche Entwicklung und die Nutzung der geologischen Gegebenheiten durch den Menschen. In: KRAUS, Th. R. (Hrsg.): Aachen. Von den Anfängen bis zur Gegenwart. Bd. I. – Mayersche Buchh., Aachen, S. 1–56.

KASIG, W., & MEYER, D. E. (1984). Grundlagen, Aufgaben und Ziele der Umweltgeologie. – Z. dt. Geol. Ges., 135, 383–402.

KASIG, W., & MEYER, D. E. (1993). Umweltgeologie – Herausforderung für Forschung, Praxis, Studium. – Heidelberger Geowiss. Abh., 67, 76–77.

KAUFFMANN, E. G. & WALLISER, O. H. (Hrsg., 1990): Extinction events in earth history. Lecture notes in Earth Sciences 30. – Springer, Berlin u.a.

KEELING, R. F. & SHERTZ, S. R. (1992): Seasonal and interannual variation in atmospheric oxygen and implications for the global carbon-cycle. – Nature, 358, S. 723–727.

KEELING, C. D., CHIN, J. F. S. & WHORF, T. P. (1996): Increased activity of northern vegetation inferred from atmospheric CO_2 measurements. – Nature, 382, S. 146–149.

KEIL, A. & WETTERAU, B. (2013): Metropole Ruhr. Landeskundliche Betrachtung des neuen Ruhrgebiets., 1. Aufl. – Regionalverband Ruhr, Essen.

KELLER, R. (1978/1979): Hydrologischer Atlas der Bundesrepublik. Erläuterungsband. In: HAAR, U. DE, KELLER, R., LIEBSCHER, H.-J., RICHTER, W. & SCHIRMER, H. (Hrsg., 1978/79): Hydrologischer Atlas der Bundesrepublik. – H. Boldt, Boppard.

KELLER, E. A. (1985): Environmental geology, 4. Aufl. – Ch. E. Merrill, Columbus/ Ohio.

KERTH, M. (1988): Die Pyritverwitterung im Steinkohlenbergematerial und ihre umweltgeologischen Folgen. – Diss. Univ. GHS Essen.

KERTH, M. (2013): Nachhaltige Sanierung von Teerölaltlasten. – ohne (teilweise) Dekontamination möglich? – altlasten spektrum, 6/2013, S. 231–237.

KERTH, M. (2015): Brauchen wir Verhaltensleitlinien für Altlastensachverständige? – altlasten spektrum, 3/2015, S. 94–101.

KERTH, M & WIGGERING, H. (1991a): Steinkohlebergehalden als anthropogene geologische Körper. In: WIGGERING, H. & KERTH, M. (Hrsg.): Bergehalden des Steinkohlenbergbaus – Beanspruchung und Veränderung eines industriellen Ballungsraumes. – F. Vieweg & Sohn, Braunschweig/Wiesbaden, S. 47–58.

KERTH, M. & WIGGERING, H. (1991b): Verwitterung und Bodenbildung auf Steinkohlenbergehalden. In: WIGGERING, H. & KERTH, M. (Hrsg.): Bergehalden des Steinkohlenbergbaus –

Beanspruchung und Veränderung eines industriellen Ballungsraumes. – F. Vieweg & Sohn, Braunschweig/Wiesbaden, S. 85–101.

KERTH, M. & STEINWEG, B. (2015): Boden und Krieg – die totale Katastrophe? In: WESSOLEK, G. (Hrsg.): Von ganz unten. Warum wir unsere Böden besser schützen müssen. – Oekom, München.

KETTNER, R. (1960): Allgemeine Geologie, in 4 Bänden, Bd. IV. – VEB Deutscher Verl. d. Wissensch., Berlin.

KLEMM, F. (1983): Geschichte der Technik. Der Mensch und seine Erfindungen im Bereich des Abendlandes. – Dt. Museum/ Rowohlt Taschenb. Verl, Reinbek b. Hamburg.

KLOSTERMANN, J. (2009): Das Klima im Eiszeitalter, 2. Aufl. – E. Schweizerbart, Stuttgart.

KLUG, H. & LANG, R. (1983): Einführung in die Geosystemlehre. – Wissensch. Buchges., Darmstadt.

KNEUKER, T., ZULAUF, G., MERTINEIT, M., BEHLAU, J., & HAMMER, J. (2014). The impact of finite strain on deformation mechanisms of Permian Staßfurt rock salt at the Morsleben site (Germany). – Z. Dt. Ges. Geowiss., 165, 91–106.

KOENIGSWALD, W. VON (2006): Rabenlay bei Bonn-Oberkassel – ein späteiszeitliches Doppelgrab. In: HORN, H. G. (Hrsg.): Neandertaler & Co. – Ph. von Zabern, Mainz, S. 130ff.

KOENIGSWALD, W. VON & HAHN, J. (1981): Jagdtiere und Jäger der Eiszeit. Fossilien und Bildwerke. – K. Theiss, Stuttgart.

KOSCHINSKY, A. (2015): Tiefseebergbau – eine nachhaltige Option für zukünftige Versorgung mit strategischen Wertmetallen? In: WEFER, G. & SCHMIEDER, F. (Hrsg.): Expedition Erde, 4. Aufl. – MARUM, Bremen, S. 266–277.

KÖPPEN, W. & WEGENER, A. (1924): Die Klimate der geologischen Vorzeit, 1. Aufl. – Gebr. Borntraeger, Berlin.

KÖPPEN, W. & WEGENER, A. (2015): The Climates of the geological past – Die Klimate der geologischen Vorzeit. (Reproduction and facsimile). – Gebr. Borntraeger, Berlin, Stuttgart.

KRAAS, F. & BORK-HÜFFER, T. (2015): Der Mensch als Akteur im Erdsystem. In: WEFER, G. & SCHMIEDER, F. (Hrsg.): Expedition Erde, 4. Aufl. – MARUM, Bremen, S. 440–447.

KRAPP, L., KÖHLER, H.-J. & KÖRNER, H. (1993): Umweltgeologie beim Pilotprojekt Bitterfeld-Wolfen. – Die Geowissenschaften, 11, S. 1–9.

KRAPP, L. (1995): Bewertungskonzepte für großräumige Sanierungsprojekte. In: GLÄSSER, W., MEYER, D. E. & WOHNLICH, S. (Hrsg.): Handbuch für die Umweltsanierung. – Ernst & Sohn, Berlin, S. 111–135.

KRATZSCH, H. (1974): Bergschadenskunde. – Springer, Berlin u.a.

KRATZSCH, H. (1983): Mining subsidence engineering. – Springer, Berlin u.a.

KRÖMMELBEIN, K. (1977): Brinkmanns Abriß der Geologie. Zweiter Band: Historische Geologie, 10./11. Aufl. – F. Enke, Stuttgart.

KUDRASS, H. R. (1982): Cores of holocene and pleistocene sediments from the east Australian continental shelf. In: HALBACH, P. & WINTER, P. (Hrsg.): Marine mineral deposits. New research results and economic prospect. Proceedings of the Clausthaler workshop held in september 1982. Marine Rohstoffe und Meerestechnik, 6. – Glückauf, Essen.

KÜMPEL, H.-J. (2011). Die Bedeutung der Rohstoffversorgung für Deutschland und die Aufgaben der Deutschen Rohstoffagentur. – Akad. Geowiss. Geotechn., 28, 27–34.

KUTTLER, W. (1993a): Landschaftökologie. In: KUTTLER, W. (Hrsg.): Handbuch zur Ökologie. – Analytica, Berlin, S. 171–176.

KUTTLER, W. (Hrsg., 1993b): Handbuch zur Ökologie, 1. Aufl. – Analytica, Berlin.

KUTTLER, W. (Hrsg., 1995): Handbuch zur Ökologie, 2. Aufl. – Analytica, Berlin.

KUTTLER, W., MIETHKE, A., DÜTEMEYER, D. & BARLAG, A.-B. (2015): Das Klima von Essen. The climate of Essen. – Westarp Wissenschaften, Hohenwarsleben.

LAMARCK, J.-B. DE (1809): Philosophie zoologique. – Musée d'Histoire Naturelle, Paris.
LAMARCK, J.-B. DE (1909): Zoologische Philosophie (übersetzt von H. SCHMIDT). – A. Kröner, Leipzig.
LAMBERT, A. (1988): Hochwasser im Alpenraum, Pulsschläge der Erosion. – Die Geowissenschaften, 6, S. 206–211.
LAMMEL, G., PALM, W.-U. & ZETSCH, C. (2011): Was und wo sind POP's? In: ZELLNER R. u. Ges. Dt. Chemiker (Hrsg.): Chemie über den Wolken … und darunter. – Wiley-VCH, Weinheim, S. 211–225.
LATIF, M. (2005): Verändert der Mensch das Klima? In: FISCHER, E. P. & WIEGANDT, K. (Hrsg.): Die Zukunft der Erde. – Fischer Taschenb. Verl., Frankfurt a. M., S. 118–129.
LATIF, M. (2009): Klimawandel und Klimadynamik. – E. Ulmer, Stuttgart.
LEAKEY, M. D. & HAY, R. L. (1979): Pliocene footprints in the Laetoli Beds, northern Tanzania. – Nature, 278, S. 317–323.
LEAKEY, R. (1997): Die ersten Spuren. Über den Ursprung des Menschen. – C. Bertelsmann, München.
LEHMANN, K. (o.J.): Ludger Mintrop, der große Markscheider und Geophysiker. Ein Lebensbild. – Kartenberg, Herne.
LEONARDO DA VINCI (1958): Philosophische Tagebücher. Italienisch und Deutsch. (Hrsg. und übersetzt von R. ZAMBONI) – Rowohlts Klassiker Lit. Wiss., Bd. 25, Hamburg.
LESER, H. (1991): Landschaftsökologie, 3. Aufl. – E. Ulmer, Stuttgart.
LEVIN, M. J., KIM, K.-H. J., MOREL, J. L., BURGHARDT, W., CHARZYNSKI, P., SHAW, R. K. und IUSS Working Group SUITMA (Hrsg., 2017): Soils within Cities. Global approaches to their sustainable management. – Catena soil sciences, E. Schweizerbart, Stuttgart.
LIETH, H. (1975): Historical survey of primary productivity research. In: LIETH, H. & WHITTAKER, R. H. (Eds.): Primary productivity of the biosphere. – Springer, Berlin u.a.
LÖCHEL, C. (Red., 2018): Der neue Fischer Weltalmanach 2019. Zahlen, Daten, Fakten. – S. Fischer, Frankfurt a. M.
LOFGREN, B. E. (1977). Hydrogeologic effects of subsidence, San Joaquín Valley, California. – Int. *Assoc. hydrol. Sci. Publ., 121*, 113–123.
LOMSKÝ, B., MATERNA, J., PFANZ, H. (Hrsg., 2002): SO_2-pollution and forests decline in the Ore Mountains. – VúLHM, Tschechien.
LOVELOCK, J. E. & MARGULIS, L. (1974): Atmospheric homeostasis by and for the biosphere: The Gaia hypothesis. – Tellus, 26, S. 2–10.
LOZÁN, J. L., GRASSL, H., KARBE, L. & REISE, K. (Hrsg., 2011): Warnsignal Klima: Die Meere – Änderungen & Risiken – Wissenschaftliche Fakten. – Verl. Wissensch. Ausw./ GEO, Hamburg.
LÜTTIG, G. W. (1976). Prospektive Geologie – eine Antwort auf die Umweltprobleme der Gegenwart und Zukunft. – *Z. dt. geol. Ges., 127*, 1–10.
LYELL, CH. (1830–33): Principles of Geology. Bd. 1–3. – J. Murray, London.
LYELL, CH. (1858): Geologie oder Entwicklungsgeschichte der Erde und ihrer Bewohner. – Übersetzung durch B. COTTA, Bd. 2, Duncker & Humblot, Berlin.
LYELL, CH. (1863): The geological evidences of the antiquity of man. – J. Murray, London.
MANIA, D. (1990): Auf den Spuren des Urmenschen. Die Funde von Bilzingsleben. – K. Theiss, Stuttgart.
MANIA, D. (2004): Bilzingsleben V. *Homo erectus* – seine Kultur und Umwelt, zum Lebensbild des Urmenschen. – Beier & Beran, Langenweißbach.
MANLEY, G. (1974). Central England temperatures: Monthly means 1659 to 1973. – Q. *Journal of the Royal Meteorological Society, 100*, 389–405.
MANN, Ch. C. (2011): Die Geburt der Zivilisation. – National Geographic, 06/2011, S. 38–63.

Marsh, G. P. (1864): Man and nature; or, physical geography as modified by human action, 3rd Printing (Reprinting). – The Belknap Press of Harvard Univ. Press, Cambridge/Mass.

Martin, H. (1996): Menschheit auf dem Prüfstand, 2. Aufl. – Springer, Berlin u.a.

Matschullat, J. (1989): Umweltgeologische Untersuchungen zu Veränderungen eines Ökosystems durch Luftschadstoffe und Gewässerversauerung (Sösemulde, Harz). – Göttinger Arb. Geol. Paläont. 42, Selbstverlag Geol. Inst. Univ. Göttingen.

Matschullat, J., Heinrichs, H., Schneider, J. & Ulrich, B. (Hrsg., 1994): Gefahr für Ökosysteme und Wasserqualität. Ergebnisse interdisziplinärer Forschung im Harz. – Springer, Berlin u.a.

Matschullat, J. & Müller, G. (1994): Geowissenschaften und Umwelt. – Springer, Heidelberg.

Mayer, C., Schreiber, U., & Dávila, M. J. (2015). Periodic vesicle formation in tectonic fault zones – an ideal scenario for molecular evolution. – Origin Life Evol. *Biosph., 45*, 139–148.

Meadows, D., Meadows, D., Randers, J. & Behrens, W. (1972): The limits to growth. A report for the club of Rome's project on the predicament of mankind. – A Potomac Associates Book, Washington DC.

Meadows, D., Meadows, D., Zahn, E. & Milling, P. (1973): Die Grenzen des Wachstums. Bericht des Club of Rome zur Lage der Menschheit. – Rowohlt Taschenb. Verl., Reinbek b. Hamburg.

Meadows, D., Randers J. & Meadows, D. (2009): Grenzen des Wachstums. Das 30-Jahre-Update. Signal zum Kurswechsel, 3. Aufl. – S. Hirzel, Stuttgart.

Mellaart, J. (1972): Älter als Babylon. Die Geschichte von Çatal Hüyük. – Mannheimer Forum, 72, S. 117–166.

Meller, H. (Hrsg., 2004): Der geschmiedete Himmel. Die weite Welt im Herzen Europas vor 3600 Jahren. – K. Theiss, Stuttgart.

Meller, H. & Michel, K. (2019): Die Himmelsscheibe von Nebra, 6. Aufl. – Propyläen, Berlin.

Mensching, H. G. (1990): Desertifikation. Ein weltweites Problem der ökologischen Verwüstung in den Trockengebieten der Erde. – Wiss. Buchges., Darmstadt.

Mero, J. L. (Hrsg., 1965): The mineral resources of the sea. – Elsevier Oceanography Series 1, Amsterdam u.a.

Meyer, D. E. (1974): Der Rodderberg bei Mehlem. In: Deutsche Geol. Ges.: Geologische Monumente im Naturpark Siebengebirge. – Exkurs.-führer, 126. Jahrestagung DGG in Bonn. (unveröff.)

Meyer, D. E. (1986). Massenverlagerung durch Rohstoffgewinnung und ihre umweltgeologischen Folgen. – *Z. dt. Geol. Ges., 137*, 177–193.

Meyer, D. E. (1989): Rohstoffgewinnung – ökologische Folgen, Risiken und Chancen. – Verh. Ges. Ökol., Bd. XVIII (1988), S. 21–29.

Meyer, D E. (1992): Geowissenschaftliche Forschung auf dem Naturwerksteinsektor. – Die Geowissenschaften, 10, S. 246–250.

Meyer, D. E. (1993a): Abiotische Ökofaktoren. In: Kuttler, W. (Hrsg.): Handbuch zur Ökologie. – Analytica, Berlin, S. 15–21.

Meyer, D. E. (1993b): Umweltgeologie. In: Kuttler, W. (Hrsg.): Handbuch zur Ökologie. – Analytica, Berlin, S. 475–483.

Meyer, D. E: (1993c): Aus- und Folgewirkungen des Steinkohlenbergbaus: Flächeninanspruchnahme und Massenverlagerung. In: Wiggering, H. (Hrsg.): Steinkohlenbergbau. – Ernst & Sohn, Berlin, S. 116–121.

Meyer, D. E. (1995a): Stoffkreislauf. In: Kuttler, W. (Hrsg.): Handbuch zur Ökologie, 2. Aufl. – Analytica, Berlin, S. 404–412.

Meyer, D. E. (1995b): Angewandte Geowissenschaften in der Umweltsanierung. In: Glässer, W., Meyer, D. E. & Wohnlich, S. (Hrsg.): Handbuch für Umweltsanierung. – Ernst & Sohn, Berlin, S. 1–4.

Meyer, D. E. (1996): Geologische Aufschlüsse. Naturdenkmale und Lehrpfade – Ihre Bedeutung für die Gesellschaft. – Geol. Jb., A, 144, S. 5–34.

Meyer, D. E. (2002a): Geofaktor Mensch. Eingriffe und Folgen durch Geopotenzialnutzung. – Essener Unikate, 19, S. 9–25.

Meyer, D. E. (2002b): Geology (of the Ore Mountains). In: Lomský, B., Materna, J. & Pfanz, H. (Hrsg.): SO$_2$-pollution and forests decline in the Ore Mountains, S. 23–49.

Meyer, D. E. (2010): Schwarzes Gold. Geologischer Aufbau des Ruhrgebiets, Entstehung der Steinkohle und Geschichte des Bergbaus. In: Wefer, G. & Schmieder, F. (Hrsg.): Expedition Erde, 3. Aufl. – MARUM, Bremen, S. 174–187.

Meyer. D. E. (2015): Schwarzes Gold. Geologischer Aufbau des Ruhrgebiets, Entstehung der Steinkohle und Geschichte des Bergbaus. In: Wefer, G. & Schmieder, F. (Hrsg.): Expedition Erde, 4. Aufl. – MARUM, Bremen, S. 186–199.

Meyer, D. E. & Wiggering, H. (1991): Steinkohlenbergbau – ökologische Folgen, Risiken und Chancen. In: Wiggering, H. & Kerth, M. (Hrsg.): Bergehalden des Steinkohlenbergbaus – Beanspruchung und Veränderung eines industriellen Ballungsraumes. – F. Vieweg & Sohn, Braunschweig/Wiesbaden, S. 1–8.

Meyer, D. E. & Schuhmacher, H. (1993): Ökologisch verträgliche Bauprozesse im Meerwasser. – Die Geowissenschaften, 11, S. 408–412.

Meyer, W. (1999): Vulkanbauten der Osteifel. – Rhein. Ver. Denkmalpfl. Landschaftssch. / Dt. Vulkanol. Ges., Köln.

Meyer, W. (2002): Geologischer Führer zum „Vulkanpark Brohltal/ Laacher See", 4. Aufl. – Görres, Koblenz.

Meyer, W. (2003): Herchenberg-Kreis Ahrweiler. In: Straube, H. (Hrsg.): 50 Jahre Rheintalschutzverordnung. – Verl. Natur & Wissenschaft, Solingen, S. 28–39.

Meyer, W. (2014): Geologie der Eifel. 4. Aufl. – E. Schweizerbart, Stuttgart.

Meyer-Abich, K. M. (Hrsg., 1979): Frieden mit der Natur. – Herder, Freiburg u.a.

Meyer-Abich, K. M. (1984): Wege zum Frieden mit der Natur. Praktische Naturphilosophie für die Umweltpolitik. – C. Hanser, München, Wien.

Michaelis, H. & Salander, C. (Hrsg., 1995): Handbuch Kernenergie, 4. Aufl. – VWEW-Verl., Frankfurt a. M.

Milankovitch, M. (1941): Kanon der Erdbestrahlung und seine Anwendung auf das Eiszeitenproblem. – Königl. Serb. Akad., Spez. Publ. N133, Belgrad.

Müller, G. (1979): Schwermetalle in Sedimenten des Rheins. Veränderungen seit 1971. – Umschau 79, S. 778–783.

Müller-Salzburg, L. (1968): New considerations on the Vaiont slide. – Rock Mech. Eng. Geol., Vol. IV, S. 1–91.

Müller-Salzburg, L., & Schneider, H.-J. (1977). Die wachsende Bedeutung der Ingenieuregeologie im Zeitalter der Umweltzerstörung. – Geol. Rdsch., 66, 723–739.

Murawski, H. & Meyer, W. (2010): Geologisches Wörterbuch, 12. Aufl. – Spektrum Akad. Verl., Heidelberg.

National Geographic Deutschland (Hrsg., 2007): Zerbrechliche Erde. Wie Natur und Mensch die Welt verändern. – Nat. Geogr. Dtld., Hamburg.

Neef, E. (1974): Geographie und geologische Entwicklungsprobleme. Die Tätigkeit des Menschen und ihre Bedeutung für die geologische Evolution. – Z. geol. Wiss., 2, Berlin, S. 919–926.

Neumaier, H. & Weber, H. H. (Hrsg., 1996): Altlasten. Erkennen, Bewerten, Sanieren. 3. Aufl. – Springer, Berlin u.a.

Neumann-Mahlkau, P., & Niehaus, H.-T. (1984). Anthropogene effects on sedimentary facies in Lake Baldeney, West Germany. – Environ. Geol., 5, 169–176.

Neumann-Mahlkau, P. (1997): Anthropogenic material flow – a geological factor. In: Zheng, Y., Davis, G. A. & Yin, A. (Hrsg.): Proceedings of the 30th Intern. Geol. Congr., Beijing/China, Vol. 2 & 3. – VSP, Utrecht, S. 61–66.

NIEHAUS, H.-Th. (1981): Anthropogene Einflüsse auf die Sedimentation im Baldeneysee (Essen/ Ruhr). – Diss. Univ. GHS Essen.

NOLL, H.-P. (2008): Strukturwandel im Ruhrgebiet. – Jber. Mitt. oberrhein. geol. Ver., N.F. 90, S. 317–345.

NRIAGU, J. O. (1979): Global inventory of natural and anthropogenic emissions of trace metals to the atmosphere. – Nature 279, S. 409–411.

NRIAGU, J. O. & PACYNA, J. M. (1988): Quantitative assessment of worldwide contamination of air, water and soils by trace metals. – Nature 333, S. 134–139.

NRIAGU, J. O., WONG, H. K. T., & COKER, R. D. (1982). Deposition and chemistry of pollutant metals in lakes around the smelters at Sudbury, Ontario. – Environ. *Sci. Technol., 16*, 551–560.

OLDROYD, D. R. (2007): Die Biographie der Erde. – Zweitausendeins, Frankfurt a. M.

PAETH, H. (2005): Insights from large ensembles with perturbed physics. – Erdkunde, 69, S. 201–216.

PAETH, H. (2018). Klimamodellierung – Probleme, Errungenschaften, aktuelle Herausforderungen. – Geowiss. *Mitt. (GMIT), 72,* 8–20.

PAULINYI, A. (1992): Propyläen Technikgeschichte, Bd. 3, Mechanisierung und Maschinisierung. 1600 bis 1840. – Propyläen, Berlin, S. 271–495.

PERAU, E., SCHREIBER, U. & LUICK, H. (2013): Geologische und geotechnische Aspekte beim Bau von Untertagepumpspeicherwerken in Anlagen des Steinkohlebergbaus. – Report Geotechnik Univ. Duisburg-Essen, 40, VGE-Verl., Essen, S. 105–118.

PERNICKA, I., LUTZ, J. & STÖLLNER, T. (2016): Bronze age copper produced at Mitterberg, Austria, and its distribution. – Archaeologica, 100, S. 19–55.

PLANELLS, O., GUTIÉRREZ, E., HELLE, G. & SCHLESER, G. H. (2009): A forced response to twentieth century climate conditions of two Spanish forests inferred from widths and stable isotopes of tree rings. – Climatic Change, 97, S. 229–252.

PÖRTNER, R. (1959): Mit dem Fahrstuhl in die Römerzeit. – C. Bertelsmann, Gütersloh.

POLAND, J. F. (1983): Land subsidence in western United States. In: TANK, R. W. (Hrsg.) Environmental geology. – Oxford Univ. Press, New York, Oxford, S. 369–381.

POLLARD, D. & DE CONTO, R. M. (2009) Modelling West Antarctic ice sheet growth and collapse through the past five million years. – Nature, 458, S. 329–332.

POTTER, G. L., ELLSAESSER, H. W., MACCRACKEN, M. C. & LUTHER, F. M. (1975): Possible climatic impact of tropical deforestation. – Nature, 258, S. 697–698.

PREUSS, G. (Hrsg., 1968): Landschaftsplan Vulkaneifel. – Beitr. Landespfl. Rheinl.-Pf., Bd. 2.

PREUSS, J. & EITELBERG, F. (2003): Heeres-Munitionsanstalt Lübbecke. Vorgeschichte der Stadt Espelkamp. – Espelkamp. (ISBN 3–00–012863-8)

PROSSEK, A., SCHNEIDER, H., WETTERAU, B. & SCHUMACHER, J. (Hrsg., 2009): Atlas der Metropole Ruhr. – Emons, Köln.

RADKAU, J. (2011): Die Ära der Ökologie. Eine Weltgeschichte. – C. H. Beck, München.

RAHMSTORF, S. (2002): Ocean circulation and climate during the past 120,000 years. – Nature, 419, S. 207–214.

RAHMSTORF, S. & RICHARDSON, K. (2007): Wie bedroht sind die Ozeane? Biologische und physikalische Aspekte. – Fischer Taschenb. Verl., Frankfurt a. M.

RAHMSTORF, S. & SCHELLNHUBER, H. J., (2019): Der Klimawandel. Diagnose, Prognose, Therapie, 9. Aufl. – C. H. Beck, München.

RANKAMA, K. (1965): The Quaternary, Bd. 1. – Intersc. Publ., New York.

RATHJENS, C. (1979): Die Formung der Erdoberfläche unter dem Einfluss des Menschen. Grundzüge der Anthropogenetischen Geomorphologie. – B. G. Teubner, Stuttgart.

RATZEL, F. (1882): Anthropo-Geographie oder Grundzüge der Anwendung der Erdkunde auf die Geschichte. – J. Engelhorn, Stuttgart.

REHDER, G., NEUHOFF, H. VON & NEUHOFF, S. VON (2006): Expedition Tiefsee. Forschungsschiff Meteor auf den Spuren der letzten Geheimnisse unserer Erde. –Franckh-Kosmos, Stuttgart.

REIMER, N. (2015): Schlusskonferenz. – Oekom, München.

REINECK, H.-E. (Hrsg., 1978): Das Watt. Ablagerungs- und Lebensraum, 2. Aufl., Senckenberg-Buch 50. – W. Kramer, Frankfurt a. M.

REISE, K. (2011): Meeresspiegelanstieg: Gefährdung flacher Küsten. In: LOZÁN, J. L., GRASSL, H., KARBE, L. & REISE, K. (Hrsg): Warnsignal Klima. – Verl. Wissensch. Ausw./ GEO, Hamburg, S. 134–138.

REMMERT, H. (1989): Ökologie. Ein Lehrbuch. 4. Aufl. – Springer, Berlin u.a.

RICHARDSON, K. (2005): Der globale Wandel und die Zukunft der Ozeane. In: FISCHER, E. P. & WIEGANDT, K. (Hrsg.): Die Zukunft der Erde. – Fischer Taschenb. Verl., Frankfurt, a. M., S. 259–280.

RICHTER, K. (1966). Der Salzstock von Lüneburg im Quartär. – Mitt. *Geol. Inst. TH Hannover, 3*, 1–19.

RITTER, C. (1817): Die Erdkunde im Verhältniß zur Natur und zur Geschichte des Menschen oder allgemeine vergleichende Geographie. 1. Aufl. – G. Reimer, Berlin.

RITTER, C. (1822): Die Erdkunde im Verhältniß zur Natur und zur Geschichte des Menschen oder allgemeine vergleichende Geographie. Erw. 2. Aufl. – G. Reimer, Berlin.

ROBERTS, C. (2013): Der Mensch und das Meer. (Aus dem Engl.), 1. Aufl. – Dt. Verl.-Anst., München.

RÖHLING, H.-G., ZELLMER, H., & CLEVE, W. (2018). Erzbergbau und Endlagerung im Gifhorner Trog. – Jber. Mitt. oberrhein. geol. Ver. N. F., 100, 239–290.

ROSENBAUM-MERTENS, J., & (2003): Seesedimente als Schadstoffarchive. Veränderungen im Schwermetalleintrag in die Umwelt seit 1945. – *Diss*. Univ. Essen

ROSS, D. A. (1980): Opportunities and uses of the ocean. – Springer, New York u.a.

RÜTER, H. (2015): Energie aus den Tiefen der Erde. In: WEFER, G. & SCHMIEDER, F. (Hrsg.): Expedition Erde, 4. Aufl. – MARUM, Bremen, S. 214–215.

RUHRVERBAND, RUHRTALSPERRENVEREIN (Hrsg., 1988): 1913 – 1988 75 Jahre. Im Dienst für die Ruhr. – Mohndruck, Gütersloh.

RUHRVERBAND, AWWR (Hrsg., 2014): Ruhrgütebericht 2013 (ISNN 1613–4729). – Ruhrverband, Essen.

SACHVERSTÄNDIGENRAT F. UMWELTFRAGEN (2017): Umsteuern erforderlich: Klimaschutz im Verkehrssektor. – Sondergutachten, Berlin.

SACHVERSTÄNDIGENRAT F. UMWELTFRAGEN (2019): Demokratisch regieren in ökologischen Grenzen. Zur Legitimation von Umweltpolitik. – Sondergutachten, Berlin.

SALOMONS, W. & FÖRSTNER, U. (1984): Metals in the hydrocycle. – Springer, Berlin u.a.

SALOMONS, W. & FÖRSTNER, U. (Hrsg., 1988): Chemistry and biology of solid waste – Dredged material and mine tailings. – Springer, Berlin.

SARNTHEIN, M., HAY, W. W. & NEGENDANK, J. F. W. (Hrsg., 2001): Klimawechsel vor dem Einfluss des Menschen. – Nova Acta Leopoldina, 331 (88), Halle/ S.

SARNTHEIN, M (2011): Beginn der großen Vereisungen im Quartär und zur Rolle von Ozean und CO_2. In: LOZÁN, J. L., GRASSL, H., KARBE, L. & REISE, K. (Hrsg): Warnsignal Klima. – Verl. Wissensch. Ausw./ GEO, Hamburg, S. 120–125.

Schäfer, I. (2010). Geodaten sichern Rohstoffversorgung. – Schriftenr. *Dt. Geol. Ges. f. Geowiss., 73*, 121–130.

SCHALICH, J. SCHNEIDER, F. K. & STADLER, G. (1986): Die Bleierzlagerstätte Mechernich – Grundlage des Wohlstandes, Belastung für den Boden (Sonderdruck aus Bd. 34 der Fortschr. Geol. Rheinl. u. Westf.). – Geol. L.-Amt NRW, Krefeld.

SCHEFFER/ SCHACHTSCHABEL (2010): Lehrbuch der Bodenkunde, 16. Aufl. – Spektrum Akad. Verl., Heidelberg.

SCHICK, K. D., TOTH, N. (1994): Making silent stones speak. Human evolution and the dawn of technology. – Simon & Schuster, New York u.a.

SCHIDLOWSKI, M. (1982): Content and isotopic composition of reduced carbon in sediments. In: HOLLAND, H. D. & SCHIDLOWSKI, M. (Hrsg.): Mineral deposits and the evolution of the biosphere. – Springer, Berlin u.a., S. 103–122.

SCHILDLOWSKI, M. (1987): Photoautotrophie und Evolution des irdischen Sauerstoffbudgets. In: DFG, Deutsche Forschungsgemeinschaft (Hrsg.): Atmosphärische Spurenstoffe. – VCH, Weinheim, S. 377–396.

SCHIDLOWSKI, M. (1988): A 3,800-million-year isotopic record of life from carbon in sedimentary rocks. – Nature, 333, S. 313–318.

SCHIDLOWSKI, M. (2009). Early evolution of life on earth: Geological and biochemical evidence. *Zeitschrift fur Geologische Wissenschaften, 37,* 237–260.

SCHMIDT-THOMÉ, P. (1987): Helgoland. Samml. Geol. Führer, 82. – Gebr. Borntraeger, Berlin, Stuttgart.

SCHMINCKE, H.-U. (1986): Vulkanismus. – Wiss. Buchges., Darmstadt.

SCHNEIDER, F. K. (1982): Untersuchung über den Gehalt an Blei und anderen Schwermetallen in den Böden und Halden des Raumes Stolberg (Rheinland). – Geol. Jb., D, 53, Hannover, S. 3–31.

SCHNEIDER, J. (1977). Geowissenschaftler und ihre Verantwortung für die menschliche Gesellschaft. Beispiel: Manganknollen – Gewinnung aus der Tiefsee. – Geol. *Rdsch., 66,* 740–755.

SCHNEIDER, J. (1981): Ökologische Konsequenzen des Tiefseebergbaus. In: VITZTHUM, W. GRAF (Hrsg.): Die Plünderung der Meere. – Fischer Taschenb. Verl., Frankfurt a. M., S. 161–186.

SCHNEIDER, J. (1987): Geosciences in conflict. Provision of resources versus protection of environment. In: ARNDT, P. & LÜTTIG, G. W. (Hrsg): Mineral resources extraction, environmental protection and land-use planning in the industrial and developing countries. – E. Schweizerbart, Stuttgart, S. 29–46.

SCHNEIDER, J. (1991): Die Verantwortung der Geowissenschaften für den Lebensraum Erde. – Die Geowissenschaften, 9, S. 261–265.

SCHNEIDER, M./ DEUTSCHE FORSCHUNGSGEMEINSCHAFT (Hrsg.,1990): Satellitengeodäsie. – VCH, Weinheim.

SCHÖNWIESE, C.-D. (1979): Klimaschwankungen. Verständliche Wissenschaft Bd. 115. – Springer, Berlin u.a.

SCHÖNWIESE, C.-D. (2019): Klimawandel kompakt. Ein globales Problem wissenschaftlich erklärt., 2. Aufl. – Gebr. Borntraeger, Stuttgart.

SCHÖPEL, M. & THEIN, J. (1991): Stoffaustrag aus Bergehalden. In: WIGGERING, H., KERTH, M. (Hrsg.): Bergehalden des Steinkohlenbergbaus – Beanspruchung und Veränderung eines industriellen Ballungsraumes. – F. Vieweg & Sohn, Wiesbaden, S. 115–128.

SCHREIBER, U., SCHMITZ, O. J. & MAYER, C. (2018): Der Ursprung des Lebens. „Die" Herausforderung der Wissenschaft. – (Essener) Unikate, 51, S. 116–125.

SCHREIBER, U. C. (2019): Das Geheimnis um die erste Zelle. Dem Ursprung des Lebens auf der Spur. – Springer, Berlin.

SCHRENK, F. (2008): Die Frühzeit des Menschen. Der Weg zum *Homo sapiens*, 5. Aufl. – C. H. Beck, München.

SCHRENK, F. (2019): Die Frühzeit des Menschen. Der Weg zum *Homo sapiens*, 6. Aufl. – C. H. Beck, München.

SCHUHMACHER, H. (1976): Korallenriffe. Ihre Verbreitung, Tierwelt und Ökologie. – BLV Verlagsges., München u.a.

SCHUHMACHER, H. (1991): Korallenriffe. Verbreitung, Tierwelt, Ökologie, 4. Aufl. – BLV Verlagsges., München.
SCHUHMACHER, H. (2010): Korallen. Baumeister am Meeresgrund. – BLV Verlagsges., München.
SCHUHMACHER, H. (2011). Wenn Korallen „sauer" werden – Wie sich ein erhöhter CO_2-Wert auf Korallen auswirkt. – Naturwiss. *Rundsch., 64*, 240–245.
SCHUHMACHER, H. & PLEWKA, M. (1981): Mechanical resistance of reefbuilders through time. – Oecologia, 49, S. 270–282.
SCHUHMACHER, H. & REINICKE, G.-B. (2011): Korallenriffe – Folgen der Erwärmung und Versauerung. In: LOZÁN, J. L., GRASSL, H., KARBE, L. & REISE, K. (Hrsg.): Warnsignal Klimawandel. – Verl. Wissensch. Ausw./ GEO, Hamburg, S. 214–219.
SCHUHMACHER, H., & SOMMERHÄUSER, M. (2018). Ökologischer Umbau des Emscher-Systems im Ruhrgebiet. – Naturwiss. *Rundsch. 71*, 4–8.
SCHWARZBACH, M. (1961): Das Klima der Vorzeit, 2. Aufl. – F. Enke, Stuttgart.
SCHWARZBACH, M. (1974): Das Klima der Vorzeit, 3. Aufl. – F. Enke, Stuttgart.
SCHWARZBACH, M. (1993): Das Klima der Vorzeit, 5. Aufl. – F. Enke, Stuttgart.
SCHWEDHELM, E. (1984): Schwermetalle – Bioelemente in den Nordseewatten und der Jade und die Tonmineralverteilung in den Sedimenten der südöstlichen Nordsee. – Diss. Univ. Heidelberg.
SCHWEDHELM, E. & IRION, G. (1985): Schwermetalle und Nährelemente in den Sedimenten der deutschen Nordseewatten. – Cour. Forsch.-Inst. Senckenberg, 73, Frankfurt a. M., S. 1–119.
SCHWEITZER, A. (1958): Friede oder Atomkrieg. – P. Haupt, C. H. Beck, Bern, München.
SCHWEIZER, V. & KRAATZ, R. (1982): Kraichgau und südlicher Odenwald. – Samml. Geol. Führ., Bd. 72. – Gebr. Borntraeger, Berlin, Stuttgart.
SEIBOLD, E. (1990). Geology and the environment – keynote to EUG V Symposium 11. – Eng. *Geol., 29*, 273–277.
SEIBOLD, E. (1991): Offensive und defensive Geologie in unserer Umwelt. In: Geol. Jb., A, S. 127.
SEIBOLD, E. & BERGER W. H. (1982): The sea floor. An introduction to marine geology. – Springer, Berlin u.a.
SEIBOLD, E. & BERGER, W. H. (1995): The sea floor. An introduction to marine geology. 3. Aufl. – Springer, Berlin u.a.
SHAVIV, N. J., & VEIZER, J. (2003). Celestial driver of phanerozoic climate? *GSA Today, 13*, 1–16.
SHERLOCK, R. L. (1922): Man as a geological agent: An account of his actions on inanimate nature. – H. F. & G. Witherby, London.
SHERLOCK, R. L. (1931): Man's influence on the earth. – Home University Library of Modern Knowledge, London.
SIEGEL, F. R. (1974): Applied geochemistry. – J. Wiley & Sons, New York u.a.
SIEHL, A. (Hrsg., 1996): Umweltradioaktivität. – Ernst & Sohn, Berlin.
SKINNER, B. J. & TUREKIAN, K. K. (1973): Man and the ocean. – Prentice-Hall, Englewood Cliffs, N. J.
SOMMERHÄUSER, M. & SCHUHMACHER, H. (2003): Handbuch der Fließgewässer Norddeutschlands. – Ecomed Verlagsges., Landsberg.
Spaeth, Ch. (1990). Zur Geologie der Insel Helgoland. *Die Küste, 49*, 1–32.
STANLEY, S. M. (2001): Historische Geologie. – Spektrum Akad. Verl., Heidelberg, Berlin.
STEINERT, H. (1982): Tausend Jahre Neue Welt. Auf den Spuren der Wikinger in Grönland und in Amerika. – Deutsche Verlagsanst., Stuttgart.
STEINWEG, B. & KERTH, M. (2013): Kriegsbeeinflusste Böden. Böden als Zeugen des Ersten und Zweiten Weltkrieges. – Bodenschutz, H. 2/2013, S. 52–57.
STRAUBE, H. (2003): 50 Jahre Rheintalschutzverordnung. – Verl. Natur & Wissenschaft, Solingen.
STREFFER, Ch. (1995): Radioökologie. In: KUTTLER, W. (Hrsg.): Handbuch zur Ökologie, 2. Aufl. – Analytica, Berlin, S. 367–374.

STREFFER, Ch. & GETHMANN, C. F. (Hrsg., 2011): Radioactive waste: technical and normative aspects of its disposal. – Springer, Berlin u.a.

SUESS, E. (1862): Der Boden der Stadt Wien: Nach seiner Bildungsweise, Beschaffenheit und seinen Beziehungen zum bürgerlichen Leben. Eine geologische Studie. – W. Braumüller Univ.-Verlagsbuchhandl., Wien.

SUESS, E. & BOHRMANN, G. (2015): Brennendes Eis. Vorkommen, Dynamik und Umwelteinflüsse von Gashydraten. In: WEFER, G. & SCHMIEDER, F. (Hrsg.): Expedition Erde, 4. Aufl. – MARUM, Bremen, S. 248–257.

SÜNDERMANN, J., BEDDIG S., RADACH, G. & SCHLÜNZEN, K. H. (2001): Die Nordsee – Gefährdungen und Forschungsbedarf. – Zentrum f. Meeres- und Klimaforsch. Univ. Hamburg.

TAIT, R. V. (1981): Meeresökologie. Eine Einführung. 2. Aufl. – G. Thieme, Stuttgart u.a.

TANK, R. W. (1983): Environmental geology. – Oxford Univ. Press, New York, Oxford.

THEIN, J. (1993): Untertagedeponie im Nichtsalzgestein. In: DÖRHÖFER, G., THEIN, J. & WIGGERING, H. (Hrsg.): Abfallbeseitigung und Deponien. – Ernst & Sohn, Berlin, S. 59–65.

THIEL, H., WEIKERT, H. & KARBE, L. (1985): Über die Arbeiten zur Risikoabschätzung des Abbaus von Erzschlämmen aus dem Atlantis-II-Tief im Roten Meer und der Rückführung der Tailings. In: Deutsche Forschungsgemeinschaft DFG, Kommiss. f. Geowiss. Gemeinschaftsforsch., Mitt., XIV. – VCH, Weinheim, S. 17–42.

THIEL, H., FOELL, E. J., & SCHRIEVER, G. (1991). Potential environmental effects of deep sea mining. – Ber. Zentrum f. *Meeres- und Klimaforsch. Univ. Hamburg, 26*, 1–243.

THIEMANN, J. (1990): Die Geschichte der Hafenanlagen der Insel Helgoland bis 1952. – Die Küste, 49, S. 141–185.

THIEME, H. (1997): Lower palaeolithic hunting spears from Germany. – Nature, 385, S. 807–810.

THIEME, H. (Hrsg., 2007): Die Schöninger Speere. Mensch und Jagd vor 400000 Jahren. – K. Theiss, Stuttgart.

THIEMEYER, N., PUSCH, M., HAMMER, J., & ZULAUF, G. (2014). Quantification and 3D visualisation of pore space in Gorleben rock salt. – *Z. Dt. Ges. Geowiss., 165*, 15–25.

THIENEMANN, A. (1923): Geschichte der „Chironomus" – Forschung von Aristoteles bis zur Gegenwart. – Dt. entom. Z., S. 515–540.

THIENEMANN, A. (1939): Grundzüge einer allgemeinen Ökologie. – E. Schweizerbart, Stuttgart.

THIES, D. (1991): Das Phänomen des Massenaussterbens in der Erdgeschichte. – Die Geowissenschaften 9, S. 49–56.

THOLE, B. (1993): Energierohstoff Braunkohle. Umweltschonende Gewinnung und Verwendung, ein ganzheitliches Konzept.– Die Geowissenschaften 11, S. 50–58.

TISSOT, B. P. & WELTE, D. H. (1984): Petroleum formation and occurrence, 2. Aufl. – Springer, Berlin u.a.

TOLLMANN, A. (1986). Umweltgeologie in Österreich. – Mitt. *Österr. Geol. Ges., 79*, 5–13.

TROLL, C. (1939): Luftbildplan und ökologische Bodenforschung. – Z. Ges. Erdk. zu Berlin, 7/8, S. 241–298.

TROLL, C. (1966): Landschaftsökologie als geographisch-synoptische Naturbetrachtung. In: TROLL, C. (Hrsg.): Ökologische Landschaftsforschung und vergleichende Hochgebirgsforschung. – Erdk. Wissen. Schriftenr. f. Forsch. und Praxis, 11, S. 1–13.

TUREKIAN, K. K. (1985): Die Ozeane. – F. Enke, Stuttgart.

UEXKÜLL, J. J. (1909): Umwelt und Innenwelt der Tiere. – J. Springer, Berlin.

ULRICH, B., MAYER, R., & KHANNA, P. K. (1979). Deposition von Luftverunreinigungen und ihre Auswirkungen in Waldökosystemen im Solling. – Schriftenr. Forstl. Fak. *Univ. Göttingen und Niedersächs. Forstl. Versuchsanst., 58*, 1–291.

UMWELTBUNDESAMT UBA (Hrsg., 2008): Kipp-Punkte im Klimasystem. Welche Gefahren drohen? – Hintergrundpapier, Umweltbundesamt, Dessau, S. 1–27.

UMWELTBUNDESAMT UBA (Hrsg., 2011): Schwerpunkte 2011. – Umweltbundesamt, Dessau.
VERNADSKIJ, V. I. (1927): Geochemie. – Akad. Verlagsges. Geest & Portig KG, Leipzig.
WALLISER, O. H. (Hrsg., 1986): Global bio-events. A critical approach. – Springer, Berlin u.a.
WALTER, R. (2007): Geologie von Mitteleuropa. – E. Schweizerbart, Stuttgart.
WARNECKE, G., HUCH, M. & GERMANN, K. (Hrsg., 1992): Tatort Erde: menschliche Eingriffe in Naturraum und Klima, 2. Aufl. – Springer, Berlin.
WBGU (2003): Welt im Wandel – Energiewende zur Nachhaltigkeit. – Wiss. Beirat der Bundesregierung. – Springer, Berlin u.a.
WBGU (2006): Die Zukunft der Meere – zu warm, zu hoch, zu sauer. – Wiss. Beirat der Bundesregierung Globale Umweltveränderungen. Sondergutachten.
WEBER, H. H. (Hrsg., 1990): Altlasten. Erkennen, Bewerten, Sanieren. – Springer, Berlin u.a.
WEFER, G./ GEOKOMMISSION DER DFG (Hrsg., 2010): Dynamische Erde – Zukunftsaufgaben der Geowissenschaften. Strategieschrift. – MARUM, Bremen.
WEFER, G. & SCHMIEDER, F. (Hrsg., 2010): Expedition Erde. Wissenswertes und Spannendes aus den Geowissenschaften, 3. Aufl. – MARUM, Bremen.
WEFER, G. & SCHMIEDER, F. (Hrsg., 2015): Expedition Erde. Wissenswertes und Spannendes aus den Geowissenschaften, erw. 4. Aufl. – MARUM, Bremen.
WEFER, G., RÖHL, U. & BERGER, W. H. (2015): Klimageschichte aus der Tiefsee. Der Weg vom Treibhaus zum Eiszeitklima. In: WEFER, G. & SCHMIEDER, F. (Hrsg.): Expedition Erde, 4. Aufl. – MARUM, Bremen, S. 328–339.
WELLMER, F.-W. & BECKER-PLATEN, J. D. (Hrsg., 1999): Mit der Erde leben. – Springer, Heidelberg.
WELZER, H. (2008): Klimakriege – Wofür im 21. Jahrhundert getötet wird. – S. Fischer, Frankfurt a. M.
WELZER, H. & WIEGANDT, K. (Hrsg., 2011): Perspektiven einer nachhaltigen Entwicklung. – Fischer Taschenb. Verl., Frankfurt a. M.
WESTING, A. & PFEIFFER, E. W. (1972): The cratering of Indochina. – Scientific American, 226, S. 21–29.
WEYER, K. U. (2018). The case of the Biscayne Bay and aquifer near Miami, Florida: Density-driven flow of seawater or gravitationally driven discharge of deep saline groundwater? – Environ. *Earth Science, 77*, 1–16.
WIEBER, G. (2017). Hydrogeologische Untersuchungen zum geothermischen Potential der ehemaligen Verbundgrube Holzappel - Leopoldine Louise - Peter, Untere Lahn. *Rheinisches Schiefergebirge. - Mainzer geowiss. Mitt., 45*, 103–140.
WIEGAND, J. & BÜCHEL, G. (1997): Radon: Geogene und anthropogene Faktoren der Verfügbarkeit. In: Gesellsch. f. Umweltgeowiss. (Hrsg.): Umweltqualitätsziele - Schritte zur Umsetzung. – Springer, Berlin u.a., S. 65–76.
WIENER, N. (1968): Kybernetik. – (Rowohlts deutsche Enzyklopädie 294/295) Rowohlt, Hamburg.
WIGGERING, H. (1984): Mechanismen bei der Verwitterung aufgehaldeter Sedimente (Berge des Oberkarbons). – Diss. Univ. GHS Essen.
WIGGERING, H. & KERTH, M. (Hrsg., 1991): Bergehalden des Steinkohlenbergbaus – Beanspruchung und Veränderung eines industriellen Ballungsraumes. – F. Vieweg & Sohn, Braunschweig/Wiesbaden.
WIGGERING, H. (Hrsg., 1993): Steinkohlenbergbau. – Ernst & Sohn, Berlin.
WISMUT GmbH (Hrsg., 2011): Nachhaltigkeit und Langzeitaspekte bei der Sanierung von Uranbergbau- und Aufbereitungsstandorten. – Proc. Intern. Bergbausymp. WISSYM, Chemnitz.
WISSENSCHAFTLICHER BEIRAT DER BUNDESREGIERUNG GLOBALE UMWELTVERÄNDERUNGEN (2003): Welt im Wandel – Energiewende zur Nachhaltigkeit. – Springer, Berlin u.a.
WOLDSTEDT, P. (1958): Das Eiszeitalter. Europa, Vorderasien und Nordafrika im Eiszeitalter, Bd. 2, 2. Aufl. – F. Enke, Stuttgart.

WOLDSTEDT, P. (1965): Das Eiszeitalter. Afrika, Asien, Australien und Amerika im Eiszeitalter, Bd. 3, 2. Aufl. – F. Enke, Stuttgart.

WOLF, K. H. (Hrsg.,1985): Handbook of strata-bound and stratiform ore deposits. – Elsevier, Amsterdam, Oxford.

WOLFF, H. (1979): Schelfbergbau. Marine Rohstoffe und Meerestechnik, Bd. 2. – Glückauf, Essen.

WOLF-GLADROW, D. (2009): Die Rolle des Ozeans im globalen Kohlenstoffkreislauf. In: HÜTTL, R., LOCHTE, K. & MOSBRUGGER, V. (Hrsg.): Klima im System Erde. – Terra Nostra, 2009/5, Berlin.

WOOD, B. A. (1992): Origin and evolution of genus *Homo*. – Nature, 355, S. 783–790.

WORLD OCEAN REVIEW 1 (2010): Mit den Meeren leben – maribus, Mare-Verl., Hamburg.

WORLD OCEAN REVIEW 3 (2014): Rohstoffe aus dem Meer – Chancen und Risiken. – maribus, Mare-Verl., Hamburg.

WYCISK, P. (1993). Die Umweltverträglichkeitsprüfung (UVP) – Konzeptioneller Rahmen einer vorsorgenden Umweltgeologie: Beispiel Deponiestandortsuche. – Z. dt. *Geol. Ges.*, *144*, 308–325.

ZEIL, W. (1990): Brinkmanns Abriß der Geologie. Erster Band: Allgemeine Geologie, 14. Aufl. – F. Enke, Stuttgart.

ZELLNER, R. (2011): Störfaktor Mensch. In: ZELLNER, R. u. Ges. Dt. Chemiker (Hrsg.): Chemie über den Wolken ... und darunter. – Wiley-VCH, Weinheim, S. 18–25.

ZELLNER, R. u. Ges. Dt. Chemiker (Hrsg., 2011): Chemie über den Wolken... und darunter. 1. Aufl. – Wiley-VCH, Weinheim.

Stichwortverzeichnis

A

Aachen-Lütticher Revier, 50
Abgrabung, 68, 71, 72, 80, 87, 107, 140, 145
Abiotische Potenziale, 151
Abiotischer Umweltfaktor, 29, 31
Abraumhalde, 80, 82, 129, 142
Abraumkippe, 128, 140
Abraumsalze, 81, 128
Abröstgas, 92
Absetzer, 67, 69
Acanthaster planci, 56
Acheuléen-Kultur, 41
Actinoide, 177
Aerosol, 195, 230, 246, 247, 249–254, 266, 269–272
Aerosoleffekt, 272
Agrartechnologie, 262
Agricola, Georgius, 48
Airlift-Verfahren, 211
Air Quality Act, 271
Aktualismus, 279, 280
Alkane, 205
Altablagerung, 173, 175, 176
Altbergbausanierung, 17
Altlast, 6, 139, 173–176, 197, 298
Altlastenerkundung, 17
Altlastverdachtsfläche, 176
Altpaläolithikum, 41
Altstandort, 173, 175, 176
Aluminiumion, 132, 167
Amazonas-Regenwald-Biom, 266
Ammoniak, 240, 252, 267
Anhydrit, 11
Anreicherungsfaktor, 111, 172, 200
Antarktika, 245

Ante-Neandertaler, 40
Anthropogene Quellen, 246, 252, 255, 267, 269
Anthropogene Reliefumkehr, 152
Anthropogener Treibhauseffekt, 221
Anthropogenes Kohlendioxid, 257
Anthropogeographie, 9, 21, 32
Anthropogeologie, 21, 32
Anthropogeomorphologie, 67
Anthroposphäre, 1, 2, 73, 95
Anthropozän, 1, 32, 35
Aquädukt, 18
Aquakultur, 185, 186, 208
Aquatisches Ökosystem, 290
Argo-Sonde, 259
Arrhenius, Svante, 228
Artensterben, 144, 266
Asse, 281
Asteroideneinschlag, 7, 63, 140
Ästuar, 197, 199, 201, 202, 207, 208, 222, 287
Atacama-Wüste, 229
Atatürk-Stausee (Türkei), 120
Atlantis-II-Tief, 203
Ätna, 2, 3
Atoll, 78, 187, 190, 222
Atombombe, 55, 177, 297
Atomenergie, 55, 112
Atommacht, 55
Atommüll, 180, 186, 197, 216, 217
Atomsprengkopf, 55
Atom-U-Boot, 217
Auftrieb, 238
Aurignacién, 41
Aussolung, 77, 80, 166
Australopithecinen, 38, 39, 44
Australopithecus afarensis, 38, 39

Automatisierung, 51, 52
Automobilindustrie, 51

B
Baggermaterial, 197
Baldeneysee, 109, 110
Ballungsraum, 71, 100, 120, 262, 265–267, 271, 285, 292
Bangladesch, 222
Basisabdichtung, 176
Bathymetrie, 239
Baugrundproblem, 61
Baumberger Sandstein, 272
Baurohstoff, 23, 146
Bentonit, 11
Bergschaden, 6, 160, 166
Bergsenkungssee, 114, 163
Bergwerk Asse II, 183
BERNHARD VON COTTA, 18, 23, 32
Beton, 108, 178, 217, 272
Bevölkerungsexplosion, 12, 59
Bevölkerungswachstum, 26, 48, 53, 60, 61, 93, 168, 264, 275
Bewässerung, 73, 111, 114, 117, 120, 122, 126, 285
Bewässerungsprojekt, 5, 37, 114, 118, 263, 289, 291
Big Bang s. Urknall
Bioakkumulation, 72, 95, 207
Biodiversität, 9, 147, 204, 207, 289, 292
Bioevolution, 284
Biogeochemische Barriere, 106
Biogeochemischer Stoffkreislauf, 100
Biomasseverbrennung, 252
Bioressource, 219
Biosphäre, 29
Biotische Potenziale, 151
Bioturbation, 199, 200
Biowissenschaften, 27, 56
Biozönose, 29, 107, 144, 145
Biphenyle (PCB), 209
Black Smoker s. Schwarzer Raucher
Blasversatz, 87
Blattnekrose, 267
Bleiisotop, 171
Boden, 1, 5, 6, 9, 10, 13, 14, 18, 21–24, 26–28, 30–32, 46, 57, 64, 69, 72, 73, 76, 77, 81, 83, 84, 91, 94, 96, 98, 100, 107, 111, 112, 116, 123, 125, 128–131, 137, 138, 142–144, 147, 149, 151, 166–174, 176, 180, 221, 227, 231, 241–243, 249, 251, 253–256, 259, 260, 267, 268, 270, 284, 287, 289, 292–295
Bodenerosion, 266
Bodenproben, 174
Industrieboden, 129
Schwermetallbelastung, 298
Bodenaufhöhung, 6
Bodenbearbeitung, 48, 81, 91, 251
Bodendegradation, 37, 251, 257, 259
Bodenerosion, 37, 43, 53, 65, 79, 83, 84, 107, 145, 251, 287, 289, 294, 298
Bodenlebewesen, 192, 259
Bodenmelioration, 76
Bodenneubildung, 251
Bodenprofil, 168
Bodenreaktion, 169
Bodensenkung, 73, 92, 93
Bodenversalzung, 53, 117, 259
Bodenversauerung, 167, 168, 255
Bodenversiegelung, 6
Bodenwasserhaushalt, 6, 98, 237
Böschung, 73, 82, 129, 132, 139, 142, 151, 154, 157, 159, 288
Böschungen, 91
Brachflächensanierung, 17
Braunkohletagebau Hambach, 66
Bronzeherstellung, 47
Bruchbau, 92, 161
Bundesamt für Strahlenschutz (BfS), 177
Bundesanstalt für Geowissenschaften und Rohstoffe (BGR), 121
Bundesberggesetz (BBergG), 148
Bundes-Bodenschutzgesetz (BBodSchG), 176
Bundesnaturschutzgesetz (BNatSchG), 296

C
C3- und C4-Pflanzen, 259
CAM-Pflanzen, 259
Carson, Rachel, 30
CASTOR-Behälter, 181
Central Park (New York), 65
Central Valley (Kalifornien), 93, 111
CHARLES DARWIN, 30–32, 57
Charta der Vereinten Nationen, 294
Chemoautotropher Prozess, 64

Cheops-Pyramide, 78
Chinesische Mauer, 77, 79
Chlorierte Kohlenwasserstoffe, 200, 209, 236, 242, 254, 255
Chlorophyll, 241
Chordatier, 63
Clausius-Clapeyron-Gleichung, 236
Clean Air Act, 271
Clipperton-Clarion-Gürtel (Pazifik), 211
Cloos, Hans, 11
Coccolithophoriden (Kalkalgen), 245
Computertechnik, 52
Coral bleaching, 57, 256
Corioliskraft, 228
Croll, James, 226
Cro-Magnon-Typ (Mensch), 42
Cyanide, 137, 197
Cyanobakterien, 62, 63, 240
Cykloalkane, 205, 206

D

Dampfmaschine, 49
Dansgaard-Oeschger-Ereignis, 248
DDT, 209, 254
Deichbau, 75, 153, 186
Dekarbonisierung, 276
Delta, 222, 287
Dendrochronologie, 225
Denudation, 37, 69, 72, 286
Deponiegase, 81
Deponiewirtschaft, 14
Desertifikation, 37, 231, 257, 263, 266, 286, 294
Detergenzien, 205, 207, 218
Deutsches Geoforschungszentrum (GFZ), 224
Dieselmotor, 275
Diffusion, 203, 228, 270
Digitalisierung, 52
Dispergierungsmittel, 205, 206
Dispersion, 105
Dolomit, 11, 92, 136, 151
Dornenkronen-Seestern, 56
Dreischluchten-Staudamm (China), 33
Düngungseffekt, 207
Dürrekatastrophe, 266, 279
Dürreperiode, 83, 117, 233

E

Ediacara-Fauna, 63, 243
Einsparungstechnologie, 52, 61
Einstrahlungsbedingungen, 228, 296
Eisenerztagebau, 151, 153
Eisengewinnung, 50
Eisenmangankruste, 211
Eisensulfid, 72
Eisschild, 230, 232, 245, 248
Eiszeitforschung, 226
Ekliptikschiefe, 244
ELLSWORTH HUNTINGTON, 236
Endlager, 81, 165, 176, 179, 181–183, 280, 298
Endlagerwirtsgestein, 182
Energierohstoff, 23, 47, 72–74, 80, 92, 96, 106, 139, 141, 144, 170, 241, 255, 258, 282, 288
Energieverbrauch, 52, 150, 275
Energiewirtschaft, 246, 270
Eniwetok (Atoll, Pazifik), 57
Entgiftung, 176
Entsorgungspotenzial, 106, 145
Entwaldung, 1, 42, 61, 91, 257, 263, 268, 298
Entwicklungsland, 52, 53, 55, 59, 61, 106, 144, 275, 276
Epizentrum, 161
Erdbahnelement, 226, 231
Erdbebenzone, 7
Erdgas, 7, 10, 11, 17, 18, 23, 51, 53, 64, 66, 68, 70, 77, 80, 81, 87, 91, 98, 191, 214, 281
Erdgeschichte, 7, 8, 10, 15, 36, 57, 62, 64, 148, 149, 169, 170, 190, 193, 218, 221, 225, 230, 234, 237, 244, 246, 248, 249, 263, 265, 279, 280, 296, 297
Erdölexplorationsplattform, 91
Erdsystemmodell, 242
Erdumlaufbahn, 228, 230
Erholungspotenzial, 106, 145, 151
Erneuerbare Ressource, 24
Erosionsgefährdung, 169
Ertragspotenzial, 106, 145
Erzgebirge, 48, 130, 138, 167, 168, 171, 271
Erzlagerstättentyp, 171
Erzschlamm, 186, 202–204
Ethische Grundlagen, 293
Eukaryota, 63
Europäische Bodencharta, 294
Europäische Raumfahrtagentur (ESA), 224

Eutrophierung, 117, 186, 251, 256, 282, 286
EU-Wasserrahmenrichtlinien, 122
Everglades in Florida/USA, 123
Evolution, 4, 7, 8, 10, 14, 16, 22, 30–32, 36, 38–40, 44, 47, 62, 63, 141, 148, 169, 170, 210, 218, 229, 240, 247, 265, 283–285, 294–296, 299, 301
  biochemische, 63
  biokulturelle, 43, 44
Evolutionspotenzial, 148, 286
Ewigkeitslast, 6, 26, 94, 166
Exogen-dynamischer Prozess, 13, 103, 107, 124, 143, 145, 293
Exogen-dynamisches Gleichgewicht, 94, 256
Explosionstrichter, 81
Exzentrizität der Erdbahn, 244

F
Fäkalienabwasser, 208
Faulschlamm, 207
Felssicherungsmaßnahme, 82, 154
Felssturz, 79, 82, 94, 154, 157, 234
Felswand, 82, 154, 159
Feuchtbiotop, 103, 147
Feuernutzung, 39, 40
Feuerstein, 12, 41, 47
Flächenpotenziale, 151
Flächenverbrauch, 146, 252
Flächenversiegelung, 6
Flechtenstandort, 107
Flotationsschlamm, 138
Fluorchlorkohlenwasserstoffe (FCKW), 268, 270
Fluorkohlenwasserstoffe, 242, 246, 255
Flussregulierung, 6, 73, 75, 81, 122–124
Flutkatastrophe, 187
Förderbohrung, 51, 68, 70, 80, 87, 91
Fördertechnik, 148, 190
Forstwirtschaft, 14, 18, 167
Fort-Peck-Stausee (USA), 85
Fracking-Verfahren, 67
Fruchtbarer Halbmond, 42
Frühwarnsystem, 2, 59
Fukushima (Japan), 55, 180
Furan, 255

G
Gaia-Hypothese, 265
Gauß'sches Rauchfahnenmodell, 250
Gebirgsgletscher, 146, 239
Geburtenkontrolle, 61
Gefährdungspotenzial, 58, 128, 138, 149, 173, 197, 254
Genmanipulation, 37
Geoakkumulation, 72, 262
Geochemie, 6, 26, 51
Geodynamisches Gleichgewicht, 69
Geoelektrik, 51
Geokommission der DFG, 295
Geologische Karte, 12
Geomagnetik, 51
Geoökologie, 29
Geoökologisches Gleichgewicht, 10
Geopark, 291, 294
Geopotenzial, 10, 22, 23, 58, 96, 194, 290, 294, 298
Georessource, 5, 10, 24, 30, 57, 58, 96, 100, 186, 290, 293
  nicht regenerierbare, 60
Geosphäre, 5, 10, 15, 16, 29, 56, 65, 283
Geothermiebohrung, 127
Geothermische Tiefenstufe, 101
Geotop, 290
Geröllwerkzeug, 39
Gesundheitsfürsorge, 60
Gewässerschutz, 122, 175, 290, 291
Giftmüll, 215
Glazial-eustatische Regression, 245
Gleissberg-Zyklus, 230
Gletscherrückzug, 234
Globales Erwärmungspotenzial (GWP), 246, 247
Globalstrahlung, 266
Globigerina-Arten, 210
Globigerinenschlamm, 210, 259
Goldbergbau, 71, 130, 137, 251
Golf von Biskaya, 216
Golf von Mexiko, 91, 141, 190, 191, 205, 222
Gorleben, 181–183
Grashüpfer-Effekt, 254, 269
Gravitationskraft, 91
Great Barrier Reef (Australien), 56, 57

Greenland Ice Sheet Project (GISP), 263
GRIP-Summit-Eiskern, 248
Großkaverne, 77
Großprojekt, 5, 28, 106, 144, 292, 293
Großstadt, 65, 75, 119, 199, 268, 272
Großstadtklima, 273
Groundwater mining, 93, 289
Grubenunglück, 94
Grubenwasser, 164, 166
Grundschleppnetz, 192
Grundwasserabsenkung, 6, 37, 84, 92, 103, 118, 123, 163, 293
Grundwasserfließrichtung, 125, 136
Grundwassergewinnung, 6, 14, 16, 29, 70, 73, 77, 80, 92, 93, 120, 222
Grundwasserhaushalt, 24, 66, 107, 118, 130, 166, 237, 287, 293
Grundwasserneubildung, 103, 125, 135
Grundwasserneubildungsrate, 98, 123
Grundwasserschutz, 14, 105, 148
Grundwasserspiegel, 69, 92, 118, 123–125, 139, 157, 162, 163, 166, 174, 223
Grundwasserstockwerk, 93, 98, 103, 123, 163
Grundwasserverunreinigung, 73
Grüne Revolution, 53, 262

H

Hadley-Zirkulationssystem, 228
Hakenpflug, 48
Halbwertszeit, 178, 179, 181, 280
Haldenbrand, 132
Hanford Site (USA), 216
Harkort-See bei Wetter/Ruhr, 110
Hazardforschung, 284
Heim, Albert, 88
Heinrich-Ereignis, 248
HEINRICH VON DECHEN, 153, 156
Helgoland, 77, 78, 209
Helsinki-Übereinkommen 1992, 197
Hexachlorbenzol, 254
Hexachlorcyclohexan, 209
Himmelsscheibe von Nebra, 48
Hiroshima-Bombe, 297
Hochkultur, 46, 47, 120
Hochofenschlacke, 92
Hochradioaktiver Abfall, 165, 177, 179
Hochwasserrückhaltebecken, 121

Hochwasserschutz, 118, 120–123
Hoher Atlas (Marokko), 38
Höhlenmalerei, 39
Hominiden, 36, 38–40, 44, 45
Homo erectus, 38–40
Homo habilis, 38–40
Homo heidelbergensis, 40
Homo rudolfensis, 38–40
Homo sapiens, 36, 39, 40, 42, 44, 149, 226, 285, 297
Homo sapiens neanderthalensis, 40
Homo sapiens sapiens, 41
Homo steinheimensis, 39, 40
Humanevolution, 37, 45, 286
Humboldtstrom, 238
Humusstoffe, 251
Hybridsorte, 53
Hydraulik, 6, 14
Hydraulische Eigenschaft, 153
Hydraulischer Kurzschluss, 37, 157
Hydrogeochemie, 14
Hydrogeologie, 14, 17, 26, 121, 151
Hydrolyse, 172
Hydrosphäre, 1, 8, 22, 99, 230, 242, 243, 249, 253, 260, 265, 293

I

Inco Superstack (Kanada), 267
Industrialisierte Landwirtschaft, 208
Industrialisierung, 30, 59, 149, 234, 246
Industrieboden, 129
Industriebrache, 100
Industriegesellschaft, 16, 36, 52, 56, 58, 96, 100, 167
Industrieland, 16, 24, 33, 48, 52, 55, 59, 61, 254, 275, 276
Industrielle Revolution, 29, 52
Industriemineral, 23
Industrieminerale, 68
Industrieprozesse, 252
Industriezeitalter, 5, 47, 59, 68, 100, 101, 221
Ingenieurgeologie, 14, 26, 151
Intensivlandwirtschaft, 61
Intergovernmental Panel on Climate Change (IPCC), 225, 274
Internationales Tiefseebohrprogramm (DSDP/IPOD), 214

International Seabed Authority (ISA), 213
Inversionswetterlage, 169, 255, 269, 272
Isotopengeochemie, 225

J
JEAN-BAPTISTE DE LAMARCK, 31, 32
Johannesburg/Südafrika, 70, 131

K
Kalkkompensationstiefe (CCD), 201, 258
Kalkstein, 11, 23, 67, 92, 94, 107, 126, 139, 242
Kalk- und Mergelsteine, 68
Kampfstoff, 173, 176, 215
Kanalbau, 6, 73, 75, 81
Karibasee (Afrika), 108
Kaverne, 19, 80, 81, 166
Kavernenspeicher, 81
Kernbrennstab, 178, 181
Kernkraftwerk, 33, 55, 120, 165, 178
Kernschmelzkatastrophe, 181
Kernwaffenexplosion, 57, 297
Kies, 11, 23, 67–69, 80, 107, 120, 139, 140, 145–149, 186, 192, 199, 207
Kiesgrube, 68, 72, 147, 151
Kipppunkt, 236, 265
Kipp-Punkte (engl. tipping points), 266
Kleine Eiszeit, 235
Klima, 21, 24, 27, 30, 38, 42, 65, 112, 131, 168, 195, 202, 221, 225–227, 229–231, 234, 236, 237, 239, 240, 242, 244–246, 248, 249, 253, 256, 259, 262, 263, 269, 270, 280, 286, 287, 293
Klimaänderung, 37, 41, 169, 170, 225–227, 231, 234, 237, 238, 244, 245, 248, 249, 257, 260, 263, 266, 274, 287, 297
Klimadiplomatie, 277
Klimaelement, 230
Klimageschichte, 225, 226, 237, 263, 270
Klimaneutralität, 276
Klimaoptimum, 239, 248
Klimaprognose, 226, 263
Klimasensitivität, 233
Klimatyp, 230
Klimavorhersage, 263
Klimawechsel, 45, 170, 265
Klimazeuge, 226, 240

Klimazone, 9, 119, 170, 226, 228–230
Klimazyklus, 240
Kognitiver Prozess, 43
Kohlendioxid, 2, 92, 228, 229, 236, 240, 242, 246, 257, 258, 264, 275
Kohlensäureverwitterung, 242
Kohlenstoffkreislauf, 240–245, 249, 253
Kohlenstoffsenke, 241, 266
Kohlenstoffspeicher, 214, 215, 241, 258
Kohlenwasserstoffe, 205, 208
  aromatische, 205
  Asphaltene, 205
  chlorierte, 200, 209, 236, 242, 254, 255
  Harze, 205
  polyzyklische Verbindungen, 205
  zyklische Schwefelverbindungen, 205
Kohleverstromung, 106
Kokereistandort, 176
Kondensationswärme, 236
Konditionierung (radioaktiver Abfälle), 178
Kontinentale Tiefbohrung (KTB), 7, 8
Kontinentalhang, 190, 266
Konturpflügen, 81
Köppen, Wladimir, 230
Korallenbleiche, 187
Korallenriff, 2, 57, 185–188, 202, 204, 222, 243, 288, 298
Kosmischer Einfluss, 231
Kraftfahrzeugverkehr, 253, 267, 272, 275, 276
Kraftwerksasche, 92, 138, 165, 197
Kraftwerksstausee, 234
Krakatau, 169, 249
Kreide/Tertiär-Grenze, 239
Kreislaufprozess, 14, 95
Kreislaufwirtschaft, 101, 177, 296
Kreislaufwirtschaftsgesetz (KrWG), 177
Kriegsaltlast, 6, 215
Kryosphäre, 230, 242, 249
Künstliches Düngemittel, 251
Künstliches Riff, 188, 215
Kupferschieferbergbau, 49
Küstenschutzbauwerk, 75, 81, 222
Küstenschutzmaßnahme, 287

L
Laacher-See-Vulkan, 101, 155
Lake Mead (USA), 108
Landgewinnung, 81, 123, 185, 186

Landschaftsanalyse, 128
Landschaftsbauwerk, 81, 131
Landschaftsökologie, 29, 32, 149
Landschaftsplan, 102
Landschaftszerstörung, 26, 101, 106, 144, 148
Langfristiges Monitoring, 5
Langzeitfolge, 1, 24, 26, 31, 56, 58, 120, 141, 144, 185, 197, 219, 256, 271, 280, 286, 293, 299
Langzeitprognose, 281
Larsenschelfeis (Antarktis), 232
Leaching, 164
Lebensprozesse, 219, 240, 265, 283
Lebensraumbedingungen, 65
Lebensstandard, 31, 48, 59, 61, 275
Leibniz, Gottfried Wilhelm, 48
Lindan, 209, 254
Lithosphäre, 1, 8, 22, 242, 243, 249
Londoner Smog, 255
Luftbelastung, 250, 251, 253, 265
Luftschadstoff, 168, 236, 270
Luftverschmutzung, 26, 132, 227, 234, 258, 262, 264, 265, 269, 270
Lüneburg, 85–90, 101
Lüneburger Heide, 18, 119, 145, 146
Lysimeterversuch, 134

M

Magdalénien, 41
Magnitudenkriterium, 297
Manganknolle, 23, 191, 194, 211–213
Manganknollenabbau, 186
Mangrovenwald, 123, 140, 185, 222
Manhattan (New York), 269
Massenaussterben, 37, 140, 141, 149, 170, 239
Massenbewegung, 13, 71, 73, 79, 82, 88, 89, 91, 287
Massenrohstoff, 67, 139, 151
Massentierhaltung, 208
Massentransport, 71, 73, 89
Massenverlagerung, 37, 57, 65, 66, 68, 69, 71–73, 75, 77, 79, 84, 89, 91, 92, 95, 100, 106, 112, 117, 141, 144, 148, 162, 288, 297
Massenverlagerungen, 79, 80, 91
Mauna Loa (Hawaii), 257
Maunder-Minimum, 235
Mechernich (Nordeifel), 172

Meereisschmelze, 266
Meeresbodenfahrzeuge, 190
Meeresgeologie, 26
Meeresökosystem, 92, 190
Meeresschutz-Abkommen (Oslo-London), 197
Meeresspiegelanstieg, 76, 190, 222, 223, 239, 245, 256, 264, 266, 270, 283, 288
Meeresverschmutzung, 56, 186, 193–195, 197, 200, 209
Meerwasserentsalzung, 190
Meerwassererwärmung, 186
Meerwasserversauerung, 57, 186, 187, 243, 256
Megacity, 61, 120
Megalithbau, 43
Megastadt, 2, 253, 255, 262
Mensch
   als Erosionsfaktor, 37
   als Evolutionsfaktor, 37, 218, 285
   als geochemischer Faktor, 37
   als Geofaktor, 10, 37, 221
   als geomorphologischer Faktor, 35, 37
   als geoökologischer Faktor, 37
   als hydrogeologischer Faktor, 37
   als hydrologischer Faktor, 37
   als Katastrophenfaktor, 37
   als Klimafaktor, 32, 37
   als pedologischer Faktor, 37
   als Sedimentationsfaktor, 37
   als tektonischer Faktor, 37
   als Transportfaktor, 37, 69
Mesosphäre, 227
Metallorganische Verbindung, 199, 200, 207
Metallrohstoff, 23
Metallsulfid, 194
Methan, 236, 240, 246, 247, 266
Methangashydrat, 213
Methylquecksilber, 200
Metropole, 75, 209, 268
Mikroplastik, 198
Milankowitch, Milutin, 226
Mineralischer Rohstoff, 5, 10, 11, 16, 28, 47, 48, 52, 53, 94, 96, 292, 293, 299
Miniozonloch, 268
Mississippidelta, 83
Missouri-Mississippi-System, 122
Mittelmeer, 112, 196, 197, 208, 216
Mittelozeanischer Rücken, 218
Mobilität der Schadstoffe, 198
Monokultur, 6, 251, 259, 286

Montangeologie, 14
Moorfläche, 146
Moorkultivierung, 6, 76, 81
Morsleben, 183
Müllakkumulation, 6
Mülldeponie, 73, 175
Müllverbrennung, 81, 253
Multibarrierenkonzept, 180, 182
Mutagenitätsrate, 170, 286
Mykorrhiza-Pilze, 167

N
Nachhaltige Nutzung, 5
Nachhaltigkeit, 13, 20, 28, 103, 150, 176, 225, 289, 298
Nadelwaldbiome, 266
Nahrungskette, 5, 72, 171, 179, 198, 206, 207, 209, 213, 218, 288, 297
Nanoplankton, 238
Nassersee, 114
Nationalpark, 198, 296
Naturhaushalt, 14, 22, 27, 100, 106, 123, 140, 141, 143, 148, 151, 299, 302
Naturkatastrophe, 2–5, 14, 16, 58, 59, 61, 148, 149, 279–281, 284, 290, 291, 295, 298
Naturraumpotenzial, 5, 10, 94, 127, 145, 148, 149, 293
Naturraumpotenzialkarte, 14
Naturschutz, 14, 23, 107, 146, 154, 284, 287, 290
Naturschutzkonflikte, 148
Naturstein, 68, 153, 272, 273
Naturwerkstein, 11
Naturwerksteine, 68
Neolithische Revolution, 39, 42
Neophyt, 107
Neue Seidenstraße, 53
New Orleans, 3, 240
Nicht regenierbare Ressource, 10, 28, 61, 286
Nordatlantikstrom, 238
Nordostatlantik-Schutz (OSPAR), 197
Nord-Ostsee-Kanal, 71, 78
Nordsee, 190–192, 196, 198, 199, 201, 208, 251, 282
Nordseeküste, 191, 199, 222
Nuclear Energy Agency (NEA), 217
Nuklearer Winter, 285

Nuklearwaffe, 10, 47, 180
Nutzungskonflikt, 28, 96, 100, 127, 148, 290, 292, 295, 296, 299

O
O_2-Produktion, 63
Oberdevon-Meer, 288
Oberharzer Wasserwirtschaft, 116
Oberrheinkorrektur, 123
Obsidian, 47
Ocean dumping, 215
Offshore-Ölförderung, 204
Offshore-Windkraftanlage, 277
Oilspill Vulnerability Index (OVI), 207
Ökologische Risikoanalyse, 149
Ökosphäre, 57
Ökosystem, 6, 22, 27–29, 56–58, 72, 94, 99, 106, 113, 123, 124, 129, 131, 140, 144, 145, 147, 150, 170, 187, 194, 202, 216, 217, 221, 237, 257, 260, 267, 285, 288, 289, 293–295, 302
Ökotoxikologie, 181
Oldowan-Kultur, 40
Olduvai-Schlucht (Tansania), 38
Ölfilm, 206
Ölrückstand, 197, 207
Ölschiefergewinnung, 67
Ölteppich, 206, 218
Ölverschmutzung, 190, 204–207, 218
OPEC, 53, 55
Orbitale Schwankungen, 244
Organischer Schadstoff, 207
Organisches Material, 93, 208, 252
Oslo-Paris-Abkommen 1992, 197
OSPAR-Kommission, 197
Ostanatolien, 42, 47, 83
Ostgrönland, 263
Ostsee, 78, 196–198, 251, 276
Oszillation, 238, 249
Ozonschicht, 170, 229, 231, 240, 242, 256, 267, 268, 271, 297, 302

P
P&T-Verfahren, 179
Paläogeographie, 14, 62
Paläoklimatologie, 14, 225

Paläomagnetik, 26
Panama, 237
Panamakanal, 71
Pangaea, 193
Paranthropus boisei, 44
Pariser Klimavertrag, 277
Partikelstrahlung, 230
Partionierung, 179
PCB-Verbindung, 209
Pedosphäre, 1, 22, 57, 99, 230, 242, 249, 260, 265, 293
Penicillium, 206
Perm/Trias-Grenze, 239
Permafrostgrenze, 89, 234
Persistant organic pollutant (POP), 254, 269
Pestizid, 208
Petrochemische Industrie, 51
Pflanzendecke, 38, 142
Pflanzennährstoff, 143, 168, 251
Pflanzensukzession, 107, 145
Pflanzenverfügbarer Nährstoff, 168, 169
Pflügen, 6, 73, 81
pH-Wert, 95, 135, 137, 167, 169, 170, 172, 187, 253
Physikalisch-Technische Bundesanstalt (PTB), 178
Phytoplankton, 202, 208
Pionierart, 107
Pipeline-Verlegung, 80
Planetarische Ressource, 24
Planktonproduktivität, 258
Planungswissenschaften, 27
Plastikmüll, 186, 193, 198
Pleistozän, 38, 42, 46, 226, 239, 244, 245, 248, 249, 257, 270, 280
Pliozän, 232, 237, 239, 248, 249
Plutoniumtransport, 179
Polderflächen, 80
Politikberatung, 295
Pollenanalyse, 225
Postindustrielle Gesellschaft, 299
Potenziale der Böden, 151
Präkambrium, 62, 225
Präzession, 244
Pressungszone, 142, 160
Primäre Folgewirkungen, 73
Primärproduktion, 52, 170, 201

problematische Rückstände
   Kampfmittel und Munition, 165
   Kokereirückstände in flüssiger und halbfester Form, 165
   radioaktive Materialien, 165
   Rotschlamm, 165
   Verschwelungsrückstände, 165
Produktionsmethode, 264
Produktivität, 150, 204, 259–261
Prognose, 2, 219, 263, 264, 275, 280, 282
Prokaryota, 63
Prospektion, 17, 23, 51, 150
Prospektive Geologie, 32
Proxydaten, 45, 227, 250
Pseudomonas, 206
Pumpspeicherkraftwerk, 235
Pyritverwitterung, 132

Q
Qanats (Khanats), 81
Quecksilber, 48, 202, 255, 270

R
Radioaktiver Abfall, 173, 177, 181
Radioaktiver Fallout, 180
Radiolarienschlamm, 212
Radiometrische Altersbestimmungsmethode, 7
Radionuklid, 177–180, 201, 202, 217
Radioökologie, 181
Radon, 177
Raffinerie-Rückstand, 197
Rahmenbedingungen
   lagerstättenkundlich-geologische, 127
   technisch-ökonomische, 127
   wasserrechtliche und umweltrechtliche, 127
Raubbau, 27, 58, 186, 290, 291, 294, 295, 298
Rauchgas, 247, 271
Rauchgasentschwefelung, 150, 169
Raumordnung, 291
Reaktorkatastrophe, 55
Redoxpotenzial, 95, 172
Regenwaldvernichtung, 84
Reisanbau, 246, 247
Rekultivierung, 14, 100, 106, 107, 128, 135, 140, 145, 147, 150, 157, 172, 293

Renaturierung, 103, 107, 128, 145–147, 293
Reststoffdeponie, 6, 145
Retentionswirkung, 125
Rheinisches Braunkohlenrevier, 66, 69, 103, 275
Rhododendronwald, 83
Richterskala, 161
Rillenerosion, 132
Rocky Mountains, 229
Rohphosphat, 11
Röhrenwurm, 64
Rohstoffmarkt, 53
Rohstoffsicherung, 127, 148, 292, 295
Rohstoffsicherungsgebiet, 149
Rohstoffwirtschaft, 14, 28, 51, 106, 143, 292
Rote Tide, 208
Rückholbarkeit, 182, 183
Rückkopplungsprozess, 58, 233, 244
Rückstandsdeponie, 128
Ruhrgebiet, 5, 6, 49, 50, 59, 68, 70, 75, 92, 94, 110, 115, 122, 129, 130, 132, 136, 161, 162, 166, 169, 176, 253, 271, 272, 292
Ruhrrevier, 100, 122, 129, 130, 141, 142, 269
Rüstungsindustrie, 51, 165, 179, 216
Rutschung, 16, 37, 65, 69, 71, 73, 79, 82, 84, 85, 88, 94, 129, 154, 157, 234, 280, 281, 284, 287, 289, 290

S

Sahelzone, 263, 279
Salzbergbau, 51, 85, 87, 128, 130, 164
Salzgehalt der Weltmeere, 195
Salzgehaltsänderung, 200
Salzsole, 80, 85, 86
Salzstock, 19, 77, 182, 183, 280, 281
Salztorfgewinnung, 101
Salzwiese, 206
Sand, 10, 11, 23, 67–69, 72, 80, 107, 139, 145–148, 151, 186, 192, 193, 198, 199
Sandvorspülung, 192
San Joaquin Valley (Kalifornien), 77, 93, 125
Satellit, 7, 224, 250
Sauerstoffverwitterung, 172
Saurer Niederschlag, 166
Savannah River Site, 216
Schadstofftransport, 1, 199, 227, 268
Schaufelradbagger, 69
Schelfeisabbruch, 232

Schelfmeer, 185, 186, 190, 192, 202, 206, 288
Schellnhuber, Hans Joachim, 230
Schichtenaufbau, 13, 174
Schimper, Karl Friedrich, 226
Schlackehalden, 80
Schlammweiher, 68
Schloss Herten (Recklinghausen), 272
Schneider, Jürgen, 23, 194, 212
Schüttgutumschlag, 252
Schwabe-Zyklus, 230
Schwalm-Nette-Gebiet, 103
Schwarzer Raucher, 194
Schwarzes Meer, 196, 197
Schwarzschiefer, 171, 177, 248
Schwefeldioxid, 169, 231, 236, 265, 266
Schwefelkreislauf, 253
Schwelbrand, 138
Schwermetall, 37, 51, 72, 100, 105, 110, 113, 129, 137, 157, 164, 167, 171–173, 186, 197, 199–203, 206, 213, 251, 252, 255, 262, 267, 268, 270
Schwermetallgehalt, 130, 199, 208, 253, 271
Schwermetallverteilung, 200, 202
Schwermineralsand, 192
Schwerölverbrennung, 233
Seismik, 51
Sekundäre Folgewirkung, 74
Selbstreinigungskapazität, 208
Sellafield, 199
Sensitivität (Klima), 226, 247
Shark Bay (Australien), 62
Siebengebirge, 82, 153, 154, 158
Siedlungswasserwirtschaft, 121
Simulationsmodell, 224
Smog, 255
   Los-Angeles-Typ, 256
Sohlabdichtung, 175
Sohlenerosion, 122, 124
Solling-Projekt, 167
Sonnenfleckenaktivität, 230, 235
Sonnensystem, 63, 231, 264
Speicherkapazität, 108, 120
Spülversatz, 87
Spurengas, 226, 228, 236, 242, 246, 250, 253, 258, 268
Stadtklima, 6, 37, 125, 265, 268
Stahlveredler, 11
Standortbedingung, 107, 145
Starkregen, 79, 91

Staßfurter Kalisalzrevier, 85
Staubsturm, 83, 138
Stausee, 37, 73, 75, 108–110, 114, 116, 117, 119, 124, 125, 235, 287
Stauseen, 81
Steine-und-Erden-Industrie, 137, 146
Steinkohle, 11, 18, 23, 50, 54, 64, 68, 70, 94, 101, 135, 147, 165, 191, 241, 275
Steinkohlenbergbau, 68, 138, 148
Steinsalz, 11, 51, 68, 86, 165, 180, 182, 188
Sterblichkeitsrate, 256
Stickstoffkreislauf, 253
Stickstoffoxid, 236, 256
Stockholmer Abkommen, 254, 269
Stoffänderung, 95
Stoffbestand, 95, 98, 143, 149
Stoffbilanzierung, 100
Stoffdifferentiation, 94
Stoffkreislauf, 5, 14–16, 22, 24, 28–30, 37, 56, 58, 65, 94–97, 99, 106, 141, 149, 150, 176, 177, 198, 205, 209, 221, 225, 226, 242, 253, 256, 257, 283, 286, 292, 293, 298
   geochemischer, 57
   geogener, 58
Stoffmobilisierung, 96
Strahlenrisiko, 179
Strahlung, 178, 181, 217, 230, 231, 233, 246, 270
Strahlungsantrieb, 233
Strahlungsbilanz, 236, 251, 264
Stratosphäre, 227, 228, 231, 240, 242, 256, 267, 268
Streptomyceten, 206
Stromatolithe, 62
Strömungsdynamik, 6, 186, 264
Strontium, 179, 181, 238
Sturmflut, 76, 192, 193, 222, 223, 239
Subrosion, 79, 165
Subsidenz, 6, 108, 141
Sudbury (Kanada), 251, 267
Sudbury in Ontario/Kanada, 172
Sumpfgas, 247
Sümpfungswässer, 101
Superkontinent, 193
Suspensionswolke, 203, 213

T
Tagebau Garzweiler, 66, 103, 104, 163
Tambora (Indonesien), 169, 231, 249
Tankerkatastrophe, 204, 218
Tankerreinigung, 204
Tasmanien, 245
Technisierung, 59
technogene Kräfte, 91
Technosphäre, 1, 60, 94, 95
Teerölphase, 176
Tennessee River, 117
Tertiär, 7, 29, 36, 39, 105, 126, 140, 141, 237, 239, 261, 296, 297
Thermodynamik, 236
Thermohaline Zirkulation, 245, 248, 258
Thorium-232, 177
Tiefbauzeche, 50
Tiefengrundwasser, 118, 135, 165, 166
Tiefenwassernutzung, 6
Tiefpflügen, 81
Tiefseebenthos, 204
Tiefseebergbau, 211, 213
Tiefsee-Expedition der H.M.S. Challenger, 210
Tiefseeton, 180, 210, 212, 217, 218
Tieftagebau, 68, 103, 118, 125, 161, 163
Tiefversenkung, 126
Ton, 11, 93, 107, 135, 145, 151, 175, 182, 217, 298
Tongesteine, 68, 182
Transmutation, 179
Transportsysteme, 91
Treibhauseffekt, 229, 240, 242, 246, 247
Treibhausgas, 224, 233, 246
Trinkwasser, 14, 93, 126, 165, 166
Trinkwasserversorgung, 117, 118, 121
Troposphäre, 227, 228, 241, 256, 267, 268
Trümmerberg, 75, 80
Tschernobyl (Ukraine), 180
Tsunami, 2, 58, 59, 180, 222, 239
Tulla, Johann G., 123
Tunnel, 19
Tunnelbau, 6, 66

U
Überschwemmung, 2, 58, 59, 93, 117, 123, 187, 222, 234, 274, 279, 284, 288, 290
Uferabbruch, 124

Uferfiltrat, 120
Umgekehrter Glashauseffekt, 246
Umweltbewusstsein, 30–32
Umweltchemie, 21
Umweltgeochemie, 14
Umweltgeologie, 3, 10, 21, 22, 27, 29, 32, 56, 166
Umweltgeowissenschaften, 17, 29, 227, 289
Umweltkompartiment, 271
Umweltphysik, 21
Umweltverträglichkeit, 20, 56, 131, 143, 276
Umweltverträglichkeitsprüfung (UVP), 98, 147, 149
Umweltzerstörung, 58
UNESCO-Weltkulturerbe, 45
Unfruchtbarkeit, 287
UNO-Seerechtskonferenz, 194
Unterirdische Atombombenexplosion, 78
Untertagebergbau, 141
Untertagedeponie, 139, 164
UN-Weltklimakonferenz, 277
Upwelling, 238
Uran-235, 177
Uran-238, 177, 178
Urangewinnung, 138
Uratmosphäre, 63, 225, 240
Urbanisierung, 58, 125, 234, 257, 266
Urknall, 63
US-Geological Survey (USGS), 224
UV-Strahlung, 170, 227, 229, 240, 256, 268, 297

V

Vajont-Talsperre, 82
Verhüttungsrückstand, 92
Verinselung, 71
Verkehrswesen, 49, 51, 276
Versalzung (Grundwasser), 101, 114, 287
Verwitterung, 242
Verwitterungsschaden, 273
Vesuv, 2
Vietnamkrieg, 77, 78
Vinci, Leonardo da, 35, 48
Vogesen, 227
Volatile organic compound (VOC), 254
Vorratsklassen, 19

Vorsorgeprinzip, 24, 28, 150, 264, 292, 296, 298
Vostok-Eisbohrung, 248
Vulkan, 2, 3, 7, 154, 155, 169, 231, 249
Vulkanausbruch, 2, 16, 58, 59, 169, 249, 264, 280
Vulkaneifel, 102
Vulkanische Exhalationen, 241

W

Wadi Hammamat (Ägypten), 12
Waldrodung, 19, 42, 61, 83
Waldschaden, 166, 168, 267
Waldschadensbericht (Bundesrepublik), 255
Waldsumpfmoor, 260
Wärmeinsel, 268
Warven, 240
Waschberg, 128
Wasserbaumaßnahme, 118, 124
Wasserhaltung, 49, 175
Wasserhaltungsmaßnahme, 92
Wasserhaushaltsgesetz (WHG), 110, 121
Wasserhaushaltsgleichung, 119
Wasserkraftgewinnung, 117, 118, 120, 124
Wasserkrieg, 24, 120
Wasserressource, 16, 48
Wasserstoffbombe, 57, 78, 81
Wasserversorgung, 23, 61, 118, 120, 131, 233
Watt, James, 49
Wattenmeer, 101, 192, 198, 206, 222
Weichsel-Eiszeit, 42
Weichsel-Hochglazial, 186
Wellenerosion, 187
Weltbank, 55
Weltbevölkerung, 5, 10, 47, 57, 59–61, 144, 219, 251, 263, 285, 299
Weltenergiewirtschaft, 53
Weltkulturerbe, 116, 240
Werksteingewinnung, 101
Werkzeugherstellung, 30, 41
Werkzeugkultur, 39–41
Westwall, 77
Wetterextreme, 266
Wiederaufbereitung, 179
Wiederaufbereitungsanlage, 179, 200
Wiedervernässung, 146

Wildbachverbauung, 122, 124
Wirbelsturm Katrina, 3
Wirkungsanalyse und -prognose, 149
Wirtschaftsgeologie, 26
Wohnhügel, 75, 80
Würm-Eiszeit, 42

Z
Zementindustrie, 192, 251
Zerfallsdauer, 178
Zirkumpolarstrom, 245
Zooplankton, 64, 238, 258
Zukunftsperspektive, 62, 285, 286, 289, 294
Zweistromland, 46

MIX
Papier aus verantwortungsvollen Quellen
Paper from responsible sources
FSC® C105338

If you have any concerns about our products,
you can contact us on
ProductSafety@springernature.com

In case Publisher is established outside the EU,
the EU authorized representative is:
**Springer Nature Customer Service Center GmbH
Europaplatz 3, 69115 Heidelberg, Germany**

Printed by Libri Plureos GmbH
in Hamburg, Germany